方利国 编著

计算机辅助化工制图与设计

第二版

化学工业出版社

·北京·

内容简介

本书是 AutoCAD、Excel 、Visual Basic、AutoLISP、Aspen PLUS 等软件在化工、制药、轻工、环保、能源等领域的设计过程中关于图样绘制、过程模拟、系统优化、物性计算、软件开发等实际应用的基础教程。该书从工程应用的角度，站在软件使用者的立场，详细介绍了各种设备图样的 AutoCAD 绘制方法及利用计算机解决各种工程设计问题的方案，是一本起到工程设计和各种计算机软件应用之间桥梁作用的书籍。全书共分九章，内容包括 AutoCAD 绘图基础，化工图样绘制基础，化工设备零件图绘制，容器装配图绘制，换热器装配图绘制，精馏塔装配图绘制，反应器装配图绘制，AutoCAD 二次开发技术，Aspen PLUS 应用基础及实例，Visual Basic 及 Excel 在化工计算机辅助设计及优化计算中的应用实例以及宏编程开发技术。

本教材可作为大化工类专课、本科生计算机制图及辅助设计教科书，也可以作为从事化工、制药、轻工、环保、能源等设备制造及工程设计人员学习计算机绘图及辅助设计的参考书，对其他工科类工程图样绘制及计算机辅助人员也有参考意义。

配合本书的慕课教程已在学堂在线开课，学员既可以免费学习，也可以通过付费考试获得课程证书，慕课每一章的最后一节提供了可以下载的课件。全部课件内容包含了各章图样、二次开发的程序以及作者开发的其他用于化工计算机辅助设计的程序和普通教程的 PPT 课件。读者在实际绘图过程中可将课件中的图例作为素材直接调用或修改应用，也可将课件中提供的程序进行二次开发利用。

图书在版编目（CIP）数据

计算机辅助化工制图与设计/方利国编著. —2 版.—北京：化学工业出版社，2022.3（2024.1重印）

ISBN 978-7-122-40431-2

Ⅰ．①计… Ⅱ．①方… Ⅲ．①化工机械-机械制图-计算机制图②化工机械-计算机辅助设计 Ⅳ．①TQ050.2-39

中国版本图书馆 CIP 数据核字（2022）第 000266 号

责任编辑：廉　静　王丽娜　　　　　　装帧设计：王晓宇
责任校对：王　静

出版发行：化学工业出版社（北京市东城区青年湖南街 13 号　邮政编码 100011）
印　　装：北京科印技术咨询服务有限公司数码印刷分部
787mm×1092mm　1/16　印张 27½　插页 2　字数 719 千字　2024 年 1 月北京第 2 版第 2 次印刷

购书咨询：010-64518888　　　　　　售后服务：010-64518899
网　　址：http：// www.cip.com.cn

凡购买本书，如有缺损质量问题，本社销售中心负责调换。

定　　价：68.00 元　　　　　　　　　　　　　　　　版权所有　违者必究

前　言

承蒙读者厚爱，拙作第一版已走过十载时光，连印了 10 次。尽管有关工程图样设计及绘制方面的知识更新并不像高科技知识那样迅猛，但随着软件版本更新、3D 打印技术的逐步成熟以及慕课教学的普及，因此作者对第一版进行了修订，本次修订的主要工作如下：

1.为配合慕课教学，在每一章的最后新增"本章慕课学习方法及建议"一节；

2.对第 1 章用 2016 版本进行了改写，同时增加了一些绘制命令的介绍及具体应用例子，尤其对尺寸标注进行了详细的介绍；

3.在第 2 章中增加了"2.3 化工制图中的一些标准规范和绘制方法"；

4.在第 3 章中除了按新软件版本进行必要的修改外，还新增了填料压盖及蛇管两个零件的绘制方法介绍；

5.增加了第 7 章反应器绘制；

6.原第 7 章调整为第 8 章，在 AutoLISP 命令中增加了立体图形参数绘制命令，并增加了一节"3D 绘制实战基础"，在该节中介绍了 12 种绘制立体图的基本命令及 4 种常见零件立体图的绘制。在二次开发案例中增加了立体法兰参数化绘制及板式平焊手孔参数化绘制；

7.原第 8 章调整为第 9 章，增加了利用 Excel 进行宏编程及参数拟合方面的内容，对 Aspen PLUS 进行了改写，升级了软件的版本，增加了具体计算案例。

配合本教材的慕课已在学堂在线开课多期，读者可以选择合适的学期进行学习，本教材各章的全部图样、程序及 PPT 在慕课每一章的最后一节可以下载。本教材虽经编著者多次修改，但由于编著者水平有限，不足之处在所难免，望同行及读者予以批评指正。

编著者
2021 年 4 月于广州

第一版前言

随着现代科学技术的迅猛发展，计算机应用已经渗透到各种学科的每一个领域，进入了后计算机时代。学科的进一步发展和提升对计算机的依赖程度越来越高，化工设计也不例外，化工设计具体的任务涉及物料衡算、能量衡算、厂区布置图绘制、车间布置图绘制、设备装配图绘制、管道布置图绘制、带控制点工艺流程图绘制，设备选型及强度校核计算等许多工作，如此众多的工作，如能引入计算机辅助，将大大减轻化工设计工作的强度。过去那种利用普通纸和笔绘制化工图样、利用计算尺和计算器各种计算将被各种计算机软件应用所代替。计算机绘制化工图样和普通的绘制相比不仅具有绘制精确、图面整洁等优点，而且还具有随意修改、重复利用、按需打印等普通手工绘制无法具备的特点；而利用计算机软件如Aspen PLUS进行化工设计中的各种计算和模拟更是具有手工计算无可比拟的优点。作为一名工科类的大学生或相关专业的工程技术人员，学会利用计算机辅助本专业设计工作已是新世纪的基本要求。

计算机辅助设计Computer Aided Design（CAD）是工程技术人员以计算机为工具，对产品和工程进行设计、绘图、造型、分析和编写技术文档等设计活动的总称。化工计算机辅助设计Computer Aided Design of Chemical Industry，它包含了化工设计中所有可以利用计算机来解决的问题，如化工结构的确定（换热网络及精馏序列）、过程的优化模拟、各种物料衡算和能量衡算、各种图样的绘制等。目前国内外已开发了许多的专业软件用于化工计算机辅助设计，如AutoCAD可以帮助人们绘制各种化工图样，Aspen PLUS、PRO/Ⅱ、HYSYS等可以帮助人们进行单元模拟及优化计算等，同时也可以利用一些通用的软件如Visual Basic、Excel等来解决许多化工设计中的计算问题。尽管目前大多数工科类大学生已具有较强的计算机应用能力，也掌握了AutoCAD、Visual Basic、Excel等软件一些基本功能，但在实际利用这些软件进行化工设计或图样时，常常觉得无从下手，找不到解决问题的方法或方向，或顾此失彼，大大影响了计算机辅助设计的优越性的发挥。

作者于2004年编写出版的《化工制图AutoCAD实战教程与开发》主要介绍了如何利用计算机绘制各种化工图样，目前已重印4次，受到了读者的广泛欢迎，也收到了许多宝贵的意见。鉴于目前AutoCAD版本已经更新，且原书中除了图样绘制没有涉及其他计算机辅助化工设计内容，为此，作者在原书的基础上，以AutoCAD 2008版本为基准，做了全面的改写和调整，并增加了计算机辅助化工设计的内容基础上编写了《化工计算机辅助制图及设计》，力图解决学生理论知识与实际动手能力之间不平衡问题，起到学生在计算机软件应用与化工工艺设计、化工设备设计、化工过程模拟及优化等化工课程之间知识桥梁作用。

本教材共分8章，第1章和第2章是有关AutoCAD 2008和化工图样的基本知识；第3章介绍了各种化工零件的绘制方法；第4~6章介绍了各种化工图样的绘制方法；第7章是AutoCAD 2008二次开发技术在化工绘图中具体应用，有作者自行开发的实际例子介绍；第8章介绍化工计算机辅助设计基础知识、Aspen Plus应用基础及实例、Visual Basic及Excel在化工计算机辅助设计中的应用实例。书中有关实例应用的内容都是作者实际工作经验的总结，具有很强的可操作性和实际应用价值。本教程各章内容既有前后连贯性，又有各自的独立性，读者可以根据自己的实际情况，有选择地进行学习。值得提醒读者注意的是，由于计算机软件版本更新速度很快，作为软件应用者，完全没有必要非要用最新的版本，只要能够解决问题即可。教程适合于化工类相关工科专业作为计算机制图及辅助设计教材，同样也适用于化工类技术人员作为计算机绘图及辅助设计的入门教材。

　　本教材虽经作者多次修改，但由于编著者水平有限，不足之处在所难免，望同行及读者予以批评指正。

编著者

2009 年 11 月于广州

目　录

第1章
AutoCAD 软件概述

1.1 AutoCAD 发展历史

AutoCAD 是由美国 Autodesk 公司于 1982 年首次开发推出的专门用于计算机绘图设计工作的通用 CAD（Computer Aided Design）即计算机辅助设计软件包，是当今各种设计领域广泛使用的现代化绘图工具。该软件具有强大的绘图功能，不但能够用来绘制一般的二维工程图，而且能够进行三维实体造型，生成三维真实感的图形，并可生成用于 3D 打印的 STL 文件。另外还可以利用其自带 AutoLisp 及 Visual Lisp 语言进行参数化绘制的二次开发，形成更为广阔的专业应用领域。用 AutoCAD 绘图，可以采用人机对话方式，也可以采用编程方式，它具有良好的用户界面，通过交互菜单或命令行方式便可以进行各种操作。它的多文档设计环境，让非计算机专业人员也能很快地学会使用。AutoCAD 具有广泛的适应性，它可以在各种操作系统支持的计算机和工作站上运行。由于 AutoCAD 适用面广，且易学易用，所以它是广大设计人员喜欢的 CAD 软件之一，在国内外应用十分广泛。该软件自 1982 年 Autodesk 公司首次推出 AutoCAD R1.0 版本以来，由于其具有简单易学、精确无误等优点，一直深受土木建筑、装饰装潢、工业制图、工程制图、电子工业、服装加工等多领域工程设计人员的青睐。因此，Autodesk 公司不断推出 AutoCAD 新的版本。从 AutoCAD R1.0 到 AutoCAD R14.0；从 AutoCAD 2000、AutoCAD 2002、AutoCAD 2004、AutoCAD 2007、AutoCAD 2008 一直发展到今天的 AutoCAD 2020。

AutoCAD 的发展可分为初级阶段、发展阶段、高级发展阶段、完善阶段和进一步完善阶段及高级完善阶段共六个阶段。AutoCAD 1.0（1982 年 11 月）—AutoCAD 2.0（1984 年 10 月）是 AutoCAD 初级阶段；AutoCAD 2.17（1985 年 5 月）—AutoCAD 9.03（1987 年 9 月）是 AutoCAD 的发展阶段；AutoCAD 10.0（1988 年 8 月）—AutoCAD 12.0（1992 年）是 AutoCAD 的高级发展阶段，AutoCAD 12.0 是 DOS 版的最顶峰，具有成熟完备的功能，提供完善的 AutoLisp 语言进行二次开发，许多机械建筑和电路设计的专业 CAD 就是在这一版本上开发的。AutoCAD R13（1996 年 6 月）—AutoCAD 2000（1999 年 1 月）是 AutoCAD 完善阶段，软件由 DOS 平台转为 Windows 平台；AutoCAD 2002(R15.6)—AutoCAD 2014 是 AutoCAD 进一步完善阶段；AutoCAD 2015 取消了默认的经典模式，完全采用 Ribbon 功能区，AutoCAD 软件的发展进入了充分完善阶段，其兼容性、共享性、云上功能、使用习惯趋同性等越来越完善，目前最新的版本已推至 AutoCAD 2020。

1.2 AutoCAD 的安装及启动

1.2.1 AutoCAD 版本选择策略

AutoCAD 软件随着版本的不断更新，其功能不断完善和增加，但同时也带来了软件所需的空间的迅速增加。由最初的几兆、几十兆、几百兆发展到今天几千兆，对电脑的要求也越来越高。该软件的 DOS 版发展到 AutoCAD12.0 达到顶峰，后续版本开始采用 Windows 平台。Windows 平台上的版本发展到 AutoCAD 2008，已是一个十分完善的工程制图软件，它已完全可以胜任一般化工制图的工作，AutoCAD 2008 不仅继承了早期版本的各种优点，如大量采用了目前 Windows 操作系统中通用的一些方法，几乎不用记住其各种命令的英文拼写形式，凭其提供的强大的视窗界面，就能完成全部工作。对于各种修改工作，也常常可以通过双击目标对象而自动进入修改界面，由其提供的修改对话框进行修改（如对标注、文字、填充、线宽、线型等诸多问题的修改）。总之，在其他软件中通用的一些方法，可以在 AutoCAD 2008 及其以后的版本中试用，常常会带来满意的结果。

AutoCAD 2009 版开始采用了横向带状（Ribbon）功能区，同时将经典模式保留到 2014 版。从 2015 版开始彻底取消了经典模式，造成不少习惯了 AutoCAD 的经典工作界面的用户，对 Ribbon 方式不太习惯。当然用户也可以自己动手，创建经典工作界面。关于用户自己动手创建经典界面的方法将在下面介绍。从 2015 版到 2020 版，每年更新一个版本，但工作界面已基本稳定，只不过增加一些功能，提高了一些运行速度，用户只要掌握了 2015 版到 2020 版其中一个版本的使用方法，完全可以在这些版本之间使用。

AutoCAD 2020 版在 2019 版的基础上新增了不少功能，主要有：新的深色主题，使用图标颜色优化了背景颜色以提供最佳对比度；新增和更改了一些命令；新增一些系统变量；DWG 比较增强功能；支持云服务，支持在使用"保存""另存为"和"打开"命令时，连接和存储到多个云服务提供商；安全性增强功能，关闭了 AutoCAD 创建的特定数据文件中的四个潜在漏洞。

面对 AutoCAD 软件如此多的版本及几乎一年一次的更新，作为一个工程设计工程师，尤其是作为化学化工及能源轻工类的工程师，AutoCAD 软件的主要功能还是各种工程图样的绘制，一味地追求最新的版本不仅没有必要，也有可能带来不必要的麻烦。因为如果你绘制的图样文件保存时没有降低版本直接将这些高版本的文件拿去打印或传给同行，很有可能由于对方 AutoCAD 软件的版本低于你的版本而无法打开。作为一个从 R14.0 版本使用过来的用户，在 AutoCAD 软件版本选择时给出以下建议：如果你使用的是台式机，操作系统还是 Windows XP，建议你选择 2008 的版本，该版本性能稳定，完全可以胜任各种工程图样的绘制；如果你的系统已是 Windows7.0 或以上版本，内存在 8G 以上，建议安装 2016 版本，不过需要自己定制经典模式；如果你是一个追求潮流的用户，系统是 Windows 10，内存在 16G 以上，完全可以选择最新的 2020 版本。

1.2.2 AutoCAD 软件安装

AutoCAD 软件的安装方法和其他软件的安装方法基本相同，只要按照软件的提示安装即可。不过在安装过程中如果系统提示缺少某些其他软件或软件版本偏低，则必须先解决这些问题。如浏览器版本偏低，缺少 Microsoft.NET Framework 文件，DirectX 软件版本偏低等问题，这些问题一般可以通过安装说明得到解决问题的思路，如 Microsoft.NET Framework 及 DirectX 一般均为在整个安装包里找到，只要先运行这些文件就可以了。至于浏览器问题，可以通过网上搜索后下载安装即可。

AutoCAD 软件安装时需要结合用户电脑的操作系统、CPU、内存、硬盘存储空间、显示器等性能，选择适合用户电脑特性的版本进行安装，而不是版本越新越好，否则可能造成软件运行速度慢、用户体验差。如果你想安装目前最新的（2019 年 5 月）2020 版本，那么你的操作系统最好是 Windows 10，当然 Windows 8.1 也是可以的，计算机内存在 8G 以上，最好

16G；CPU 基本要求 2.5~2.9GHz，最好在 3GHz 以上；显示器具有 1920×1080 真彩色，显卡基本要求 1GB GPU，具有 29GB/s 带宽，与 DirectX 11 兼容，最好具有 4GB GPU，具有 106GB/s 带宽，与 DirectX 11 兼容。

1.2.3 AutoCAD 软件启动

当计算机安装好 AutoCAD 软件后，系统会在桌面上生成一个 AutoCAD 的图标，如图 1-1、图 1-2、图 1-3 所示分别是 AutoCAD 2008 版本、2016 版本、2020 版本安装后在桌面生成的图标，要启动系统中已经安装好的 AutoCAD 软件，有许多种方法，下面的几种方法均可以打开系统中已安装的 AutoCAD 软件：

① 鼠标双击如图 1-1、图 1-2、图 1-3 所示的图标，系统就可以进入对应版本的 AutoCAD 软件；

② 鼠标移到屏幕左下角开始处，点击开始，如能看到所安装的 AutoCAD 软件，可直接点击就可以运行 AutoCAD 软件，如没有见到，可以点击"所有程序"，找到对应的 Autodesk 条目再点击便可以找到 AutoCAD 软件，点击便可运行；

③ 可直接鼠标双击"*.dwg"文件，打开 AutoCAD 软件；

④ 也可双击复制到 Word 文档的 AutoCAD 图形，打开 AutoCAD 文件。

图 1-1　2008 版本桌面图标　　图 1-2　2016 版本桌面图标　　图 1-3　2020 版本桌面图标

总之，只要找到一种适合你的方法打开 AutoCAD 软件即可，至于具体用什么方法无需细究。打开不同版本的 AutoCAD 软件，系统展示的界面有所不同。如打开 AutoCAD 2008 的软件，系统展示的工作界面如图 1-4 所示。AutoCAD 2008 共有三个工作界面，分别是二维草图和注释、三维建模、AutoCAD 经典，由于系统在上次退出时已选择经典界面，故在下次打开 AutoCAD 软件时也显示经典界面，这是由于 AutoCAD 软件具有继承性的特点，在其他版本中也是如此，这点需要引起读者重视。尤其是在公共机房使用该软件时更应该引起重视，因为上一个使用者的习惯可能和你不同，他（她）对该软件做所的一些设置如字体样式、标注样式、线型比例等均会继承下来。

如打开 AutoCAD 2016 的软件，系统展示的工作界面如图 1-5 所示。AutoCAD 2016 也共有三个工作界面，分别是"草图与注释""三维基础""三维建模"，以前版本的"AutoCAD 经典"的工作界面没有了，需要用户自己定制建立。

如果你已习惯使用 Ribbon 功能区的形式，那么无需定制经典模式，但是如果不习惯图 1-5 中的功能区模式，可以自己动手定制经典模式，也可以让两种模式共存。经典模式的好处是各种绘图工具和修改工具在屏幕的两侧，需要时可直接点击，而 Ribbon 模式有时需要先展开功能区的各种工具，再进行点击。当然习惯了以后，两者最后进入的应用界面是一致的。为了更方便用户的理解和应用，下面先介绍如何将 AutoCAD 2016"草图与注释"界面定制成 AutoCAD 经典界面（其他高于 2016 的版本也可以如此操作）。

① 打开 AutoCAD 2016，一般会出现"草图与注释"界面，见图 1-6，点击其右边的第二个倒三角"▼"，注意有时没有出现"草图与注释"，只有一个倒三角，点击该倒三角"▼"，出现图 1-7 的界面，进入步骤②。

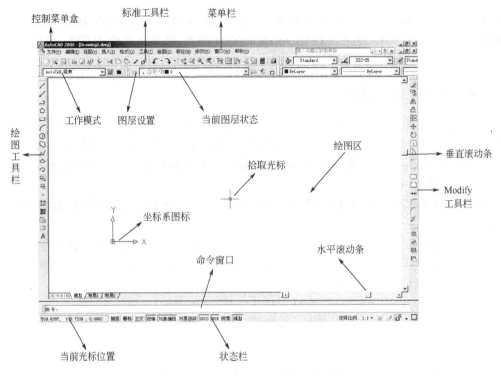

图 1-4　AutoCAD 2008 经典工作界面

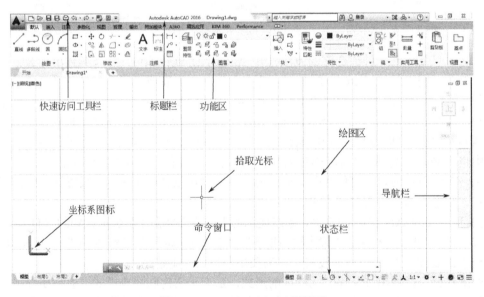

图 1-5　AutoCAD 2016 工作界面

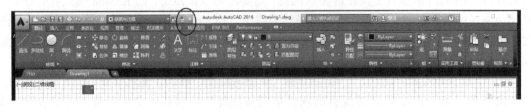

图 1-6　AutoCAD 2016 初始界面

② 如果没有出现"草图与注释"，只要在图 1-7 中将"工作空间"打钩即可；点击图 1-7 中的"显示菜单栏"，即进入图 1-8。

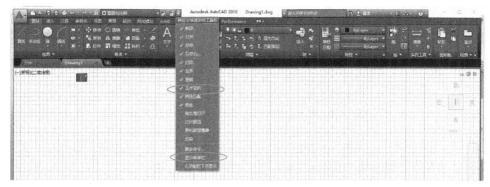

图 1-7　显示菜单栏设置

③ 点击图 1-8 中的"工具"→"工具栏"→"AutoCAD"就会出现以前经典版本中熟悉的工具加载条。

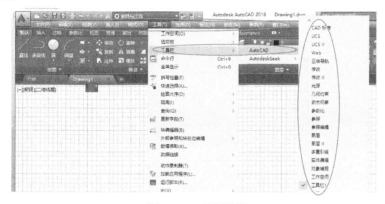

图 1-8　工具栏设置

④ 依次点击图 1-8 最右边竖条中的绘图、修改、图层、特性等需要的工具即生成图 1-9 所示界面。

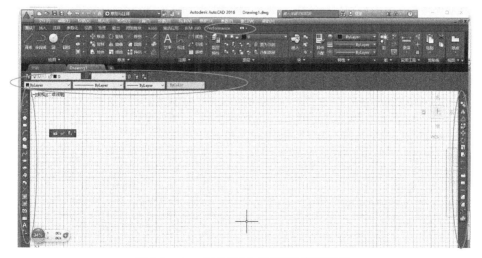

图 1-9　AutoCAD 2016 经典界面初步设置

⑤ 点击图 1-9 中 Performance 左边的三角形"▲"，可收起下面的内容，如图 1-10 所示。

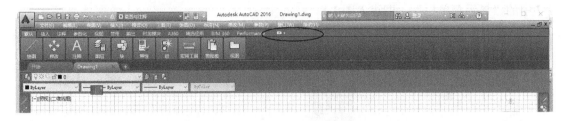

图 1-10　AutoCAD 2016 Performance 收起界面

⑥ 鼠标移到图 1-10 中 Performance 右边的倒三角形"▼"，点击鼠标右键，点击关闭，见图 1-11，可彻底消除 Performance 下的内容，如图 1-12 所示。

图 1-11　AutoCAD 2016 Performance 关闭设置

图 1-12　AutoCAD 2016 Performance 关闭后界面

⑦ 点击图 1-13 的状态栏中齿轮图标旁边的倒三角"▼"，将当前的工作空间另存为"AutoCAD 经典"，就得到我们熟悉的经典绘图模式，见图 1-14，在图 1-14 界面上，各种操作基本和 AutoCAD2008 一致，只有列阵有些变化，但也可以通过修改文件将其变回 AutoCAD2008 的模式。

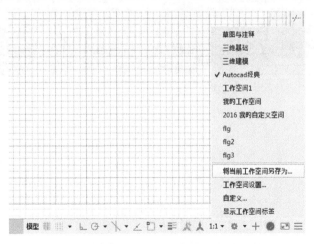

图 1-13　保存工作空间

图 1-14　AutoCAD 2016 定制经典界面

如果想要用回初始功能区的 Ribbon ，可以在命令窗口输入"Ribbon"，并通过工具→选项→配色方案→明，得到图 1-15，可以根据需要随机选用各种工具的界面。在以后的教材讲解中，我们将以图 1-15 的工作界面为基础展开讲解。

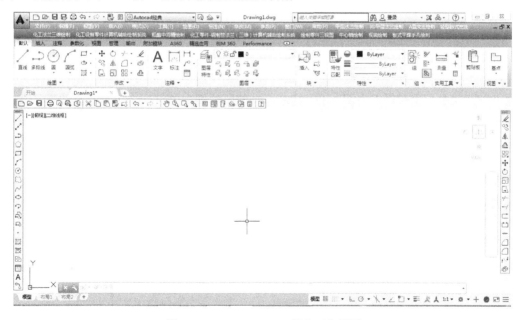

图 1-15　AutoCAD 2016 复合工作界面

1.3　AutoCAD 主要绘制与修改功能

下面先将图 1-15 中的绘图工具栏和修改（Modify）工具栏放大表示出来（见图 1-16，为以后讲解方便，我们给它从 1-38 标上号，称为功能"x"，以后称点击功能"x"，就是图 1-16

对应的功能），并对每一个工具做一般的介绍，在以后的实战练习中，还会对具体应用加以介绍，希望通过这一节，使读者对这些绘制化工图样最基本的工具有一个大致的了解。

1	LINE	绘制直线		
2	RAY	绘制射线		
3	PLINE	绘制多义线	21	ERASE 删除实体
4	POLYGON	绘制多边形	22	COPY 拷贝实体
5	RECTANG	绘制矩形	23	MIRROR 镜像
6	ARC	绘制圆弧	24	OFFSET 偏移复制
7	CIRCLE	绘制圆	25	ARRAY 阵列复制
8	REVCLOUD	绘制云线	26	MOVE 移动
9	SPLINE	绘制样条曲线	27	ROTATE 旋转
10	ELLIPSE	绘制椭圆	28	SCALE 比例缩放实体
11	ELLIPSE	绘制椭圆弧	29	SCRETCH 拉伸移动实体
12	INSERT	插入	30	TRIM 修剪
13	BLOCK	定义块	31	EXTEND 延伸
14	POINT	绘制点	32	BREAK 打断于点
15	HATCH	填充图形	33	BREAK 打断实体
16	GRADIENT	渐变色	34	JOIN 合并
17	REGION	定义面域	35	CHAMFER 倒直角
18	TABLE	表格	36	FILLET 倒圆角
19	MTEXT	多行文本	37	BLEND 光顺曲线
20	ADDSELECTED 添加选定对象		38	EXPLORE 分解实体

图 1-16 AutoCAD 经典模式中绘制和修改工具

（1）直线

点击功能"1"；或通过菜单中绘图→直线；或输入命令"line"，回车；也可以输入命令简称"L"，回车；也可以点击图 1-15 Ribbon 功能区绘图中的第一个工具"直线"，系统提示输入一系列点，可以利用鼠标捕捉或利用键盘输入点的绝对坐标或相对坐标。输入相对坐标时，分为相对直角坐标和相对极坐标，关于相对坐标的示意图如图 1-17 所示。注意第一点的坐标一般不输入相对坐标，如果你非要输入相对坐标，那它相对的是上次绘制直线命令时的最后一点坐标。如果输入绝对坐标，应注意绝对坐标的原点（0,0）在屏幕的左下角，即坐标系所处的位置。其实在直线绘制时，第一点一般是随机点击或定点捕捉，关于捕捉方法的设置，下面会有介绍。

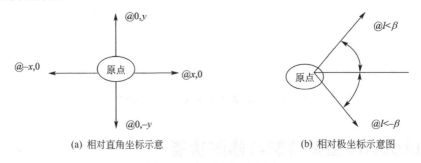

(a) 相对直角坐标示意   (b) 相对极坐标示意图

图 1-17 相对坐标示意图

下面是绘制两个三角形的命令过程及其示意图（三角形的两条边长度分别为 30 和 40，

两者夹角第一个为 90°，第二个为 60°），如图 1-18 所示。

① 绘制第一个三角形命令

命令：_line 指定第一点：【任取一点 A】

指定下一点或 [放弃(U)]: @30,0 【输入 "@30，0"，回车】

指定下一点或 [放弃(U)]: @0,40【输入 "@0，40"，回车】

指定下一点或 [闭合(C)/放弃(U)]: c【输入 c，回车】

② 绘制第二个三角形命令

命令：_line 指定第一点：【任取一点 B】

指定下一点或 [放弃(U)]: @30,0【输入 "@30，0"，回车】

指定下一点或 [放弃(U)]: @40<120【输入 "@40<120"，回车】

指定下一点或 [闭合(C)/放弃(U)]: c【输入 c，回车】

提 醒

在 AutoCAD 2016 及以上版本中，输入相对坐标时取消了 AutoCAD 2008 在第二点输入坐标时默认相对坐标的功能，即在第二点输入时无需加@，直接输入后面的两个数字即可。但这个功能也带来了一个问题，如果第二点偏要输入绝对坐标呢，所以在 2016 版中，我们发现不管第几点的绘制，相对坐标均要输入@。同时在两个数字之间用 "，" 表示相对直角坐标；用 "<" 表示相对极坐标，注意这些符号一定要在英文输入状态下输入。

从图 1-18 中可知，当使用相对坐标命令@40<120，120 代表角度，但它是长度为 40 的线段和水平向右方向射线的夹角。利用图 1-15 的复合界面绘制图形，任何工具起码有 4 种方法激活。在直线绘制中我们将这 4 种方法都介绍了一下，其中，我们提到了两个概念，一个是命令简称，一个是对象捕捉，这两个概念必须先介绍一下，因为在后面的命令介绍中，会经常用到它们。

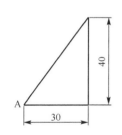

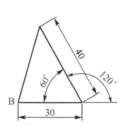

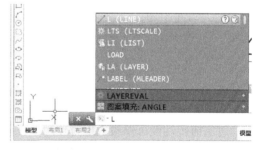

图 1-18　直线绘制示意图　　　　　　　　图 1-19　有关 L 的命令

在命令窗口输入 "L"，做稍微停顿，系统会显示跟 "L" 有关的命令，见图 1-19。由图 1-19 可知，第一项为 "L(LINE)"，其含义是括号内的 "LINE" 是命令全称，括号前的 "L" 是命令简称，你还可以看到其他命令的简称，如需要调用其他跟 "L" 有关的命令。你只要鼠标点击其他命令选项即可，大大方便了命令的输入，一般无需记住命令的全称，只需记住前几个字母即可。其实这个简称还可以自己定义。自定义命令简称的方法如下：

① 点击工具→自定义→编辑程序参数，见图 1-20，点击 "编辑程序参数" 系统弹出如图 1-21 所示的文本；

② 修改图 1-21 中的文本内容，也可以增加内容，注意同一行中 "*" 后面的是命令全称，"，" 前面的是命令简称，修改和补充内容后，保存文件即可使用命令简称。注意不同命令简称之间不要冲突。如作者为了在 2016 版本中调用以前经典的阵列工具，增加了一条下面的

代码："AR,　　　　*arrayclassic"，见图 1-22，并保存。这样当作者在命令窗口输入 AR 并回车后，系统会弹出经典的阵列工具，方便用户操作。

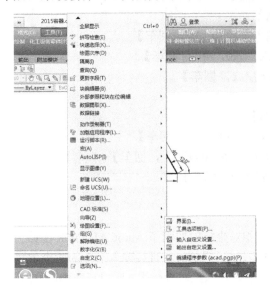

图 1-20　调用编辑程序参数

图 1-21　程序参数文本

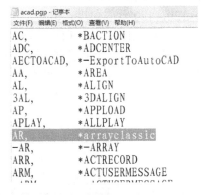

图 1-22　修改程序参数文本

图 1-23　捕捉设置

　　对象捕捉功能可以极大地方便用户图形的绘制，但是如果设置不当，常常给刚开始学习 AutoCAD 软件的用户带来极大的困扰。明明想捕捉某线段中点的，但系统偏偏去捕捉端点；明明想在某一处点击鼠标，但系统就是跳过该处，鼠标不能连续移动，呈跳跃状。这些现象均和捕捉设置不当有关，所以必须在一开始介绍 AutoCAD 软件功能时将这个问题说清楚，以免给软件用户带来不必要的烦恼和对软件的恐惧感，这也是作者在多年的 AutoCAD 课程教学过程中碰到的经验总结。对象捕捉设置的方法如下：

　　① 点击 AutoCAD 软件绘制界面的右下方状态栏（图 1-15）的第一个倒三角"▼"，系统弹出图 1-23 所示的界面；

　　② 点击图 1-23 中的"捕捉设置"，系统弹出图 1-24 所示的界面，注意原始的捕捉间距和栅格间距均为 10，一般也就是 10mm，所以如果开启栅格捕捉，鼠标就以 10mm 的间隔跳跃，这里作者已将其设置为 0.01，并点击确定，保证捕捉间隔；

　　③ 点击图 1-24 中的对象捕捉，系统弹出图 1-25，点击"全部选择"，再点击确定，完成捕捉设置工作。

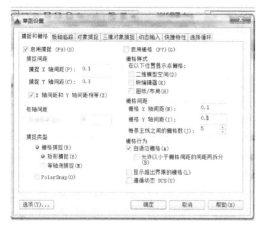

图 1-24　捕捉和栅格间距设置　　　　　　图 1-25　对象捕捉设置

在具体绘制过程中，有时尽管你已完成捕捉设置，但是仍然无法捕捉，这时可能你关闭了捕捉功能，可以按下键盘上的 F9 功能键，打开或关闭捕捉功能。注意 AutoCAD 软件和其他常规软件一样，许多功能键和快捷键均具有开关特性，点击一下开，再点击一下关，循环往复。如"Ctrl+0"既可以打开全屏显示，也可以关闭全屏显示；如"Ctrl+9"既可以启动命令窗口，也可以关闭命令窗口。这里有必要提醒用户 AutoCAD 中的许多命令都具有开关性、关联性、互锁性、置后性，这些特性在后续的命令操作中尤其需要引起注意。尤其是置后性，当你通过"文字样式"改变了文字的大小，但你会发现在此命令操作前已经生产的文字大小还是原来的样子，需要等下一次标注或输入文本时前面的修改才生效。对于已经标注好的标注，可以通过点击做适当移动，系统就会按新的格式修改标注样式中的文字大小。

（2）构造线

构造线是某种形式的一系列无限长的直线，它在某些特殊的绘图场合可起到辅助线的作用。它可通过点击功能"2"进入绘制构造线，或通过菜单中绘图→构造线；也可在命令行输入"XLINE"(简称 XL)来实现，若在系统提示中不做选择，直接点击鼠标，然后绘制的是以点击点为中心的一系列放射线见图 1-26，具体命令如下：

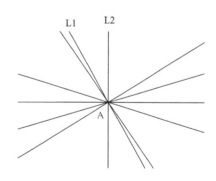

图 1-26　构造线绘制示意图

命令：_xline 指定点或 [水平(H)/垂直(V)/角度(A)/二等分(B)/偏移(O)]：【鼠标点击构造线中心点 A】

指定通过点：【需要位置点击】

指定通过点：@30<120【输入"30<120"，回车，见 L1】

指定通过点：@60<90【输入"60<90"，回车，L2】

如果在命令的提示行中，输入相应的选择，则将分别绘制一系列平行的水平线、垂直线、以一定角度倾斜的直线，以及所选定角度的平分线和以选定目标线为基准的平行偏移线。具体的绘制过程比较简单，下面是部分选项的绘制结果，见图 1-27。

（3）多义线

多义线或多段线（Polyline）是 AutoCAD 中最常见的且功能较强的实体之一，它由一系列首尾相连的直线和圆弧组成，可以具有宽度及绘制封闭区域，因此，多义线可以取代一些实心体等。可点击功能"3"；或通过菜单中绘图→多段线；或在命令行输入"PLINE"（简称 PL，以后括号内的内容就是简称），具体命令过程如下，绘制结果见图 1-28。

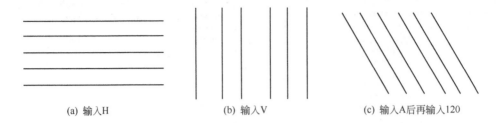

(a) 输入H   (b) 输入V   (c) 输入A后再输入120

图 1-27　输入不同选项后绘制的构造线

命令: _pline

指定起点:【任取一点 A】

当前线宽为 0.0000

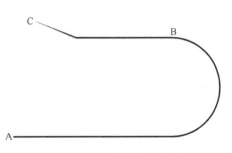

图 1-28　多义线绘制示意图

指定下一个点或 [圆弧(A)/半宽(H)/长度(L)/放弃(U)/宽度(W)]: w【输入 w，回车】

指定起点宽度 <0.0000>: 4【输入 4，回车，设定线宽为 4】

指定端点宽度 <4.0000>: 4【输入 4，回车】

指定下一个点或 [圆弧(A)/半宽(H)/长度(L)/放弃(U)/宽度(W)]: @500,0【输入"@500，0"，回车，绘制长度为 500 的线段】

指定下一点或 [圆弧(A)/闭合(C)/半宽(H)/长度(L)/放弃(U)/宽度(W)]: a【输入 a,回车，绘制圆弧】

指定圆弧的端点(按住 Ctrl 键以切换方向)或[角度(A)/圆心(CE)/闭合(CL)/方向(D)/半宽(H)/直线(L)/半径(R)/第二个点(S)/放弃(U)/宽度(W)]: 【任取一点 B】

指定圆弧的端点(按住 Ctrl 键以切换方向)或[角度(A)/圆心(CE)/闭合(CL)/方向(D)/半宽(H)/直线(L)/半径(R)/第二个点(S)/放弃(U)/宽度(W)]: l【输入 L，表示准备绘制直线】

指定下一点或 [圆弧(A)/闭合(C)/半宽(H)/长度(L)/放弃(U)/宽度(W)]: @-300,0【输入"@-300，0"，回车】

指定下一点或 [圆弧(A)/闭合(C)/半宽(H)/长度(L)/放弃(U)/宽度(W)]: w【输入 w，回车】

指定起点宽度 <4.0000>:【回车，默认宽度为 4】

指定端点宽度 <4.0000>: 0【输入 0，回车，设置宽度为 0，以便画箭头】

指定下一点或 [圆弧(A)/闭合(C)/半宽(H)/长度(L)/放弃(U)/宽度(W)]: 【任取一点 C】

指定下一点或 [圆弧(A)/闭合(C)/半宽(H)/长度(L)/放弃(U)/宽度(W)]: 【回车，完成绘制】

（4）正多边形

点击功能"4"；或通过菜单中绘图→正多边形进入；或在命令行中输入"POLYGON"（POL），绘制一个边长为 100 正六边形的具体执行命令过程如下：

命令: _polygon 输入边的数目<6>: 6【输入 6，回车】

指定正多边形的中心点或[边(E)]: e【输入 e，回车】

指定边的第一个端点: 300,300【输入"300，300"，回车，注意这里是绝对坐标】

指定边的第二个端点: @100,0【输入"@100，0"，回车，注意这里是相对坐标，见图 1-29(a)】

如果知道的是多边形的内接或外切圆的信息，则其绘制过程如下：

命令: _polygon 输入边的数目 <6>: 6
【输入 6，回车】

指定正多边形的中心点或 [边(E)]:
600,400【输入"600，400"，回车，注
意这里是绝对坐标，表示中心点也是内
接或外切圆心坐标】

输入选项 [内接于圆(I)/外切于圆(C)]
<I>: i【输入 I，回车】

指定圆的半径: 100【输入 100，回车，
见图 1-29(b)】

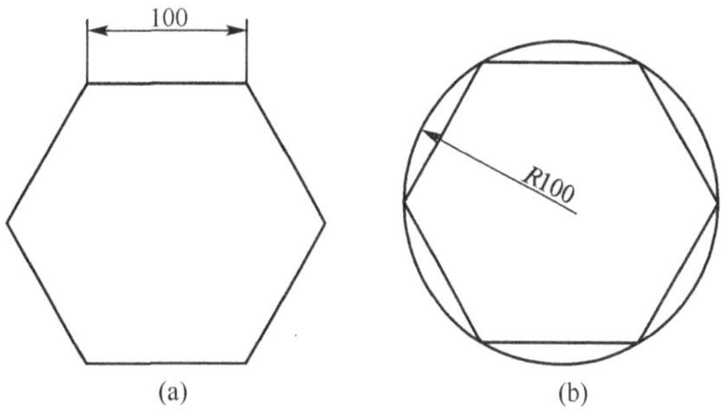

图 1-29　绘制正多边形的两种形式

（5）矩形

点击功能"5"；或菜单中的绘图→矩形；或命令行中输入 RECTANG(REC)，绘制一个
长为 200，高为 100 的矩形具体的执行命令过程如下：

命令: _rectang【点击功能"5"】

指定第一个角点或 [倒角(C)/标高(E)/圆角(F)/厚度(T)/宽度(W)]: 100,100【输入矩形起点
坐标，"100，100"，回车】

指定另一个角点或 [面积(A)/尺寸(D)/旋转(R)]: @200,100【输入"@200，100"，默认为
相对坐标，回车，得图 1-30(a)所示的矩形】

若想绘制出来的矩形具有倒角、圆角等其他特性，可在命令提示项中进行选择。绘制倒
角距离分别为 10 和 20 的矩形命令及操作如下：

命令: _rectang【点击功能"5"】

指定第一个角点或 [倒角(C)/标高(E)/圆角(F)/厚度(T)/宽度(W)]: c【输入 c，回车，准备
设置倒角距离】

指定矩形的第一个倒角距离 <0.0000>: 20【输入 20，回车，设置第一个倒角距离】

指定矩形的第二个倒角距离 <20.0000>: 10【输入 10，回车，设置第二个倒角距离】

指定第一个角点或 [倒角(C)/标高(E)/圆角(F)/厚度(T)/宽度(W)]: 400,100【输入矩形起点
坐标，"400，100"，回车】

指定另一个角点或 [面积(A)/尺寸(D)/旋转(R)]: @100,150【输入矩形的另一点坐标，
"@100，150"，回车，得到图 1-30（b）所示的图形，注意所有标注非本次操作的结果，
是作者为了说明问题标注上去的，以后均类同，不再说明】

和倒角操作相仿，也可以倒圆角，其绘制图见图 1-30（c）。

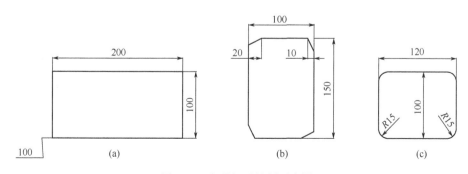

图 1-30　各种矩形绘制示意图

矩形绘制命令中最后两个选项分别是 T 和 W，T 代表矩形的厚度，W 代表绘制矩形的线宽。不过厚度的体现需要在三维视图中才能体现出来，图 1-31（a）是在设置 $T=12$ 的情况下绘制的矩形在西南等轴侧图中看到的图像；而图 1-31（b）则是设置了 $W=2$ 的情况下绘制的矩形。

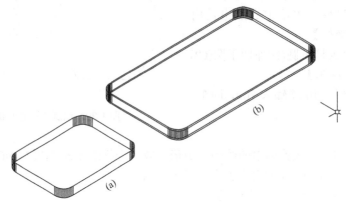

图 1-31　设置 $T=12$，$W=2$ 时绘制的矩形

提 醒

如果默认的倒角距离符合目前要求，可以通过两次回车代替倒角距离设置；如果矩形的长或宽小于两个倒角的距离之和，则绘制的矩形不会显示倒角，还是以无倒角矩形出现。同理，设置圆角时，当矩形的其中一边长度小于两倍的圆角半径时，绘制的矩形也是没有圆角的。

（6）圆弧

AutoCAD 软件中，系统提供 11 种绘制圆弧的方法，默认的方法为 (起点、第二点、端点)，具体如图 1-32 所示，其中图 1-32（a）是绘图菜单显示的 11 种绘制圆弧方法，图 1-32（b）是功能区显示的 11 种绘制圆弧方法，用户可以根据自己的喜好选择不同的方法绘制圆弧。可点击功能 "6"；或菜单中绘图（Draw）→圆弧(Arc)；或在命令行中输入 ARC（A）。一个利用默认方法绘制圆弧命令过程如下，其图见 1-32(a)。

（a）绘图菜单显示　　　　　（b）功能区中显示

图 1-32　绘制圆弧的 11 种方法

命令:_arc 指定圆弧的起点或[圆心(C)]:300,300【输入"300,300"绝对坐标位置,回车】

指定圆弧的第二个点或[圆心(C)/端点(E)]: @100,0【输入"@100,0",回车】

指定圆弧的端点: @100,100【输入"@100,100",回车】,如图 1-33(a)所示,需要注意的是,利用三点绘制的圆弧是该起点沿逆时针转动到端点所构成的圆弧。如果是要在某已绘好图上的三点,则可采用鼠标捕捉功能加以绘制。

起点圆心角度绘制圆弧例子,注意角度为逆时针方向,见图 1-33(b),命令如下:

命令: _arc【点击图 1-32 中的起点、圆心、角度】

指定圆弧的起点或 [圆心(C)]: 600,300【输入"600,300",回车】

指定圆弧的第二个点或 [圆心(C)/端点(E)]: _c

指定圆弧的圆心: @100,100【输入"@100,100",回车】

指定圆弧的端点(按住 Ctrl 键以切换方向)或 [角度(A)/弦长(L)]: _a

指定夹角(按住 Ctrl 键以切换方向): 90【输入"90",回车】

起点圆心长度绘制圆弧例子,注意长度为圆弧所在弦的弦长,见图 1-33(c),命令如下:

命令: _arc【点击图 1-32 中的起点、圆心、角度】

指定圆弧的起点或 [圆心(C)]: 850,300【输入"850,300",回车】

指定圆弧的第二个点或 [圆心(C)/端点(E)]: _c

指定圆弧的圆心: @100,100【输入"@100,100",回车】

指定圆弧的端点(按住 Ctrl 键以切换方向)或 [角度(A)/弦长(L)]: _l

指定弦长(按住 Ctrl 键以切换方向): 150【输入"150",回车】

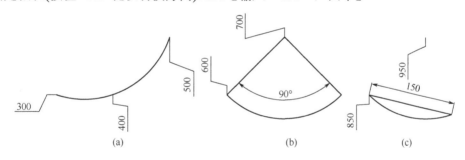

图 1-33 三种方法绘制的圆弧

(7)圆

AutoCAD 系统提供 6 种绘制圆的方法,默认的方法为圆心、半径的绘制方法,具体的六种方法如图 1-34 所示,读者可以根据需要而定。可点击功能"7";或菜单中的绘图(Draw)→圆(Circle);或在命令行中输入 CIRCLE(C)进入绘圆命令,一个绘制半径为 100 的圆的命令如下:

命令: _circle 指定圆的圆心或 [三点(3P)/两点(2P)/相切、相切、半径(T)]:【任取一点作为圆心】

指定圆的半径或 [直径(D)]: 100【输入 100 作为半径,回车则得图 1-35(a)所示的圆】

如果要绘制已知三角形中的内切圆或三条已知边相切的圆,就可以选择图 1-34 中的第 6 中绘制圆的方法,即相切、相切、相切,具体的绘制命令如下:

命令: _circle【点击图 1-34 中的"相切、相切、相切"】

指定圆的圆心或 [三点(3P)/两点(2P)/切点、切点、半径(T)]:_3P 指定圆上的第一个点: _tan 到【点击 AB 边】

指定圆上的第二个点：_tan 到【点击 BC 边】

指定圆上的第三个点：_tan 到【点击 AC 边】

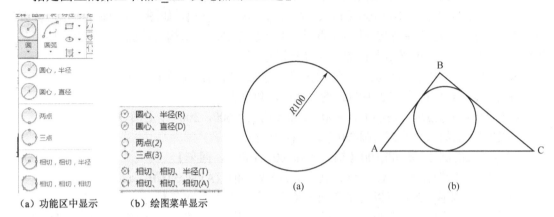

（a）功能区中显示　　（b）绘图菜单显示

图 1-34　绘制圆的 6 种方法　　　　　　　　图 1-35　两种不同方法绘制的圆

提　醒

　　普通圆的绘制，只要确定了圆心的位置和半径的大小就可以绘制，对于在规定的位置上绘制圆，需要利用 6 种方法中对应的绘制方法，如要绘制过已知 3 点的圆，就必须用图 1-33 中对应的第 4 种绘圆方法，必须注意的是，如果给定的 3 点是在一条直线上的，则无法绘制圆。绘制和 3 条已知边相切的圆，三条已知边并不一定要构成三角形，允许其中两条边是平行的。

（8）修订云线

　　可点击功能"8"；或菜单中绘图（Draw）→修订云线；或在命令行中输入 REVCLOUD 后，命令窗口出现"指定第一个点或 [弧长(A)/对象(O)/矩形(R)/多边形(P)/徒手画(F)/样式(S)/修改(M)] <对象>:"的多项选择。通过输入"A",可以改变最小弧长和最大弧长的数据；通过输入"O",可以改变原来云线，选择对象后系统会弹出"反转方向 [是(Y)/否(N)] <否>:"系统默认为不反转，输入"Y"，回车，就可以将原来的云线方向反转，见图 1-36。

(a)原云线　　　　　　　(b)反转云线

图 1-36　云线反转

　　如果点击功能"8"修订云线后，不选择任何选项，按默认方式，鼠标点击任意位置后移动，得到图 1-37（a） 所示的云线，其命令显示如下：

　　命令：_revcloud【点击功能"8"】

　　最小弧长: 20　最大弧长: 60　样式: 手绘　类型: 徒手画【目前默认状态】

　　指定第一个点或 [弧长(A)/对象(O)/矩形(R)/多边形(P)/徒手画(F)/样式(S)/修改(M)] <对象>: _F

　　指定第一个点或 [弧长(A)/对象(O)/矩形(R)/多边形(P)/徒手画(F)/样式(S)/修改(M)] <对象>:【鼠标任取一点】

　　沿云线路径引导十字光标【鼠标移动】

修订云线完成。【得到图 1-37（a）】

如果点击功能 "8" 修订云线后，命令窗口输入 "R"，则绘制出图 1-37（b）所示的矩形云线，具体命令及操作如下：

命令：_revcloud【点击功能 "8"】

最小弧长：20　最大弧长：60　样式：普通　类型：徒手画

指定第一个点或 [弧长(A)/对象(O)/矩形(R)/多边形(P)/徒手画(F)/样式(S)/修改(M)] <对象>：_F

指定第一个点或 [弧长(A)/对象(O)/矩形(R)/多边形(P)/徒手画(F)/样式(S)/修改(M)] <对象>：r【输入 "R"】

最小弧长：20　最大弧长：60　样式：普通　类型：矩形

指定第一个角点或 [弧长(A)/对象(O)/矩形(R)/多边形(P)/徒手画(F)/样式(S)/修改(M)] <对象>：【鼠标点击一点】

指定对角点：【鼠标拉开后点击另一点，得到图 1-37（b）】

如果点击功能 "8" 修订云线后，命令窗口输入 "P"，则绘制出图 1-37（c）所示的多边形云线，具体命令及操作和绘制矩形云线相仿，不再赘述。如果点击功能 "8" 修订云线后，命令窗口输入 "F"，则绘制出图 1-37（d）所示的任意云线，具体命令及操作和默认绘制云线相仿；如果点击功能 "8" 修订云线后，命令窗口输入 "S"，命令窗口会弹出 "选择圆弧样式 [普通(N)/手绘(C)] <普通>:" 选项，默认为普通形式，作者试用过两种形式，其实绘制的云线变化不大，图 1-37（d）所示的云线是在选择手绘形式下绘制的云线；如果点击功能 "8" 修订云线后，命令窗口输入 "M"，命令窗口弹出 "选择要修改的多段线:"，可以选择已经绘制好的云线，鼠标点击后重新绘制一段新的云线，将原来的一段删除。

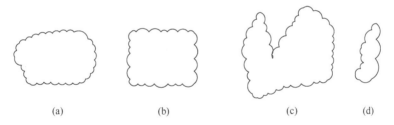

(a)　　　　　(b)　　　　　(c)　　　　(d)

图 1-37　各种不同选项下绘制的云线

提醒

如果鼠标位置不恰当，可能不会闭合，如需强制中断，需点鼠标右键，否则将继续绘制云线。

（9）样条曲线

样条曲线是经过或接近影响曲线形状的一系列点的平滑曲线。默认情况下，样条曲线是一系列 3 阶（也称为 "三次"）多项式的过渡曲线段。这些曲线在技术上称为非均匀有理 B 样条(NURBS)，但为简便起见，称为样条曲线。样条曲线在工程制图中可用于设备装置的连贯线绘制、局部剖分界线、局部放大图分隔线等。

点击功能 "9"，或菜单中的绘图→样条曲线，或在命令行中输入 SPLINE（SPL），进入绘制样条曲线。样条曲线可作为局部剖的分界线，具体的绘制命令如下：

命令：SPL【输入 SPL，回车】

SPLINE

当前设置: 方式=拟合　　节点=平方根【命令窗口自动显示内容】

指定第一个点或 [方式(M)/节点(K)/对象(O)]: 【点击 A】

输入下一个点或 [起点切向(T)/公差(L)]: 【点击 B】

输入下一个点或 [端点相切(T)/公差(L)/放弃(U)]: 【点击 C】

输入下一个点或 [端点相切(T)/公差(L)/放弃(U)/闭合(C)]: 【点击 D】

输入下一个点或 [端点相切(T)/公差(L)/放弃(U)/闭合(C)]: 【点击 E】

输入下一个点或 [端点相切(T)/公差(L)/放弃(U)/闭合(C)]: 【回车，就绘制好如图 1-38 所示的样条曲线】

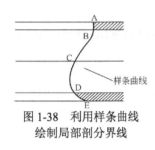

图 1-38　利用样条曲线
绘制局部剖分界线

注意样条曲线绘制时，2016 的版本比 2008 的版本多了 2 个选项，如果不采用默认绘制，先输入"M"，则命令窗口会弹出"输入样条曲线创建方式 [拟合(F)/控制点(CV)] <拟合>:"系统默认是拟合(F)。这时如果输入"CV"回车，就变成了控制点方式创建样条曲线。在"CV"模式下，会出现"阶数(D)"选项，系统默认是 3 阶，如果想改变拟合的阶数，可以输入"D"，回车，再输入对应的数据即可。利用拟合方式绘制的样条曲线，样条曲线经过数据点，而利用控制点方式创建样条曲线并不经过数据点，具体图形见图 1-39。

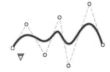

(a) 拟合方式　　　　　　(b) 控制点方式　　　　　　(c) 闭合方式

图 1-39　不同控制方式绘制的样条曲线

在开始绘制样条曲线时，如果输入"K"，回车，命令窗口会弹出"输入节点参数化 [弦(C)/平方根(S)/统一(U)] <平方根>:"，默认是"平方根（S）"模式，这个和拟合方法有关，一般选用默认模式就可以了，具体优劣跟数据点有关；如果输入"0",命令窗口会弹出"选择样条曲线拟合多段线:"，可以将利用"pline"绘制的多段线，并通过"pedit"选中多段线，在选择"样条曲线(S)"得到的样条曲线变成真正的样条曲线。因为通过"pedit"处理的多段线，尽管外观变成了样条曲线，但其属性还是多段线。

在样条曲线绘制过程中，如果在有"公差（L）"选项时，输入 L，回车，系统会要求你输入公差的数据，默认值为 0，一般使用默认值，如输入大于 0 的数据，表明运行样条曲线离开拟合点的距离；在样条曲线绘制过程中，如果在有"放弃(U)"选项时，输入 U，回车，系统会撤销上一点绘制的样条曲线；在样条曲线绘制过程中，如果在有"闭合(C)"选项时，输入 C，回车，系统会绘制闭合的样条曲线，见图 1-39（c）。

（10）椭圆

AutoCAD 系统提供 3 种绘制椭圆的方法,分别是默认的端点法以及通过输入参数的圆弧（A）法和中心点（C）法。可点击功能"10"；或菜单中的绘图→椭圆,或在命令行中输入 ELLIPSE（ELL）。图 1-40 中是用三种方法绘制的椭圆和椭圆弧。具体命令及操作过程如下。

默认模式:

命令: _ellipse【点击功能"10"】

指定椭圆的轴端点或 [圆弧(A)/中心点(C)]:【点击图 1-39 中的 A 点，长轴第一个端点位置】

指定轴的另一个端点:【输入 "@100,0"，回车，确定长轴第二个端点位置，由此可确定长轴长度为 100】

指定另一条半轴长度或 [旋转(R)]: 25【输入 25，回车。注意 25 是半短轴，短轴长度为 50】

命令:【绘制好图 1-40（a）】

中心点模式:

命令: _ellipse【点击功能 "10"】

指定椭圆的轴端点或 [圆弧(A)/中心点(C)]: c【输入 "C"，回车】

指定椭圆的中心点:【点击图 1-40 中的 B 点，确定椭圆中心点位置】

指定轴的端点: @50,50【输入 "@50,50"，确定椭圆轴的一个端点，由相对坐标可知，中心点到这个端点的距离为 $50\sqrt{2}$】

指定另一条半轴长度或 [旋转(R)]: 25【输入 25，回车】

命令:【得到图 1-40（b）】

圆弧模式:

命令: _ellipse【点击功能 "10"】

指定椭圆的轴端点或 [圆弧(A)/中心点(C)]: a【输入 "A"，回车】

指定或 [中心点(C)]:【点击图 1-40 中的 C 点，确定椭圆弧轴的一个端点】

指定轴的另一个端点: @100,0【输入 "@100,0"，回车，确定椭圆弧轴的第二个端点位置，由此可确定轴长度为 100】

指定另一条半轴长度或 [旋转(R)]: 25【输入 25，回车。注意 25 是半短轴，短轴长度为 50】

指定起点角度或 [参数(P)]: 0【输入 "0"，回车】

指定端点角度或 [参数(P)/夹角(I)]:120【输入 "120"，回车，绘制好图 1-40(c)】

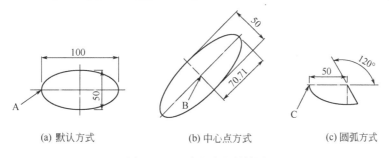

(a) 默认方式　　　　　　(b) 中心点方式　　　　　　(c) 圆弧方式

图 1-40　三种方式绘制椭圆

提醒

绘制椭圆的长短轴既可以是水平和垂直方向的，也可以是非水平和垂直方向的，这取决于绘制时输入轴的端点位置，像图 1-40（b）绘制时，中心点 B 点是随机点取的，但接下来端点采用相对坐标输入，输入 "@50，50"，标明端点在 45°方向，长度为 $50\sqrt{2}$，这和标注的数据 70.71 吻合的。在采用圆弧方式绘制时，注意圆弧的角度是逆时针方向的。

（11）椭圆弧

点击功能"11"，系统进入绘制椭圆弧，其实该命令也可从绘制椭圆命令中选择 A 进入，在系统的提示下进行操作，就可以绘制出你所需要的椭圆弧。一个具体的绘制长轴为 200，短轴为 100，只含有 1/4 的椭圆弧命令如下：

命令: _ellipse【点击"11"】

指定椭圆的轴端点或 [圆弧(A)/中心点(C)]: _a 【输入"A"，回车】

指定椭圆弧的轴端点或 [中心点(C)]: 200,200【输入"200,200"，回车，利用绝对坐标确定第一个端点位置】

指定轴的另一个端点: @200,0【输入"@200, 0"，回车，利用相对坐标确定轴的另一端点位置，由输入数据可知椭圆的长轴长度为200】

指定另一条半轴长度或 [旋转(R)]: 50【输入"50"，回车】

指定起始角度或 [参数(P)]: 0【输入"0"，回车】

指定终止角度或 [参数(P)/包含角度(I)]: 90【输入"90"，回车，得到图 1-41 所示的椭圆弧，注意标注和中心线是作者为了说明问题附加上去的，后面图中也有类似情况】

在化学化工设备及零件图绘制中，尤其是在二次开发中，有时需要绘制特殊方向、特殊角度的椭圆弧，用户就必须了解椭圆绘制中各种参数的含义，下面是一个特殊椭圆弧的绘制命令及操作方法：

命令: _ellipse【点击"11"】

指定椭圆的轴端点或[圆弧(A)/中心点(C)]: _a【输入"A"，回车】

指定椭圆弧的轴端点或[中心点(C)]:【鼠标点击任意一点，如图 1-42 中的 A 点】

指定轴的另一个端点:@100,100【输入"@100,100"，表明椭圆弧的轴和水平方向成 45°，长度为 100$\sqrt{2}$】

指定另一条半轴长度或 [旋转(R)]: 25【输入"25"，回车】

指定起点角度或 [参数(P)]: 60【输入"60"，回车】

指定端点角度或 [参数(P)/夹角(I)]: –100【输入"–100"，回车，绘制好图 1-42 中的（a）图，注意图 1-42（b）是为了说明各项参数的意义，作者添加了辅助线及标注】

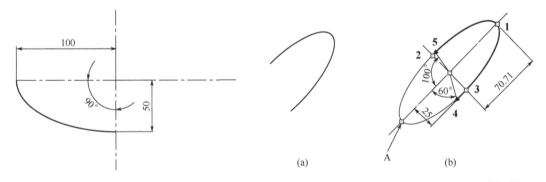

图 1-41　绘制椭圆弧实例（一）　　　　　　图 1-42　绘制椭圆弧实例（二）

> **提　醒**

绘制椭圆弧所包含的角度是从长轴的第一个端点以逆时针方向所构成的角度，如果输入的角度是负数，如上面的"–100"，表明这个角度方向是顺时针的。另外 0°方向就是长轴从第一端点到第二端点的方向，目前是从左向右的方向。当然当第二个端点的位置不同时，也可能是从右向左的方向。同时必须注意角度方向一定要以实际绘制的长轴为准，而不是第一条绘制的长轴，如在图 1-40 绘制中，在命令窗口弹出"指定另一条半轴长度或 [旋转(R)]:" 时输入 100，那么第二条轴就为长轴，长度为 200，一般情况下角度的计算就要以该长轴的左边端点或下部端点（垂直轴）为基准算起，希望用户自己练习不同情况下椭圆弧的绘制，认真体味角度和轴长之间的关系，为后续参数化绘制化工零件图打下基础。

（12）插入块

通过插入块操作，可以将一些在化工图样绘制中相同的或经常使用的图形的重复绘制工作省去，提高工作效率。如图 1-43 是化工工艺带控制点流程图绘制中常用的一些阀门图形，我们可以提前将它们制作为块，在需要绘制这些阀门时，通过插入块，就可以快速绘制这些阀门。点击功能"12"，进入插入块操作，系统弹出图 1-44 的对话框。通过选择插入的图块名称（节流）及其他提示的要求，就可以插入图块，如果要插入的图块不是在当前图制作的，可以通过浏览进入其他目录，找到我们所需的图块。

名称	符号	名称	符号
闸阀	 —▷◁—	球阀	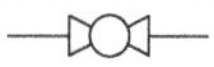 —▷◁—
截止阀	 —▷◁—	隔膜阀	 —▷◁—
节流阀	 —▶◀—	旋塞阀	 —▷●◁—
角式截止阀	 ▲	角式球阀	

图 1-43　化工工艺流程图中常用阀门图形

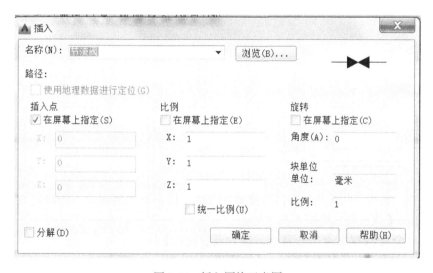

图 1-44　插入图块示意图

（13）创建块

点击功能"13"，可进入创建图块界面，如图 1-45 所示。输入所要创建的图块名（节流阀），然后点击拾取点，在屏幕上捕捉创建图块的基准点，系统就会显示拾取点的坐标；再点击选择对象，在屏幕上选择我们所需的对象，回车，然后按确定键，就创建了我们所需的图块。在以后的绘制中，如果需要绘制和已创建的块相同的部件，可以通过插入块来实现。

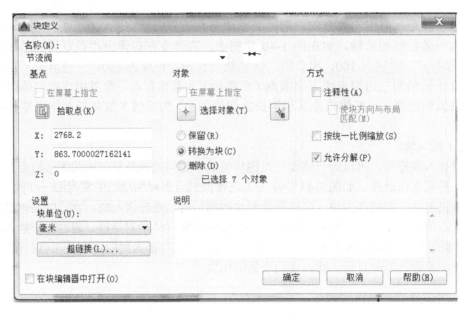

图 1-45　创建图块示意图

（14）点

可点击功能"14"；或菜单中绘图（Draw）→点（point）或在命令行中输入 POINT。如通过菜单中绘图进入点的绘制，会有 4 种选择，见图 1-46，定数等分点及定距等分点为绘图过程中基线位置的确定提供了方便。在 Ribbon 功能区，点击绘图，系统会展示点的 3 种绘制方法，见图 1-47。通过菜单中的格式→点样式，系统弹出如图 1-48 所示的对话框，用户可以选择点的形式和大小。

图 1-46　点的 4 种绘制方法

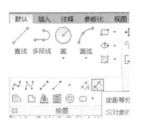

图 1-47　功能区的点绘制方法

图 1-48　点样式对话框

如原来有一条线段长度为 600，现需要等分成 6 段，其中间五个点的确定过程如下：

命令:_line【点击直线绘制工具"1"】
指定第一个点:【鼠标点击任意点，作为直线起点】
指定下一点或 [放弃(U)]: @600,0【输入"@600,0"，回车】
指定下一点或 [放弃(U)]: *取消*【回车，绘制好长度为 600 的水平线 L1】
命令:_divide【点击图 1-46 中定数等分】
选择要定数等分的对象:【选择图 1-49（a）中的线段 L1】
输入线段数目或 [块(B)]: 6【输入 6，回车，绘制好图 1-49（a）】

如果在上面的命令中输入"B"回车，可以利用已经绘制好的阀门块来作为等分符号，绘制好图 1-49（b），具体命令如下：

输入线段数目或 [块(B)]: b【输入 "B",回车】

输入要插入的块名: 阀门【输入 "阀门"，回车，注意 "阀门" 是已经制作好的块名】

是否对齐块和对象？[是(Y)/否(N)] <Y>:【回车，默认是】

输入线段数目: 6【输入 6，绘制好图 1-48（b）】

等分点的绘制也可以对圆弧或样条曲线进行定距等分或定点等分，其中图 1-49（c）是对圆弧进行定点等分；图 1-49（d）是对样条曲线进行定距等分，其命令及操作过程如下：

命令: ME【输入 ME,回车，也可点击图 1-46 中的定距等分】

MEASURE

选择要定距等分的对象:【选中图 1-49（d）中的样条曲线】

指定线段长度或 [块(B)]: 80【输入 "80"，回车，绘制好图 1-49（d）】

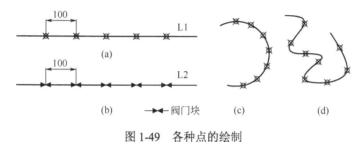

图 1-49　各种点的绘制

提 醒

利用经典模式，单击功能 "14" 绘制的是多点模式，直到按下 "Esc" 键退出点的绘制；如果利用菜单中绘图进入点的绘制，会有 4 种点的绘制选择，当选择单点绘制时只能绘制一个点，如果选择 "定数等分"，其命令窗口显示的命令并不是 "point" 而是 "divide"；如果选着 "定距等分"，显示的命令是 "measure"。等分点绘制好以后，如果选择点的样式是图 1-48 中的第一行第一列的样式，那么在显示上和原来没有区别，因为线段挡住了所绘制的点，为了便于后续绘图，可将原线段删除，这时，等分点就可以显示出来，便于捕捉。

（15）图案填充

可点击功能 "15"；或菜单中绘图→图案填充；或在命令行中输入 "HATCH" (也可输入 "BHATCH"，注意 AutoCAD 软件中，有时尽管在命令窗口输入的指令不相同，但最后可以执行相同的操作，如你也可以输入 "_HATCH")。执行命令之后，命令窗口会弹出 "拾取内部点或 [选择对象(S)/放弃(U)/设置(T)]: "，不再像 2008 等旧版本弹出对话框，如果你直接去点击某内部点,系统会根据目前的设置直接进行填充,回车或按下 "Esc" 键均可退出填充。如果填充的图像不符合要求，可以输入 "U" 回车后放弃，再输入 "T",回车，系统就弹出2008 及以前版本的 "边界图案填充对话框"，如图 1-50 所示。可再点击图案填充、高级、渐变色进行填充的一些设置工作。一般情况下，只要使用图 1-50 图案填充对话框就可以满足化工图样绘制的要求。在该对话框中，我们需设置图案、比例、角度，然后再选择拾取点，在屏幕上点击需要填充的地方，需要提醒读者的是需要填充的部分必须封闭，同时在当前视窗可见，否则，系统拒绝填充。化工图样绘制中常用的图案见图 1-51。

点击图 1-50 左上方 "ANSI31" 旁边的 "..."，系统会弹出 "填充图案选项板" 供用户选择要填充的图案，其中图 1-51（a）为 8 种 ASNI 类型的填充图案；其中图 1-51（b）为其他预定义类型的填充图案，该类型共有 61 种图案。

图 1-50 图案填充对话框

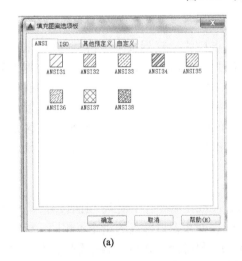

(a)

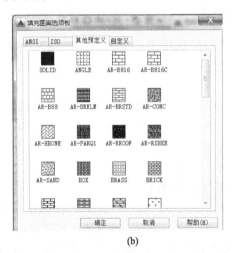

(b)

图 1-51 各种填充图案选项

　　图案填充时，有时尽管我们选择的是"ANSI31"的图案，但是显示的却和图 1-51（b）中的"SOLID"一样，一片黑，见图 1-52（a），这是由于我们选择的比例为 0.01 过小；图 1-52（b）的比例为 1；1-52（c）的比例为 2；1-52（d）比例为 2，角度为 90。一般通过改变角度来表达两种不同构件的金属剖面，这在后面的设备装配图中会经常用到。

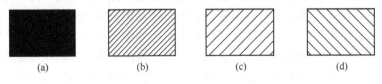

(a)　　　　　　(b)　　　　　　(c)　　　　　　(d)

图 1-52 不同比例和角度下 ANSI31 填充图

有时我们在进行填充时，看上去明明是封闭的区域，但是系统提示没有封闭，尤其是在封头绘制中经常出现，见图 1-53（a）；这时将图 1-53（a）的右下角部分不断放大，你将会看到图 1-53（b）的情况，其实右下角没有封闭，所以系统才会提示无法确定闭合的边界。这时可以通过添加辅助线，人为绘制一条交叉的辅助线，这样保证能够将区域封闭，填充好后再将其删除即可，见图 1-54。

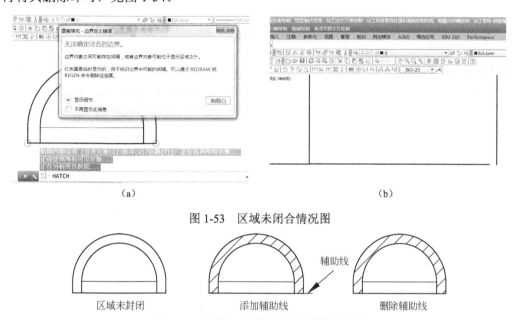

| (a) | (b) |

图 1-53　区域未闭合情况图

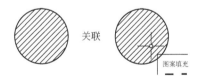

图 1-54　未闭合区域添加辅助线填充过程

图 1-50 中右边中部选项中，有"关联"和"创建独立的图案填充"选项，一般情况下默认关联，这样用户在填充命令下，不断选择填充区域时，本次所有的填充区域都是相互关联的，其有关比例、角度等特性只能一起修改，见图 1-55；如果将"关联"的打钩去掉，选择"创建独立的图案填充"选项，则连续填充时，每一个封闭的区域填充都是独立的，用户可以分别修改每一个填充的各种特性，见图 1-56。

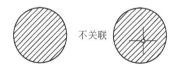

图 1-55　关联填充鼠标点击时　　　　　　图 1-56　不关联填充鼠标点击时

在化工装配图及零件图中，有时需要在填充上标注，标注的数字不能和填充的图案重叠，这时可以将填充分解（分解的工具见图 1-16 中的最后一个功能"38"），删除部分线条（利用修剪工具"30"），具体见图 1-57。

（16）渐变色

点击功能"16"；也可在菜单栏的绘图→渐变色；也可在命令窗口输入"gradient"回车，系统弹出和填充功能一样的提示命令"拾取内部点或 [选择对象(S)/放弃(U)/设置(T)]:"，可直接点取内部点按默认填充渐变色。如果输入"T"，回车，系统弹出图 1-58 渐变色填充对话框，该对话框也可以在图 1-50 中点击右上方的"渐变色"得到。渐变色的全部操作过程和图案填充相仿，在此不再赘述，图 1-59 是用双色渐变填充的矩形和圆。

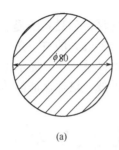
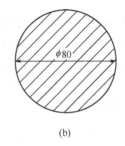

（a）   （b）

图 1-57 填充图案分解前后的标注

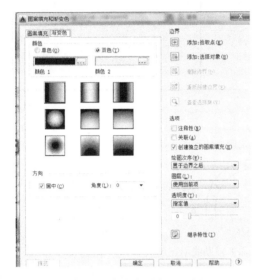

图 1-58 渐变色填充对话框

图 1-59 渐变色填充效果示意

（17）创建面域

可点击功能"17"；或菜单中的绘图→面域；或在命令行中输入 REGION，其作用是将一个封闭的区域转变成面域，为以后进行其他工作做准备，一个具体的执行命令过程如下：

命令: _region
选择对象: 找到 1 个
选择对象: 找到 1 个，总计 2 个
选择对象: 找到 1 个，总计 3 个
选择对象:
已提取 1 个环。
已创建 1 个面域。

利用创建面域的功能，再通过"AREA"命令，输入"O"回车后，选择利用面域功能"17"创建的面域，就可以得到复杂图像的面积和周长。如图 1-60（a）中打剖面部分的面积及周长，可以将剖面部分的全部线条合并成一个面域，如图 1-60（b）所示，在命令窗口输入"AREA"回车,再输入"O"回车，点击图 1-59（b）已构成面域的边界某处，系统就会显示该面域的面积和周长，在命令窗口显示的是"区域 = 65581.0150，修剪的区域 = 0.0000 ，周长 = 1155.2418"。

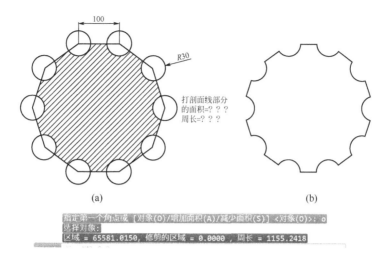

图 1-60　创建面域应用实例

提 醒

图 1-60（b）是在图 1-60（a）的基础上，通过修剪工具快速绘制得到；而图 1-60（a）通过绘制正多边形工具"4"绘制出正十边型，再通过环形阵列快速绘制出 10 个小圆即可。

（18）插入表格

可点击功能"18"；或选择菜单中的绘图→表格；或在命令行中输入"TABLE"回车，系统出现图 1-61 所示的对话框。

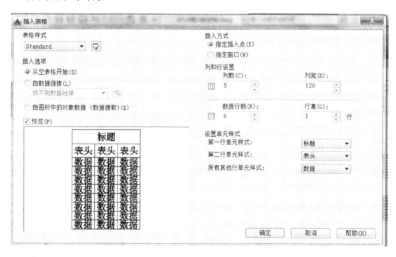

图 1-61　插入表格对话框

当插入方式选定"指定插入点"时，可对行数、列数、列宽和行高均进行设置，需要注意的是，行高的设置中行高的单位是"行"，每行的高度为和文字样式中（见图1-62）高度的设置及修改表格样式（见图 1-63）中页边距垂直数据有关，具体的计算公式如下：

$$单行高度=文字高度×4/3+2×页边距垂直数据 \tag{1-1}$$

图 1-62 文字样式对话框

图 1-63 修改表格样式对话框

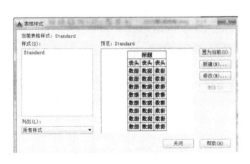

图 1-64 表格样式对话框

注意修改表格样式对话框是从表格样式对话框中点击"修改"进入，而表格样式需要点击图 1-61 的右上角表格样式下的" "图标进入，也可以通过菜单栏的格式→表格样式进入，见图 1-64。表格分为标题、表头、数据三部分，可以分别对三部分的页边距进行设置，注意默认的页边距均为 1.5，所以当文字高度为 6 时，默认状态下绘制的表格行高由式（1-1）可知为 11，其绘制的表格见图 1-65。如果要绘制所有行高为 6 的表格，根据式（1-1）反推，先设置所有页边距为 0，则文字的高度应为 6÷（4/3）=4.5，设置图 1-62 中的文字高度为 4.5，设置图 1-63 中的页边距为 0，可以绘制行高为 6 的表格，见图 1-66。根据以上的计算，用户可以方便地绘制任意行高和列宽的表格。

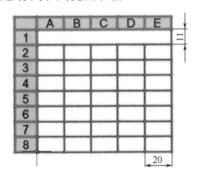

图 1-65 单行高度为 11 的表格

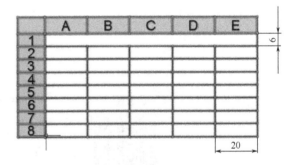

图 1-66 单行高度为 6 的表格

当插入方式选定"指定窗口"时，只能在行数和行高中选其一，列数和列宽选其一进行设置；剩下的两个变量取决于窗口的大小。插入表格后，可以仿照 Excel 软件中的操作进行数据和文字输入，表格中字体大小和形式还可以进行二次选择，不过一般默认系统的设置，因为在制作表格时已经考虑了文字的高度。

（19）填充文字

可点击功能"19"；或菜单中的绘图→文字→多行文字（单行文字）；或在命令行中输入 MTEXT（MT），其详细使用将在下一节单独讲解。

（20）添加选定对象

可点击功能"20"；或在命令行中输入"ADDSELECTED"，命令窗口出现"ADDSELECTED

选择对象:",点击任意已经绘制好的对象,系统将激活原来针对选中对象的绘制命令,原来是直线的,激活直线绘制命令继续绘制直线;原来是圆弧的激活圆弧绘制命令绘制下一个圆弧;原来是样条曲线的激活样条曲线。图 1-67(a)是添加选定对象命令操作前已有的一个图像,图 1-67(b)是利用添加选定对象命令进行操作后得到的图像,利用该命令的好处是可以继承所选定对象上次操作时的一些特性,保证在本次操作时能继承上次操作时设定的一些参数。这个功能在 2008 以前的版本时没有的,在 2016 以后的版本都有这个功能,希望用户认真体味这个功能,加快图形修改及添加的速度。

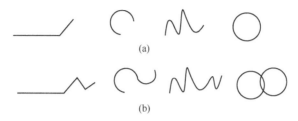

(a)

(b)

图 1-67　添加选定对象命令操作前后的图像

图 1-67(a)到图 1-67(b)前面两个图形的绘制命令及操作过程如下:

命令: _addselected【输入"addselected",回车】

选择对象:【鼠标点击图 1-67(a)中的第一图形】

_.line

指定第一个点:【鼠标点击图 1-67(a)中第一图形的线段左上端点】

指定下一点或 [放弃(U)]:【鼠标点击某一点】

指定下一点或 [放弃(U)]:【鼠标点击某一点】

指定下一点或 [闭合(C)/放弃(U)]: *取消*【按"Esc"键退出,得到图 1-67(b)中的第一图形】

命令: _addselected【输入"addselected",回车】

选择对象:【鼠标点击图 1-67(a)中的第二图形】

_.arc

指定圆弧的起点或 [圆心(C)]:【鼠标点击图 1-67(a)中的第二图形圆弧的左上端点】

指定圆弧的第二个点或 [圆心(C)/端点(E)]:【移动鼠标,点击】

指定圆弧的端点:【移动鼠标点击,得到图 1-67(b)的第二图形】

图 1-67(a)到图 1-67(b)后面两个图形的绘制命令及操作过程和前面两个图形的类同,在此不再赘述。

(21)删除

可点击功能"21";菜单中的修改→删除; 或在命令行中输入 ERASE,一个具体的删除命令如下所示:

命令: _erase【点击功能"21"】

选择对象: 找到 1 个【若目标多个,可采用鼠标从右上向左下拖动】

……

选择对象:【若不再另选物体,则回车,所选对象被删除】

提 醒

2016 及以后版本,选择对象时有多种方式,一般有栏选(F)/圈围(WP)/圈交(CP),如果不选择方法，直接操作，一般有两种方式，一种是鼠标击后松开，再移动鼠标选中目标后点击，就能以矩形的方式选择对象，见图 1-68；如果鼠标点击后不松开，再继续移动鼠标，然后放手再移动鼠标，就能以窗口套索方式如图 1-69 所示选择对象，最后点击鼠标，就可以选中隐形所包围的对象。注意矩形方式选择对象时，如果矩形是从右上向左下拉动，只要矩形碰到对象的任意部分就可以选中对象，反之则矩形必须全部包围住对象。图 1-70 是以栏选方式选择对象，鼠标点击某处，输入"F"后回车，再移动鼠标并不断点击，只要绘制的虚线碰到对象，就可以选中对象，选中全部需要选择的对象后回车就可以选中对象。图 1-71 是以圈围(WP)的方式选择对象，鼠标点击某处，输入"WP"后回车，再移动鼠标并不断点击，就可以选中对象，选中全部需要选择的对象后回车就可以选中对象。

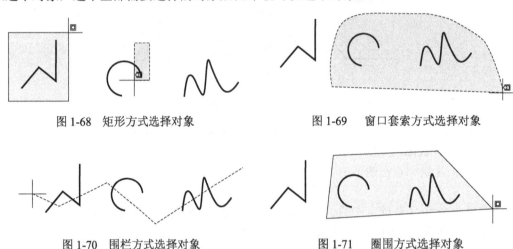

图 1-68　矩形方式选择对象　　　　　　　图 1-69　窗口套索方式选择对象

图 1-70　围栏方式选择对象　　　　　　　图 1-71　圈围方式选择对象

（22）复制

可点击功能"22"；或菜单中的修改→复制；或在命令行中输入 COPY（CO）回车，一个具体的复制命令如下：

命令: _copy【点击功能"22"】

选择对象: 找到 1 个【选择图 1-72 中虚线所示的矩形】

选择对象:【回车，如果有多个对象，可继续选择，最后通过回车结束选择对象】

当前设置:复制模式 = 多个

指定基点或 [位移(D)/模式(O)] <位移>: 【点击图 1-72 中 A 点】

指定第二个点或 [阵列(A)] <使用第一个点作为位移>:【点击图 1-72 中 B 点】

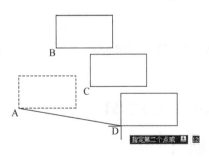

指定第二个点或 [阵列(A)/退出(E)/放弃(U)] <退出>:【点击图 1-72 中 C 点】

指定第二个点或 [阵列(A)/退出(E)/放弃(U)] <退出>:【点击图 1-72 中 D 点】

指定第二个点或 [阵列(A)/退出(E)/放弃(U)] <退出>:【回车，也可以输入"E"回车，完成复制】

如果在复制过程中,选择以阵列的方式进行复制,可输入"A"以后再输入具体的复制数目,可一次复制出多个相同的图形,见图 1-73。

图 1-72　简单复制过程示意图

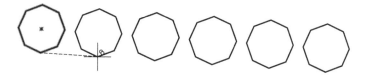

图 1-73　阵列复制过程示意图

阵列复制过程具体命令及操作过程：

命令：COPY【点击功能"22"】

选择对象：找到 1 个【点击图 1-73 中的第一个正八边形】

选择对象：【回车】

当前设置：复制模式 = 多个

指定基点或[位移(D)/模式(O)] <位移>:【点击图 1-73 中的第一个正八边形中的某一点，本图中点击最下端点】

指定第二个点或[阵列(A)] <使用第一个点作为位移>：a【输入"A",回车】

输入要进行阵列的项目数: 6【输入"6"回车】

指定第二个点或[布满(F)]:【鼠标拉动，可以看到随着鼠标的拉动，阵列复制的图形会不断变动，可以复制出不同间距不同排列方向的共 6 个正八边形】

指定第二个点或[阵列(A)/退出(E)/放弃(U)] <退出>: *取消*【按下"Esc"键，退出绘制好图 1-73】

（23）镜像

可点击功能"23"；或菜单中修改→镜像；或在命令行中输入 MIRROR（MI）回车，具体命令和操作过车方法如下：

命令: _mirror【点击功能"23"】

选择对象: 找到 1 个【选择图 1-74 中左边的三角形】

选择对象:【回车，如果还有其他对象，可以继续选择】

指定镜像线的第一点：【点击图 1-74 中 A 点】

指定镜像线的第二点：【点击图 1-74 中 B 点】

是否删除源对象？[是(Y)/否(N)] <否>：【回车，完成镜像】

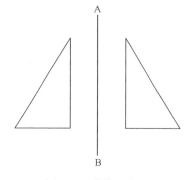

图 1-74　镜像示意图

（24）偏移

可点击功能"24"；或菜单中修改→偏移，或在命令行中输入 OFFSET。该命令用于生成从已有对象偏移一定距离的新对象，新对象和原对象形状相仿或相同，熟练应用偏移功能，能够提高图形的绘制速度。下面是一个矩形向外偏移的操作过程：

命令: _offset【点击功能"24"】

当前设置: 删除源=否　图层=源　OFFSETGAPTYPE=0

指定偏移距离或 [通过(T)/删除(E)/图层(L)] <20.0000>: 30【输入"30"作为偏移距离】

选择要偏移的对象，或 [退出(E)/放弃(U)] <退出>:【点击图 1-75 左边内部的矩形 R1】

指定要偏移的那一侧上的点，或 [退出(E)/多个(M)/放弃(U)] <退出>:【在 R1 外部点击】

选择要偏移的对象，或 [退出(E)/放弃(U)] <退出>:【回车，完成图 1-75 左边所示的偏移】

上例即图 1-75 中左半图所示，由于该矩形为一整体，所以偏移为整体偏移，目前方向为由内向外，也就是每边向外偏移 30 单位，当然也可以向内偏移，只要选择在 R1 内部点击即

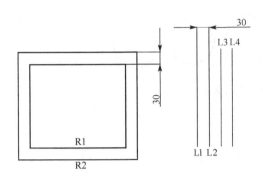

图 1-75 OFFSET 命令实例

可。下面操作的结果是图 1-75 右半图所示的一组平行直线，间距为 30 单位，原来只有 L1 一条线段，通过偏移生成 L2、L3、L4。

命令: _offset【点击功能"24"】

当前设置：删除源=否　　图层=源 OFFSETGAPTYPE=0

指定偏移距离或 [通过(T)/删除(E)/图层(L)]<30.0000>:【回车，默认原来的设置】

选择要偏移的对象，或[退出(E)/放弃(U)]<退出>:【点击 L1】

指定要偏移的那一侧上的点，或 [退出(E)/多个(M)/放弃(U)] <退出>:【在 L1 右边点击，自动生成 L2】

选择要偏移的对象，或[退出(E)/放弃(U)]<退出>:【点击 L2】

指定要偏移的那一侧上的点，或 [退出(E)/多个(M)/放弃(U)]<退出>:【在 L2 右边点击，自动生成 L3】

选择要偏移的对象，或[退出(E)/放弃(U)] <退出>:【点击 L3】

指定要偏移的那一侧上的点，或 [退出(E)/多个(M)/放弃(U)] <退出>:【在 L3 右边点击】

选择要偏移的对象，或[退出(E)/放弃(U)] <退出>:【回车，完成 L2、L3、L4 绘制】

提 醒

在偏移命令执行过程中，可能有两次输入"E"命令的操作，注意一个是"删除(E)"，如果此时输入"E"并回车，会继续执行偏移命令的后续操作，但最后操作完成后会删除原来作为偏移基准的对象；另一个是"退出(E)"，该命令执行在任何阶段，在有"退出(E)"提示下，输入"E"并回车，就会结束偏移命令操作。在有"放弃（U）"出现时输入"U"并回车，就意味着放弃上一步操作，至于具体放弃的内容和上一步操作的内容有关。偏移的形式除了规定具体的距离外，还可以以"通过(T)"的形式进行操作，如果在出现"通过(T)"提示时，输入"T"，并回车，那么在后续操作时可以通过鼠标拉动到任意位置，点击鼠标就可以实现偏移。另外通过在命令窗口出现"多个(M)"时输入"M"，并回车，这时可以从一个基准对象，不断地以定距或通过的形式向外或向内偏移，无需像单个偏移那样每次偏移需要先点击偏移基准，图 1-76 就是在以通过（T）的形式确定距离，利用多个（M）偏移的形式，从内部任意向外偏移的正八边形系列图，具体的命令及操作过程如下：

命令: _offset【点击功能"24"】

当前设置: 删除源=否　图层=源　OFFSETGAPTYPE=0

指定偏移距离或 [通过(T)/删除(E)/图层(L)] <11.7780>: t【输入"T"，回车】

选择要偏移的对象，或 [退出(E)/放弃(U)] <退出>:【鼠标点击图 1-76 中最内部的正八边形】

指定通过点或 [退出(E)/多个(M)/放弃(U)] <退出>: m【输入"M"，回车】

指定通过点或 [退出(E)/放弃(U)] <下一个对象>:【鼠标向外拉动，点击】

指定通过点或 [退出(E)/放弃(U)] <下一个对象>:【鼠标向外拉动，点击】

指定通过点或 [退出(E)/放弃(U)] <下一个对象>:【鼠标向外拉动，点击】

指定通过点或 [退出(E)/放弃(U)] <下一个对象>:【鼠标向外拉动，点击】

指定通过点或 [退出(E)/放弃(U)] <下一个对象>:【鼠标向外拉动，点击】

指定通过点或 [退出(E)/放弃(U)] <下一个对象>:【鼠标向外拉动，点击】

选择要偏移的对象，或 [退出(E)/放弃(U)] <退出>: *取消*【回车，绘制好图 1-76，如果利用定距的形式，可以绘制更有规律的图形，如图 1-77 所示，以 10 为距离向外偏移】

 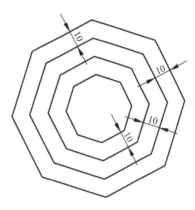

图 1-76　通过形式绘制多个偏移图　　　　图 1-77　定距形式绘制多个偏移图形

（25）阵列

点击功能"25"阵列这个工具，在 2016 及以上版本中，不再直接弹出图 1-78 的经典阵列对话框，而是在命令窗口弹出"ARRAYRECT 选择对象:"提示语，系统默认的是矩形阵列 **ARRAYRECT**，此时如果点击某个正八边形对象，系统就会自动生成如图 1-79 所示的三行四列的默认矩形阵列图，同时在命令窗口弹出图 1-80 所示的矩形阵列选项提示。在图 1-79 中共有 A、B、C、D、E、F 六个控制点，鼠标点击控制点 A 的小正方形，该正方形变成红色，鼠标点击后按住不放并移动鼠标就可以将整个矩形阵列进行移动；鼠标点击控制点 B 的向右三角形，该三角形变成红色，鼠标点击后按住不放并左右移动鼠标就可以改变阵列中列之间的距离；鼠标点击控制点 C 的向右三角形，该三角形变成红色，鼠标点击后按住不放并左右移动鼠标就可以增加或减少阵列中列的数目；鼠标点击控制点 D 的小正方形，该正方形变成红色，鼠标点击后按住不放并移动鼠标就可以改变矩形阵列中的行数和列数；鼠标点击控制点 E 的向上三角形，该三角形变成红色，鼠标点击后按住不放并上下移动鼠标就可以增加或减少阵列中行的数目；鼠标点击控制点 F 的向上三角形，该三角形变成红色，鼠标点击后按住不放并上下移动鼠标就可以改变阵列中行之间的距离。

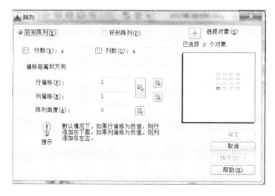 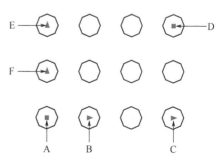

图 1-78　经典阵列对话框　　　　　　　图 1-79　默认矩形阵列图

图 1-80 矩形阵列选项提示图

有些用户习惯了经典的阵列对话框工具，对于在命令窗口需要逐项输入的方式不习惯，则需要按照前面介绍的方式通过在编辑程序参数处增加"AR,　*arrayclassic"的代码调出经典阵列对话框，这时在命令窗口只要输入"AR"并回车，系统就会弹出图 1-78 所示的经典对话框，根据对话框可以方便地选择矩形阵列的行数、列数、行偏移（行之间距离）、列偏移、阵列角等参数。如果需要进行环形阵列，则点击图 1-78 中上部第一行第二列的"环形阵列"，系统弹出图 1-81 所示的对话框，用户可以方便地进行环形阵列。需要注意的是环形阵列中需要选择中心点，并对复制时项目是否旋转做出选择，系统默认旋转、填充角度 360°、项目总数 4 个。

AutoCAD2016 及以上版本中对阵列其实还是做出了一些有益的改进，阵列形式由原来的二种变成了三种，增加了路径阵列。三种阵列的模式既可以通过菜单栏中的修改→阵列找到，见图 1-82；也可以点击功能"25"后不松手，系统就会在功能"25"的左边弹出三种阵列工具示意图，见图 1-83，这时松开鼠标，就可以通过再次点击图 1-83 中三种阵列工具中的任意一种，进行阵列绘制。用户也可以通过菜单栏中的工具→工具栏→AutoCAD→阵列工具栏将3 种阵列工具直接拉到桌面，见图 1-84。

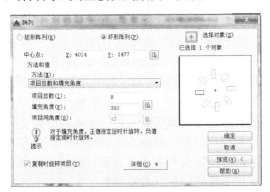

图 1-81 环形阵列对话框

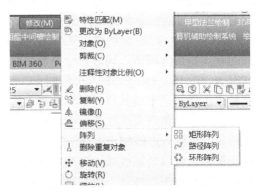

图 1-82 修改菜单中的三种阵列

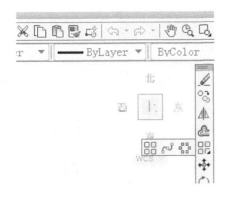

图 1-83 三种阵列工具显示

图 1-84 工具栏加载三种阵列工具

图 1-78 和图 1-81 两种经典的阵列方式根据对话框的提示用户比较容易掌握，但 2016 及以上版本如不进行人工设置，阵列的绘制将以命令窗口的形式进行，点击矩形阵列工具，命令窗口弹出图 1-80 的命令提示，这些提示的内容及作用如下：

关联(AS)：输入 AS 回车，可以选择"Y"或"N"，选择"Y"表示后面所绘制的阵列是一个整体，不能单个删除，系统默认是"Y"；

基点(B)：输入 B 回车，可以选择阵列移动时的基点，一般不用设置，系统默认为阵列源的质心；

计数(COU)：输入 COU 回车，系统会提示你输入行数、输入列数，其实和单个输入行数和列数命令相仿；

间距(S)：输入"S"回车，系统会提示你输入行之间的距离和列之间的距离；

列数(COL)：输入"COL"，回车，系统会提示你输入列数；

行数(R) ：输入"R"，回车，系统会提示你输入行数；

层数(L) ：输入"L"，回车，系统会提示你输入层数，注意这个层数是除了二维视图上 X、Y 两个方向以外的第三个方向，即在三维视图中的 Z 轴方向，注意默认 L 的值为 1，即使你输了大于 1 的数，在二维视图上是看到和 L=1 时的不同之处，只有在三维视图中才可以看到不同的层数；

退出(X)：输入"X"，回车，退出阵列命令操作，绘制好已经操作的内容。

图 1-85 是利用命令窗口形式绘制的 5 行 6 列 6 层的矩形阵列二维视图，在二维视图中，见不到 6 层的效果，但如果采用三维视图中的西南等轴测视图见图 1-86 就可以见到 6 层的效果。下面是 5 行 6 列 6 层的矩形阵列具体绘制命令及操作过程：

命令: _arrayrect【点击功能"25"或"矩形阵列"】

选择对象: 找到 1 个【选择已绘制好的正八边形即图 1-84 中左下角的正八边形】

选择对象:【回车】

类型 = 矩形　关联 = 是

选择夹点以编辑阵列或 [关联(AS)/基点(B)/计数(COU)/间距(S)/列数(COL)/行数(R)/层数(L)/退出(X)] <退出>: as【输入"AS"，回车，进行关联性选择】

创建关联阵列 [是(Y)/否(N)] <是>:【直接回车，选择默认值"是"】

选择夹点以编辑阵列或 [关联(AS)/基点(B)/计数(COU)/间距(S)/列数(COL)/行数(R)/层数(L)/退出(X)] <退出>: b【输入"B"，回车】

指定基点或 [关键点(K)] <质心>:【直接回车，选择默认图 1-84 左下角的正八边形质心作为基点】

选择夹点以编辑阵列或 [关联(AS)/基点(B)/计数(COU)/间距(S)/列数(COL)/行数(R)/层数(L)/退出(X)] <退出>: cou【输入"COU"，回车】

输入列数数或 [表达式(E)] <4>: 6【输入"6"，回车】

输入行数数或 [表达式(E)] <3>: 5【输入"6"，回车】

选择夹点以编辑阵列或 [关联(AS)/基点(B)/计数(COU)/间距(S)/列数(COL)/行数(R)/层数(L)/退出(X)] <退出>: s【输入"S"，回车】

指定列之间的距离或 [单位单元(U)] <59.6258>: 80【输入"80"，回车】

指定行之间的距离 <59.6258>:60【输入"60"，回车】

选择夹点以编辑阵列或 [关联(AS)/基点(B)/计数(COU)/间距(S)/列数(COL)/行数(R)/层数(L)/退出(X)] <退出>: col【输入"COL"，回车】

输入列数数或 [表达式(E)] <6>:【回车,选择默认值 6】

指定列数之间的距离或 [总计(T)/表达式(E)] <80>:【回车，选择默认值 80】

选择夹点以编辑阵列或 [关联(AS)/基点(B)/计数(COU)/间距(S)/列数(COL)/行数(R)/层数(L)/退出(X)] <退出>: r【输入"R"，回车】

输入行数数或 [表达式(E)] <5>:【回车，选择默认值 5】

指定行数之间的距离或 [总计(T)/表达式(E)] <60>:【回车，选择默认值 60】

指定行数之间的标高增量或 [表达式(E)] <0>:【回车，选择默认值 0】

选择夹点以编辑阵列或 [关联(AS)/基点(B)/计数(COU)/间距(S)/列数(COL)/行数(R)/层数(L)/退出(X)] <退出>:l【输入"L"，回车】

输入层数或 [表达式(E)] <1>: 6【输入"6"，回车】

指定层之间的距离或 [总计(T)/表达式(E)] <1>: 90【输入"90"，回车】

选择夹点以编辑阵列或 [关联(AS)/基点(B)/计数(COU)/间距(S)/列数(COL)/行数(R)/层数(L)/退出(X)] <退出>: x【输入"X"，回车，绘制好图 1-85，图 1-85 在三维视图中的效果见图 1-86，共有 6 层，层与层之间的距离是 90，每层行与行之间的距离是 60，列与列之间的距离是 80】

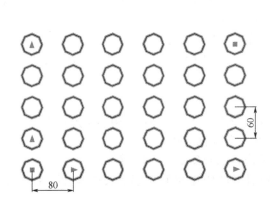

图 1-85 矩形阵列二维视图

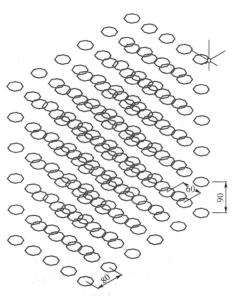

图 1-86 矩形阵列三维视图

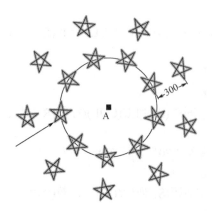

图 1-87 9 个 2 行环形阵列图

要绘制环形阵列（图 1-87）除了利用经典的图 1-81 对话框，还可以点击图 1-82 或图 1-83 中的环形阵列图标，也可以直接在命令窗口输入"ARRAYPOLAR"回车，进行绘制，具体的命令和操作过程如下：

命令: _arraypolar【点击环形阵列工具】

选择对象: 指定对角点: 找到 5 个【选择图 1-87 中箭头所指的已提前画好的五角星】

选择对象:

类型 = 极轴 关联 = 是

指定阵列的中心点或 [基点(B)/旋转轴(A)]:【点击图 1-87 中的小正方形 A 点】

选择夹点以编辑阵列或 [关联(AS)/基点(B)/项目(I)/项目间角度(A)/填充角度(F)/行(ROW)/层(L)/旋转项目(ROT)/退出(X)] <退出>: i【输入"I"，回车】

输入阵列中的项目数或 [表达式(E)] <6>: 9【输入"9"，回车】

选择夹点以编辑阵列或 [关联(AS)/基点(B)/项目(I)/项目间角度(A)/填充角度(F)/行(ROW)/层(L)/旋转项目(ROT)/退出(X)] <退出>: row【输入"ROW"，回车】

输入行数数或 [表达式(E)] <1>: 2【输入"2"，回车】

指定行数之间的距离或 [总计(T)/表达式(E)] <266.6663>: 300【输入"300"，回车】

指定行数之间的标高增量或 [表达式(E)] <0>:【回车，默认为"0"】

选择夹点以编辑阵列或 [关联(AS)/基点(B)/项目(I)/项目间角度(A)/填充角度(F)/行(ROW)/层(L)/旋转项目(ROT)/退出(X)] <退出>: l【输入"L"，回车】

输入层数或 [表达式(E)] <1>: 2【输入"2"，回车。注意这个 2 层的效果需要在三维视图中体现】

指定层之间的距离或 [总计(T)/表达式(E)] <1>: 380【输入"380"，回车】

选择夹点以编辑阵列或 [关联(AS)/基点(B)/项目(I)/项目间角度(A)/填充角度(F)/行(ROW)/层(L)/旋转项目(ROT)/退出(X)] <退出>: rot【输入"ROT"，回车】

是否旋转阵列项目？ [是(Y)/否(N)] <是>:【回车，默认为"Y"】

选择夹点以编辑阵列或 [关联(AS)/基点(B)/项目(I)/项目间角度(A)/填充角度(F)/行(ROW)/层(L)/旋转项目(ROT)/退出(X)] <退出>:【直接回车退出，绘制好图 1-89】

路径阵列在 2008 及以前版本中是没有，2016 及以后版本中均有路径阵列。路径阵列允许用户按已知的路径方式以一定的规律布置已经画好的部件，需要注意的是它并不是在已知的路径上布置部件，而是以已经画好的一个部件作为基准，按照选定路径的模式布置其他部件。图 1-88 是选择椭圆作为路径，阵列前是图 1-88（a）的效果，阵列后是图 1-88（b）效果；同理图 1-89 中的(a)和（b）是沿直线路径方向阵列前后的效果图。由图 1-88 及图 1-89 可知阵列并非在用户选定的路径上，当选定路径是曲线时，阵列的部件也不是均匀布置。

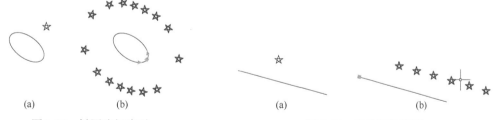

图 1-88　椭圆路径阵列　　　　图 1-89　直线路径阵列

下面是图 1-88 的执行命令及操作过程：

命令: _arraypath【点击路径功能图标或输入"arraypath"，回车】

选择对象: 找到 1 个【选中图 1-88（a）中右上角的五角星】

选择对象:

类型 = 路径　关联 = 是

选择路径曲线: 【选中图 1-88（a）中的椭圆】

选择夹点以编辑阵列或 [关联(AS)/方法(M)/基点(B)/切向(T)/项目(I)/行(R)/层(L)/对齐项目(A)/z 方向(Z)/退出(X)] <退出>: m【输入"M"，回车，选择方法】

输入路径方法 [定数等分(D)/定距等分(M)] <定距等分>: m【输入"M"，回车，选择定距等分】

选择夹点以编辑阵列或 [关联(AS)/方法(M)/基点(B)/切向(T)/项目(I)/行(R)/层(L)/对齐项目(A)/z 方向(Z)/退出(X)] <退出>: i【输入"I"，回车，选择项目】

指定沿路径的项目之间的距离或 [表达式(E)] <291.7423>: 150【输入"150"，回车】

最大项目数 = 15

指定项目数或 [填写完整路径(F)/表达式(E)] <15>:【输入"16"，回车，由于超过最大项目数，最后阵列的数目仍为15】

选择夹点以编辑阵列或 [关联(AS)/方法(M)/基点(B)/切向(T)/项目(I)/行(R)/层(L)/对齐项目(A)/z 方向(Z)/退出(X)] <退出>:z【输入"z"，回车】

是否对阵列中的所有项目保持 Z 方向？ [是(Y)/否(N)] <是>:【回车】

选择夹点以编辑阵列或 [关联(AS)/方法(M)/基点(B)/切向(T)/项目(I)/行(R)/层(L)/对齐项目(A)/z 方向(Z)/退出(X)] <退出>:t【输入"T"，回车】

指定切向矢量的第一个点或 [法线(N)]:【在图1-88（b）的椭圆上按箭头所示的方向顺序取第一点】

指定切向矢量的第二个点:【取第二点】

选择夹点以编辑阵列或 [关联(AS)/方法(M)/基点(B)/切向(T)/项目(I)/行(R)/层(L)/对齐项目(A)/z 方向(Z)/退出(X)] <退出>:【回车，绘制好图1-88】

其实如果真的要在已知的路径上均匀布置各种部件，见图1-90，建议用户采用"点-定数等分"功能进行绘制，图1-90就是利用该功能进行绘制的，在定数等分点的绘制中，点的标记和可以采用已经制作好的块，如图1-90右边对样条曲线的等分就采用已经制作好的阀门块作为点的标记，相当于将阀门按路径进行阵列，按此思路可以绘制各种路径阵列。

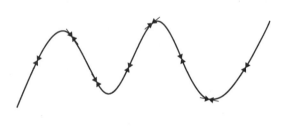

图1-90　两种路径上的定数等分图

图1-90右边图的操作命令如下：

命令: _divide【点击定数等分】

选择要定数等分的对象:【选择图1-90右边的样条曲线】

输入线段数目或 [块(B)]: b【输入"B"，回车】

输入要插入的块名: 节流阀【输入"节流阀"，回车】

是否对齐块和对象？ [是(Y)/否(N)] <Y>:【回车】

输入线段数目: 9【输入"9"，回车】

◁ **提　醒** ▷

在矩形列阵中，行间距以向上为正，列间距以向右为正，如果行间距或列间距设置过小，会出现图形重叠；在环形阵列中如果中心点选择不合理的话，也会出现图形重叠。

（26）移动

可点击功能"26"；或菜单中的修改（Modify）→移动（Move）；或者在命令行中输入 MOVE。移动命令用于将指定对象从原位置移动到新位置，注意移动时基点的选择，如图 1-91 所示。

命令:_move【点击功能"26"】

选择对象: 找到 1 个【选择图 1-91 中虚线所示的矩形】

选择对象:【回车】

指定基点或位移: 【选择图 1-91 灰色矩形的左下角作为基点】

指定位移的第二点或 <用第一点作位移>:【鼠标移动到需要位置点击就可移动原虚线所示的矩形】

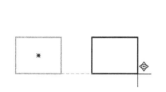 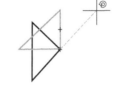 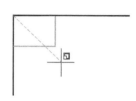

图 1-91　移动命令应用　　　图 1-92　旋转命令应用　　　图 1-93　比例缩放命令应用

（27）旋转

可点击功能"27"；或菜单中的修改（Modify）→旋转（Rotate）； 或在命令行中输入 ROTATE。ROTATE 命令可以使图形对象绕某一基准点旋转，改变图形对象的方向。旋转以基准点向右的水平为基准线，以逆时针方向为计算角度，如图 1-92 所示。

命令:_rotate【击功能"27"】

UCS 当前的正角方向： ANGDIR=逆时针 ANGBASE=0

选择对象: 指定对角点: 找到 3 个【选择图 1-92 中的灰色三角形】

选择对象:【回车】

指定基点:【选三角形直角点处为基点】

指定旋转角度，或 [复制(C)/参照(R)] <0>:45【输入 45，回车即可得图 1-92 中的实线三角形，已按要求旋转了 45°】

（28）比例缩放

可点击功能"28"；或菜单中的修改（Modify）→缩放（Scale）；或在命令行中输入 SCALE。SCALE 命令用于将指定的对象按比例缩小或放大，如图 1-93 所示。

命令:_scale【点击功能"28"】

选择对象: 找到 1 个【选图 1-93 中的灰色部分】

选择对象: 【回车】

指定基点: 【选基点为左上角点】

指定比例因子或 [参照(R)]: 2【图形向右下方放大 1 倍，如图 1-93 中的实线部分】

提 醒

若基点为右下角点，则图形向左上方放大。

（29）拉伸

可点击功能"29"；或菜单中的修改（Modify）→拉伸（Stretch）；或在命令行中输入 STRETCH。STRETCH 命令用于将指定的对象按指定点进行拉伸变形，如图 1-94 所示。

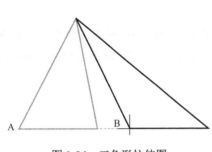

图1-94 三角形拉伸图

图1-94 命令及操作过程如下：

命令: _stretch【点击功能"29"】

以交叉窗口或交叉多边形选择要拉伸的对象...

【选择图1-94中灰色的三角形】

选择对象: 指定对角点: 找到 3 个

选择对象: 【回车】

指定基点或 [位移(D)] <位移>:【点击灰色三角形底线左边端点A点】

指定第二个点或 <使用第一个点作为位移>:

【鼠标按下情况下从A点拉到B点处松开鼠标，即将原来灰色三角形拉伸成黑色的三角形，见图1-94】

提 醒

拉伸操作既可以放大也可以缩小，但其和真实的放大和缩小有区别，其形状会有所不同，因为其变化的原理是从基点出发，沿鼠标移动方向拉伸。如果单独用拉伸命令拉伸矩形和圆形，得到的结果是图形形状大小均不变，只作位置移动，但如果矩形和三角形或五边形一起拉伸，则也可能将矩形拉伸，见图1-95。如果想要单独拉伸矩形，无需点击拉伸工具，只要选中某矩形，点击矩形四个端点的某一个点，按住鼠标移动即可，见图1-96。

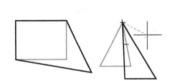
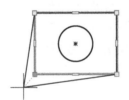
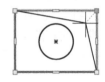

图1-95 矩形三角形复合拉伸图   图1-96 矩形直接拉伸图

（30）修剪

可点击功能"30"；或菜单中的修改（Modify）→修剪（Trim ）； 或在命令行中输入Trim。Trim命令用于将超过指定对象边界以外的线段删除。如图1-97所示，以线段L1为基准，将线段L2、L3超过线段L1的右边部分剪去，其功能就像我们平时用的剪刀，故称修剪，图1-97修剪过程的具体的命令及操作过程如下：

命令: _trim【点击功能"30"】

当前设置:投影=UCS，边=无

选择剪切边...【点击线段L1】

选择对象: 找到 1 个

选择对象:【回车】

选择要修剪的对象，或按住Shift键选择要延伸的对象，或[栏选(F)/窗交(C)/投影(P)/边(E)/删除(R)/放弃(U)]:【点击线段L2在线段L1的右边部分】

选择要修剪的对象，或按住Shift键选择要延伸的对象，或[栏选(F)/窗交(C)/投影(P)/边(E)/删除(R)/放弃(U)]: 【点击线段L3在线段L1的右边部分】

选择要修剪的对象，或按住Shift键选择要延伸的对象，或[栏选(F)/窗交(C)/投影(P)/边(E)/删除(R)/放弃(U)]:【回车，修剪结果见图1-97(b)】

提 醒

修剪操作如能灵活应用，可以快速绘制许多图形，如绘制十字路口，可先画两横线和两纵线，然后通过修剪操作即可达到图 1-98（c）的效果。具体的操作方法是点击修剪工具，将图 1-98 中的四条线段全部选中后回车，在分别点击图 1-98（a）中构成矩形的四个线段，就可以将这四个线段剪去，具体操作过程中被选中剪去的线段会变成灰色，上面出现一个红色的"×"，见图 1-98（b），最后回车就可以修剪成图 1-98（c）的效果。

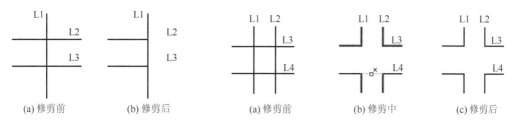

图 1-97　单线基准修剪图　　　　　　　图 1-98　多线基准修剪图

（31）延伸

可点击功能"31"；或菜单中的修改（Modify）→修剪（Extend）；或在命令行中输入 EXTEND。EXTEND 命令用于将指定对象延伸到我们所希望的边界上。如图 1-99 所示，以线段 L1 为边界，将线段 L2 和 L3 延伸到 L1，具体的命令及操作过程如下：

命令: _extend【点击功能"31"】

当前设置:投影=UCS，边=无

选择边界的边…

选择对象: 找到 1 个【点击线段 3】

选择对象:【回车】

选择要延伸的对象，或按住 Shift 键选择要修剪的对象，或[栏选(F)/窗交(C)/投影(P)/边(E)/删除(R)/放弃(U)]:【点击线段 1】

选择要延伸的对象，或按住 Shift 键选择要修剪的对象，或[栏选(F)/窗交(C)/投影(P)/边(E)/删除(R)/放弃(U)]: 【点击线段 2】

选择要延伸的对象，或按住 Shift 键选择要修剪的对象，或[栏选(F)/窗交(C)/投影(P)/边(E)/删除(R)/放弃(U)]:【回车，完成延伸任务】

命令: _extend【点击功能"31"】

当前设置:投影=UCS，边=无

选择边界的边…【点击线段 L1】

选择对象或 <全部选择>: 找到 1 个

选择对象:【回车】

选择要延伸的对象，或按住 Shift 键选择要修剪的对象，或[栏选(F)/窗交(C)/投影(P)/边(E)/放弃(U)]: 【点击线段 L2】

选择要延伸的对象，或按住 Shift 键选择要修剪的对象，或[栏选(F)/窗交(C)/投影(P)/边(E)/放弃(U)]: 【点击线段 L3】

选择要延伸的对象，或按住 Shift 键选择要修剪的对象，或[栏选(F)/窗交(C)/投影(P)/边(E)/放弃(U)]:【回车，完成延伸任务，具体见图 1-99（b）】

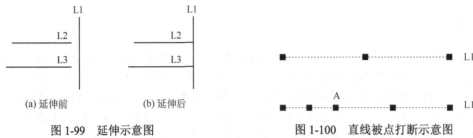

图 1-99 延伸示意图　　　　　图 1-100 直线被点打断示意图

（32）一点打断

点击功能"32"；该操作的功能是将一个线段通过某一个打断点将其分成两段，以便将多余的一段删除，具体的操作过程如下（结果见图 1-100）：

命令: _break 选择对象:【点击功能"32"】

指定第二个打断点或[第一点(F)]: _f【选择直线 L1】

指定第一个打断点:【在 L1 的左边 A 处点击，L1 就在 A 处被打断】

指定第二个打断点: @

提醒

利用功能 32 无法打断闭合的曲线，如圆、椭圆，要想打断圆和椭圆等闭合曲线，需要用功能"33"。

（33）二点打断

点击功能"33"；或菜单中的修改（Modify）→打断（Break）；或在命令行中输入 break，回车。该命令用于将指定对象通过两点打断，留下剩下的其余部分。图 1-101 是将圆打断的过程图，其操作过程如下所示：

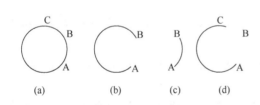

图 1-101 打断圆示意图

命令: _break 选择对象:【点击功能"33"，并选择图 1-101（a）中圆的 C 点】

指定第二个打断点 或 [第一点(F)]: f【输入"F"，回车】

指定第一个打断点:【选择图 1-101 中的 A 点】

指定第二个打断点:【选择图 1-101 中的 B 点，即成如图 1-101（b）】

提醒

在将圆打断时，打断的部分是前后两点的逆时针移动部分，如果打断第一点选择 B 点，第二点选择 A 点，则打断后的效果如图 1-101（c）所示；如果不输入 F，直接选取 A 点，则将选择圆时所取点 C 作为第一点，这时打断的是顺时针的圆弧，刚好和输入"F"的方向相反，结果见图 1-101（d）。

（34）合并

点击功能"34"；或菜单中的修改（Modify）→合并（Join）；或在命令行中输入 JOIN，该命令用于将断开的圆弧和线段合并成一个圆弧或整个圆或整条线段，灵活应用该命令，可提高绘图速度。将圆弧合并的过程见图 1-102。其中将圆弧合并的操作过程如下所示：

命令：_join 选择源对象：【点击功能
"34"，并选择图 1-102（a）中的上圆弧】

选择圆弧，以合并到源或进行 [闭合(L)]：
【点击图 1-102（a）中的下圆弧】

选择要合并到源的圆弧：　找到 1 个

已将 1 个圆弧合并到源【得如图 1-102
（b）所示圆弧】

图 1-102　圆弧合并示意图

提醒

圆弧合并过程中遵循逆时针移动原则，如在上面的操作中先选择图 1-102（a）中的下圆弧，再选择上圆弧，其结果如图 1-102（c）所示；如果选择任何一个圆弧后，直接输入"L"，则得到包含该圆弧的整个圆如图 1-102（d）所示。一般情况下，只有原来同属一个圆的圆弧才能合并，原来不属于同一个圆的圆弧不能合并，在线段合并时也只有原来同属同一条直线的线段才能合并，否则不能合并。

（35）倒角

点击功能"35"；或菜单中的修改（Modify）→倒角；　或在命令行中输入 chamfer，回车。该操作可以将直角进行修剪变成两个钝角，如图 1-103(a)所示，经过倒角处理变成图 1-103（b），倒角的具体操作过程如下：

命令：_chamfer【点击功能"35"】

（"修剪"模式) 当前倒角距离 1 = 0.0000，距离 2 = 0.0000

选择第一条直线或 [放弃(U)/多段线(P)/距离(D)/角度(A)/修剪(T)/方式(E)/多个(M)]：　d
【输入"D"，回车】

指定第一个倒角距离 <0.0000>: 60【输入 60 作为第一个倒角距离，回车】

指定第二个倒角距离 <60.0000>: 60【输入 60 作为第二个倒角距离，回车，也可以直接回车，默认 60】

选择第一条直线或 [放弃(U)/多段线(P)/距离(D)/角度(A)/修剪(T)/方式(E)/多个(M)]：【点击图 1-103（a）中的水平线段】

选择第二条直线，或按住 Shift 键选择要应用角点的直线：【点击图 1-103（a）中的垂直线段，得图 1-103（b）】

在倒角时有时需要有确定的角度，见图 1-103（c），这时在操作过程中需要输入"A"的方式来实现角度的输入，图 1-103（c）的具体命令及操作过程如下：

命令：_chamfer【点击功能"35"】

（"修剪"模式) 当前倒角距离 1 = 60.0000，距离 2 = 60.0000

选择第一条直线或 [放弃(U)/多段线(P)/距离(D)/角度(A)/修剪(T)/方式(E)/多个(M)]：　a
【输入"A"，回车。由于刚操作过，系统已默认两个倒角距离】

指定第一条直线的倒角长度 <0.0000>: 60【输入"60"，回车】

指定第一条直线的倒角角度 <0>: 30【输入"30"，回车】

选择第一条直线或 [放弃(U)/多段线(P)/距离(D)/角度(A)/修剪(T)/方式(E)/多个(M)]：【点击图 1-103（a）中的水平线段】

选择第二条直线，或按住 Shift 键选择直线以应用角点或 [距离(D)/角度(A)/方法(M)]：
【点击图 1-103（a）中的垂直线段，得到图 1-103（c）】

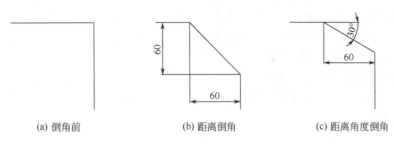

(a) 倒角前　　　　　　　　(b) 距离倒角　　　　　　　(c) 距离角度倒角

图 1-103　倒直角过程示意图

提 醒

每一个 AutoCAD 文件进行第一次倒角时系统默认的两个倒角距离 D 均为 0，倒角长度和倒角角度也为 0，所以如果第一次操作时不对这些数据进行设置直接点击需要倒角的两条线段，将不会有倒角效果。如果倒角的距离大于线段的长度的话，系统就会提示倒角距离太大，也没有倒角效果。

（36）倒圆角

点击功能"36"；或菜单中的修改（Modify）→圆角； 或在命令行中输入 fillet 该操作可以将直角进行修剪圆角，如图 1-104 所示，圆角的具体操作过程如下：

命令: _fillet【点击功能"36"】

当前设置: 模式 = 修剪，半径 = 0.0000

选择第一个对象或 [放弃(U)/多段线(P)/半径(R)/修剪(T)/多个(M)]: R【输入"R"，回车】

指定圆角半径 <0.0000>: 60【输入"60"作为圆角半径，回车】

选择第一个对象或 [放弃(U)/多段线(P)/半径(R)/修剪(T)/多个(M)]:【点击图 1-104（a）中的水平线段】

选择第二个对象，或按住 Shift 键选择对象以应用角点或 [半径(R)]:【点击图 1-104（a）中的垂直线，得图 1-104（b）】

提 醒

如果在操作过程中，输入"T"，并选择不修剪，其他数据不变，就可以得到图 1-104（c）；如果在输入半径 R 时，输入 120，系统就会提示半径过大，无法进行倒圆角。

(a) 倒角前　　　　　　　(b) 半径60倒角　　　　　　(c) 不修剪倒角

图 1-104　倒圆角过程示意图

（37）光顺曲线

点击功能"37"，或在命令窗口输入"BLEND"，回车，就可以用光顺曲线将两段不相连的曲线连接起来，见图 1-105,其中图 1-105（a）、（b）是两条样条曲线之间的光顺曲线连接；其中图 1-105（c）、（d）是两条圆弧之间的光顺曲线连接；其中图 1-105（e）、（f）是两条直

线之间的光顺曲线连接。光顺曲线还可以将直线和圆弧、直线和样条曲线连接起来,下面是一个具体的操作过程:

命令: _BLEND【点击功能"37"】

连续性 = 平滑

选择第一个对象或 [连续性(CON)]:【选择图 1-105(a)中左边的样条曲线】

选择第二个点:【选择图 1-105(a)中右边的样条曲线,系统自动绘制好光顺曲线,见图 1-105(b)】

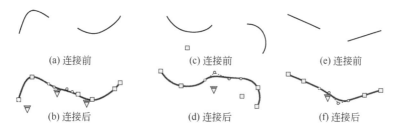

(a) 连接前   (c) 连接前   (e) 连接前

(b) 连接后   (d) 连接后   (f) 连接后

图 1-105 三种不同光顺曲线连接示意

(38)分解

点击功能"38";或菜单中的修改(Modify)→分解;或在命令行中输入"EXPLODE"。 该操作能够将原来作为整体的矩形、正多边形、标注、填充、多义线分解成每一条边及各个部件要素,以便进行处理。如想要绘制图 1-106(a),只要先利用绘制正多边形的功能绘制图 1-106(b),然后选择该图进行分解,就可以删除该图上面的一条水平线,很方便地绘制图 1-106(a)。

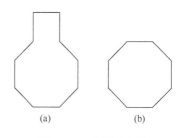

(a)   (b)

图 1-106 分解示意图

提 醒

圆和椭圆不能被分解,多义线被分解后将失去原来定义的线宽数据,原来绘制的箭头将变成一样宽的直线段。

以上的命令操作,读者不必一下子掌握全部基本功能,可在以后的具体应用中加深理解,并熟练掌握。本教材也会在以后的章节的具体应用中进行详细介绍。

1.4 文本输入和尺寸标注

1.4.1 文本输入

一张图纸之中除了图形绘制之外,还有相应的文字及尺寸标注。在掌握了基本的绘图工具及修改工具之后,还必须掌握 AutoCAD 软件中的文本输入及尺寸标注。

文字是图纸必不可少的组成部分,在各种图样绘制中,标题栏、技术要求、技术特性表、管口表、明细栏等都需要输入文字,掌握快速正确的文字输入方法是工程图纸绘制所必需的技能。AutoCAD 中所有文字都是按某一个文字样式生成。文字样式是描述文字的字体、大小、方向、角度以及其他文字特性的集合。AutoCAD 为用户提供了默认的 STANDARD 样式,用户也可以根据需要创建自己需要的样式。图 1-107 是文字样式设置对话框,它可以通过菜单中的"格式"→"文字样式"进入,可对字体、大小、效果等进行设置,当然这些内容的设置,有些在具体文本输入时还可以进行设置。需要注意的是，如果在此文字样式对话框中进行了设置，而在以后有关文字样式不再进行设置，而是以文字样式设置中的设置为准，则以后只要修改文字样式中的设置，原来已经输入的文字样式也随之改变；如果在具体文本输入时，又重新进行了设置，则以重新设置的为准，且当本对话框设置改变时，原来的文本样式也不会改变。

图 1-107　"文字样式"设置对话框

（1）单行文字的输入

AutoCAD 提供了 DTEXT 命令用于向图中输入单行文本，也可从下拉菜单中选取"绘图→文字→单行文字"，执行单行文字输入命令。具体操作如下：

命令：DTEXT【命令窗口输入"DTEXT"】

当前文字样式："Standard"　文字高度：8.0000　注释性：是　对正：左

指定文字的起点 或 [对正(J)/样式(S)]:【点击屏幕上某一点】

指定文字的旋转角度 <52>: 15【输入"15"，作为文字旋转的角度，输入"华南理工大学 123456"后回车，再输入"southchina12345678"，，连续两次回车，即得图 1-108（a）】

命令：DTEXT【命令窗口输入"DTEXT"】

当前文字样式："Standard"　文字高度：8.0000　注释性：是　对正：左

指定文字的起点 或 [对正(J)/样式(S)]:【点击屏幕上某一点】

指定文字的旋转角度 <52>: -15【输入"-15"，作为文字旋转的角度，输入"southchina12345678"，回车，即得图 1-108（b）】

(a)　　　　　　　(b)

图 1-108　单行文字输入

> **提醒**

尽管是单行文字输入，但通过回车，仍可以输入多行文字，如图 1-108（a）所示。单行文字输入中可以对字的对齐形式和旋转角度进行重新设置，但字体的大小只能通过图 1-107 所示文字样式设置对话框进行设置。单行文字命令下通过回车得到如同多行文字的效果，但其实每一行字是独立的，可以单独删除和编辑。

（2）多行文字的输入

从菜单栏中选取"绘图→文字→多行文字"，执行 MTEXT 命令；或在"绘制"工具栏中单击 A 按钮；或者直接在命令窗口输入"MTEXT"，回车。具体操作过程如下：

命令: _mtext【点击功能"19"】

当前文字样式:"Standard" 文字高度:8 注释性:是

指定第一角点:【鼠标点击屏幕上需要输入文本的地方】

指定对角点或 [高度(H)/对正(J)/行距(L)/旋转(R)/样式(S)/宽度(W)/栏(C)]:【鼠标向右上拉开,点击后输入"广东省广州市华南理工大学"回车,再输入"化学与化工学院化学工程系",点击图1-109中的"确定"即可】

AutoCAD 提供了功能强大的多行文字编辑器,其文本的编辑过程和办公软件 Word 差不多,可进行多种属性设置。其优点是一次可输入多行文字且字体、字高可不相同,还可以设置行宽、行间距、编码、特殊符号输入等,为输入复杂文本提供了保障,其提示窗口如图 1-109 所示。如需要对多行文本进行编辑或添加内容,可以方便地双击文本,系统自动进入编辑状态,显示文字格式编辑工具,可以改变字体、大小、添加特殊符号等操作。如图 1-110 中,通过点击"@"旁边的倒三角形▼,系统会弹出如图 1-111 所示的特殊符号输入方法。

图 1-109　多行文本输入

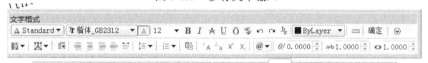

图 1-110　多行文本编辑

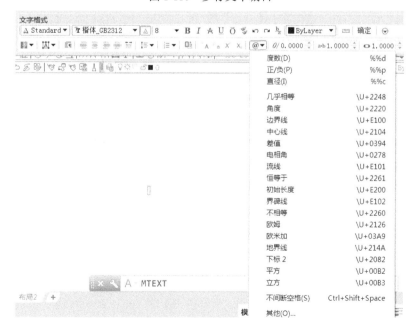

图 1-111　特殊符号输入方法

（3）特殊字符

为了满足图纸上对特殊字符的需要，AutoCAD 提供了控制码来输入特殊字符。

%%d：用于生成角度符号"°"；

%%p：用于生成正负公差符号"±"；

%%c：用于生成圆的直径标注符号"φ"；

\U+00B2：用于生成上标 2，表示平方；

\U+00B3：用于生成上标 3，表示立方；

\U+2082：用于生成下标 2；

\U+2083：用于生成下标 3；

更多的特殊码输入可以点击图 1-111 的右下角"其它"，系统弹出图 1-112；同时我们也可以尝试改变像"\U+00B3"特殊码中的最后一位数字，得到同一类但不同数字的特殊码。总之，AutoCAD 已经为我们准备好了各种特殊字符的输入方法。

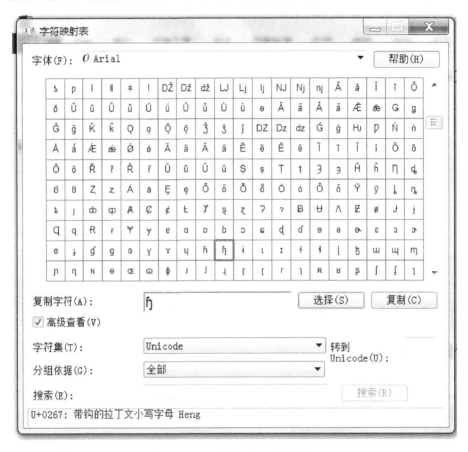

图 1-112　更多特殊码表达形式

（4）编辑文字

AutoCAD 对已输入文字的编辑修改已十分简单了，无需再输入任何命令，可以直接双击所需要修改的对象即可。

◁ 提 醒 ▷

以单行命令"TEXT"输入的文本，当你双击时，不会显示像图 1-109 中那样的文字格式工具，建议一般的技术特性、管口表、明细栏等文本说明用多行文字输入命令"MTEXT"。

1.4.2　尺寸标注

尺寸标注（Dimension）是工程图纸的重要组成部分，它描述了图纸上的一些重要的几何信息，是工程制造和施工过程中的重要依据。为此，　任何版本的 AutoCAD 都提供了强大的尺寸标注功能。

（1）尺寸标注构成要素及类型

一个完整的尺寸标注通常由尺寸线、尺寸界线、起止符号和尺寸文字组成，具体内容见图1-113 所示。注意起止符号不一定是箭头，也可以是其他符号，通过标注样式设置，可以选择不同的起止符号。

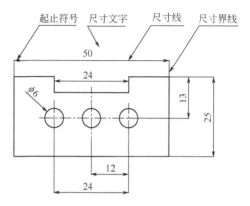

图 1-113　尺寸标注四要素示意图

AutoCAD 2016 及以上版本为用户提供了多种类型的尺寸标注，常用的尺寸标注有：线性标注、对齐标注、半径标注、直径标注、弧长标注、角度标注、坐标标注、公差标注等，更多的标注类型见图 1-114 和图 1-115。其中图 1-114 展示了AutoCAD 软件中三种模式下的各种标注工具，分别是通过工具栏单独加载的标注工具，见图 1-114 中左边用长椭圆圈起的部分；Ribbon 功能区中的标注工具以及标注菜单栏中的各种标注工具。为了方便标注，一般常用类型的标注建议通过单独加载的标注工具，这样需要使用某个标注工具时，只要点击一次鼠标就可以使用，如果采用菜单栏，则需要鼠标点击二次。图 1-115 是各种类型标注示意图。注意图 1-115 中的折弯标注出现了"? 400"，其实是"ϕ400"，这是由于 AutoCAD 中选择的字体在 Word 文档中不支持造成的，可以将 AutoCAD 中该折弯标注分解，标注的文字部分单独选用宋体或其他在 Word 文档中支持的字体，具体能否成功，决定于用户电脑中安装的字库，建议读者自己多做尝试。

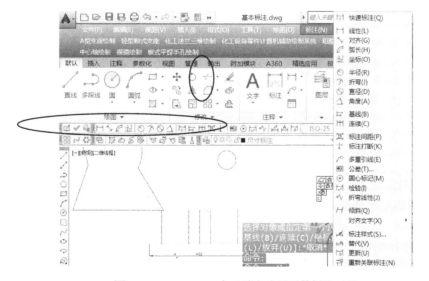

图 1-114　AutoCAD 中三种方式展示的标注工具

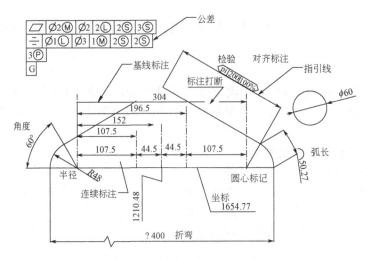

图 1-115　各种类型标注示意图

（2）尺寸标注样式设置

从下拉菜单中选取"格式"→"标注样式"，见图 1-116。点击"标注样式"，进入"标注样式管理器"，如图 1-117 所示。单击"新建（NEW）"按钮，弹出图 1-118 创建新标注样式对话框。输入"新样式名"为"化工标注"，选择"基础样式"为默认的"ISO-25"，单击"继续"，弹出新尺寸样式对话框见图 1-119，此对话框就是对尺寸标注样式的各个变量的设定，包括"线""符号和箭头""文字""调整""主单位""换算单位""公差"七个部分。修改、替换和创建是一样的过程，但点击图 1-117 中的"比较"，可以对已设置标注样式的各种参数进行比较和显示。

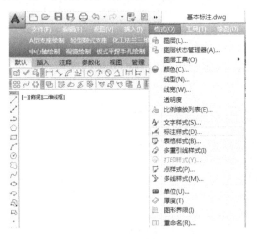

图 1-116　格式菜单全部内容

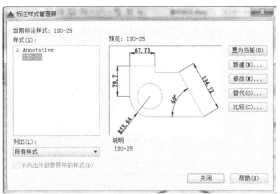

图 1-117　标注样式管理器

如果比较的对象就是本身标注样式，那么系统将显示该标注样式的各种特性参数，见图 1-120；如果比较的对象是其他标注样式，则系统会显示两种标注样式不同部分的特性参数，见图 1-121。

图 1-119 是对标注样式中有关线的设置，主要对尺寸线、尺寸界线的颜色、线宽、线型、基线间距、各种偏移量及隐藏与否进行设置。一般颜色、线宽、线型等特性选用默认的 ByBlock，有关基线间距、各种偏移量及隐藏与否设置的具体含义可见图 1-122。图 1-122 中标注样式的特性除隐藏特性外，其他特性和图 1-119 中的设置完全一致。注意图 1-122（b）

是通过基线标注形式标注的，基线的距离是 3.75，其中长度为 10 的标注是最先用线性标注，其他两个标注用基线标注。基线标注时鼠标要往下拉，标注内容在鼠标上部。

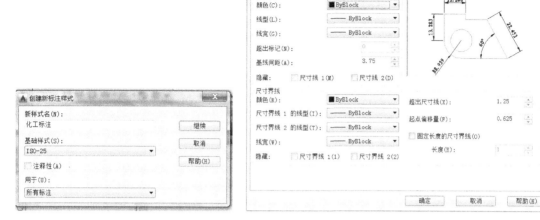

图 1-118　创建新标注样式　　　　　　图 1-119　新创建新标注样式默认设置

图 1-120　相同标注样式比较

图 1-121　不同标注样式比较

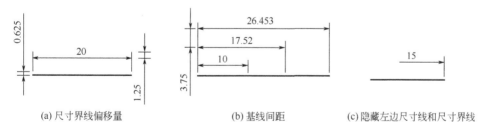

(a)尺寸界线偏移量　　　　　　(b)基线间距　　　　　　(c)隐藏左边尺寸线和尺寸界线

图 1-122　有关标注线特性设置的标注图

点击图 1-119 中的符号和箭头，系统弹出图 1-123，通过该图不仅可以对一般标注的箭头形式及大小进行设置，还可以对引线、折弯、圆心标记等标注的特性进行设置。AutoCAD 软件提供了各种类型的箭头，点击图 1-123 左边上部第一个倒三角▼，系统弹出图 1-124 所示的各种箭头。图 1-125 是标注中有关文字特性的设置，注意文字高度在标注样式里不能直接设置，所以在图 1-125 中看到文字高度的"2"的数字是灰色的，这个"2"其实是在文字样式中设置的，当然也可点击图 1-125 中文字样式右边的"..."，系统会弹出文字样式设置对话框，通过该对话框对文字高度进行设置。图 1-126 是有关调整选项的设置，一般可以选择默认选项，如有特殊要求可根据图 1-126 中文字提示进行选择。

图 1-123　符号和箭头设置	图 1-124　各种箭头类型

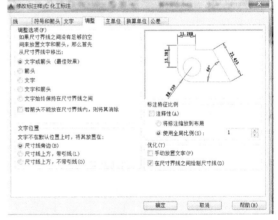

图 1-125　标注文字特性设置	图 1-126　调整选项设置

图 1-127 是有关标注主单位的一些设置，如可以选择标注数字的小数点位数及小数点形式，注意许多默认是小数点形式是"，"，这时标注数字就会出现"27,3"，不符合我国标注的习惯，这时可以在图 1-127 中的"小数点分隔符"进行重新选择，选用"句点"作为分隔符，标注的文字能以"27.3"的形式出现。至于换算单位和公差的标注特性设置请读者自己练习使用。

（3）尺寸标注具体示例

① 线性标注　线性标注用来标注线性尺寸，如对象之间距离、对象的长宽等。线性标注在具体标注时会自动根据标注对象分为水平标注和垂直标注，如果标注对象既非水平线也非垂直线，线性标注时会根据鼠标的移动方向会标注成水平或垂直。几种线性标注的具体应

用见图 1-128，注意对于图 1-128 中线段 AB 的线性标注，系统会出现 10.7 和 12.4 两种不同标注数据的情况，当点击线性标注工具后，先点击 A 点，再点击 B 点，鼠标向右下方向拉动时显示的是 10.7 的垂直标注；当鼠标向左上方拉动的时候，显示的是 12.4 的水平标注，用户需要根据具体需要标注的情况，通过鼠标不同方向的拉动进行标注，如果需要标注线段 AB 的真实长度，需要用对齐标注。

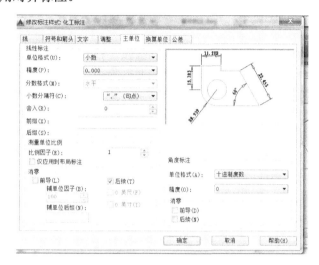

图 1-127　标注主单位设置

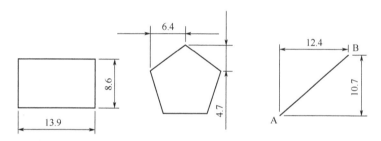

图 1-128　几种线性标注图

对于标注好的图形，希望当改变图形大小时标注也随之改变，这时就必须将标注进行关联。标注是否关联可以用变量来控制，变量是 Dimassoc，设置为 0 时，新建的标注是散的，不关联；设置为 1 时，标注是整体，但不关联；设置为 2 时，标注是整体并且关联。Dimassoc 变量的设置可以通过命令窗口输入"Dimassoc"回车后，再输入"0/1/2"就可以进行设置，但改变该变量后，之前创建的标注并不会发生变化。图 1-129 是 Dimassoc 变量三种不同数值下标注在图形拉伸前后的变化情况。

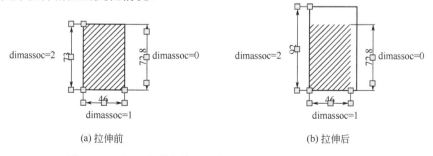

图 1-129　标注关联变量不同情况图形拉伸后标注变化情况

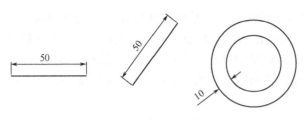

图 1-130 三种对齐标注

② 对齐标注　利用对齐标注,可以标注任何直线段的长度,尤其对一些设备的厚度标注时更应采用对齐标注,图1-130 是三种对齐标注的具体应用。其实对齐标注也可以作为普通的线性标注使用。

③ 弧长标注　图 1-131 是四种弧长标注图,需要注意的是弧长标注工具无法对椭圆弧、整个圆或椭圆的周长进行标注,只能对圆的圆弧或多段线中的圆弧进行标注。如果想要删除图 1-131 中数字 91 和 58 旁边的圆弧标志,可以通过分解圆弧标注,删除这个标志即可,见图 1-132。需要提醒用户注意的是,同一段圆弧,在进行弧长标注时,显示的弧长数据会在两个数据间变动,一个是本身弧长,另一个是互补为圆的圆弧长,可以通过鼠标的拉动,得到不同的弧长,图 1-131 中上面第一排的两个圆弧和下面第二排的两个圆弧其实是完全一样的,但进行弧长标注时由于鼠标拉动的方向不同,得到不同分标注数据。

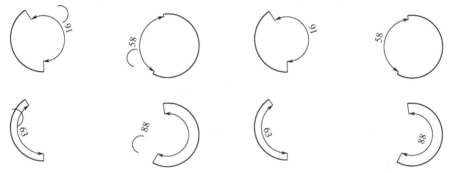

图 1-131　四种弧长标注　　　　　　图 1-132　删除弧长标志后的弧长标注

④ 半径、直径和折弯标注　半径标注、直径标注、折弯标注（其实是带折弯的半径标注）均可用于圆弧和圆的标注,标注内容的具体显示形式和标注样式设置及圆或圆弧的大小有关,如果圆和圆弧足够大,一般会按标注样式设置的形式显示,否则会自动按优化的形式显示,如果你非要按某种特定的形式显示标注内容,可以将标注分解后进行移动操作即可。图 1-133 是各种半径、直径和折弯标注的具体图形,其中第二排的第二个图形中"$\phi64$"就是通过分解第二排的第一个图形中"$\phi64$",再通过移动"$\phi64$"实现的。

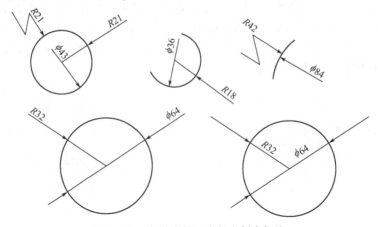

图 1-133　各种半径、直径和折弯标注

⑤ 坐标标注 坐标标注用来测量从原点到要素点的水平或垂直距离，当第一条坐标标注引出线为水平线时，表示的是要素点距原点的垂直距离，如图 1-134(a)中的 152.24 和 239.66；当第一条坐标标注引出线为垂直线时，表示的是要素点距原点的水平距离，如图 1-134(a)中的 137.70 和 250.06。值得注意的是，尽管我们绘制图形时输入的坐标位置有正负，但坐标标注时，没有正负之分，统一表示为距原点的水平或垂直距离。和图 1-134(a)相同大小和方向的线段，在其他位置绘制好，再进行坐标标注，得到图 1-134(b)的标注图，从该图可以发现线段上端的 y 轴坐标值为 17.98，下端 y 轴坐标值为 105.40，下端的 y 坐标值反而大于上端的值，其实这时图 1-135 中的线段已整体处于 x 轴下部，按一般坐标的标注，应该为-17.98 和-105.40，由于 AutoCAD 软件中坐标标注只表示距离，所以坐标值没有负数。

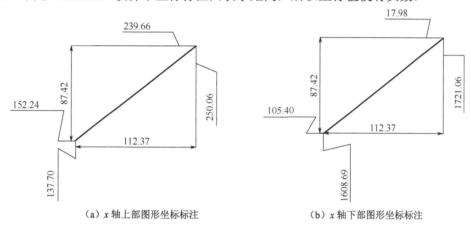

(a) x 轴上部图形坐标标注　　　　　　(b) x 轴下部图形坐标标注

图 1-134　x 轴坐标标注

⑥ 角度标注 角度标注可用于标注两条相交直线之间的角度，也可以用于标注圆弧的角度（弧度）及圆中某两点之间的角度（弧度）。需要注意的是，标注的弧度是以一周 360°为计算单位。各种角度标注时按提示选择对象（先点击 L1，再点击 L2，拉动鼠标得到需要方向的角度后再点击鼠标接口）后，根据鼠标拉动方向的不同，会显示不同的标注内容，两者是互补的。在两条直线相交形成的角度标注中，互补角度之和为 180°，在圆弧和圆的角度标注中，互补角为 360°，具体角度标注图形见图 1-135。

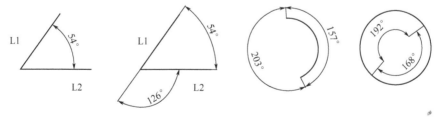

图 1-135　各种角度标注图

⑦ 连续标注与基线标注 在零件加工图及建筑施工图中，利用连续标注及基线标注工具可以加快标注速度，但不管连续标注还是基线标注，第一个标注均需要利用线性标注，如图 1-136 所示的连续标注和基线标注，其连续标注过程如下：先用线性标注点击 A、B 两点，标注出下面一个 30，然后点击连续标注工具，移动鼠标分别点 C、D、E 点，再点击"Esc"系统就会快速标注好 40、50、60，相比与单独使用线性标注，少了一个选择点，连续标注是利用上一个标注的结束点作为下一个标注的开始点，所有标注都在同一条水平线上或在同一

条垂直线上（见图 1-136、图 1-137）。图 1-136 中的基线标注需先利用线性标注上部的 30 标注，然后点击基线标注工具，移动鼠标分别点 C、D、E 点，再点击"Esc"系统就会快速标注好 70、120、180，基线标注时，利用第一次线性标注的起点作为共同起点，也和连续标注一样，鼠标少点击一个点，提高了绘制速度。基线标注需要注意的是，必须在标注样式的有关线的设置中（图 1-119）设置基线间距，基线间距设置过小，会出现标注数据和另一个标注线重叠的现象。基线标注和连续标注也可以用于垂直线段，见图 1-137，具体标注方法和水平线的标注方法相仿，不再赘述。

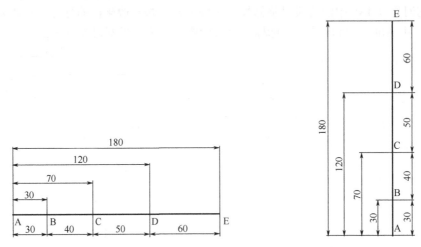

图 1-136　水平线的连续标注和基线标注　　　图 1-137　垂直线的连续标注和基线标注

⑧ 等距、折弯、打断、倾斜　等距、打断、折弯、倾斜四种工具是对已标注好的标注进行处理的四种工具，等距工具又称标注间距，可以将已将标注好的几个标注按规定的间距进行调整，也可以做到等间距；打断工具则是将已经标注好的标注在某两点间打断，点击该工具后，选择标注，然后选择人工形式（M），输入"M"回车，按提示选择打断点就可以将标注打断，如果该标注已将打断，此时选择删除，输入"R"回车，则原来打断的标注又恢复了原样；折弯工具可以使原来的标注产生折弯，它和折弯标注不同，折弯标注时直接对圆和圆弧进行带有折弯的标注；倾斜工具是使原来标注的边界线按一定角度倾斜，这个角度可以人工输入。图 1-138（a）、（b）是等距、折弯、打断、倾斜四种工具处理前后的标注图形。

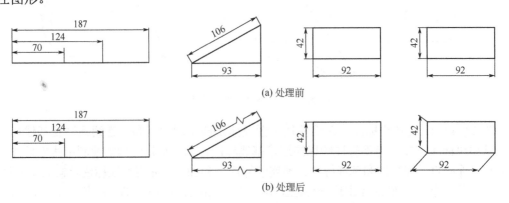

图 1-138　等距、折弯、打断、倾斜四种工具处理前后图形

⑨ 多重引线 化工设备装配套图中对于一些法兰、人孔、接管、螺栓等的零件一般不进行具体尺寸大小的标注，只通过引线标注其零件序号，再通过明细栏中对应序号对零件加以具体说明，如果是标准件的话，会有标准号；如果是非标件的话，会有具体的图纸号。通过标准号和图纸号均可以得到该零件的具体尺寸。在化工设备装配图，既有单个引线，也有多重引线、共用引线。多重引线和共用引线的绘制均可多次利用单个引线的绘制来实现。图 1-139 从左到右分别是单个引线、共用引线、多重引线。共用引线是指不同的零件共用一条引线，主要是这些零件比较小又装配在一起如螺栓、螺母、垫片，常常三个一组共用一条引线；多重引线一般用于重复的零件，共用一个序号在明细栏中表示。注意，图 1-139 中间的共用引线 4、5 部分的反 F 型线段是利用直线绘制工具绘制的，4、5 也是通过文本输入工具输入；图 1-139 中最右边的多重引线通过先绘制好一个引线，然后选中该引线，点击鼠标右键，在弹出的工具栏中选择"添加引线"就可以不断增加从同一点出发的引线。引线的指点也可以是其他符号，具体符号的修改可以通过菜单栏的"格式"→"多重引线样式"→"修改"进行设置，具体设置过程和标注样式设置相仿。图 1-140 是以实心圆点为指点的多重引线图。

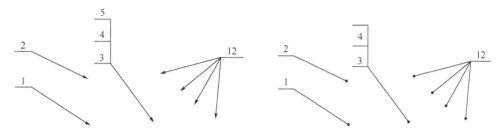

图 1-139 箭头为指点的多重引线　　　图 1-140 实心圆点为指点的多重引线

其实在化工装配图、工艺流程图、车间平面布置图等各种图样绘制中，需要用到指引线时一般要求水平对齐或垂直对齐，这时可以先绘制一条水平线或垂直线作为辅助线，每次绘制引线时都从垂直线或水平线出发，绘制好引线后再删除辅助线，就可以保证引线的整齐，具体见图 1-141。

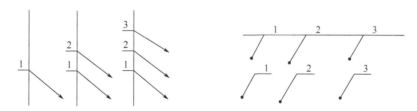

图 1-141 垂直对齐和水平对齐引线绘制方法

AutoCAD 的"标注"下拉菜单工具栏中除了上面介绍的工具外还有圆心标记、公差、检验等工具，这些工具不再具体介绍，请读者自行探索。另外利用线性标注，也可以达到像直径标注那样的效果，只要在标注时不使用默认文字，输入"T"后回车，再输入"%%c 数字"即可。

前面介绍了 AutoCAD 软件的安装、启动、基本绘制工具、基本修改工具以及文本输入和尺寸标注等知识，利用这些知识，已可以进行简单图样的计算机绘制，但 AutoCAD 软件的功能不仅仅是这么一点内容，还有更多的绘图和编辑命令，以及它强大的三维绘图功能，有兴趣的读者可以查看相关书籍，要熟练地、更好地掌握 AutoCAD 软件的用法还要读者经常地使用和钻研，在以后具体图样绘制章节中还将不断加深这方面内容的讲解。

1.5 化工制图与 AutoCAD 软件绘图

1.5.1 化工专业图样与化工制图

化工专业图样是化工企业或化工厂在设计、制造、施工、安装等过程中需要用到的各种图样。其中包括工艺流程图、设备布置图或设备平面图、管道布置图、设备装配图、零件图等专业图样。化工制图是研究、讨论这些图的表达方法和绘读问题的学科，是在机械制图的基础上在逐步发展而形成的。

在没有计算机绘图之前，所有的化工图样都是手工绘制的，而且在用铅笔绘制好原始图样后，再用绘图笔描图，然后利用描好的图样，根据需要制作若干份蓝图。其工作时间长、工作量大，而且有了错误，如果在图纸上修改则造成图纸不整洁，读图困难；如果重新绘制，则浪费大量人力。以上所有问题，有了计算机绘图，就迎刃而解了。采用计算机绘图，有以下优点：

① 有了错误，可随时修改，不影响图面的整洁；
② 定位精确，比例大小可以任意选取；
③ 有各种绘图辅助工具，绘图过程方便快捷；
④ 绘好的图有重复利用价值，可通过一些修改工作，变成新的图；
⑤ 可根据需要随时制作蓝图或打印图纸，无需描图工作。

1.5.2 AutoCAD 绘图过程

利用 AutoCAD 来绘制化工图样过程其实和利用铅笔、图纸及一些作图工具来绘制化工图样是相仿的。首先必须有设计人员提供的"**设计条件单"及根据条件单计算得到的设备各种主要尺寸，如设备装配图中的总高、宽、长及壁厚等数据；其次必须根据图样所表达内容的复杂程度确定图样的表达方式；再次根据图样的总尺寸、表达方式（用多少个视图及局部剖面图）以及技术特性、管口表、标题栏、明细表等内容所占的空间确定图纸的大小及比例。也就是说在用计算机制图前，已做好制图的各种准备工作以及草图。这些准备工作对应于计算机绘图来说主要有启动 AutoCAD 软件、设置图形范围、设置图形使用单位、设置图层、设置线型及粗细。这些工作如果是手工绘图的话大部分工作只要放在大脑里就可以了，而利用计算机来制图就必须进行一些设置工作，下面对计算机绘图过程主要步骤分别进行介绍。

（1）AutoCAD 的启动

AutoCAD 的启动他法和其他程序的启动方法一样有多种启动方法。可以在"开始"菜单的"程序"项中找到"AutoCAD20**"，打开文件夹，找到执行文件单击之就可以启动。

大多数计算机已经将 AutoCAD20**（AutoCAD2016）拉到桌面上，这时，只要双击桌面上的 AutoCAD20**图标就可以启动。当然还可以用其他的方法启动 AutoCAD20**。

（2）设置图形使用单位

在工程制图中，中国使用者一般选择的是米制单位，而在英联邦国家则多数使用英制单位。单位的设置是在启动 AutoCAD 软件后第一件要做的事，它可以通过菜单中的"格式→单位"而设置，图形单位设置的界面如图 1-142 所示。

图 1-142 图形单位设置界面

（3）设置图形范围

图形范围可以通过菜单中的"格式→图形界限"而设置，也可以直接在命令窗口输入"limits"后回车设置了图形范围后，仍可以在图形范围外绘制，只不过在打印时如果选择图形范围打印，那么图形范围外的对象就不会打印。无论是通过"格式→图形界限"设置图形范围还是通过命令窗口输入"limits" 后回车设置了图形范围，系统都是在命令窗口弹出命令提示符，由用户输入具体点的坐标后通过默认值设置图形范围。具体的设置命令如下：

命令:_limits【点击格式菜单中的图形界线】

重新设置模型空间界限：

指定左下角点或 [开(ON)/关(OFF)] <0.0000,0.0000>:【回车，选择默认值】

指定右上角点 <420.0000,297.0000>:【输入 420,594，回车，相当于设置了 A2 图幅】

（4）设置图层及其特性

做完上面的工作，相当于你已经将一张合适大小的图纸已展现在你的眼前，并已准备好了各种绘图工具。现准备开始动笔绘图了，但在动笔之前需先考虑一下图纸共由几部分组成，每一部分应用的线条粗细及类型等问题。这些问题在计算机制图中，需要预先进行设置。当然也可以在以后需要时进行添加或重置，但这样在制图工程中会缺乏条理性，有时也会增加许多工作，强烈建议初学者在绘制工程图样时一定要先设置好图层。

设置图层有多种方法，比较常用的是单击菜单栏中的"格式"，在其下拉式菜单中选择"图层"或直接在命令窗口输入"layer"回车，系统弹出如图 1-143 所示的对话框。在图 1-143 对话框中可以完成许多工作，如根据具体需要添加图层，设置图层颜色、线型、线宽及图层的上锁、冻结、关闭等工作，这些工作在整个工程制图过程中均要用到，下面分别介绍。

① 添加图层 根据需要对于化工图样的绘制可以根据绘制内容及线型要求设置八个图层，如图 1-143 中的第 5 至第 12 图层，分别为尺寸标注、断开线、各种文字说明、焊缝、剖面线、细实线、虚线、中心线及主结构线。注意 0 图层和 Defpoints 图层是系统自动产生的图层，其中 0 图层在软件打开空白文件时已存在，Defpoints 图层则是进行标注操作后系统自动添加的图层，而两个备用图层及其他八个图层是作者添加上去的。0 图层和 Defpoints 图层均不能被删除，但 0 图层可以被打印，Defpoints 图层不能打印，所以用户在绘制内容时千万别在 Defpoints 图层。Defpoints 图层中放置了各种标注的基准点，在平常是看不出来的，把标注炸开就能发现。关闭其他图层后，然后选择所有对象，就会发现可以里面是一些点对象。要新建图层，只需点击图 1-143 左上方的"添加图层"标记，在图 1-143 的下方就会有相应的图层 1、图层 2……，选中对应图层，将"图层 1、图层 2……"等修改成尺寸标注、断开线等对应名称即可。

添加图层　删除图层

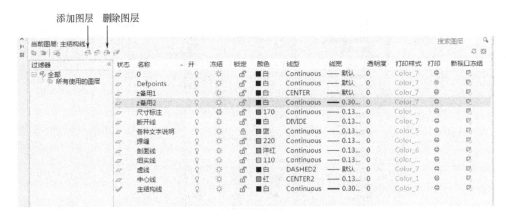

图 1-143　图层设置对话框

② 设置图层颜色

a.单击图 1-143 中需设置图层颜色的图层名，使其颜色反转与其他图层名不同；

b.单击图 1-143 中选中图层的颜色，系统弹出图 1-144 的对话框；

c.在图 1-144 对话框中选择合适的图层颜色，每一个图层设置一个不同的颜色；

d.单击"确定"，重复上述工作就可以设置好所有图层的颜色。

图 1-144　设置图层颜色

图 1-145　设置图层线型

③ 设置图层线型

a.单击图 1-143 中需设置图层颜色的图层名，使其颜色反转与其他图层名不同；

b.单击图 1-143 中选中图层的线型，系统弹出图 1-145 的对话框；

c.在图 1-145 对话框中选择合适的图层线型，每一个图层可选一个合适的线型，如画中心线的应选"Center"。如可选线型不够，可点击"加载"，系统弹出图 1-146 所示的对话框，选择所需要的线型，点击"确定"就可以加载该线型；

d.单击"确定"，重复上述工作，就可以设置好各个图层的线型。

④ 设置图层线宽

a. 单击图 1-143 中需设置图层颜色的图层名，使其颜色反转与其他图层名不同；

b. 单击图 1-143 中选中图层的线宽，系统弹出图 1-147 所示对话框；

c. 在图 1-147 所示对话框中选择合适的图层线宽，每一个图层可选一个合适的线宽，如主结构线图层可选 0.3mm 的线宽，注意当图层的线宽小于 0.3mm 时，即使在图形绘制工作界面右下方的状态栏中打开了线宽工具，但显示的线条见不到线宽的效果。

图 1-146 加载线型

图 1-147 设置图层线宽

d. 单击"确定"，重复上述工作，设置好各个图层线宽。

⑤ 设置图层控制状态 在模型空间图层的控制状态共有三个按钮，在选中图层名后，可直接点取，点击一次改变状态，点击两次恢复原来的状态，具体的作用如下：

【开 ♀/关 ♀】按钮：关闭图层后，该层上的实体不能在屏幕上显示或由绘图仪输出。在重新生成图形时，层上的实体仍将重新生成。

【冻结 ❀ / 解冻 ☼】冻结图层后，该层上的实体不能在屏幕上显示或由绘图仪输出。在重新生成图形时，冻结层上的实体将不被重新生成。

【上锁 🔒 / 解锁 🔓】图层上锁后，用户只能观察该层上的实体，不能对其进行编辑和修改，但实体仍可以显示和绘图输出。

新视口冻结是在布局空间里用的，就是说这个图层在新创建的视口中会被冻结，在其他视口不会被冻结。前面的冻结按钮全称是"所有视口冻结"，就是将所有视口冻结。在布局空间中，每个视口可以冻结不同图层，你双击进入其中一个视口，打开图层管理器，可以看到后面还会多出好多跟视口有关的设置，比如视口冻结、视口颜色、线型、线宽等，不同视口可以显示不同图形，同样的图形也可以显示不同的效果。

（5）设置绘图界面颜色

有时我们需要将 AutoCAD 中的图直接粘贴到 WORD 文档中，这时如果 AutoCAD 中的绘图界面是黑底白字的话，粘贴到 WORD 文档就无法将其修改成白底黑字了，影响了WORD 文档的编辑，这时我们可以利用下面的操作进入界面颜色的修改，见图 1-148。具体的操作过程如下："工具→选项→显示→颜色"，依次选中"二维模型空间""统一背景"，选择颜色为白色，点击图 1-148 下方的"应用并关闭"，绘图空间的背景色就变成白色。

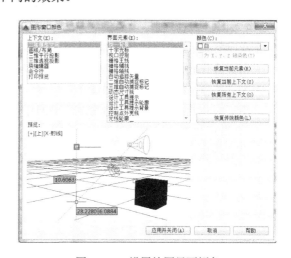

图 1-148 设置绘图界面颜色

（6）进入正式绘图工作

完成以上工作后，就可以进入正式的绘图工作了。当然，对于一些较简单的图形，也可边绘制，边做一些具体的设置工作。不过，对于内容较复杂的装配图，还是建议读者先完成一系列的设置工作，并将其作为图样模板，在下一次绘制同类图样时，可将其调出使用。

1.6　本章慕课学习建议

慕课（MOOC，massive open online courses）是大规模开放在线课程的简称，是一种新的教学模式，它依赖于网络技术、信息技术使人们可以方便地在世界任何一个地方进行课程学习。学习者可以根据自己的学习情况组织学习内容，既可多次重复学习，也可以跳过某些内容，完全打破了常规课堂教学的规律。MOOC 的到来重新定义了学校，重新定义了老师，甚至也重新定义了学生。过去老师最重要的就是讲课，现在学生可以在网上听课，线下老师通过"翻转课堂"要更加关注学生个性化的发展，师生间的沟通变得更为重要，它改变了传统的"以教为中心"的教学模式，采用"以学生为中心"的个性化教学。

要想学好本章内容，全面掌握本章知识点，必须遵循慕课教学的规律。学员必须先通读本章纸版教材一遍，以便对 AutoCAD 软件的基本内容有一个大致的了解；然后再认真看完本章的线上慕课内容，在完成上述内容后方可参加线下翻转课堂。本章线下翻转课堂除了老师进行重点内容讲解及师生互动外，安排 3 个机时的实际操作，建议学员先将第一章书本的内容自己操作一遍，然后尝试完成第一章的习题。注意在上机操作时，碰到问题先回忆课本的内容及线上慕课的视频，争取自己解决问题，如实在无法解决，可以询问同学及老师获得帮助。

习　　题

1. 对某图层设置了"冻结新视口"，如果新建浮动视口，下面说法正确的是哪一个？
A. 新建视口中所有的图层将被冻结
B. 在布局中所有视口中该图层都将被冻结
C. 只在设置后新建的第一个视口中该图层将被冻结
D. 在布局中以后创建的所有新的视口该图层都将被冻结
2. 对象填充时会出现理论上封闭的区域无法填充，你会如何解决？
3. 在椭圆弧绘制过程中，下面 3 个图形（图 1-149），分别对应的角度输入命令是什么？
A. 指定起始角度或 [参数(P)]: 0
指定终止角度或 [参数(P)/包含角度(I)]: –60
B. 指定起始角度或 [参数(P)]: 0
指定终止角度或 [参数(P)/包含角度(I)]: 60
C. 指定起始角度或 [参数(P)]: –60
指定终止角度或 [参数(P)/包含角度(I)]: 0

图 1-149　习题 3 绘制椭圆弧

4. 利用阵列绘制图 1-150。
5. 根据自己学号，绘制图 1-151。
6. 按 1∶1 的比例绘制图 1-152。

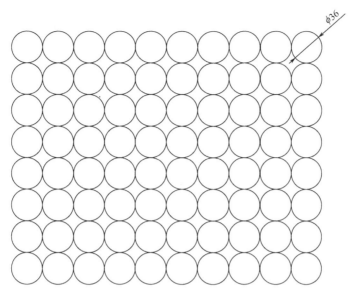

图 1-150　习题 4 阵列绘制

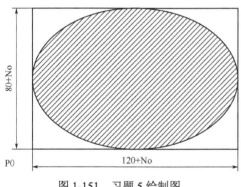

图 1-151　习题 5 绘制图

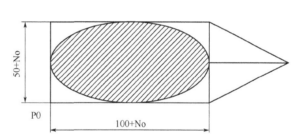

图 1-152　习题 6 绘制图

7. 按 1∶1 的比例绘制图 1-153，并计算阴影部分的面积。

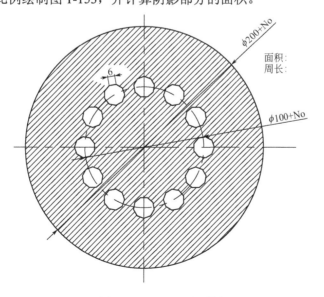

图 1-153　习题 7 绘制图

8. 按 1∶1 的比例绘制图 1-154，并写出绘图心得。

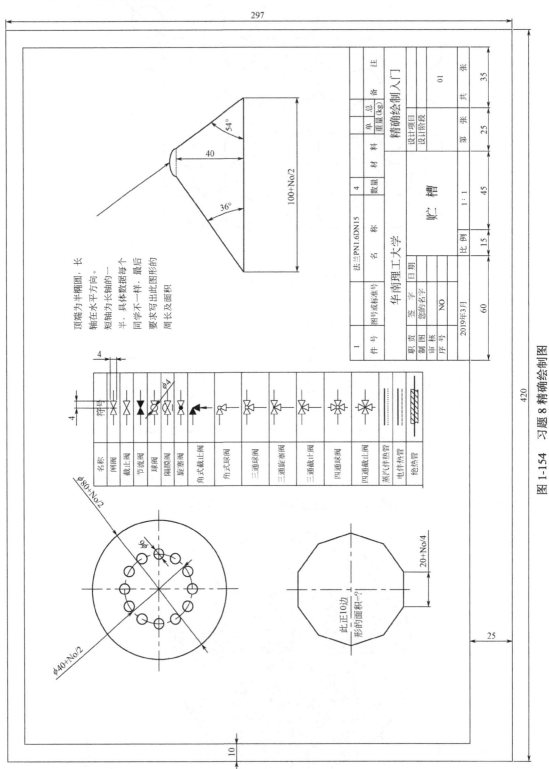

图 1-154　习题 8 精确绘制图

第2章

化工制图基本知识

2.1 化工制图的基本内容

化工制图主要是绘制化工企业在初步设计阶段和施工阶段的各种化工专业图样，主要有化工工艺图、设备布置图、管道布置图及设备装配图等，下面对各种专业图样做一个简单的介绍。

2.1.1 化工工艺图

化工工艺图是用于表达生产过程中物料的流动次序和生产操作顺序的图样。由于不同的使用要求，属于工艺流程图性质的图样有许多种。一般在各种论文或教科书见到的工艺流程图各具特色，没有强制统一的标准，只要表达了主要的生产单元及物流走向即可。图 2-1 所示的是生产燃料级二甲醚（DME）的工艺流程图，该流程先将工业级甲醇预热，预热后的工业级甲醇进入汽化器，达到 130℃左右，此时压力为 0.8MPa 左右，再和反应后的 DEM 换热，将温度升高至反应温度，甲醇气体进入绝热反应器，反应后的气体首先和原料气甲醇换热后，再经过 DME 冷凝器进入 DME 精馏塔，从塔顶获取燃料级粗 DEM，塔底的甲醇和水经一次蒸发进行水和甲醇的分离，回收的甲醇进入甲醇缓冲罐，图 2-1 较清楚地表达了上面所述的生产过程。而较规范的工艺图流程图一般有以下 3 种。

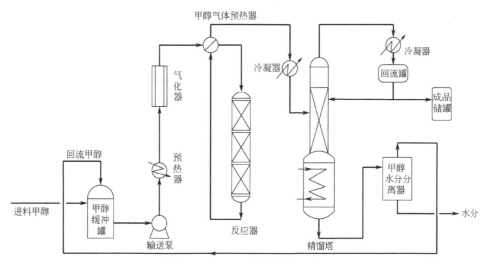

图 2-1 甲醇制二甲醚生产工艺流程

（1）总工艺流程图

总工艺流程图或称全厂物料平衡图，用于表达全厂各生产单位（车间或工段）之间主要物流的流动路线及物料衡算结果。图上各车间（工段）用细实线画成长方框来表示，流程线中的主要物料用粗实线表示，流程方向用箭头画在流程线上。图上还注明了车间名称，各车间原料、半成品和成品的名称、平衡数据和来源、去向等。这类流程图通常在对设计或开发方案进行可行性论证时使用，图2-2所示是某石油化工企业生产过程中某一工区的总工艺流程图。

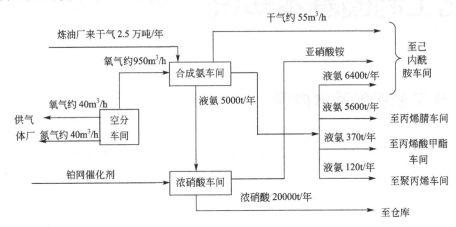

图 2-2　总工艺流程图

（2）物料流程图

物料流程图是在总工艺流程图的基础上，分别表达各车间内部工艺物料流程的图样。物料流程图中设备以示意的图形或符号按工艺过程顺序用细实线画出，流程图中的主要物料用粗实线表示，流程方向用箭头画在流程线上，同时在流程上标注出各物料的组分、流量以及设备特性数据等。

物料流程图一般是在初步设计阶段中，完成物料衡算和热量衡算时绘制的，如无变动，在施工图设计阶段中就不再重新绘制。图2-3为乙苯-二甲苯分离车间物料流程图，主要包括如下内容：

① 图形　设备的示意图形和流程线。

② 标注　设备的位号、名称及特性数据，流程中物料的组分、流量等。

③ 标题栏　包括图名、图号、设计阶段等。

（3）带控制点工艺流程图

带控制点工艺流程图也称生产控制流程图或施工工艺流程图，它是以物料流程图为依据，内容较为详细的一种工艺流程图，通常在管线和设备上画出阀门、管件、自控仪表等有关符号，见图2-4。

带控制点的工艺流程图一般分为初步设计阶段的带控制点工艺流程图和施工设计阶段带控制点的工艺流程图，而施工设计阶段带控制点的工艺流程图也称管道及仪表流程图（PID图）。在不同的设计阶段，图样所表达的深度有所不同。初步设计阶段带控制点的工艺流程图是在物料流程图、设备设计计算及控制方案确定完成之后进行的，所绘制的图样往往只对过程中的主要和关键设备进行稍为详细的设计，次要设备及仪表控制点等考虑得比较粗略。此图在车间布置设计中适当修改后，可绘制成正式的带控制点的工艺流程图作为设计成果编入初步设计阶段的设计文件中。而管道及仪表流程图与初步设计的带控制点工艺流程图的主要区别在于更为详细地描绘了一个车间（装置）的生产全部过程，着重表达全部设备与全部管道连接关系以及生产工艺过程的测量、控制及调节的全部手段。

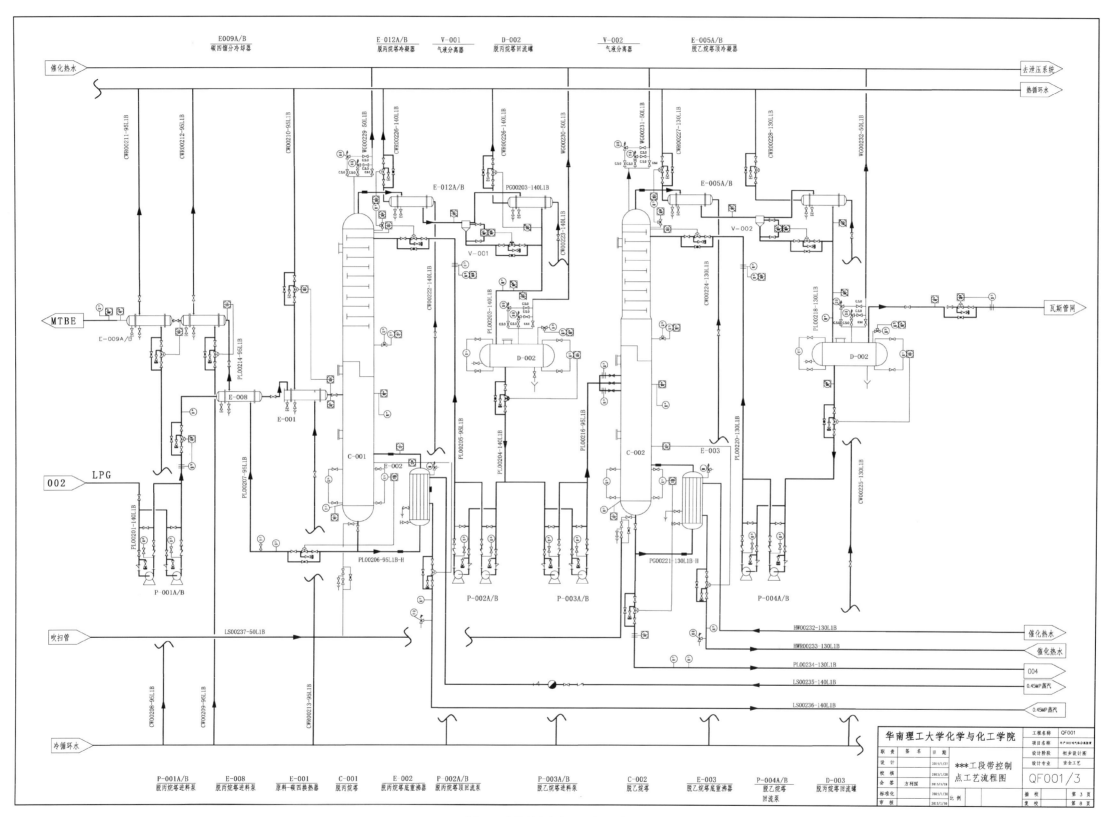

图 2-4 带控制点生产工艺流程示意图

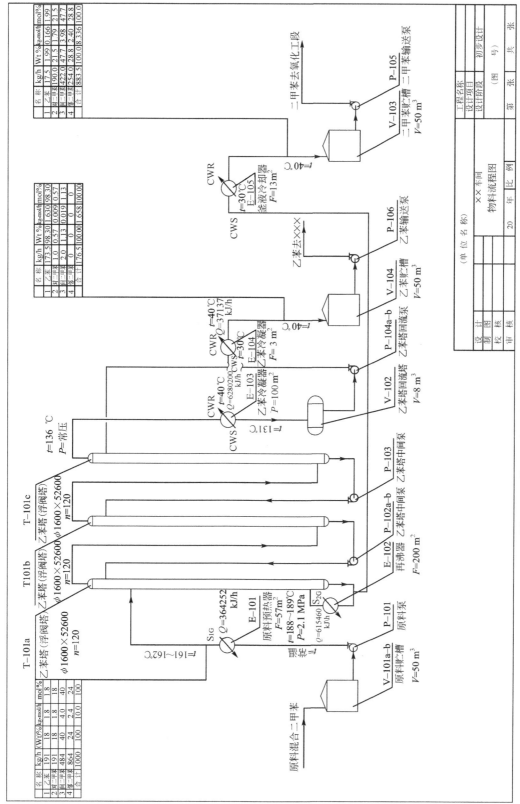

图 2-3　乙苯-二甲苯分离车间物料流程图

　　1）PID 图的绘制内容　管道及仪表流程图是设备布置设计和管道布置设计的基本资料，也是仪表测量点和控制调节器安装的指导性文件，以其为例说明流程图的设计内容及绘制方法。该流程图包括图形、标注、图例、标题栏四部分，其具体内容如下：

　　① 图形将全部工艺设备按简单形式展开在同一平面上，再配以连接的主、辅管线及管件，阀门、仪表控制点等符号。

　　② 标注主要注写设备位号及名称、管段编号、控制点代号、必要的尺寸数据等。

　　③ 图例包括代号、符号及其他标注说明。

　　④ 标题栏则注写图名、图号、设计阶段等。

　　管道及仪表流程图是以车间（装置）或工段为主项进行绘制，原则上一个车间或工段绘一张图，若流程复杂可分成数张，但仍算一张图，使用同一图号。

　　PID 图可以不按精确比例绘制，一般设备（机器）图例只取相对比例。允许实际尺寸过大的设备（机器）按比例适当缩小，实际尺寸过小的设备（机器）按比例适当放大，可以相对示意出各设备位置高低，整个图面要协调、美观。

　　2）PID 图中设备的表示方法

　　① 在流程图上化工设备按大致比例用细实线绘制。要求画出能显示形状特征的主要轮廓，有时也画出显示工艺特征的内部示意结构，也可将设备画成剖视形式，设备的传动装置也应简单示意出。

　　② 对安装高度有要求的设备必须标出设备要求的最低标高。塔和立式器，必须标明自地面到塔和容器下切线的实际距离或标高,卧式容器应标明容器底部到地面的实际距离或标高。

　　③ 工艺流程图中一般应绘出全部工艺设备及附件，两组或两组以上相同系统或设备，可只绘出一组设备，并用细实线框定，其他几组以细双点画线方框表示，方框内标注设备位号和名称。

　　④ 流程图上的设备必须标注设备位号和名称，其他所有图纸和表格上的设备位号和名称必须与流程图保持一致。设备位号一般标注在两个地方，第一是在图的上方或下方，要求排列整齐，并尽可能正对设备，在位号线的下方标注设备名称；第二是在设备内或其近旁，此处仅注位号，不注名称。当几个设备或机器为垂直排列时，它们的位号和名称可以由上而下按顺序标注，也可水平标注。

　　工艺设备位号的编法：每个工艺设备均应编一个位号，在标注位号时，应在位号下方画一条粗实线，图线宽度为 0.9~1.2mm，位号的组成如图 2-5 所示。

　　主项代号一般用两位数字组成，前一位数字表示装置（或车间）代号，后一位数字表示主项代号，在一般工程设计中，只用主项代号

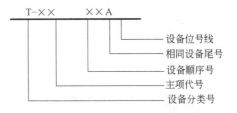

图 2-5　设备位号表示示意图

即可。装置或车间代号和主项代号由设计总负责人在开工报告中给定。设备顺序号用两位数字 01、02、…、10、11…表示，相同设备的尾号用于区别同一位号的相同设备，用英文字母 A，B，C……表示。常用的设备分类代号如表 2-1 所示，一般用设备名称英文的首字母作代号。

表 2-1　常用设备分类代号

序号	设 备 名 称	代　号	序号	设 备 名 称	代　号
1	塔	T	7	火炬、烟囱	S
2	泵	P	8	换热器、冷却器、蒸发器	E
3	压缩机、鼓风机	C	9	起重机、运输机	L
4	反应器	R	10	其他机械及搅拌器	M
5	容器（贮槽、贮罐）	V	11	称量设备	W
6	工业炉	F	12	其他设备	X

⑤ 对于需隔热的设备和机器要在其相应部位画出一段隔热层图例，必要时注出其隔热等级。有伴热者也要在相应部位画出一段伴热管，必要时可注出伴热类型和介质代号，如图 2-6 所示。

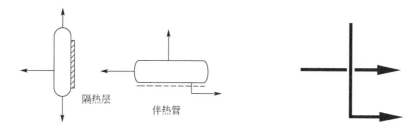

图 2-6　设备隔热层和伴热管的画法　　　　图 2-7　管道交叉时的画法

3）PID 图中管道的表示方法

① PID 图一般应画出所有工艺材料和辅助物料的管道，当辅助管道比较简单时，可将总管绘制在流程图的上方，向下引支管至有关设备；当辅助管道系统比较复杂时，需另绘制辅助管道系统图予以补充。

② 一般情况下主工艺物料管道用粗实线绘制，辅助管线用中实线绘制，仪表及信号传输管线用细实线或细虚线绘制。

③ 管线排布应做到横平竖直，尽量避免穿过设备或交叉，必须交叉时，一般采用横断竖不断的画法，管道转弯应画成直角，如图 2-7 所示。管道上的放空口、排液管、取样口、液封管等应全都画出。

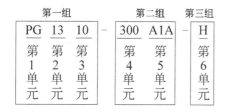

图 2-8　管道组合号标注示意图

④ 工艺管道用管道组合号标注，管道组合号由四部分组成，即管道号（管段号，由三个单元组成）、管径、管道等级和隔热或隔声。共分为三组，用一短横线将组与组之间隔开，隔开两组间留适当的空隙，组合号一般标注在管道的上方，如图 2-8 所示。

第一组有三个单元，分别为物料代号、主项编号及管道顺序号。其中第 1 单元为物料代号，由 1～3 位英文字母表示，各种物料代号见表 2-2，表中未规定的物料代号由专业技术人员按英文字母选取。

表 2-2　常用物料代号规定

物料代号	物料名称	物料代号	物料名称	物料代号	物料名称	物料代号	物料名称
AR	空气	DW	饮用水、生活用水	LO	润滑油	R	冷冻剂
AM	氨	F	火炬排放	LS	低压蒸汽	RO	原料油
BD	排 污	FG	燃料气	MS	中压蒸汽	RW	原水
BW	锅炉给水	FO	燃料油	NG	天然气	SC	蒸汽冷凝水
BR	冷冻盐水（回）	FS	熔盐	NG	氮	SL	泥浆
BS	冷冻盐水（供）	GO	填料油	O	氧	SO	密封油
CA	压缩空气	HM	载热体	PS	工艺固体	SW	软水
CS	化学污水	HWR	热水（回）	PA	工艺空气	TS	伴热蒸汽
CWS	循环冷却水（供）	HWS	热水（供）	PG	工艺气体	V	放空气
CWR	循环冷却水（回）	HS	高压蒸汽	PL	工艺液体	VA	真空排放气
DR	排液、排水	IA	仪表空气	PW	工艺水		

注：为避免与数字 0 的混淆，规定物料代号中如遇到英文字母"O"应写成"Ō"。

　　第 2 单元为主项编号，按工程规定的主项编号填写，采用两位数字，从 01、02 开始至 99 为止；第 3 单元为管道顺序号，相同类别的物料在同一主项内以流向先后为序，顺序编号，采用两位数字，从 01、02 开始，至 99 为止。第一组的三个单元组成管道号（管段号）。

　　第二组由第 4、第 5 两个单元组成，其中第 4 单元为管道尺寸，一般标注公称直径，以 mm 为单位，只注数字，不注单位；第 5 单元为管道等级，由三个部分组成，如图 2-9 所示。其中第一部分为管道的公称压力（MPa）等级代号，用大写英文字母表示，A-K 用于 ANSI

图 2-9　管道等级表示示意图

标准压力等级代号（其中 I、J 不用），L-Z 用于国内标准压力等级代号（其中 O，X 不用），管道压力等级代号具体含义参见表 2-3。第二部分为顺序号，用阿拉伯数字表示，由 1 开始。第三部分为管道材质类别，用大写英文字母表示，其含义如下：A——铸铁；B——碳钢；C——普通低合金钢；D——合金钢；E——不锈钢；F——有色金属；G——非金属；H——衬里及内防腐。

　　第三组由第 6 单元组成，为隔热或隔声代号，其表示方法见表 2-4。当工艺流程简单，管道品种规格不多时，管道组合号中的第 5、6 两个单元可省略，第 4 单元的尺寸可直接填写管子的外径×壁厚，并标注工程规定的管道材料代号。

表 2-3　管道压力等级代号

用于 ANSI 标准		用于国内标准	
代号	含义（Lb）	代号	含义（MPa）
A	150	L	1.0
B	300	M	1.6
C	400	N	2.5
D	600	P	4.0

续表

用于 ANSI 标准		用于国内标准	
代号	含义（Lb）	代号	含义（MPa）
E	900	Q	6.4
F	1500	R	10.0
G	2500	S	16.0
		T	20.0
		U	22.0
		V	25.0
		W	32.0

表 2-4　隔热及隔声代号

代　号	功能类型	备　　注	代　号	功能类型	备　　注
H	保温	采用保温材料	S	蒸汽伴热	采用蒸汽伴管和保温材料
C	保冷	采用保冷材料	W	热水伴热	采用热水伴管和保温材料
P	人身防护	采用保温材料	O	热油伴热	采用热油伴管和保温材料
D	防结露	采用保冷材料	J	夹套伴热	采用夹套伴管和保温材料
E	电伴热	采用电热带和保温材料	N	隔声	采用隔声材料

主要物料管道用粗实线（0.9mm）表示，辅助物料管道用中粗实线（0.6mm）表示，设备轮廓和管道上的各种附件以及局部地平线用细实线（0.3mm）表示。一般情况下流程图上不标尺寸，但有特殊需要注明尺寸时，其尺寸线用细实线表示。

4）PID 图中阀门与管件的表示方法

在管道上用细实线画出全部阀门和各种管路附件，如补偿器、软管、永久（临时）过滤器、盲板、疏水器、视镜、阻火器、异径接头、下水漏斗及非标准管件等都要在图上标示出来，并用图例表示出阀门的形状。工艺流程图中竖管上阀门的高低位置应大致符合实际高度，当阀门的压力等级与管道的压力等级不一致时，要标注清楚；如果压力等级相同，但法兰面的形式不同，也要标明，以免安装设计时配错法兰，导致无法安装。

5）PID 图中仪表控制及分析取样点表示方法

工艺流程图中应给出和标注全部与工艺有关的检测仪表、调节控制系统、分析取样点和取样阀，其代号规定如表 2-5 所示。仪表控制点的符号图形一般用细实线绘制，常见的符号图形如表 2-6 所示。各种执行机构和调节阀的符号也用细实线绘制，具体表示方法见图 2-11、图 2-12。

仪表图形符号和字母代号组合起来，可以表示工业仪表所处理的被测变量和功能，或表示仪表、设备、元件、管线的名称；字母代号和阿拉伯数字编号组合起来，就组成了仪表的位号。在检测控制系统中，一个回路中的每一个仪表或元件都应标注仪表位号。仪表位号由字母组合和阿拉伯数字编号组成。第一个字母表示被测变量，后继字母表示仪表的功能。数字编号表示仪表的顺序号，数字编号可按车间或工段进行编制，如图 2-10 所示。

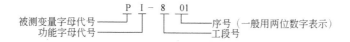

图 2-10　仪表位号示意图

在管道及仪表流程图中，标注仪表位号的方法是将字母代号填写在圆圈的上半部分，数字编号填写在圆圈的下半部分。

表2-5　被测变量和仪表功能的字母代号

字母	第一字母		后继字母	字母	第一字母		后继字母
	被测变量或初始变量	修饰词	功能		被测变量或初始变量	修饰词	功能
A	分析		报警	N	供选用		供选用
B	喷嘴火焰		供选用	O	供选用		节流孔
C	电导率		控制	P	压力或真空		试验点
D	密度	差比（分数）		Q	数量或件数	积分、积算	积分、积算
E	电压		检出元件	R	放射性		记录或打印
F	流量			S	速度或频率	安全	开关及联锁
G	尺度		玻璃	T	温度		传达（变送）
H	手动			U	多变量		多功能
I	电流	扫描	指示	V	黏度		阀、挡板
J	功率			W	重量或力		套管
K	时间或时间程序		自动、手动操作器	X	未分类		未分类
L	物位			Y	供选用		计算器
M	水分或湿度		指示灯	Z	位置		驱动器、执行器

表2-6　仪表控制点符号

序号	名　称	符　号	序号	名　称	符　号
1	变送器	⊗	7	锐孔板	
2	就地安装仪表盘机	 ○	8	转子流量计	
3	机组盘或就地仪表盘	 ⊖	9	靶式流量计	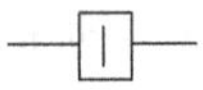
4	控制室仪表盘安装仪	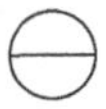 ⊖	10	电磁流量计	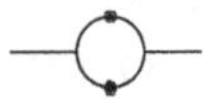
5	处理两个参量相同（或不同）功能复式仪表	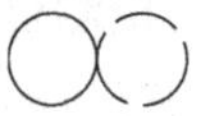 ○○	11	涡轮流量计	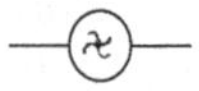
6	检测点		12	变压计	

（a）气动薄膜执行机构　　（b）电磁执行机构　　（c）气动活塞执行机构　　（d）液动活塞执行机构　　（e）电动执行机构

图2-11　执行机构图形符号

图 2-12　各种阀的图形符号

注：FO 即 Fault Open，故障开，表示有故障或断气时打开阀门，其他状态下关闭阀门；

FC 即 Fault Close，故障关，表示有故障或断气时关闭阀门，其他状态下打开阀门。

检测仪表按其检测项目、功能、位置（就地和控制室）进行绘制和标注，对其所需绘出的管道、阀门、管件等由专业人员完成。

将调节阀系统按其具体组成形式（单阀、四阀等）所包括的管道、阀门、管道附件一一画出，将其调节控制项目、功能、位置分别注出，其编号由仪表专业人员确定。调节阀自身的特征也要注明，例如传动形式（气动、电动或液动），气开或气闭，有无手动控制机构等。

分析取样点在选定位置（设备管口或管道）处标注和编号，其取样阀组、取样冷却器也要绘制和标注或加文字注明，如图 2-13 所示。

图 2-13　分析取样点

注：A 表示人工取样点，1201 为取样点编号，12 为主项编号，01 为取样点序号。

2.1.2　设备布置图

（1）设备布置设计内容

当确定了工艺流程图后，流程中所涉及的全部主要设备及辅助设施，必须根据工艺的要求和生产的具体情况，在厂房建筑内外合理布置，安装固定，以保证生产的顺利进行。在设备布置设计中，一般应提供下列图样。

① 设备布置图　表示一个车间或一个工段的生产和辅助设备在厂房建筑内外安装布置的图样，是设备布置设计中的主要图样，见图 2-14。

② 首页图　车间内设备布置图需分区绘制时，提供分区概况的图样。

③ 设备安装详图　表示用以固定设备的支架、吊架、挂架及设备的操作平台、附属的栈桥、钢梯等结构的图样。

④ 管口方位图　表示设备上各管口以及支座、地脚螺栓等周向安装方位的图样。

（2）设备布置图内容

设备布置图是设备布置设计中的主要图样，在初步设计阶段和施工图设计阶段都要进行绘制。不同设计阶段的设备布置图，其设计深度和表达内容各不相同，一般来说，它是在厂房建筑图上以建筑物的定位轴线或墙面、柱面等为基准，按设备的安装位置，绘出设备的图形或标记，并标注其定位尺寸。需要注意的是在设备布置图中设备的图形或标记可能和工艺流程图中的设备的图形或标记基本相仿，但在工艺流程图中只是示意，无需注意具体的大小，而在设备布置图中，必须标注和建筑物绘制保持一致比例的精确的安装尺寸及设备的主要外轮廓线尺寸。设计布置图是按正投影原理绘制的，图样一般包括以下几个内容。

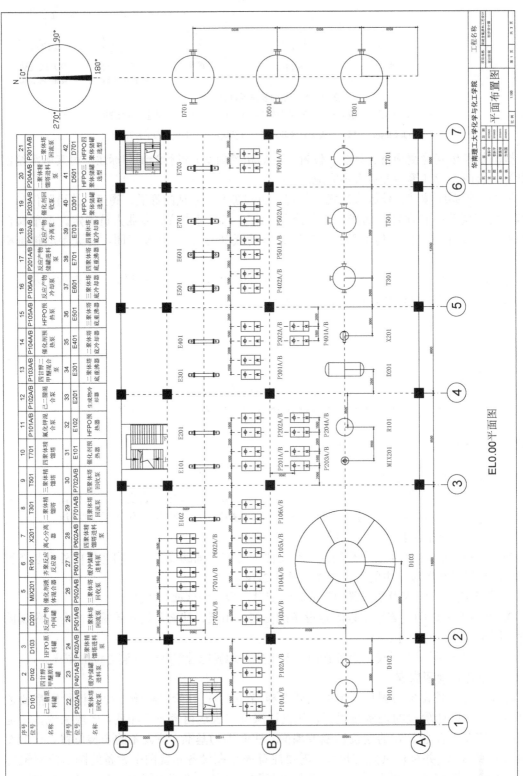

图 2-14 某车间设备平面布置图

① 一组视图 表示厂房建筑的基本结构和设备在厂房内外的布置情况。

② 尺寸及标注 在图形中注写与设备布置有关的尺寸及建筑物轴线的编号、设备的位号、名称等。

③ 安装方位标 指示安装方位基准和图标。

④ 说明与附注 对设备安装布置有特殊要求的说明。

⑤ 设备一览表 列表填写设备位号、名称等。

⑥ 标题栏 注写图名、图号、比例、设计阶段等。

（3）设备布置图的绘制步骤

① 考虑设备布置图的视图配置。

② 选定绘图比例。

③ 确定图纸幅面。

④ 绘制平面图，从底层平面起逐个绘制：

● 画建筑定位轴线。

● 画与设备安装布置有关的厂房建筑基本结构。

● 画设备中心线。

● 画设备、支架、基础、操作平台等的轮廓形状。

● 标注尺寸。

● 标注定位轴线编号及设备位号、名称。

● 图上如果分区，还需画分界线并作标注。

⑤ 绘制剖视图，绘制步骤与平面图大致相同，逐个画出各剖视图。

⑥ 绘制方位标。

⑦ 编制设备一览表，注写有关说明，填写标题栏。

⑧ 检查、校核，最后完成图样。

2.1.3 管道布置图

管道布置图设计是根据管道仪表流程图（PID，带控制点的工艺流程图），设备布置图及有关的土建、仪表、电气、机泵等方面的图纸和资料为依据，对管道进行合理的布置设计，绘制出管道布置图。管道布置图的设计首先应满足工艺要求，便于安装、操作及维修，并要合理、整齐、美观。管道布置图在化工设备进行最后安装阶段具有重要的意义。好的管道布置图不仅能使安装者容易读懂图纸所要表达的含义，加快施工进程，同时也杜绝诸如将测量孔安放在光线不好的场合，或者将阀门的安装的方位朝向墙面，使之很难操作等现象。因此，在各种化工工程具体施工前，必须绘制好详细的管道布置图。

管道布置图的绘制工作非常繁重，同时对时间的要求也较紧，另外，在具体施工过程中会碰到各种与原设计现场不同或原设计中错误的情况，需要及时更新管道布置图。这时，如果采用计算机绘图，就可以充分发挥计算机快速、易修改的特点，及时提供更新后的管道布置图。

由于施工对象及装置复杂程度不同，管道布置设计目前有以下几种方式。

① 进行模型设计、绘制管道布置图和部分管道的管段图。

② 进行模型设计和绘制管道 $D_g \geqslant 32mm$ 部分的管段图。

③ 绘制管道布置图和管道 $D_g \geqslant 32mm$ 部分的管段图。

④ 绘制管道布置图。

（1）管道布置图分类

① 管道平面设计图　是每个工程的平面设计中，都需要绘制的平面设计图。此图是一种综合性的条件图，它包括最后设计所需的一切内容，如主要管道走向；容器支座、平台、梯子、栏杆的位置和尺寸；电缆托架和电缆沟的走向；基础建筑物、构筑物的外形；吊车梁、吊杆、吊钩的位置和起重能力；主要管架的位置、管口、支架、人孔、手孔、吊耳、铭牌方位；公用物料站、空调设施、排水地漏等。

② 管道平面布置图　是用来表达车间（或装置）内管道的空间位置情况的图样，又称管道配管图或安装图。管道平面布置图是根据管道平面设计图来绘制的，一般情况下，只需要绘制管道平面布置图；在某些情况下，可以在管道平面布置图上或单独的图纸上绘出需要表示的立面或剖面图。平面布置图也是管道空视图的主要依据。

③ 管道空视图　是用来表达一个设备至另一个设备（或另一个管道）间的一个管段及其所附管件、阀门、控制点等具体配制情况的立体图样，又叫管段图。

管道空视图按正等轴测投影绘制，立体感强，图面清晰、美观，便于阅读，利于施工。在化工工程设计中，一般都要绘制管段图，但由于管段图只是每段管段的图样，反映的只是个别局部，需要有反映整个车间（装置）设备，管道布置全貌的管道布置平、立面剖视图或设计模型与之配合。因此，管道图配合模型设计或管道布置平、立面剖视图，作为设备、管道布置设计中的重要方式（特别是大、中型工程项目），有利于加快管道安装进度，提高施工质量。

④ 蒸汽伴管系统布置图　表达车间内蒸汽分配管与冷凝液收集管系统平、立面布置的图样。

⑤ 管件图　表达管件的零部件图样，有时需画出特殊管件的管件图。

⑥ 管架图　表达管架的零部件图样。

目前，在大中型的工艺配管设计中，一般都采用了模型设计的先进方法。根据工艺流程图，把整个车间的所有设备，管廊，框架和建、构筑物按一定的比例做成模型，使其合理布局，位置紧凑、整齐，既考虑生产合理，又照顾施工方便。这样把设计意图明确直观地反映出来，既便于讨论、审查和绘制其他图样，又利于指导安装施工，是加快设计速度、提高设计水平、保证设计质量的先进设计方法。

（2）管道布置图绘制的标准和规范

一般规定如下。

a. 管道布置图要表示出所有管道、管件、阀门、仪表和管架等的安装位置，管道与设备、厂房的关系。安装单位根据管道布置图进行管道安装。

b. 管道布置图应包括以下内容。

- 厂房及建、构筑物外形，标注建、构筑物标高及厂房方位；
- 全部设备的布置外形、标注设备位号及设备名称；
- 操作平台的位置及标高；
- 当管道平面布置图表示不清楚时，应绘制必要的剖视图；
- 表示所有管道、管件及仪表的位置、尺寸和管道的标高、管架位置及管架编号等；

- 标高均以±0.000 为基准，单位为 m，其他尺寸（如管段长度、管道间距）以 mm 为单位,只注数字，不注单位。管道公称通径以 mm 表示。如采用英制单位时应加注尺、英寸符号如 2′、3/4″。
- 在平面布置图的右上角应绘制一个与设备布置图设计方向一致的方向标。

c. 绘制要求。

图幅和比例　管道布置图图幅一般采用 A0，比较简单的也可采用 A1 或 A2，同区的图宜采用同一图幅，图幅不宜加长或加宽。常用比例为 1∶25、1∶50 也可用 1∶100，但同区的或各分层的平面图应采用同一比例。

- 线条要求　直径小于 250mm 管道用粗实线单线绘制，直径为 250mm 及 250mm 以上的管道用中粗实线双线绘制，管道中心线用细实线绘制。建筑物、设备基础、设备外形、臂件、阀门、仪表接头、尺寸线以及剖视符号的箭头方向线等均用细实线绘制，中心线用点画线表示。
- 其他管道　与外管道相连接的管道应画至厂房轴线外一米处，或按项目要求接至界区界线处。地下管道及平台下的管道用虚线表示。
- 管道标高　管道的安装高度以标高形式注出，管道标高均指管底标高。
- 管道转弯　管道水平方向转弯，对于单线管道的弯头可简化为直角表示，双线管道应按比例画出圆弧。
- 其他事项　有的局部管道比较复杂，因受比例限制不能表示清楚时，应画出局部放大图。

d. 平面图。

- 平面图上应画出管架位置，并编管架号。
- 按设备布置图要求绘制各层厂房及有关构筑物外形，设备可不标注定位尺寸、设备支架及设备上的传动装置，但需绘出设备上所有安装的管道接口。
- 同一位号两套以上的设备，如接管方式完全相同，可以只画其中一套的全部接管，其余几套可画出与总管连接的支管接头和位置。
- 穿过楼板的设备应在下一层的平面图上用双点画线表示设备投影。与该设备有关的管道用粗实线表示。
- 管道间距尺寸均指两管中心尺寸，以 mm 为单位，当管道转弯时如无定位基准，应注明转弯处的定位尺寸。有特殊安装要求的阀门刚度及管件定位尺寸必须注出。

e. 剖视图。

- 剖视图应根据剖切的位置和方向（如剖切到建筑轴线使应正确表示建筑轴线），标出轴线墙号，但不必标注总尺寸。
- 当管道平面布置图表示不够清楚时应绘制必要的剖视图，剖视图应能清楚表示管道。如有几排设备的管道，为使主要设备管道表示清楚，都可选择剖视图表达。
- 剖切面可以是全厂房剖面，也可以是每层楼面的局部剖面。

（3）管道布置图的标注

标注内容如下。

① 建（构）筑物　建（构）筑物的基本结构构件常被作为管道布置的定位基准，所以在管道平面布置图和立面剖视图中必须标注建筑定位轴线的编号及柱距尺寸，标注出平台和

构筑物的标高。

② 设备　是管道布置的主要定位基准，在管道布置图上必须标注设备的位号及名称。其位号的标注方法应与带控制点的工艺流程图和设备布置图一致；也有的管道布置图上只标注设备的位号，不注名称；还有的将设备位号写在图形里。在管道布置图上还应注出与容器或设备相对的柱中心线的尺寸。

③ 管道　管道布置图以平面图为主，标注出所有管道的定位尺寸及标高，物料的流动方向和管号。如绘有立面剖视图时，则所有的标高应注在立面剖视图上。管号标注在管中心线上方，标高注在管中心线下方。

在管道平面布置图上，根据实际情况，管道的定位尺寸可以以建筑定位轴线（或墙高）、设备中心线、设备管口法兰为基础进行标注。与设备管口相连的直线管段，则不需注定位尺寸。

管道安装标高均以 m 为单位，以室内地面±0.000 为基准，管道一般注管中心线标高加上标高符号，如▽4.500。必要时也可标注管底标高，如"EL4.000"，见图 2-15。零点标高注成±0.000，正标高前可不加正号（+），负标高前必须加注负号（−）。

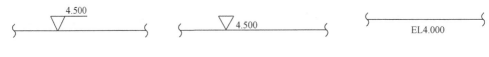

图 2-15　标高的标注

管道布置图上的所有管道应与带控制点的工艺流程图一致，都需要标注公称直径、物料代号、管段序号。如"SC-321-75"，其中 321 表示管道编号，75 表示管径，SC 表示介质或物料代号，这里 SC 表示蒸汽冷凝液。又如"W300 ϕ57×3.5"，其中 ϕ57 表示管径，3.5 表示管壁厚，W 表示此物料介质是液态液化气。管段编号应注在管道上方或左方，写不下时，可用指引线引出标注，还可以几条管道一起标注，见图 2-16。

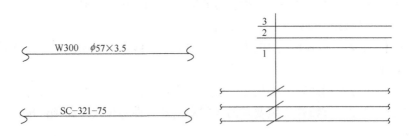

图 2-16　管道的标注

④ 管件　管道上的附件有管接头、异径接头、弯头、三通、管堵、法兰等。这些管件使管道改变方向、变化口径、连通和分流以及调节和切换管道中的流体等。

在管道布置图中，应按规定符号画出管件，一般不标注定位尺寸。本区域内管道改变方向，管件的位置尺寸应相对于容器、设备、管口或邻近管口、邻近管道的中心来标注。对某些有特殊要求的管件，应标注出某些要求和说明。如在异径接头的下方或旁边标注出两端的公称直径 D_g80/50，有特殊要求的法兰注明型号等。为了便于制造安装，应画出管件图，完整地表达管径的详细结构和尺寸，其内容与画法同零件图，对标准化的管件则可不画。

⑤ 阀门　管道平面布置图上的阀门按规定符号画出，一般不标注尺寸，只需要在立面剖视图上注出安装标高。当管道中阀门较多时，在阀门符号旁边应注明其编号及公称直径。

⑥ 仪表控制点　仪表控制点的标注与带控制点的工艺流程图一致，用指引线从仪表控制点的安装位置引出，也可以在水平线上写出规定符号。

（4）管道的表示方法

管道转折、交叉及重叠的俯视图表示方法，如图 2-17～图 2-19 所示。

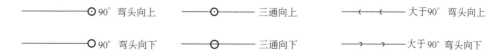

图 2-17　管道转折的表示方法

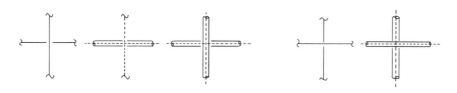

图 2-18　交叉管道的表示方法

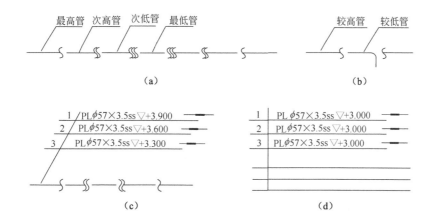

图 2-19　重叠管道的表示方法

（5）管道布置图的内容

① 一组视图

② 尺寸和标注

③ 分区简图

④ 方位标

⑤ 标题栏

（6）管道布置图的绘制方法步骤

① 确定表达方案、视图的数量和各视图的比例。

② 确定图纸幅面的安排和图纸张数。

③ 绘制视图。

④ 标注尺寸、编号及代号等。

⑤ 绘制方位标、附表及注写出说明。

⑥ 校核与审定。

2.1.4 化工设备图

（1）化工设备图样内容

化工设备泛指化工企业中使物料进行各种反应和各种单元操作的设备和机器，化工设备的施工图样一般包括以下几种。

① 装配图

② 设备装配图

③ 部件装配图

④ 零件图

（2）化工设备图基本内容

① 一组视图

② 各种尺寸

③ 管口表

④ 技术特性及要求

⑤ 标题栏及明细表

⑥ 其他

（3）化工设备图特点及绘制技巧

① 壳体以回转形为主　如各种容器、换热器、精馏塔等，可采用镜像技术，只绘制其中一半即可。

② 尺寸相差悬殊　如精馏塔的高度和壁厚，大型容器的直径和壁厚等，在绘制中，大的尺寸可按比例绘制，而小的尺寸若按比例绘制，将无法绘制或区分，这时可采用夸大的方法绘制壁厚等小的尺寸。

③ 有较多的开孔和接管　每一个化工设备最少需要两个接管，大量的接管一般安装在封头上或筒体上，绘制时主要注意接管的安装位置，接管上的法兰可采用简化画法，接管的管壁等小尺寸部件可采用夸张画法或采用局部放大方法。

④ 大量采用焊接结构　如接管和筒体、有些封头和筒体，需要注意绘出各种焊接情况，必要时需局部放大。

⑤ 广泛采用标准化、通用化及系列化的零部件　对于标准化的零部件，可采用通用的简化画法，一般画出主要外轮廓线即可，详细说明在明细表中标明即可。

其他的化工设备绘制技巧及特点，会在以后的化工设备的具体绘制中加以说明。图 2-20 为某车间管道布置图，图 2-21 是某设备装配图。

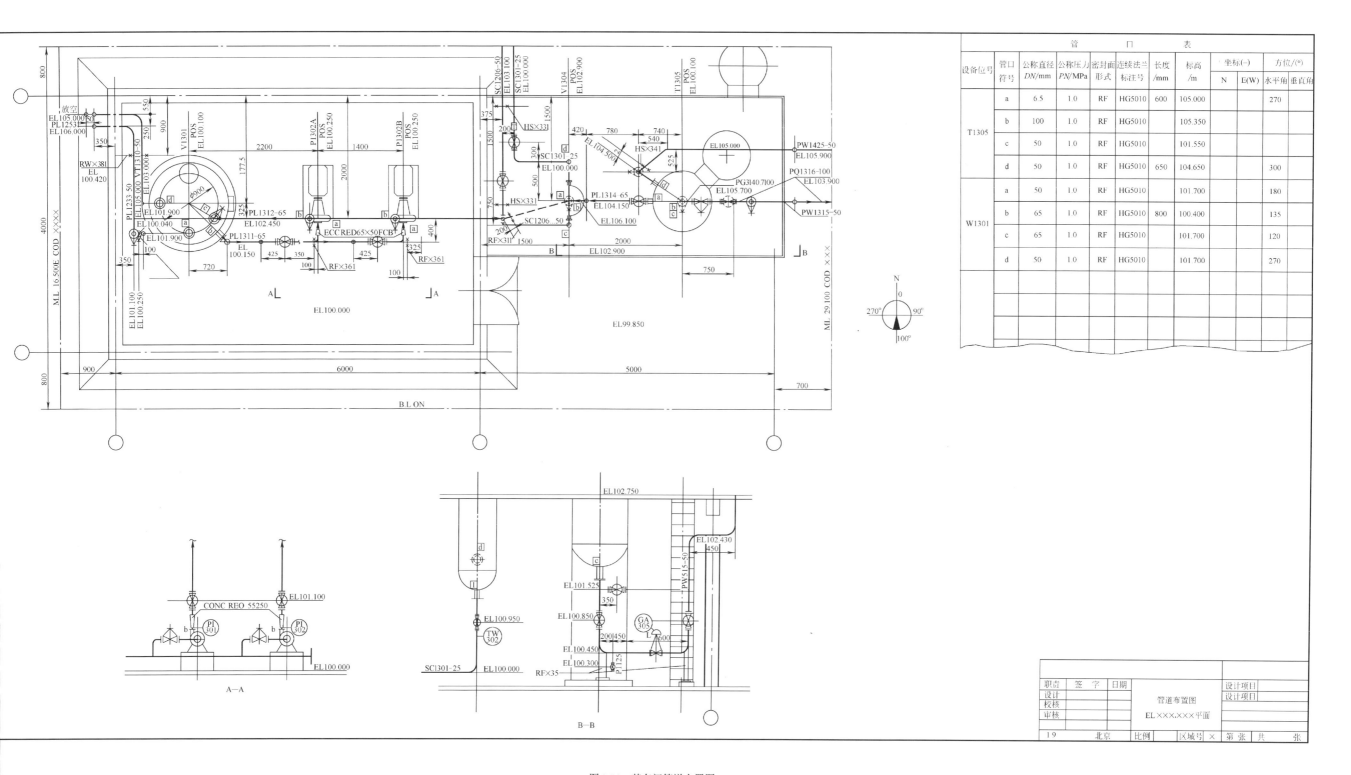

设备位号	管口符号	公称直径 DN/mm	公称压力 PN/MPa	密封面形式	连续法兰标注号	长度 /mm	标高 /m	坐标(-) N	坐标(-) E(W)	方位/(°) 水平角	方位/(°) 垂直角
T1305	a	6.5	1.0	RF	HG5010	600	105.000			270	
	b	100	1.0	RF	HG5010		105.350				
	c	50	1.0	RF	HG5010		101.550				
	d	50	1.0	RF	HG5010	650	104.650			300	
W1301	a	50	1.0	RF	HG5010		101.700			180	
	b	65	1.0	RF	HG5010	800	100.400			135	
	c	65	1.0	RF	HG5010		101.700			120	
	d	50	1.0	RF	HG5010		101.700			270	

图 2-20　某车间管道布置图

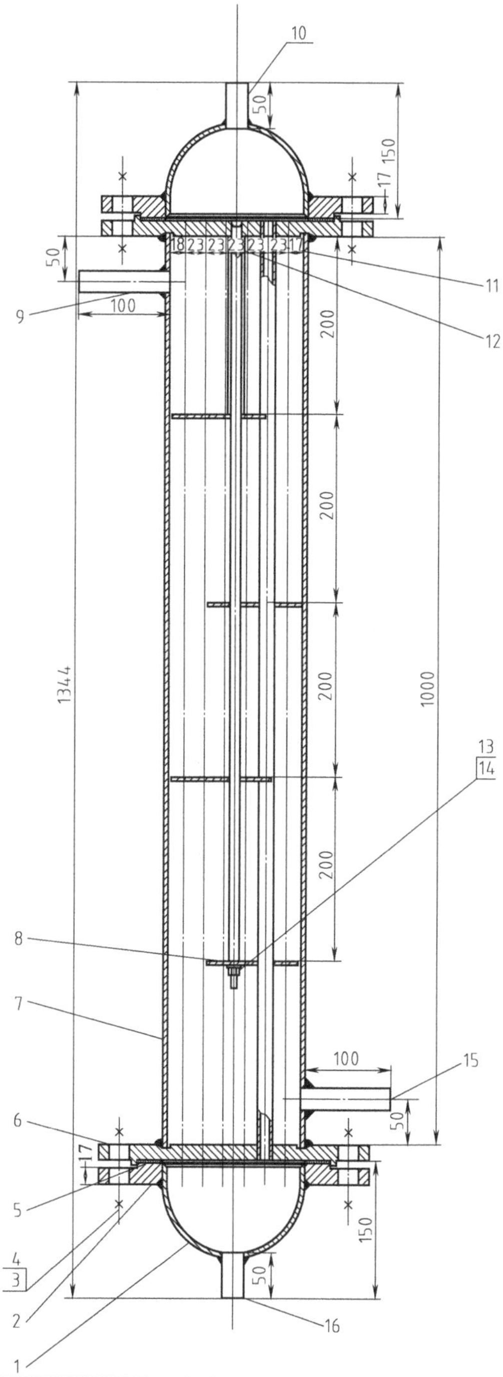

技术要求

1. 本设备按JB/T4735 <<钢制焊接常压容器>>技术条件进行制造、试验和验收。
2. 拉杆一端与管板焊接固定，焊接区焊接前进行酸洗处理，另一端用螺母固定。
3. 设备制造完毕，试水压98kPa。
4. 所有接管一端先车好螺纹，现场配制。
5. 所有传热管先加工成低肋强化传热管，和管板法兰采用胀接，密封面车水线两条。

技术特性表

名称	指标	
	管程	壳程
设计压力	常压	常压
设计温度		常温
物料名称	油	水
换热面积		

管口表

符号	公称尺寸	连接尺寸　标准	连接面形式	用途或名称
a	DN25		螺纹	油出口
b	DN25		螺纹	水出口
c	DN25		螺纹	油入口
d	DN25		螺纹	水入口

件号	图号或标准号	名称	数量	材料	单质量/kg	总质量/kg	备注
16	GB8163—87	接管 φ25X2 L=50	1	Q235-A			末端车外螺纹
15	GB8163—87	接管 φ25X2 L=100	1	Q235-A			末端车外螺纹
14	GB95—85	垫圈 12-100HV	2	Q235-A			
13	GB41—86	螺母 AM12	2	Q235-A			
12	本图	拉杆 M12X860	2	Q235-A			
11	本图	传热管 φ16X1.5 L=1050	24	Q235-A			
10	GB2270-80	接管 φ25X2 L=50	1	Q235-A			末端车外螺纹
9	GB2270-80	接管 φ25X2 L=100	1	Q235-A			末端车外螺纹
8	F3	折流板 δ=3	4	Q235-A			
7	本图	筒体	1	Q235-A			δ=4.5
6	F2	管板法兰 δ=24	2	Q235-A			
5	本图	垫圈 φ216/φ160	2				δ=3
4	GB41—86	螺母 AM20	2X8	Q235-A			
3	GB5780—86	螺栓 M20X75	2X8	Q235-A			
2	F1	法兰 DN150 δ=24	2	Q235-A			
1		球形封头，折边H=20	2				δ=4.5

××大学化工学院			HG-ETA-02	
职责	签字	日期	油冷器装配图	设计项目
设计				设计阶段　施工图
制图				001
校核				
审核				
2002年			比例	第 1 张　共 4 张

图 2-21　某设备装配图（示意）

2.2 常规机械制图的一些标准和规范

（1）图纸大小及格式

为了便于统一管理和使用，图纸的大小及规格应优先使用表 2-7 中的图幅及规格（见图 2-22、图 2-23），如实际需要时，可将图纸按规定的加长量加长，一般加长量为原长的 1/2。

表 2-7 常见图纸规格 单位：mm

代　号	A0	A1	A2	A3	A4	A5
$B \times L$	841×1189	594×841	420×594	297×420	210×297	148×210
a	25					
c	10			5		
d	20		10			

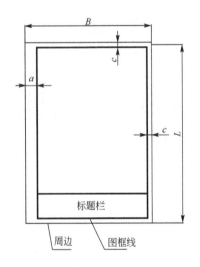
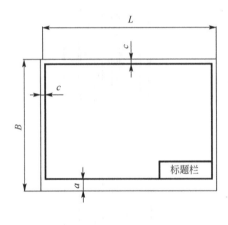

图 2-22 图框格式（一）

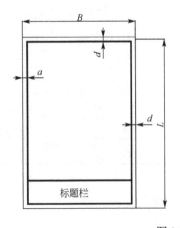
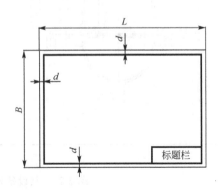

图 2-23 图框格式（二）

（2）图样比例

图样比例一般采用表 2-8 中比例，特殊情况时可采用实际需要的比例。

表 2-8　各种图样比例

与实物相同	$1:1$
缩小的比例	$1:1.5$　$1:2$　$1:2.5$　$1:3$　$1:4$　$1:5$　$1:10^n$　$1:1.5\times10^n$　$1:2\times10^n$　$1:2.5\times10^n$　$1:5\times10^n$
放大的比例	$2:1$　$2.5:1$　$4:1$　$5:1$　$10\times n:1$

注：n 为正整数。

（3）字体及大小

各种说明及标注的中文字采用长仿宋体，并采用国家正式公布的简化字，这一点在计算机绘图中不难做到。目前电脑软件中安装有国家公布的简化汉字系统，也有仿宋体供选择。字体的大小或号数，也就是字体的高度（mm），分为 20、14、10、7、5、3.5、2.5 等 7 种，英文和阿拉伯数字一般采用斜体，即其字头向右与竖直线成 15°角。

（4）图线类型及大小

图线是构成图样的各种线条，是构成图样的主要部分。一般图线有 8 种类型，其中粗实线和粗点画线的宽度为 b，b 按图形大小（即图样复杂程度）在 0.5~2mm 之间选择，其他 6 种线的宽度均为 $b/3$，具体情况见表 2-9。

表 2-9　8 种主要图线类型规格

名　称	图　线	线　宽	主要用途
粗实线	▬▬▬▬▬▬	b	可见的轮廓线和过渡线
粗点画线	▬▬▬ ▪ ▬▬▬ ▪ ▬▬▬	b	有特殊要求的线或表面的表示线
细实线	————————	$b/3$	尺寸线及尺寸界线、剖面线、重合剖面的轮廓线，螺纹的牙底线及齿轮的齿根线，引出线，分界线及范围线等
波浪线	～～～～～	$b/3$	断裂处的边界线，视图和剖视图的分界线
细点画线	≈3 / 15~30	$b/3$	轴线、对称中心线、轨迹线、节圆及节线
双点画线	≈5 / 15~20	$b/3$	相邻辅助零件的轮廓线、极限位置的轮廓线、假想投影轮廓线、中断线等
虚线	≈1 / 2~6	$b/3$	不可见轮廓线及过渡线
双折线	2~4 / 15~30 / 3~5	$b/3$	断裂处的边界线

（5）剖面形式

为了区分不同的材料，国家制定了不同材料的剖面表示形式，图 2-24 为 8 种常见材料的剖面表示形式。

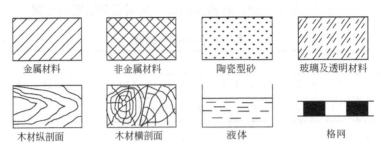

图 2-24　剖面形式

2.3　化工制图中的一些标准规范和绘制方法

（1）视图的选择

绘制化工专业图样（这里主要指化工零件图、化工设备图），首先要选定视图的表达方案，其基本要求和机械制图大致相同，要求能准确的反映实际物体的结构、大小及其安装尺寸，并使读图者能较容易地明白图纸所反映的实际情况。

大多数化工设备具有回转体性质，在选择主视图的时候常常会将回转体主轴所在的平面作为主视图的投影平面，如常见的换热器、反应釜等。一般情况下，按设备的工作位置，将最能表达各种零部件装配关系、设备工作原理及主要零部件关键结构形状的视图作为主视图。主视图常采用整体全剖和局部部分剖（如引出的接管、人孔等）并通过多次旋转的画法，将各种管口（可作旋转）、人孔、手孔、支座等零部件的轴向位置、装配关系及连接方法表达出来。

选定主视图后，一般再选择一个基本视图。对于立式设备，一般选择俯视图作为另一个基本视图；而对于卧式设备，一般选择左视图作为另一个基本视图。另一个基本视图主要用以表达管口、温度测量孔、手孔、人孔等各种有关零部件在设备上的周向方位。

有了两个基本视图后，根据设备的复杂程度，常需要各种辅助视图及其他表达方法如局部放大图、某向视图等用以补充表达零部件的连接、管口和法兰的连接以及其他由于尺寸过小无法在基本视图中表达清楚的装配关系和主要尺寸。需要注意，不管是局部放大图还是某向视图均需在基本视图中做标记，并在辅助视图中也标上相同的标记，辅助视图可按比例绘制，也可不按比例绘制，仅表示结构关系。

（2）绘图比例及图幅

化工绘图的比例通常采用 1∶5、1∶10、1∶15 等几种，但考虑到化工设备的特殊性，也可采用 1∶6、1∶30 等比例。对于和基本视图采用不同比例的局部放大图、剖视的局部图等必须分别表明其比例。一般在辅助视图上方，采用如 $\dfrac{\text{I}}{\text{M5：1}}$、$\dfrac{\text{A}-\text{A}}{\text{M2：1}}$ 方法表示，若图形不按比例绘制，则采用 $\dfrac{\text{A}-\text{A}}{\text{不按比例}}$ 表示。

化工专业图样的图幅除按国家《机械制图》标准外，还允许将 A2 图纸加长其短边后使用，加长量应按短边的 1/2 递增，如 594×630。一个合理的图幅需满足以下条件。

① 化工设备的全部内容包括明细栏、技术特性表、管口表等相关内容全部布置在图

幅上。

② 图面各内容布局合理、匀称美观。

③ 比例大小合理。

（3）图面安排

图 2-25 是常见的化工设备图幅安排，在绘制化工设备时，可根据具体情况仿照该图的图面安排。

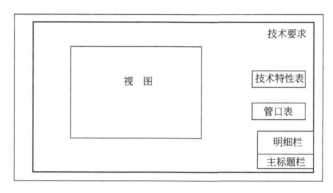

图 2-25　常见化工设备图幅安排

（4）尺寸标注

化工设备的尺寸标注一般包括以下几个方面：

① 设备特性尺寸　反映设备主要性能及规格尺寸。如设备筒体的内径 "$\phi500$"，筒体的高度 "1000"，筒体的厚度 "8"，封头的内径 "$\phi500$"，封头的高度 "125"，封头的厚度 "8" 等尺寸。

② 设备装配尺寸　表示零部件和主体设备之间的装配关系和相对位置。如换热器中冷、热流体进出管口的安装位置，一般需两个尺寸，一个在主视图中表示管口中心线距筒体顶端的距离，另一个在管口方位图或俯视图中表示，如果管口的位置正好处在中心或两正交轴上，可不表示角度，否则就需要表示管口安装的角度（如 "60°"），如果管口安装在封头上，并有多个管口处在同一圆周线上，则可在管口图中用点画线绘出管口圆心所在的圆，并标上该圆的直径。所有的接管均需标注接管的长度，该长度一般以接管和筒体或封头的外部接触点至接管法兰平面的距离。

③ 设备安装尺寸　指设备和基础或其他构件之间关系的尺寸。如精馏塔裙座和地基之间的各种尺寸、地脚螺栓孔的中心距及螺栓孔孔径等尺寸。

④ 设备外观尺寸　表示设备的总高、总宽、总长的尺寸，以表示该设备的空间大小，便于设备在运输和安装过程中考虑应采取的工具和方法。有些设备的总尺寸并不一定绝对精确，因为在装配过程中允许有一定的误差，所以总尺寸常常以 "~2300" 表示。

⑤ 设备其他尺寸　根据需要应注出的其他尺寸。如一些主要零部件的规格或尺寸；不另行绘图的零件的有关尺寸，如在封头上开了一个孔，则需表明该孔的直径及有关其他尺寸。

（5）尺寸基准

设备尺寸的基准选择要合理，其原则是标注的尺寸既能使设备在制造和安装过程中达到设计要求，又能便于测量和检验，通常作为尺寸基准的有如下几种。

① 各种回转体的中心线，如筒体、封头、接管、人孔等的中心线。

② 两回转体的环焊缝，如筒体和封头的焊缝。

③ 各种法兰的密封面，如接管上的法兰、筒体上的法兰的密封面。

④ 设备基础或支座的底面。

（6）管口符号及管口表的填写

任何一个化工设备都有数量不等的用于物料进出的接管以及其他用途的各种开孔和接管，如温度接管、手孔等。为了使读图者更好地分清不同的接管，均需在各种接管的管口投影旁注写管口符号，管口符号的编写顺序应从主视图的左下方开始，按顺时针方向依次编写。用小写英文字母表示，相同性质接管的管口符号可采用相同的英文字母，但用不同的下标表示，如 d_1、d_2 表示某液位计的两个管口。除了在视图上标注管口符号外，还需在图纸的右边居中位置填写管口表，管口表的基本内容和尺寸见图 2-26（表中填写内容仅为示意，具体内容需结合实际图纸的情况及国家标准的更新）。

符号	公称尺寸	连接尺寸标准	连接面形式	用途或名称	12
a	50	HGJ45-91	突面	出料口	∞
$b_{1\sim4}$	15		平面	液面计口	∞
c	50	HGJ45-91	突面	进料口	∞
d	40	HGJ45-91	突面	放空口	∞
e	50	HGJ45-91	突面	备用口	∞
f	500		平面	人孔	∞
10	20	50	15	25	

(a)

符号	名称	数量	公称直径DN/mm	法兰标准及公称压力PN/MPa	形式/密封面	伸出长度/mm	备注	∞
a	出料口	1	50	HGJ45-91,1.5	突面	150	备注	∞
$b_{1\sim4}$	液面计口	4	15	HGJ45-91,1.5	平面	150	备注	∞
c	进料口		50		突面	150	备注	∞
d	放空口		40		突面	150	备注	∞
e	备用口		50		突面	150	备注	∞
f	人孔		500		平面	200	备注	∞
10	30	10	25	45	20	20	20	

(b)

图 2-26　管口表示意图

（7）技术特性表、明细栏及主标题栏尺寸

技术特性表格根据不同的设备会有不同的形式，一般每列长度为 40mm，每行宽度为 8mm，画在管口表上方，列和行的数目可根据实际需要而定，表格的外框线及表头和列分割线采用粗实线，其他采用细实线，见图 2-27。需要说明的是，在图 2-27 中并没有见到线条有粗细之分，这主要是由于该图是直接从 Auto CAD 中复制过来，其线条的粗细在图层中设置，只有利用绘图仪输出时才可以见到线条的粗细，在 Word 文档中线条没有粗细之分，这一点在前面的换热器图中及以后凡是直接从 Auto CAD 中复制过来的图中均会出现这种情况，望读者注意。

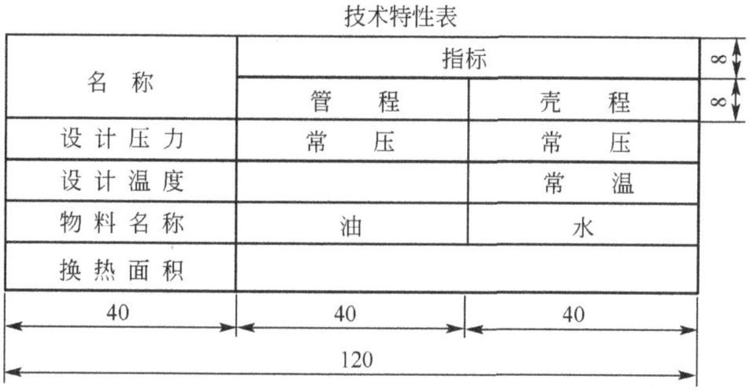

技术特性表
名　称
指标
管　　程
壳　　程
设 计 压 力
常　　压
常　　压
设 计 温 度
常　　温
物 料 名 称
油
水
换 热 面 积
8
8
40
40
40
120

图 2-27　技术特性表

明细栏及主标题栏是每一个化工设备图纸不可缺少的内容，主标题栏在图纸的右下方，右下边界和图框线共用，常见的形式见图 2-28，其总长度为 180mm，总高度为 50mm，外边框线及不同内容分隔线均为粗实线，其余为细实线。

细实线
细实线
设 计 单 位
工 程 名 称
职 责
签　字
日期
设 计
制 图
校 核
审 核
图　　名
设计项目
设计阶段
图号
200×年
比 例
第　张
共　张
13
6
6
50
20
25
15
15
45
25
180

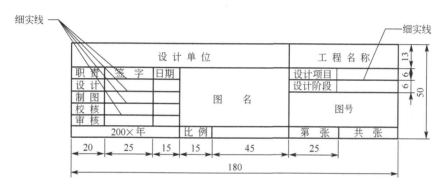

图 2-28　主标题栏

明细栏在标题栏的上方，如上方空间不够用，可发展到标题栏的左边，其总长度为 180mm，总高度根据实际情况而定，一般表头为 12mm，其余每行为 8mm，具体见图 2-29。

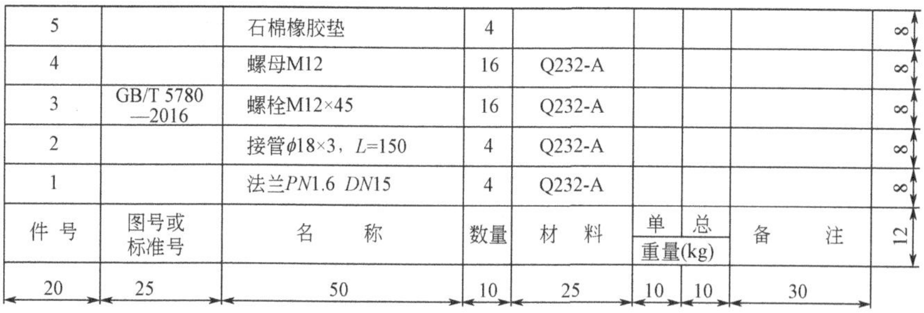

5
石棉橡胶垫
4
4
螺母M12
16
Q232-A
3
GB/T 5780—2016
螺栓M12×45
16
Q232-A
2
接管φ18×3，L=150
4
Q232-A
1
法兰PN1.6 DN15
4
Q232-A
件 号
图号或标准号
名　　称
数量
材　料
单　总
重量(kg)
备　　注
8
8
8
8
8
12
20
25
50
10
25
10
10
30

图 2-29　明细表

（8）虚线、实线、中心线相交时的绘制方法

圆的中心线一般为两条相互垂直的点画线，两条中心线（点画线）的交点就是圆心，注意圆心处必须是两条中心线的线段部分相交，不能是点或空白部分。

点画线和双点画线的首末两端应是线段而不是点，点画线一般超出轮廓线 2～5mm，当图形较小，用点画线或双点画线有困难时，可以用细实线代替。

当虚线与虚线，虚线与其他图线相交时，应以线段相交；虚线为粗实线的延长线时，不能与粗实线相交，应留有空隙，具体见图 2-30。

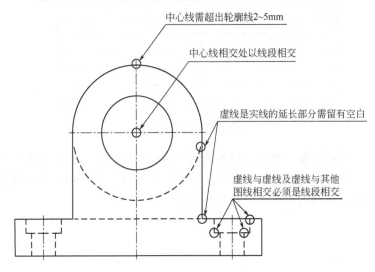

中心线需超出轮廓线2~5mm

中心线相交处以线段相交

虚线是实线的延长部分需留有空白

虚线与虚线及虚线与其他图线相交必须是线段相交

图 2-30　虚线、实线、中心线相交时的绘制方法示意图

2.4　化工制图前的准备工作

（1）确定工艺条件

在化工制图前，首先要确定绘制设备所处的工艺条件。以绘制列管式换热器为例，应知道进出换热器两股流体物料的性质（有无腐蚀性）、流量、压力、温度的参数，进而为设备材料的选用和工艺计算提供基础。

（2）工艺计算

在工艺条件确定的情况下进行工艺计算，确定（仍以换热器为例，以后均以此为例，不再说明）换热器的换热面积，根据换热面积及其他标准，如管内的流速等要求，确定换热器内列管的直径、长度及管子数目，根据管子数目及具体的排列方式，确定换热器筒体的大致直径。

（3）强度计算

根据工艺条件中确定的工作压力及在工艺计算中确定的筒体大致直径，结合选择的具体材料，利用一定的力学原理（一般为薄壳理论），确定筒体的厚度。一般封头的厚度也可以取和筒体一样的厚度。

（4）确定具体尺寸

确定物料进出管的长度、直径及安装位置；换热器中折流板的大小、厚度及安装的间隔尺寸；接管上法兰的大小及规格、管板法兰的大小及规格、筒体法兰的大小等具体尺寸。

（5）标准的查取

根据前面确定的各种法兰大小（一般为公称直径）和型号（如平焊法兰、凹凸法兰等），查各种具体的标准，确定法兰的外径、内径、螺栓孔中心距、厚度等在绘制过程中需要用到的主要轮廓尺寸。

（6）视图的表达方式及图幅比例的选取

根据前面的工作，确定视图的表达方式。一般换热器只需两个视图即可，一个为将整个筒体剖开的正面全剖图（接管部分可部分剖），另一个为俯视图（立式）或左视图（卧式）。如果对于管板、折板等零件不再另用图纸绘制，则需要增加一些辅助图，以便将这些零件的结构、尺寸表达清楚。图幅的比例应根据换热器的总高、总长等外轮廓大小，并结合各种辅助图、技术要求、技术特性表、管口表、明细栏、标题栏等所占的空间确定具体的图幅和比例，以表达清楚、图面美观、布局均衡为准。

2.5 本章慕课学习建议

本章介绍了各种化工图样的内容及绘制方法，同时也介绍了一些基本的图样绘制方法和规则，但实际上化工图样绘制的标准和要求会不断更新，学员在慕课学习的基础上，建议及时通过网络查询化工制图的有关新的要求和标准，具体网址是 http://www.zbgb.org，该网站内有专门针对化工 HG 的各种标准。学员除了按第 1 章慕课学习的次序外，本章内容的学习一定要结合其他课程如画法几何、化工制图、化工设计等课程中有关图样的绘制方法，为后续各章中用 AutoCAD 软件绘制这些图样提供知识支持。

习　题

1. 请绘制本章的图 2-1～图 2-4。注意线条的粗细、文字的大小、图标的协调等细节。

2. 工程图样绘制中图幅的大小一般选用国家规定的通用图幅大小，如 A0 的图幅为 841×1189，如实际图样需要增加图幅大小时，可将短边增加一定的量，以下哪一个增加量是符合通用规定的？

A.20%　　　　　B.30%　　　　　C.50%　　　　　D.60%

3.某图幅的大小为 420×594，则该图幅的代号是什么？

4.下面那一个缩小的比例是工程图样绘制中不常用的？

A.1∶3　　　　　B.1∶5　　　　　C.1∶7　　　　　D.1∶15

5.设备装备图绘制时，有时需要绘制剖面图，用网格线表示的是什么材料剖面？

A.玻璃　　　　　B.金属　　　　　C.液体　　　　　D.非金属

6.判断下面 6 项论述的正确与错误：

① 管道及仪表流程图的英文简称为 PID；

② PID 图中不需要对管道的具体内容进行标注；

③ PID 图中的设备必须按比例绘制；

④ 标题栏绘制时其大小需要根据绘图比例进行绘制；

⑤ A5 图纸的大小是 A4 图纸的一半；

⑥ 设备装配图中允许对比较小的管壁厚度进行适当的夸张画法，可以不按图纸中表示的比例绘制。

7. 在 A2 图幅下绘制下面的工艺流程图（图 2-31）。

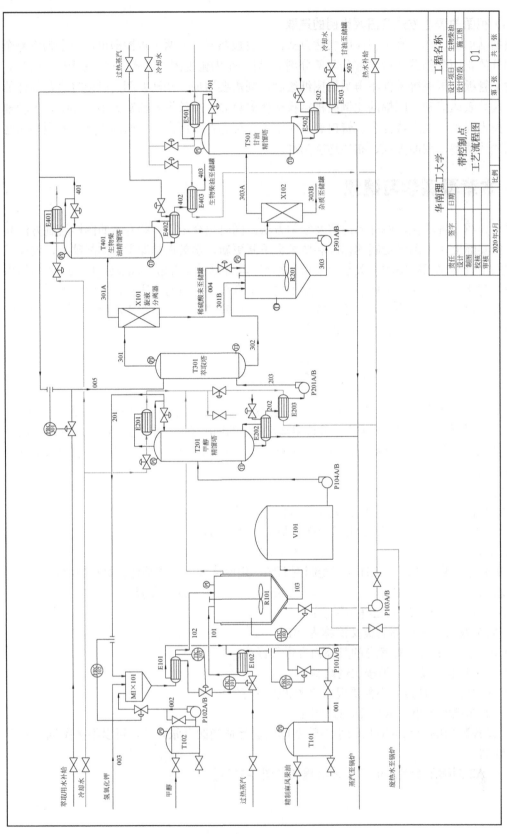

图 2-31　习题 7 工艺流程图

第3章 化工设备零件图绘制

3.1 本章导引

3.1.1 本章主要内容

本章主要介绍化工零件图的绘制。化工设备零件是化工设备的主要组成部分，通过化工设备零件的绘制，为化工设备的绘制打下基础。因此，本章内容的学习，是进入化工设备绘制实战阶段的第一步。希望读者从现在开始，就要进入临战状态，对书本上介绍的方法、操作说明，多问一个为什么。如果碰到同样的问题，有什么解决方法，试试自己的方法能否成功，并与书上介绍的方法进行比较。

化工设备的零件非常多，要想全部介绍其绘制方法将占去大量的篇幅，本章主要介绍法兰、封头、接管、支座、手孔、人孔等通用性较强的零件绘制方法。这些零件常常有各种标准，其主要尺寸在标准中都可以查到，如果在化工设备中选用这些标准零件，在化工设备图中一般无需绘制其详细结构图，只要在零件说明表中说明其标准即可，如 GB×××××—××××，HG×××××—××××等，但必须在装配图中标注其安装尺寸。至于其他零件，将在具体的设备绘制中加以说明。

3.1.2 本章书写风格

了解本章的书写风格，对本章的学习很有帮助。本章的书写基本步骤如下。
① 介绍该零件的有关知识；
② 介绍该零件的关键尺寸或有关计算公式；
③ 实例介绍该零件的绘制过程。

对于以上3点内容，我们将区别对待，第1点我们只做一般性的介绍说明，不进行详细深入的分析；对于第2点内容，我们将直接给出有关计算公式及关键尺寸，对计算公式不进行推导；第3点，是本书的重点，我们将详细介绍有关零件的绘制过程，并对每一步的命令均做详细的说明，其主要的书写思路如下：

a. 零件的绘制过程做一个大致的说明，其中涉及其所需要的关键尺寸及主要绘制方法和思路。

b. 将整个绘制过程分解成若干阶段，每一个阶段完成部分工作，简单介绍该阶段的工作及绘制结果图。为节约篇幅，绘制结果图只截取主要的部分，将其他有关界面切去（有时会在图的外面加一个灰线条的框）。

c. 对步骤 b.的工作展开详细的说明，对于首次出现的操作过程，其每一步命令均有详细说明。每一步命令前均有编号如 "(*)"，命令后面括号内的内容，是该命令的介绍及操作过程。

3.1.3　本章要点提醒

在绘制零件图前必须明白所绘零件的立体结构及所有的关键尺寸，如果对所绘零件的立体结构缺乏了解，就很难正确地将零件图绘制出来。对于绘制零件所需的关键尺寸，如果是标准件，就可以查表得到大部分数据，对于标准中没有表明的尺寸，可根据和它连接的零件尺寸、零件加工过程中刀具的进退角、焊接所需的坡口等情况加以取舍，也可以参考同类零件在其他型号中相同部位的有关数据。如果不是标准件，则需根据实际情况进行设计，确定绘制该零件所需的所有尺寸。当然，在设计过程中可以借鉴标准件的有关尺寸。

在本章零件图的绘制中，用到了许多绘图及修改命令，本书中"（*）"的命令是作者实际操作过程的记录，直接从 AutoCAD 软件的命令窗口中复制过来，但为了节约篇幅，将有些不影响理解的无需操作的语句删除，请读者在自己操作时注意。本章中绘图的命令大部分直接取自屏幕左边的绘图工具，而修改命令直接取自屏幕右边的修改工具，如果电脑屏幕上没有见到这些工具，请自行通过"视图"菜单中的"工具栏"加以设置。下面将本章中的有关术语做一个说明，以后在其他章中碰到相同的术语不再说明：

① 本书中所说的"点击鼠标"或"点击"均指点击鼠标左键（在正常设置下）；

② 本书中所说的"回车"是指按键盘上的"Enter"键；

③ 本书中所说的"拖动鼠标"是指按住鼠标左键移动鼠标；

④ 本书中所说的"在某线上"是指该线上的某一点；

⑤ 本书中所说的"某线的上方"并不在该线上，而是位于该线的上方某一点。

3.2　封头的绘制

封头是容器的一个部件，是以焊接方式连接筒体。根据几何形状的不同，可分为球形、椭圆形、碟形、锥形和平盖等几种。封头是压力容器上的端盖，是压力容器的一个主要承压部件。其所起的作用是密封作用。封头一是做成了罐形压力容器的上下底，二是管道到头了，不准备再向前延伸了，那就用一个封头在把管子用焊接的形式密封住。和封头的作用差不多的产品有盲板和管帽，不过那两种产品是可以拆卸的。而封头焊好了之后是不可以再拆卸的。与封头配套的管件有压力容器、管道、法兰盘、弯头、三通、四通等产品。

3.2.1　半球形封头的绘制

图 3-1 所示的半球形封头由半个球壳组成。对于直径较小、厚度较薄的半球形封头可以采用整体热压成形加工技术，对于大直径的半球形封头则采用分瓣冲压后焊接组合的加工技术。半球形封头厚度的计算公式如下：

$$S = \frac{p_c D}{4[\sigma]^t \varphi} \qquad (3\text{-}1)$$

式中，p_c 为封头内计算压力，$[\sigma]^t$ 为材料允许最大应力，φ 为焊缝系数。

半球形封头结构较简单，受力较均匀。其绘图的关键尺寸只有两个：半球形封头的内直径 D 或半径 R，封

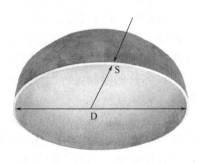

图 3-1　半球形封头

头的厚度 S，具体绘制过程如下。

（1）绘制垂直中心线

设置绘制中心线的图层，并将其线型设置为中心线，然后绘制垂直中心线，其具体命令及操作过程如下（有关图层的设置请参见第 1 章中的内容）。

命令：_line 指定第一点：【点击绘图工具，鼠标移至适当位置点击】

指定下一点或 [放弃(U)]：@0,–400【输入"0,–400"，回车】

指定下一点或 [放弃(U)]：【回车，绘好中心线，见图 3-2】

（2）绘制内轮廓线

在绘制结构线图层中，以中心线上某一点为圆心绘制直径为 400 的半圆，作为半球形封头的内轮廓线，见图 3-3，具体命令及操作过程如下。

命令：_arc【点击绘制圆弧工具】

指定圆弧的起点或[圆心(C)]: c，【输入 c，回车】

指定圆弧的圆心:【鼠标移至中心线的中部下方，当屏幕上出现"最近点"字样时，点击鼠标，这样就确定了半圆的圆心，该圆心落在中心线上，符合要求】

指定圆弧的起点: @200,0【输入"@200,0"，回车，确定圆弧的其中一点，利用相对坐标来确定圆弧的端点，相对于圆心而言，可以不考虑圆心位置的具体坐标】

指定圆弧的端点(按住 Ctrl 键以切换方向)或[角度(A)/弦长(L)]: @–400,0【输入"@–400,0"，回车绘好半球形封头的内轮廓线，见图 3-3】

（3）绘制外轮廓线

利用偏移技术绘制半球形封头的外轮廓线，并利用直线将两轮廓线连接起来。

命令：_offset

当前设置：删除源=否　图层=源　OFFSETGAPTYPE=0（点击偏移工具）

指定偏移距离或 [通过(T)/删除(E)/图层(L)] <通过>：10【输入 10，回车】

选择要偏移的对象，或 [退出(E)/放弃(U)] <退出>：【鼠标移至已画好的半圆弧，点击鼠标】

指定要偏移的那一侧上的点，或 [退出(E)/多个(M)/放弃(U)] <退出>：【将鼠标移至已画好半圆弧的外侧，点击鼠标】

选择要偏移的对象，或 [退出(E)/放弃(U)] <退出>：【回车，绘制好半球形封头的外轮廓线】

命令：_line 指定第一点：【点击绘直线工具，鼠标移至外侧半圆的左边端点，利用目标捕捉工具捕捉端点，当屏幕出现"端点"两字时点击鼠标】

指定下一点或 [放弃(U)]：【鼠标移至外侧半圆的右边端点，利用目标捕捉工具捕捉端点，当屏幕出现"端点"两字时，点击鼠标，见图 3-4】

指定下一点或 [放弃(U)]：【回车，完成所有轮廓线的绘制工作。见图 3-4】

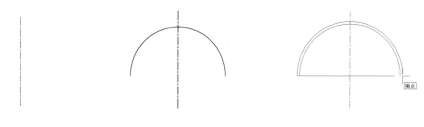

图 3-2　中心线　　　　　　　图 3-3　半圆线　　　　　　图 3-4　内、外轮廓线

（4）打剖面线与尺寸标注

利用填充功能，打上剖面线，并标上尺寸，并将中心线进行适当修剪，最后完成绘制工作，见图 3-5。

命令：_hatch【点击填充工具，图案设置 ANSI31，比例设置 10，点击"拾取点"】

拾取内部点或 [选择对象(S)/删除边界(B)]：正在选择所有对象...【鼠标移至内外轮廓线中间的右边部分，点击鼠标，这时，以中心线为界的右边轮廓线被选中，以虚线表示。注意在填充时，需填充的部分需全部在显示屏上可见，否则可能无法填充】

正在选择所有可见对象...

正在分析所选数据...

正在分析内部孤岛...

拾取内部点或 [选择对象(S)/删除边界(B)]：【鼠标移至内外轮廓线中间的左边部分，点击鼠标，这时，以中心线为界的左边轮廓线被选中，以虚线表示】

正在分析内部孤岛...

拾取内部点或 [选择对象(S)/删除边界(B)]：【回车】

命令：_dimlinear【点击标注菜单，选择线性一栏】

指定第一条尺寸界线原点或 <选择对象>：【鼠标移至内侧半圆的左边端点，利用目标捕捉工具捕捉端点，当屏幕出现"端点"两字时点击鼠标】

指定第二条尺寸界线原点：指定尺寸线位置或【鼠标移至内侧半圆的右边端点，利用目标捕捉工具捕捉端点，当屏幕出现"端点"两字时点击鼠标】

[多行文字(M)/文字(T)/角度(A)/水平(H)/垂直(V)/旋转(R)]：t【输入"t"，回车】

输入标注文字 <400>：D400【输入 D400，回车】

指定尺寸线位置或[多行文字(M)/文字(T)/角度(A)/水平(H)/垂直(V)/旋转(R)]：

标注文字 =400（移动鼠标，将标注拖至适当位置，点击鼠标）

命令：_dimaligned【点击标注菜单，选择对齐一栏】

指定第一条尺寸界线原点或 <选择对象>：【鼠标移至外侧半圆的轮廓线上，利用目标捕捉工具捕捉轮廓线上的点，点击鼠标】

指定第二条尺寸界线原点：【鼠标移至内侧半圆的轮廓线上，利用目标捕捉工具捕捉轮廓线上的点，点击鼠标】

指定尺寸线位置或[多行文字(M)/文字(T)/角度(A)]：

标注文字 =10【移动鼠标，将标注移至适当位置，点击鼠标，最后完成封头绘制图，见图 3-5】

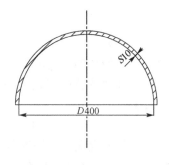

图 3-5　半球形封头

3.2.2　椭圆形封头的绘制

椭圆形封头是化工设备中较常用的封头，一般用在换热器、反应器等设备上。椭圆形封头和球形相比多了直边段，对于较小的椭圆形封头既可热压成形也可铸造加工。椭圆形封头的厚度计算公式为：

$$S = \frac{p_c D}{2[\sigma]^t \varphi} \tag{3-2}$$

绘制的椭圆形封头的关键尺寸为椭圆形封头内轮廓线的长轴 D、短轴 $2h$（一般已知封头高度 h）、直边高度 h_1 及厚度 S，有了以上 4 个关键尺寸，就可以绘制任意形状的椭圆形封头。

下面以绘制 D=325，h=325/4，h_1=25，S=7.5 的标准形封头为例（标准形椭圆封头是指 h=D/4 的椭圆封头，见图 3-6），说明封头的具体绘制过程。

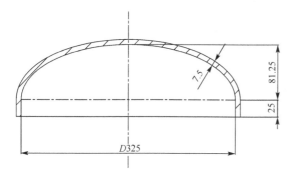

图 3-6　标准椭圆封头

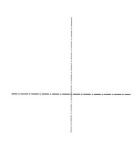

图 3-7　椭圆封头中心线

（1）在中心线图层绘制两条垂直的中心线

命令：_line【点击绘制直线工具】

指定第一个点:【鼠标移至屏幕适当位置点击鼠标】

指定下一点或 [放弃(U)]: @325,0【输入"@325，0"，回车，325 为椭圆封头的直径】

指定下一点或 [放弃(U)]:【回车，绘好水平中心线】

命令：_line【点击绘制直线工具】

指定第一个点:【鼠标移至水平中心线的中部，利用目标捕捉功能，捕捉中点，点击鼠标】

指定下一点或 [放弃(U)]: @0,200

指定下一点或 [放弃(U)]: @0,−300【输入"@0，−300"，回车】

指定下一点或 [闭合(C)/放弃(U)]: 【回车，绘制好两条满足条件的中心线，见图 3-7】

（2）绘制内侧半椭圆及直边

进入主结构图层，进行下列操作。

命令：_ellipse【点击绘椭圆弧工具】

指定椭圆的轴端点或 [圆弧(A)/中心点(C)]: _a【此乃电脑自动调用过程，无需输入】

指定椭圆弧的轴端点或 [中心点(C)]: c【输入"c"，回车】

指定椭圆弧的中心点:【鼠标移至两中心线的交点处，当屏幕提示已捕捉到端点或交点时，点击鼠标】

指定轴的端点:【鼠标移至水平中心线的右端点，当屏幕提示已捕捉到端点时，点击鼠标】

指定另一条半轴长度或 [旋转(R)]: 325/4【另一条半轴长度就是封头的高度 h】

指定起始角度或 [参数(P)]: 0【输入 0，回车】

指定终止角度或 [参数(P)/包含角度(I)]: 180【输入"180"表示半个椭圆，至此完成内侧半椭圆的绘制】

命令：_line 指定第一点:【点击绘制直线工具，鼠标移至水平中心线的右端点，当屏幕提示已捕捉到端点时，点击鼠标】

指定下一点或 [放弃(U)]: @0,−25【输入"@0，−25"，回车】

指定下一点或 [放弃(U)]:【回车】

命令：【回车，调用原命令】

LINE 指定第一点:【鼠标移至水平中心线的左点，当屏幕提示已捕捉到端点时，点击鼠标】

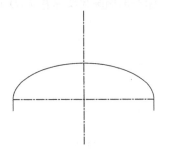

图 3-8　椭圆封头内侧轮廓线

指定下一点或 [放弃(U)]：@0,–25【输入"@0,–25"，回车】

指定下一点或 [放弃(U)]：【回车，至此完成椭圆封头的内侧轮廓线，见图 3-8】

（3）绘制外侧轮廓线及水平连线

命令：_offset

当前设置：删除源=否　图层=源　OFFSETGAPTYPE=0【点击偏移工具】

指定偏移距离，或[通过(T)/删除(E)/图层(L)] <通过>：7.5

选择要偏移的对象，或 [退出(E)/放弃(U)] <退出>：【鼠标移至右边直边段，点击】

指定要偏移的那一侧上的点，或 [退出(E)/多个(M)/放弃(U)] <退出>：【鼠标移至右边直边段外侧，点击】

选择要偏移的对象，或 [退出(E)/放弃(U)] <退出>：【鼠标移至内侧椭圆弧上，点击】

指定要偏移的那一侧上的点，或 [退出(E)/多个(M)/放弃(U)] <退出>：【鼠标移至内侧椭圆弧外侧，点击】

选择要偏移的对象，或 [退出(E)/放弃(U)] <退出>：【鼠标移至左边直边段，点击】

指定要偏移的那一侧上的点，或 [退出(E)/多个(M)/放弃(U)] <退出>：【鼠标移至左边直边段外侧，点击】

选择要偏移的对象，或[退出(E)/放弃(U)]　<退出>：【回车，完成偏移工作】

命令：_line 指定第一点：【点击绘制直线工具，鼠标移至外侧左边直边段的下部端点，当屏幕提示已捕捉到端点时，点击鼠标】

指定下一点或 [放弃(U)]：【鼠标移至外侧右边直边段的下部端点，当屏幕提示已捕捉到端点时，点击鼠标】

指定下一点或 [放弃(U)]：【回车，结束命令，完成所有的轮廓线，见图 3-9】

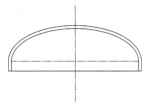

图 3-9　椭圆封头轮廓线

（4）填充及标注尺寸

命令：_hatch【点击填充工具，图案设置 ANSI31，比例设置 5，点击"拾取点"】

选择内部点或 [选择对象(S)/删除边界(B)]：正在选择所有对象...【鼠标移至内外轮廓线中间的右边部分，点击鼠标，这时，以中心线为界的右边轮廓线被选中，以虚线表示。注意在填充时，需填充的部分需全部在显示屏上可见，否则无法填充】

正在选择所有可见对象...

正在分析所选数据...

正在分析内部孤岛...

拾取内部点或 [选择对象(S)/删除边界(B)]：【鼠标移至内外轮廓线中间的左边部分，点击鼠标，这时，以中心线为界的左边轮廓线被选中，以虚线表示】

正在分析内部孤岛...

拾取内部点或 [选择对象(S)/删除边界(B)]：【回车两次就完成了填充工作】

命令：_dimlinear【点击标注菜单，选择线性一栏】

指定第一条尺寸界线原点或 <选择对象>：【鼠标移至内侧左边直边的下端点，利用目标捕捉工具，捕捉端点，当屏幕出现"端点"两字时，点击鼠标】

指定第二条尺寸界线原点：【鼠标移至内侧右边直边的下端点，利用目标捕捉工具，捕

捉端点，当屏幕出现"端点"两字时，点击鼠标】

指定尺寸线位置或[多行文字(M)/文字(T)/角度(A)/水平(H)/垂直(V)/旋转(R)]: t【输入"t"，回车】

输入标注文字 <325>: %%c325【输入%%c325，回车】

指定尺寸线位置或[多行文字(M)/文字(T)/角度(A)/水平(H)/垂直(V)/旋转(R)]:

标注文字 =325【移动鼠标，将标注移到适当位置，点击鼠标，完成封头内直径的标注】

命令：【回车，可重复调用命令】

DIMLINEAR

指定第一条尺寸界线原点或 <选择对象>:【鼠标移至两中心线的交点处，当屏幕提示已捕捉到端点或交点时，点击鼠标】

指定第二条尺寸界线原点:【鼠标移至垂直中心线和内侧半椭圆的交点处，当屏幕提示已捕捉到交点时，点击鼠标】

指定尺寸线位置或[多行文字(M)/文字(T)/角度(A)/水平(H)/垂直(V)/旋转(R)]: t【输入"t"，回车】

输入标注文字 <81.25>: 81.25【输入 81.25，回车】

指定尺寸线位置或[多行文字(M)/文字(T)/角度(A)/水平(H)/垂直(V)/旋转(R)]:

标注文字 =81.25【移动鼠标，将标注移到适当位置，点击鼠标，完成封头高度的标注】

命令： _dimaligned【点击标注菜单，选择对齐一栏】

指定第一条尺寸界线原点或 <选择对象>:【鼠标移至外侧轮廓线上点击】

指定第二条尺寸界线原点:【鼠标移至内侧轮廓线上，当屏幕出现"垂足"两字，点击鼠标，可通过实时放大来方便该尺寸的标注】

指定尺寸线位置或[多行文字(M)/文字(T)/角度(A)]:

标注文字=7.5【默认标注数据，移动鼠标，将标注移到适当位置，点击鼠标，完成封头厚度的标注】

命令： _dimlinear【点击标注菜单，选择线性一栏】

指定第一条尺寸界线原点或 <选择对象>:【鼠标移至外侧右边直边的上端，利用目标捕捉工具，捕捉端点，当屏幕出现"端点"两字时，点击鼠标】

指定第二条尺寸界线原点:【鼠标移至外侧右边直边的下端，利用目标捕捉工具，捕捉端点，当屏幕出现"端点"两字时，点击鼠标】

指定尺寸线位置或[多行文字(M)/文字(T)/角度(A)/水平(H)/垂直(V)/旋转(R)]: t【输入"t"，回车】

输入标注文字 <25>: 25【输入"25"，回车】

指定尺寸线位置或[多行文字(M)/文字(T)/角度(A)/水平(H)/垂直(V)/旋转(R)]:

标注文字=25【移动鼠标，将标注移到适当位置，点击鼠标，完成直边高度的标注，将垂直中心线进行修剪，使其伸出轮廓线 3~5mm，同时将水平中线置换到细实线图层，因为该线为过渡线，需要细实线绘制，至此完成了所有的标注及修剪工作，最后结果见图3-10】

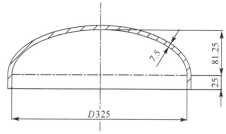

图 3-10 标准椭圆封头

3.2.3 碟形封头的绘制

首先，我们来分析一下碟形封头的组成部分及关键尺寸。由图 3-10 可知，碟形封头由三部分组成：半径为 R 的部分球面 cc'；半径为 r 的过渡圆弧 bc 和 $b'c'$；高度为 h_1 的直边 ab 和 $a'b'$。

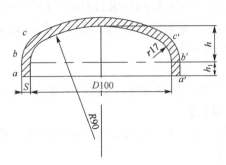

图 3-11 常用碟形封头

常用碟形封头的主要数据关系如下：
$$R = D \qquad r = 0.15D \qquad h = 0.226D$$

$$h_1 = \begin{cases} 25 & S \leqslant 8 \\ 40 & 10 \leqslant S \leqslant 18 \\ 50 & S \geqslant 20 \end{cases} \tag{3-3}$$

而标准形封头的主要尺寸关系如下：
$$R = 0.9D \qquad r = 0.17D \qquad h = 0.2488D$$

$$h_1 = \begin{cases} 25 & S \leqslant 8 \\ 40 & 10 \leqslant S \leqslant 18 \\ 50 & S \geqslant 20 \end{cases} \tag{3-4}$$

要想画出图 3-11 所示的碟形封头，必须确定两个过渡圆弧的圆心及球壳大圆弧的圆心，如果能确定该三圆的圆心，再由上面提供的数据关系式，就能方便地绘出碟形封头。下面通过两封头的实际绘制过程，来具体说明封头绘制的方法及技巧。

【例 3-1】 以常用碟形封头为例，已知 $D=1000$，$S=10$，由数据关系式可知：$R=1000$，$r=150$，$h=226$，$h_1=40$。

（1）确定两过渡圆弧的圆心

在 AutoCAD 模板中，画上两条任意正交的直线，长度均超过 1200；画垂直线的左右偏移线，选定偏移距离为 350（350$=D/2-r=1000/2-150$），见图 3-12，左右偏移线和水平线的交点就是过渡圆的圆心，该过程的操作命令如下。

命令：_line 指定第一点：【点击任意位置】

指定下一点或 [放弃(U)]：@0,1300【输入 "@0,1300"，回车】

指定下一点或 [放弃(U)]：【回车，绘制好垂线 L1】

命令：_line 指定第一点：【点击 L1 左边中偏上任意位置】

指定下一点或 [放弃(U)]：@1300,0【输入 "@1300,0"，回车】

指定下一点或 [放弃(U)]：【回车，绘制好水平 L2】

命令：_offset（点击偏移命令）

当前设置：删除源=否　图层=源　OFFSETGAPTYPE=0

指定偏移距离或 [通过(T)/删除(E)/图层(L)] <通过>：350【输入 "350"，回车】

选择要偏移的对象，或 [退出(E)/放弃(U)] <退出>：【点击 L1】

指定要偏移的那一侧上的点，或 [退出(E)/多个(M)/放弃(U)] <退出>：【在 L1 左边任意位置点击，绘制好 L3】

选择要偏移的对象，或 [退出(E)/放弃(U)] <退出>：【点击 L1】

指定要偏移的那一侧上的点，或 [退出(E)/多个(M)/放弃(U)] <退出>：【在 L1 右边任意位置点击，绘制好 L4】

选择要偏移的对象，或 [退出(E)/放弃(U)] <退出>：【回车，结束偏移命令，结果见图 3-12】

（2）绘制两过渡小圆

点击绘图工具中的绘圆工具，利用捕捉功能，捕捉水平线 L2 和垂直线 L3 的垂足作为圆心，点击，输入 "150" 作为半径，按回车键确定；点击绘图工具中的绘圆工具，利用捕捉功能，捕捉水平线 L2 和垂直线 L4 的垂足作为圆心，点击，输入 "150" 作为半径（可不输入，因为系统已默认半径为 150），按回车键确定，见图 3-13。

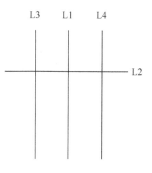

图 3-12　碟形封头定位图

具体绘制命令如下。

命令：_circle

指定圆的圆心或 [三点(3P)/两点(2P)/相切、相切、半径(T)]：【捕捉水平线 L2 和垂直线 L3 的垂足作为圆心，点击】

指定圆的半径或 [直径(D)]：150【输入 150，回车，绘好左边过渡小圆】

命令：circle【回车，重复命令】

指定圆的圆心或 [三点(3P)/两点(2P)/相切、相切、半径(T)]：【捕捉水平线 L2 和垂直线 L4 的垂足作为圆心，点击】

指定圆的半径或 [直径(D)] <150.0000>：【默认设置，直接回车，绘好右边过渡小圆，见图 3-12】

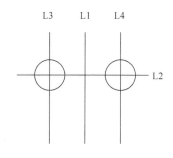

图 3-13　碟形封头的过渡圆

（3）绘制大圆

大圆的半径是已知的，如果能确定大圆的圆心位置，就能绘制该大圆，其实，不用确定大圆的圆心位置，也能绘制出大圆，因为根据碟形封头的特点，大圆和两个小圆是相切的，已知和两个物体相切，并知道半径的话，就可以绘制这个圆，具体绘制过程命令如下。

命令：_circle 指定圆的圆心或 [三点(3P)/两点(2P)/相切、相切、半径(T)]：t【点击绘图工具，输入 "t"，回车】

指定对象与圆的第一个切点：【鼠标移至左边过渡圆的左半部，在出现 "递延切点" 4 个字时，鼠标点击】

指定对象与圆的第二个切点：【鼠标移至右边过渡圆的右半部，在出现 "递延切点" 4 个字时，鼠标点击】

指定圆的半径 <150.0000>：1000【输入 "1000"，回车，绘制好大圆，见图 3-14】

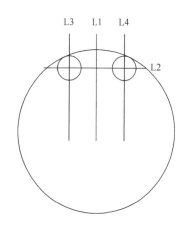

图 3-14　碟形封头大圆图

（4）绘制直边

直边的绘制较容易，利用过渡小圆和水平线的交点作为第一点，利用相对坐标确定第二点，即可绘制两条直边，具体命令及过程如下。

命令：_line 指定第一点：【点击绘直线工具，鼠标移至左边过渡圆的左半部与水平线的交接处，捕捉目标后，点击鼠标】

指定下一点或 [放弃(U)]：@0,–40【输入"@0, –40"，h_1=40，回车】

指定下一点或 [放弃(U)]：【回车，结束命令，绘制好左边的直边段】

命令：_line 指定第一点：【点击绘直线工具，鼠标移至右边过渡圆的右半部与水平线的交接处，捕捉目标后，点击鼠标】

指定下一点或 [放弃(U)]：@0,–40【输入"@0, –40"，回车】

指定下一点或 [放弃(U)]：【回车，结束命令，绘制好右边的直边段，见图 3-15】

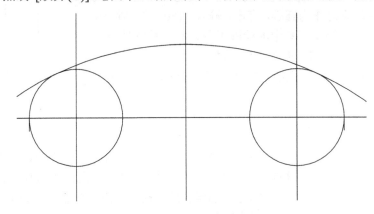

图 3-15　碟形封头绘直边图

（5）删除多余各种线段

具体命令过程如下。

命令：_erase 找到 1 个【点击垂直线 L1，按 Delete】

命令：_erase 找到 1 个【点击垂直线 L3，按 Delete】

命令：_erase 找到 1 个【点击垂直线 L4，按 Delete】

命令：_break 选择对象：【点击修改工具栏中的打断功能，点击左边过渡小圆】

指定第二个打断点或 [第一点(F)]：f【输入"f"，回车，确定打断的第一点】

指定第一个打断点：【鼠标移至左边过渡圆的左半部与水平线的交接处，捕捉目标后，点击鼠标】

指定第二个打断点：【鼠标移至左边过渡圆与大圆的相切处，捕捉目标后，点击鼠标】

命令：_break 选择对象：【点击修改工具栏中的打断功能，点击右边过渡小圆】

指定第二个打断点或 [第一点(F)]：f【输入"f"，回车以便确定打断的第一点】

指定第一个打断点：【鼠标移至右边过渡圆与大圆的相切处，捕捉目标后，点击鼠标】

指定第二个打断点：【鼠标移至右边过渡圆的右半部与水平线的交接处，捕捉目标后，点击鼠标】

命令：【回车，直接按回车键可重复刚刚使用过的命令，提高绘制速度】

BREAK 选择对象：【点击大圆】

指定第二个打断点或 [第一点(F)]：f【输入"f"，回车】

指定第一个打断点：【鼠标移至左边过渡圆与大圆的相切处，捕捉目标后，点击鼠标】

指定第二个打断点：【鼠标移至右边过渡圆与大圆的相切处，捕捉目标后，点击鼠标，完成修剪工作，见图 3-16】

图 3-16　碟形封头修剪

提 醒

打断圆时，打断的部分是第一打断点沿逆时针运动至第二打断点的部分。通过输入 f 来重新确定第一打断点，其实该打断操作也可以通过修剪工具来实现。

（6）绘制外轮廓线及剖面线

利用偏移技术，绘制封头的外轮廓线，并利用直线将内外两轮廓线连接起来，然后利用填充命令进行填充。偏移距离选择为 10，其实也就是封头的厚度。填充图案设置为 ANSI31，比例设置 5，范围选择"拾取点"。由于这些操作在前面已有详细描述，故此具体命令操作过程不再赘述。

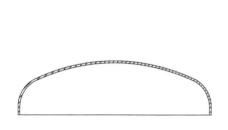

图 3-17　碟形封头填充图

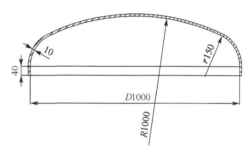

图 3-18　碟形封头最后图

（7）标注尺寸

如图 3-18 所示，具体的过程和前面相仿，在此不再重复。

【例 3-2】 以标准碟形封头为例，已知 D=100，S=5，由数据关系式可知：R=90，r=17，h=24.88，h_0=25，本例将采用相对坐标的方法来确定主要位置关系，具体的绘制过程如下。

（1）绘制一条长度为 100 的水平线

命令：_line 指定第一点：【点击直线绘图工具，在屏幕上取任意点，点击鼠标】

指定下一点或 [放弃(U)]：@100,0【输入"@100，0"，回车】

指定下一点或 [放弃(U)]：【回车，见图 3-19】

（2）绘制两过渡圆

命令：_line 指定第一点：【点击直线绘图工具，在屏幕上捕捉水平线的左端点，参见图 3-20】

图 3-19　长度为 100 的水平线段

图 3-20　过渡圆绘制

指定下一点或 [放弃(U)]：@17,0【输入"@17,0"，回车】

指定下一点或 [放弃(U)]：回车【为确定左边过渡圆圆心做准备】

命令：_line 指定第一点：【点击直线绘图工具，在屏幕上捕捉水平线的右端点】

指定下一点或 [放弃(U)]：@–17,0【输入"@–17,0"，回车】

指定下一点或 [放弃(U)]：回车（为确定右边过渡圆圆心做准备）

命令：_circle 指定圆的圆心或 [三点(3P)/两点(2P)/相切、相切、半径(T)]：【点击绘图菜单，选择"圆心、半径"一栏，移动鼠标，利用捕捉工具，捕捉到为画左边过渡圆所作直线的右端点，见图 3-20，点击鼠标】

指定圆的半径或 [直径(D)]：【移动鼠标，利用捕捉工具，捕捉到水平线的左端点，见图 3-20，点击鼠标，这样就完成了左边过渡圆的绘制，右边过渡圆的绘制过程和左边过渡圆的绘制过程相仿，不再重复】

（3）绘制大圆

大圆的绘制方法有两种，一种是先确定圆心的位置，然后根据圆心的位置和半径来绘制。圆心的位置可利用封头的高度数据并辅助封头中心线来确定，但建议采用大圆和两个过渡圆的相互关系及半径来绘制，具体命令如下。

命令：_circle 指定圆的圆心或 [三点(3P)/两点(2P)/相切、相切、半径(T)]：t【点击绘图工具，输入"t"，回车】

指定对象与圆的第一个切点：【鼠标移至左边过渡圆的左半部，在出现"递延切点"时，点击鼠标，见图 3-21】

指定对象与圆的第二个切点：【鼠标移至右边过渡圆的右半部，在出现"递延切点"时，点击鼠标】

指定圆的半径 <90.0000>：90【输入"90"，回车，画好大圆，见图 3-22】

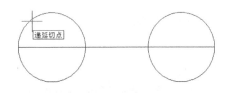

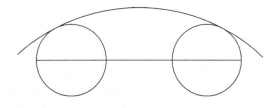

图 3-21　递延切点示意图　　　　　　　　　图 3-22　绘制大圆图

（4）绘制直边

利用捕捉功能和相对坐标来绘制，具体命令过程如下。

命令：_line 指定第一点：【点击直线绘图工具，鼠标移至水平线的右边端点处，当屏幕出现"象限点"时，点击鼠标，见图 3-23】

指定下一点或 [放弃(U)]：@0,–25【输入"@0,–25"，回车】

指定下一点或 [放弃(U)]：【回车】

命令：_line 指定第一点：【点击直线绘图工具，鼠标移至水平线的左边端点处，当屏幕出现"象限点"时，点击鼠标，和图 3-23 相仿】

指定下一点或 [放弃(U)]：@0,–25【输入"@0,–25"，回车】

指定下一点或 [放弃(U)]：【回车，此时绘好两直边，见图 3-24】

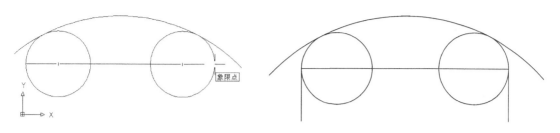

图 3-23 象限捕捉示意图   图 3-24 直边绘制

（5）删除多余的边

利用打断功能删除多余的边，具体的命令及操作过程如下。

命令：_break 选择对象：【点击打断修改工具，鼠标点击大圆】

指定第二个打断点或 [第一点(F)]：f（输入 "f"，回车）

指定第一个打断点：（鼠标移至大圆和左边小圆的相切处，当屏幕出现 "切点" 或 "交点" 字样时，点击鼠标）

指定第二个打断点：（鼠标移至大圆和右边小圆的相切处，当屏幕出现 "切点" 或 "外观交点" 字样时，点击鼠标，完成大圆的切断工作）

命令：（回车，直接调用原来的命令，可加快绘图速度）

BREAK 选择对象：（鼠标点击左边小圆）

指定第二个打断点或 [第一点(F)]：f（输入 "f"，回车）

指定第一个打断点：（鼠标移至左边小圆和水平线左端点相交处，当屏幕出现 "端点" 字样时，点击鼠标）

指定第二个打断点：（鼠标移至左边小圆和大圆的切点处，当屏幕出现 "端点" 字样时，点击鼠标，完成左边小圆的打断工作）

命令：（回车，直接调用原来的命令，可加快绘图速度）

BREAK 选择对象：（鼠标点击右边小圆）

指定第二个打断点或 [第一点(F)]：f（输入 "f"，回车）

指定第一个打断点：（鼠标移至右边小圆和大圆的切点处，当屏幕出现 "外观交点" 或 "交点" 字样时，点击鼠标）

指定第二个打断点：（鼠标移至右边小圆和水平线右端点相交处，当屏幕出现 "端点" 字样时，点击鼠标完成右边小圆的打断工作，至此，全部打断工作完成，封头内表面完成绘制，见图 3-25）

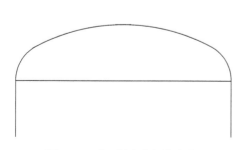

图 3-25 碟形封头内侧轮廓线

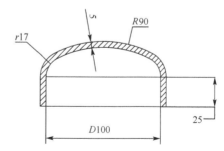

图 3-26 常用碟形封头

（6）绘制封头外表面及水平连线

封头外表面的绘制十分简单，只要重复利用偏移功能即可，具体命令如下（操作过程和前面所画的封头相仿，在此不再做详细说明）。

（7）填充及标注尺寸

该工作和前面已经详细介绍的工作过程相仿，此处不再详细说明，最后结果见图 3-26。

3.2.4 锥形封头的绘制

锥形封头常用于立式容器的底部以便于物料的卸除，一般直接与容器筒体焊接。封头可分为两种结构，不带折边的锥形封头（图 3-27）和带折边的锥形封头（图 3-28）。不带折边的锥形封头与筒体连接处存在较大的边界应力，有时需要将连接处的筒体和封头加厚，具体情况请参考相关文献。

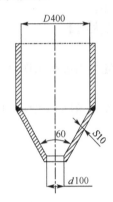

图 3-27 不带折边的锥形封头

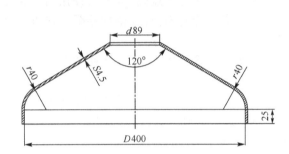

图 3-28 带折边的锥形封头

不带折边锥形封头的厚度计算公式为

$$S = \frac{p_c D}{2[\sigma]^t \varphi} \times \frac{1}{\cos \alpha} \tag{3-5}$$

绘制不带折边锥形封头需要知道以下几个关键尺寸：封头的大端内径 D、封头的小端内径 d、封头的厚度 S 及封头的半锥角 α，而封头的高度无需知道，因为由前面的数据就可以计算出封头的高度，在具体绘制过程中，可利用其他辅助线的办法，省去确定封头高度的计算。当然，也可以通过计算封头高度来绘制锥形封头，但一般不推荐使用该方法。在利用计算机绘图过程中，尽量利用图形之间的相互关系及相对位置去绘制图形，避免输入绝对坐标等需要计算的绘制方法。

带折边锥形封头的厚度计算公式如下：

$$S = \frac{f_0 p_c D}{2[\sigma]^t \varphi} \tag{3-6}$$

式中，f_0 为校正系数，和半锥角及过渡圆半径与筒体内直径之比有关，大于 1，具体数据参考有关文献。

绘制带折边锥形封头需要知道以下几个关键尺寸：封头的大端内径 D、封头的小端内径 d、封头的厚度 S、封头的半锥角 α，封头的过渡圆（即折边部分小圆）半径 r 及封头的直边高度 h_1。

下面以图 3-28 带有折边的锥形封头为例，说明锥形封头的绘制过程。

（1）绘制两条互相垂直的中心线

利用相对坐标绘制长度等于 400 的水平线，垂直线由上下两部分组成，通过中点捕捉功能，两条垂直线的第一点均为捕捉到的水平线中点，另外一点利用鼠标移动，约等于水平线的长度即可，见图 3-29（处于正交状态下绘制，正交状态应根据需要及时切换），具体命令过程如下（由于前面对相关操作已进行过详细介绍，有些操作此处不再详细说明，读者可参考前面的例子）。

命令：_line 指定第一点：【点击绘直线工具，鼠标在显示器左边适当位置点击】

指定下一点或 [放弃(U)]：@400,0【输入 "@400,0"，回车】

指定下一点或 [放弃(U)]：【回车】

命令：_line 指定第一点：【点击绘直线工具，鼠标捕捉到已画水平线的中点，点击】

指定下一点或 [放弃(U)]：<正交 开>【鼠标点击屏幕下方 "正交" 两字，以便于绘制垂直线】

指定下一点或 [放弃(U)]：【鼠标移至水平线上方适当位置点击】

命令：【回车，调用原命令】

LINE 指定第一点：【点击绘直线工具，鼠标捕捉到已画水平线的中点，点击】

指定下一点或 [放弃(U)]：【鼠标移至水平线下方适当位置点击】

指定下一点或 [放弃(U)]：【回车，至此绘好互相垂直的中心线，见图 3-29】

（2）绘制左边内侧轮廓线

在绘制前，先做一点说明，根据几何关系，折边部分的小圆轮廓线和锥体部分的轮廓线相切，且折边部分圆弧的度数等于半锥角，在本例中为 60°，其圆心在水平中心线上，且过水平中心线的左端点（对左边的圆弧段而言），下面是具体的命令及操作过程解释（对于前面已多次出现且做过详细说明，不易产生误解的命令不再做详细解释）。

命令：_offset

指定偏移距离，或[通过(T)/删除(E)/图层(L)] <通过> <32.0019>：160【为确定圆心 O1 位置，160=200-40】

选择要偏移的对象，或 [退出(E)/放弃(U)] <退出>：【点击垂直中心线】

指定要偏移的那一侧上的点，或 [退出(E)/多个(M)/放弃(U)] <退出>：【在中心线左边点击，确定 O1 点】

选择要偏移的对象，或 [退出(E)/放弃(U)] <退出>：【回车】

命令：_offset

指定偏移距离，或[通过(T)/删除(E)/图层(L)] <通过> <160.0000>：44.5【为确定封头小端位置做准备，44.5=89/2】

选择要偏移的对象，或 [退出(E)/放弃(U)] <退出>：【点击垂直中心线】

指定要偏移的那一侧上的点，或 [退出(E)/多个(M)/放弃(U)] <退出>：【在中心线左边点击，确定 O2】

选择要偏移的对象，或 [退出(E)/放弃(U)] <退出>：【回车，至此，完成辅助线的绘制工作，见图 3-30】

命令：_arc 指定圆弧的起点或 [圆心(C)]：c【点击绘圆弧工具，输入 c，回车】

指定圆弧的圆心：【鼠标移至 O1 点，当目标捕捉功能显示已捕捉到时，点击鼠标】

指定圆弧的起点：【鼠标移至 A 点，当目标捕捉功能显示已捕捉到时，点击鼠标】

指定圆弧的端点或 [角度(A)/弦长(L)]：a

指定包含角：−60【绘好左边圆弧，负角度表示从圆弧开始端点到结束端点是顺时针方向，绘好 AB】

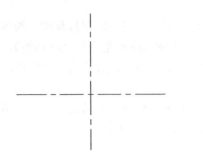
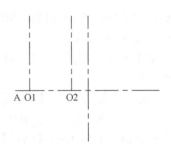

图 3-29　锥形封头绘制过程图（一）　　　　图 3-30　锥形封头绘制过程图（二）

命令：_line 指定第一点：【点击绘直线工具，鼠标移至圆弧上部端点 B 处，当显示捕捉到端点时，点击鼠标】

指定下一点或 [放弃(U)]：@300<30【画一条过 B 点和圆弧相切的直线并和确定封头小端的辅助线交于 D 点】

指定下一点或 [放弃(U)]：（回车）

命令：_trim（点击修剪工具）

当前设置：投影=UCS，边=无

选择剪切边…

选择对象或 <全部选择>：找到 1 个（点击确定封头下端点的辅助线 O2D）

选择对象：（回车）

选择要修剪的对象，或按住"Shift"键选择要延伸的对象，或[栏选(F)/窗交(C)/投影(P)/边(E)/删除(R)/放弃(U)]：（点击所画切线在 D 点以上的部分）

选择要修剪的对象，或按住"Shift"键选择要延伸的对象，或[栏选(F)/窗交(C)/投影(P)/边(E)/删除(R)/放弃(U)]：（回车，修剪好切线上多余的部分）

命令：_line 指定第一点：（点击绘直线工具，鼠标移至 D 点，点击）

指定下一点或 [放弃(U)]：（鼠标移至中心线上，当屏幕提示捕捉到"垂足"时，点击）

指定下一点或 [放弃(U)]：（回车，绘好 DE 线）

命令：_line 指定第一点：（点击绘直线工具，鼠标移至 A 点，点击）

指定下一点或 [放弃(U)]：@0,–25（输入"@0,–25"，回车）

指定下一点或 [放弃(U)]：（回车，绘好直边 AC，至此，绘好左边部分，见图 3-31）

（3）利用镜像工具绘制内侧轮廓线右边部分

首先删除两条辅助线，然后利用鼠标从右上向左下拉动，选中左边部分，点击镜像工具，再选择中心线为镜像线即可，具体命令及操作过程如下。

命令：_erase 找到 1 个（点击辅助线 DO2,按 Delete 键，删除该线）

命令：_erase 找到 1 个（点击过 O1 点的垂直辅助线，按 Delete 键，删除该线）

命令：_mirror 找到 5 个（鼠标在 E 点上方点击并按住，拖动鼠标至 C 点右下方松开，点击鼠标）

指定镜像线的第一点：指定镜像线的第二点：（鼠标移至垂直中心线 E 点，点击，再移至 F 点，点击）

是否删除源对象？[是(Y)/否(N)] <N>：（回车，完成内侧轮廓线的绘制工作，见图 3-32）

（4）利用偏移技术，绘制外侧轮廓线

设置偏移距离为 4.5，通过选择已画好的内侧轮廓线作为偏移对象，在内侧轮廓线外部点击，并利用捕捉功能绘制封头底部直线，见图 3-33。

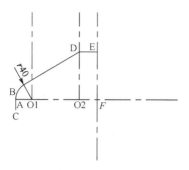

图 3-31　锥形封头绘制过程图（三）

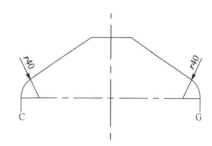

图 3-32　锥形封头绘制过程图（四）

（5）修补

由于在利用偏移技术时，外侧轮廓线没有完全封闭（图 3-33 及其放大图 3-34）。过图 3-34 的 A、C 两点作一条垂直线 DC，利用延伸工具将过 B 点的外侧轮廓延伸到直线 DC 上，并与 DC 交于 E 点，修剪删除多余线条，见图 3-34、图 3-35。

右边的修补工作和左边相同，在此不再赘述，完成以上工作后见图 3-36。

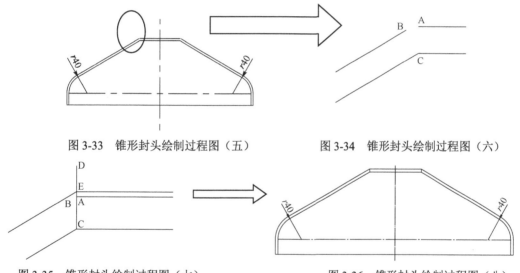

图 3-33　锥形封头绘制过程图（五）　　　　图 3-34　锥形封头绘制过程图（六）

图 3-35　锥形封头绘制过程图（七）　　　　图 3-36　锥形封头绘制过程图（八）

（6）填充及标注尺寸

该工作前面已经过多次介绍，本图也没有特别之处，故不再赘述。值得注意的是，由于在绘制过程中完全按照实际尺寸绘制，故在标注时尺寸的默认值就是所需要的数据，可直接利用默认值，提高绘图速度，最后结果见图 3-37。

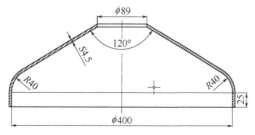

图 3-37　完成后的锥形封头

3.3 法兰的绘制

3.3.1 法兰连接

法兰是一种盘状零件，成对使用，常用于化工设备和管道的连接。法兰连接具有紧密性好、强度大及尺寸范围广等优点，但其装配与分拆较费时，制造成本较高。

法兰连接分为管法兰连接和容器法兰连接，两种连接形式的法兰均有标准可查。如压力容器的法兰标准：JB/T 4700~4707—2000；管路法兰的标准：GB 9112~9124—2000 和 HG 20592~20635—2009。图 3-38 是各种法兰及法兰盖图片。

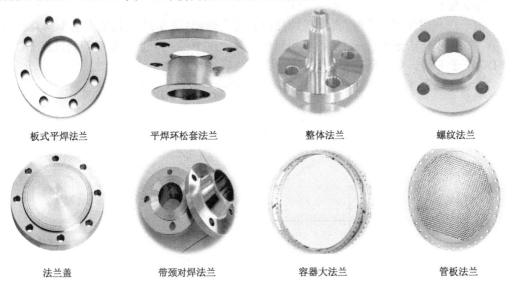

板式平焊法兰	平焊环松套法兰	整体法兰	螺纹法兰
法兰盖	带颈对焊法兰	容器大法兰	管板法兰

图 3-38　各种法兰和法兰盖

法兰根据需要有多种不同的形式，如压力容器的法兰可分为甲型平焊法兰、乙型平焊法兰、长颈对焊法兰。管法兰在原化工部的标准中共有 8 种型号的管法兰和两种型号的法兰盖，具体情况如表 3-1 所示。

表 3-1　管法兰类型及类型代号

法 兰 类 型	法兰类型代号	HG 标准号	GB/T 标准号
板式平焊法兰	PL	HG 20593	GB/T 9119
带颈平焊法兰	SO	HG 20594	GB/T 9116
带颈对焊法兰	WN	HG 20595	GB/T 9115
整体法兰	IF	HG 20596	GB/T 9113
承接焊法兰	SW	HG 20597	GB/T 9117
螺纹法兰	Th	HG 20598	GB/T 9114
对焊环松套法兰	PJ/SE	HG 20599	GB 9122
平焊环送套法兰	PJ/PR	HG 20600	GB 9121
法兰盖	BL	HG 20601	GB/T 9123
衬里法兰盖	BL(S)	HG 20602	

3.3.2 容器法兰的绘制

图 3-39 所示的是采用凹凸密封面的甲型平焊法兰，其中有些尺寸已标上具体数字，表明该类型的法兰，无论何种规格，这方面的尺寸是不变的。而其他以字母表示的尺寸，需要根据具体的规格，查表得到。有关倒角大小问题，虽在图 3-39 中只表示了其中一个，其他没有表示，但会在具体绘制过程中加以说明，希望读者注意。

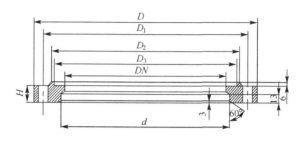

图 3-39　甲型平焊法兰

下面通过一个具体型号法兰的绘制过程，来说明该类法兰的绘制方法。首先查表得到某型号法兰的以下数据：$DN=300$，$D_3=340$，$D_2=350$，$D_1=380$，$D=415$，$d=314$，$H=36$，$L=18$，其中 L 是螺栓孔的直径。根据以上数据并结合图 3-39 中已经标注的尺寸，就确定了该法兰的绘制尺寸。至于具体的绘制方法有多种，本书介绍一种作者在多年实际绘制中认为相对简单的方法，其基本思路是：先画一条法兰的垂直中心线，然后以垂直中心线上的某一点为基点，根据已知数据的简单计算，利用相对坐标绘制法兰右边部分的大致外轮廓；利用偏移技术绘制螺栓孔；利用辅助线及打断功能绘制左边法兰内侧的有关倒角；然后采用填充、镜像、标注尺寸完成最后工作，具体的命令及操作过程如下。

（1）绘制法兰右边部分的基本轮廓线（图 3-40）

命令：_line 指定第一点：【进入中心线图层，点击绘直线工具，鼠标在屏幕中心上方点击】

指定下一点或 [放弃(U)]：【鼠标向下移动适当位置，点击】

指定下一点或 [放弃(U)]：【回车，绘制好垂直中心线 L1】

命令：_line 指定第一点：【进入主结构图层，点击绘直线工具，鼠标移至垂直中心线上中点附近点击，作为法兰中心的起点 A】

指定下一点或 [放弃(U)]：@150,0【150=DN/2，此点是法兰内侧实体部分的起点 B】

指定下一点或 [放弃(U)]：@20,0【20=（D_3–DN）/2，此长度为法兰的密封面平台长度，C1 点】

指定下一点或 [闭合(C)/放弃(U)]：@0,6【6 为密封面的凸台高度，C2 点】

指定下一点或 [闭合(C)/放弃(U)]：@5,0【5=（D_2–D_3）/2，为凸台长度，C3 点】

指定下一点或 [闭合(C)/放弃(U)]：@6,–6【由于这里有一个 45° 的倒角，高度要退回到密封面的高度，所以取以上数据，C4 点】

指定下一点或 [闭合(C)/放弃(U)]：@26.5,0【26.5=（D–D_2）/2–6，为用于安装螺栓的平台长度，C5 点】

指定下一点或 [闭合(C)/放弃(U)]：@0,–26【26=H，为法兰的高度，C6 点】

指定下一点或 [闭合(C)/放弃(U)]：【鼠标移至垂直水平线上，捕捉垂足，点击 C7 点】

指定下一点或 [闭合(C)/放弃(U)]：【回车，完成法兰右边的外侧大致轮廓线，见图 3-40】

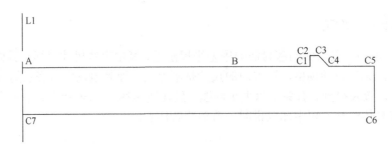

图 3-40　甲型平焊法兰绘制过程图（一）

（2）利用偏移工具绘制螺栓孔线及辅助线

命令：_offset

指定偏移距离，或[通过(T)/删除(E)/图层(L)] <通过>：157【157=d/2】

选择要偏移的对象，或 [退出(E)/放弃(U)] <退出>：【点击中心线】

指定要偏移的那一侧上的点，或 [退出(E)/多个(M)/放弃(U)] <退出>：【鼠标在中心线右侧点击】

选择要偏移的对象，或 [退出(E)/放弃(U)] <退出>：【回车，绘好右边第一条辅助线 L2】

命令：_offset

指定偏移距离或 [通过(T)] <157.0000>：190【190=D_1/2，为螺栓孔中心线距法兰中心线的距离】

选择要偏移的对象，或 [退出(E)/放弃(U)] <退出>：【点击中心线】

指定要偏移的那一侧上的点，或 [退出(E)/多个(M)/放弃(U)] <退出>：【鼠标在中心线右侧点击】

选择要偏移的对象，或 [退出(E)/放弃(U)] <退出>：【回车，绘制好螺栓孔的中心线 L3】

命令：_offset

指定偏移距离或 [通过(T)] <190.0000>：8.5 [8.5=（$D-D_1-L$）/2，为螺栓孔外侧边界线距法兰外侧边界线的距离]

选择要偏移的对象，或 [退出(E)/放弃(U)] <退出>：【鼠标点击法兰外侧垂直边界线】

指定要偏移的那一侧上的点，或 [退出(E)/多个(M)/放弃(U)] <退出>：【鼠标在法兰外侧垂直边界线的左边点击】

选择要偏移的对象，或 [退出(E)/放弃(U)] <退出>：【回车，完成螺栓孔右边边界线的绘制 L4】

命令：_offset

指定偏移距离或 [通过(T)] <8.5000>：18【18=L，为螺栓孔直径】

选择要偏移的对象，或 [退出(E)/放弃(U)] <退出>：【鼠标点击螺栓孔右边边界线】

指定要偏移的那一侧上的点，或 [退出(E)/多个(M)/放弃(U)] <退出>：【鼠标在螺栓孔右边边界线的左侧点击】

选择要偏移的对象，或 [退出(E)/放弃(U)] <退出>：【回车，完成螺栓孔左边的边界线 L5，见图 3-41】

（3）绘制法兰右边内侧部分

命令：_offset

指定偏移距离或 [通过(T)] <18.0000>：3【3 为已知的高度】

选择要偏移的对象，或 [退出(E)/放弃(U)] <退出>：【鼠标点击图 3-42 中下面一条水平线】

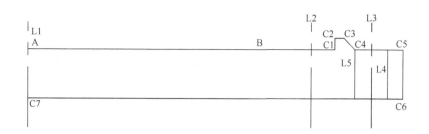

图 3-41　甲型平焊法兰绘制过程图（二）

指定要偏移的那一侧上的点，或 [退出(E)/多个(M)/放弃(U)] <退出>：【鼠标移至图 3-42 中下面一条水平线上方点击】

选择要偏移的对象，或 [退出(E)/放弃(U)] <退出>：【回车，绘制好内侧下面一个倒角的水平线，见图 3-42 中 L1】

命令：_offset

指定偏移距离或 [通过(T)] <3.0000>：13【13 为已知的高度】

选择要偏移的对象，或 [退出(E)/放弃(U)] <退出>：【鼠标点击图 3-42 中最下面一条水平线】

指定要偏移的那一侧上的点，或 [退出(E)/多个(M)/放弃(U)] <退出>：【鼠标移至图 3-42 中最下面一条水平线上方点击】

选择要偏移的对象，或 [退出(E)/放弃(U)] <退出>：【回车，绘制好内侧上面一个倒角的水平线，见图 3-42 中 L2】

命令：_line 指定第一点：【点击绘制直线工具，鼠标捕捉 L1 和垂直线 L3 的交点，点击。注意：图 3-42 中的 L3 就是图 3-41 中的 L2】

指定下一点或 [放弃(U)]：@6<-30【6=3/sin30°】

指定下一点或 [放弃(U)]：【回车，绘制好内侧下面一个倒角】

命令：_line 指定第一点：【点击绘制直线工具，鼠标捕捉 L2 和垂直线 L3 的交点，点击】

指定下一点或 [放弃(U)]：@20<150【20 为人为所取，但需大于 7，为了保证有交点可取大一点，150 为所绘线和水平线的夹角度数】

指定下一点或 [放弃(U)]：【回车，绘制好倒角倾斜线 L4】

命令：_line 指定第一点：【点击绘制直线工具，鼠标捕捉水平线 L5 的右端点，即图 3-41 中的 B 点，点击】

指定下一点或 [放弃(U)]：【鼠标向下拉动，使所画垂直线和 L4 有交点，点击，此时处正交状态】

指定下一点或 [放弃(U)]：【回车，完成该阶段的工作，结果见图 3-42】

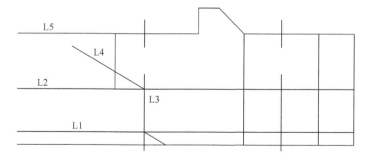

图 3-42　甲型平焊法兰绘制过程图（三）

（4）利用修剪及打断删除多余的边

该工作的具体过程在前面其他图的绘制过程中已详细介绍过，此处不再赘述，具体结果见图 3-43。下面的几步工作和前面封头的绘制工作相仿，故不再给出具体的绘制命令及操作过程说明，请读者对照前面的说明自行练习。

（5）补充水平线并修剪（图 3-44）

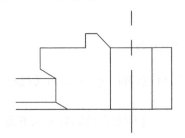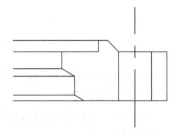

图 3-43　甲型平焊法兰绘制过程图（四）　　　图 3-44　甲型平焊法兰绘制过程图（五）

（6）利用镜像完成左边部分（图 3-45）

图 3-45　甲型平焊法兰绘制过程图（六）

（7）标注尺寸并打上剖面线完成最后工作（图 3-46）

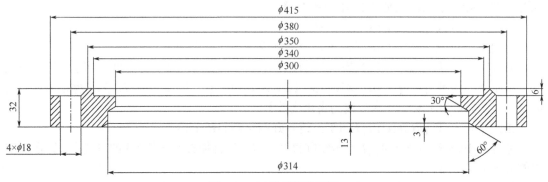

图 3-46　甲型平焊法兰图

3.3.3　管法兰的绘制

图 3-47 是一个板式平焊法兰的示意图，要绘制该法兰需知道以下几个关键尺寸：法兰的外径 D，螺栓孔中心圆直径 K，螺栓孔直径 L，密封面外径 d，法兰内径 B，法兰高度 C，密封面平台和螺栓孔平台之间的距离 f，有了以上数据就可以绘制该类型的法兰。下面通过一个具体的法兰绘制过程，来说明该种法兰的绘制方法。在绘制前，首先通过查表确定以下数据：$B=110$，$d=142$，$K=170$，$D=210$，$L=18$，$C=18$，$f=3$。

（1）绘制法兰右边部分的基本轮廓线（图 3-48）

命令：_line 指定第一点：【点击直线绘图工具，鼠标在屏幕中偏上位置点击】

指定下一点或 [放弃(U)]：＜正交 开＞【打开正交状态】

指定下一点或 [放弃(U)]：【鼠标往下移至适当位置点击，绘好中心线】

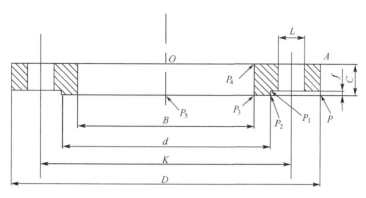

图 3-47 板式平焊法兰图

命令：_line 指定第一点：【点击直线绘图工具，在中心线上捕捉一点 O，点击鼠标】

指定下一点或 [放弃(U)]：@105,0【105=D/2=210/2，绘好 OA 线】

指定下一点或 [放弃(U)]：@0,–15【15=C–f=18–3，绘好 AP 线】

指定下一点或 [放弃(U)]：@–34,0【34=（D–d）/2=（210–142）/2，绘好 PP_1 线】

指定下一点或 [闭合(C)/放弃(U)]：@0,–3【3=f，绘好 P_1P_2 线】

指定下一点或 [放弃(U)]：@–16,0【16=（d–B）/2=（142–110）/2，绘好 P_2P_3 线】

指定下一点或 [放弃(U)]：@0,18【18=C，绘好 P_3P_4 线】

指定下一点或 [闭合(C)/放弃(U)]：【回车，结束直线绘制】

命令：【回车，重复调用直线绘制命令】

LINE 指定第一点：【鼠标捕捉 P_3 点，点击】

指定下一点或 [放弃(U)]：【鼠标移至中心线上，捕捉垂足，点击】

指定下一点或 [放弃(U)]：【回车，完成本阶段绘制工作，见图 3-48】

（2）绘制螺栓孔及其中心线

命令：_offset

指定偏移距离或 [通过(T)] <85.0000>：【85=K/2=170/2】

选择要偏移的对象，或 [退出(E)/放弃(U)] <退出>：【点击中心线】

指定要偏移的那一侧上的点，或 [退出(E)/多个(M)/放弃(U)] <退出>：【在中心线右侧点击】

选择要偏移的对象，或 [退出(E)/放弃(U)] <退出>：【回车，绘制好螺栓孔中心线】

命令：_offset

指定偏移距离或 [通过(T)] <85.0000>：11【11=（D–K–L）/2=（210–170–18）/2】

选择要偏移的对象，或 [退出(E)/放弃(U)] <退出>：【点击 AP 线】

指定要偏移的那一侧上的点，或 [退出(E)/多个(M)/放弃(U)] <退出>：【在 AP 线左侧点击】

选择要偏移的对象，或 [退出(E)/放弃(U)] <退出>：【回车，绘制好螺栓孔右侧线】

命令：_offset

指定偏移距离或 [通过(T)] <11.0000>：18【18=L】

选择要偏移的对象，或 [退出(E)/放弃(U)] <退出>：【点击螺栓孔右侧线】

指定要偏移的那一侧上的点，或 [退出(E)/多个(M)/放弃(U)] <退出>：【在螺栓孔右侧线左边点击】

选择要偏移的对象，或 [退出(E)/放弃(U)] <退出>：【回车，绘制好螺栓孔左侧线。将偏移生成的螺孔线进行图层置换，置换到主结构线图层，并进行修剪，最后结果见图 3-49】

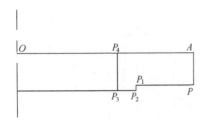

图 3-48　板式平焊法兰绘制过程（一）

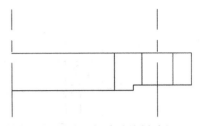

图 3-49　板式平焊法兰绘制过程（二）

（3）利用镜像工具绘制法兰左边

命令：_mirror

选择对象：指定对角点：找到 13 个【鼠标在已画好右边法兰的右上方，向左下方拖动】

选择对象：【回车】

指定镜像线的第一点：指定镜像线的第二点：【在中心线上点击两次】

是否删除源对象？[是(Y)/否(N)] <N>：【回车，结果见图 3-50】

图 3-50　板式平焊法兰绘制过程图（三）

（4）标上尺寸并打上剖面线（见图 3-51）

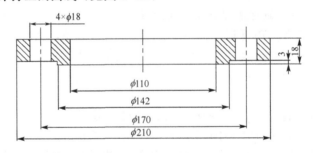

图 3-51　板式平焊法兰绘制过程图（四）

> **提 醒**

　　在设备装备图上的法兰，可以采用简捷画法，一般无需标上详细的尺寸，只要标注安装尺寸及型号即可。

3.4　接管的绘制

3.4.1　接管绘制的基本原则

　　几乎所有的化工设备都有接管。接管按其用途分可分为物料的进口管、物料的出口管、排污管及不凝性气体排放管等。有些接管需伸进设备内部，目的是避免物料沿设备内壁流动，减少摩擦及腐蚀；而有些接管则直接焊在设备的壁面上，与设备的内壁面齐平。这些接管的大小、长度及空间位置必须在化工设备图上正确地表达出来。一般在化工设备装配图上,这些接管的大小及长度在明细表里有详细说明,而接管上所焊接的法兰及其附属的螺栓、垫片等也在明细表里有说明。对于接管上的法兰可采用简单的表示方法。在设备装配图上需清晰表达的是接管的空间位置,一般需要两个视图。通常采用的是正视图和接管方位图,一般情况下通过这两个视图都可以明确表达接管的空间位置。

3.4.2 筒体上接管的绘制

筒体上接管的绘制一般有以下四种情况:一是筒体全剖、接管部分剖,二是接管伸进筒体,三是筒体全剖接管全剖,四是筒体不剖、接管部分剖,见图 3-52～图 3-55。筒体上接管绘制的关键在于接管的空间位置及接管离筒体外壁的距离。只要接管的空间位置及离筒体外壁的距离准确地表达出来了,采用何种简略画法并不重要,除非对接管在筒体上的焊接或法兰在接管上的焊接有特殊的要求,才需要采用相应的画法。

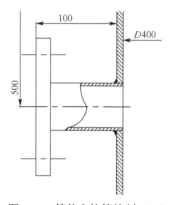

图 3-52 筒体上接管绘制(一)

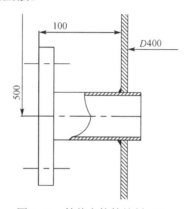

图 3-53 筒体上接管绘制(二)

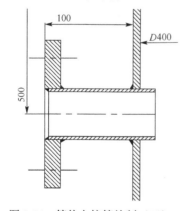

图 3-54 筒体上接管绘制(三)

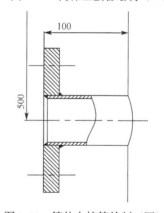

图 3-55 筒体上接管绘制(四)

3.4.3 封头上接管的绘制

封头上接管的绘制一般有以下四种情况,一是封头全剖、接管不剖,二是封头全剖、接管全剖,三是封头不剖、接管部分剖,四是接管伸进封头,见图 3-56～图 3-59。封头上接管绘制的关键在于接管的空间位置及接管离封头外壁的距离。只要接管的空间位置及离筒体外壁的距离准确地表达出来了,采用何种简略画法并不重要,除非对接管在封头上的焊接或法兰在接管上的焊接有特殊的要求,才需要采用相应的画法。

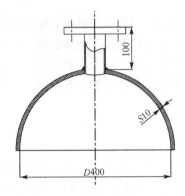

图 3-56　封头上接管绘制（一）

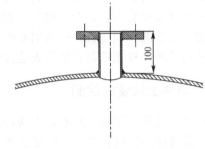

图 3-57　封头上接管绘制（二）

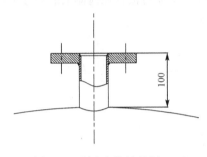

图 3-58　封头上接管绘制（三）

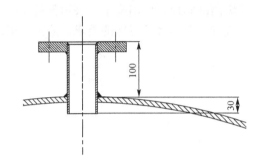

图 3-59　封头上接管绘制（四）

3.4.4　接管绘制方法实例

前面已经说过，接管绘制的关键是要表达清楚接管的空间位置及其长度（即离开安装壁面的距离），至于其他方面的内容可以采用简单绘制方法，主要通过明细表表达清楚接管的大小及所连接的法兰情况。下面以筒体全剖接管部分剖为例说明筒体上接管的绘制方法。

（1）确定接管中心线位置及离管壁距离（假设筒体已画好，见图 3-60）

命令：_offset

指定偏移距离或 [通过(T)] <8.0000>：500【500，为接管中心线距水平基准线距离】

选择要偏移的对象，或 [退出(E)/放弃(U)] <退出>：【点击某一水平基准线】

指定要偏移的那一侧上的点，或 [退出(E)/多个(M)/放弃(U)] <退出>：【鼠标在该基准线下面点击】

选择要偏移的对象，或 [退出(E)/放弃(U)] <退出>：【回车，画好接管中心线】

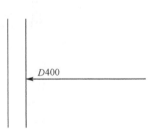

图 3-60　接管绘制（一）

命令：_offset

指定偏移距离或 [通过(T)]：25【25 为接管内半径】

选择要偏移的对象，或 [退出(E)/放弃(U)] <退出>：【点击中心线】

指定要偏移的那一侧上的点，或 [退出(E)/多个(M)/放弃(U)] <退出>：【鼠标在中心线上方点击】

选择要偏移的对象，或 [退出(E)/放弃(U)] <退出>：【点击中心线】

指定要偏移的那一侧上的点，或 [退出(E)/多个(M)/放弃(U)] <退出>：【鼠标在中心线下方点击】

选择要偏移的对象，或 [退出(E)/放弃(U)] <退出>：【回车】

命令：_offset

指定偏移距离或 [通过(T)]28.5【28.5 为接管外半径】

选择要偏移的对象，或 [退出(E)/放弃(U)] <退出>：【点击中心线】

指定要偏移的那一侧上的点，或 [退出(E)/多个(M)/放弃(U)] <退出>：【鼠标在中心线上方点击】

选择要偏移的对象，或 [退出(E)/放弃(U)] <退出>：【点击中心线】

指定要偏移的那一侧上的点，或 [退出(E)/多个(M)/放弃(U)] <退出>：【鼠标在中心线下方点击】

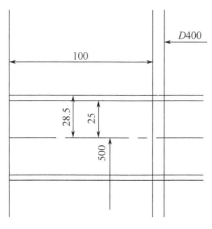

图 3-61　接管绘制（二）

选择要偏移的对象，或 [退出(E)/放弃(U)] <退出>：【回车，绘制好接管的内、外侧线】

指定偏移距离或 [通过(T)] <25.0000>：100【100 为接管外端包括法兰距管壁距离】

选择要偏移的对象，或 [退出(E)/放弃(U)] <退出>：【鼠标点击筒体外侧线】

指定要偏移的那一侧上的点，或 [退出(E)/多个(M)/放弃(U)] <退出>：【鼠标在筒体外侧线左边点击】

选择要偏移的对象，或 [退出(E)/放弃(U)] <退出>：【回车，绘制好本阶段所有的线，并利用修剪工具剪去多余部分，利用图层置换工具将接管的内外侧线置换成主结构线图层，结果见图 3-61】

（2）绘制其他线条

命令：_offset

指定偏移距离或 [通过(T)]：62.5【螺栓孔中心线距接管内壁的距离】

选择要偏移的对象，或 [退出(E)/放弃(U)] <退出>：【点击中心线】

指定要偏移的那一侧上的点，或 [退出(E)/多个(M)/放弃(U)] <退出>：【鼠标在中心线上方点击】

选择要偏移的对象，或 [退出(E)/放弃(U)] <退出>：【点击中心线】

指定要偏移的那一侧上的点，或 [退出(E)/多个(M)/放弃(U)] <退出>：【鼠标在中心线下方点击】

选择要偏移的对象，或 [退出(E)/放弃(U)] <退出>：【回车，绘好螺栓孔中心线】

命令：_offset

指定偏移距离或 [通过(T)]：82.5【法兰外半径】

选择要偏移的对象，或 [退出(E)/放弃(U)] <退出>：【点击中心线】

指定要偏移的那一侧上的点，或 [退出(E)/多个(M)/放弃(U)] <退出>：【鼠标在中心线上方点击】

选择要偏移的对象，或 [退出(E)/放弃(U)] <退出>：【点击中心线】

指定要偏移的那一侧上的点，或 [退出(E)/多个(M)/放弃(U)] <退出>：【鼠标在中心线下方点击】

选择要偏移的对象，或 [退出(E)/放弃(U)] <退出>：【回车，绘好法兰外侧线】

命令：_arc 指定圆弧的起点或 [圆心(C)]：【在接管外侧线上点击】

指定圆弧的第二个点或 [圆心(C)/端点(E)]：【在接管中心线上点击】

指定圆弧的端点：【在接管的另一条外侧线上点击，绘制好断面线】

命令：_offset

指定偏移距离或 [通过(T)]：20【法兰厚度】

选择要偏移的对象，或 [退出(E)/放弃(U)] <退出>：【点击垂直外侧线】

指定要偏移的那一侧上的点，或 [退出(E)/多个(M)/放弃(U)] <退出>：【鼠标在该线的右边点击】

选择要偏移的对象，或 [退出(E)/放弃(U)] <退出>：【回车，绘好本阶段的所有线条，见图 3-62】

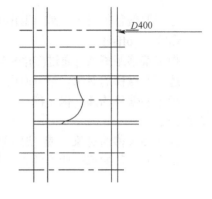

图 3-62　接管绘制（三）

（3）修剪和打断

修剪和打断工作的具体命令和前面其他绘图中的相仿，此处不再介绍，需要注意的是，这里已将通过偏移得到的有些线段经修改线型修改成实线，具体见图 3-63。

（4）填充并标注尺寸

注意在填充过程中，同时将焊缝也表示出来。在表示焊缝前需先在筒体和接管外侧之间画一条连接线，尺寸主要标注接管中心线距基准水平线的距离，本例中为 500；接管外端面距筒体外壁的距离，本例中为 100；有时也可以标注接管的直径和厚度，但也可不标；连接法兰的大小一般不标，但需在明细表中说明，具体见图 3-64。

（5）管口方位图

接管的空间位置一般需要两个视图来表示，在其方位图中，可以采用简单画法，具体见图 3-65，如果不是正好处在水平或垂直位置上，则需表明和水平线的角度或相互之间的角度。

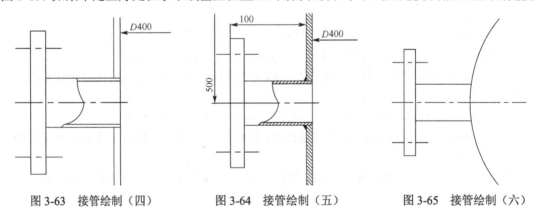

图 3-63　接管绘制（四）　　　　图 3-64　接管绘制（五）　　　　图 3-65　接管绘制（六）

3.5　人孔和手孔的绘制

3.5.1　人孔和手孔的作用及分类

人孔和手孔是为了检查压力容器在使用过程中是否产生变形、裂纹、腐蚀等问题以及装填物料或卸下催化剂等用途。在容器上开设人孔和和手孔有以下规定，见表 3-2。

表 3-2 人孔和手孔开设情况表

内直径 D_i/mm	检查孔的最少数量	检查孔的最小尺寸/mm		备 注
		人孔	手孔	
$300 < D_i \leq 500$	手孔 2 个		圆孔 $\phi 75$ 长圆孔 75×90	
$500 < D_i \leq 1000$	人孔 1 个 当容器无法开人孔时：手孔 2 个	圆孔 $\phi 400$ 长圆孔	圆孔 $\phi 100$ 长圆孔 100×80	
$D_i > 1000$		400×250 380×280	圆孔 $\phi 150$ 长圆孔 150×100	球罐人孔 $\phi 500$

　　人孔和手孔的基本结构由筒节、端盖、法兰、密封垫片、螺栓、螺母以及其他相关开启配件如把手、轴销等组成。人孔中采用的法兰也和我们在前面法兰介绍中的一样，可根据具体情况，采用不同的法兰。下面是几种常见的人孔和手孔零件绘制图（见图 3-66～图 3-71）。

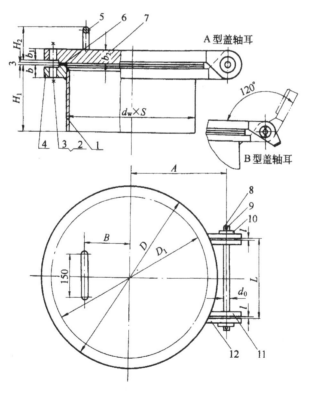

图 3-66 回转盖人孔

1—筒节；2—螺栓；3—螺母；4—法兰；5—把手；6—垫片；

7—端盖；8—轴；9—销；10—垫圈；11—盖轴耳；12—法兰轴耳

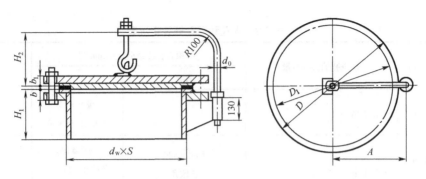

图 3-67　水平吊盖不锈钢人孔

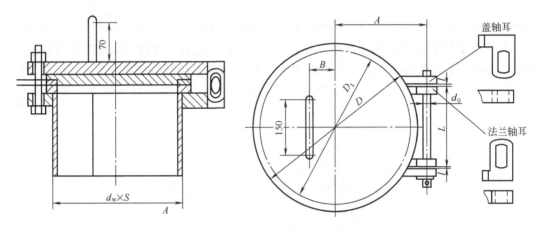

图 3-68　回转盖不锈钢人孔

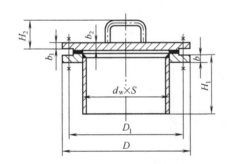

图 3-69　板式平焊手孔

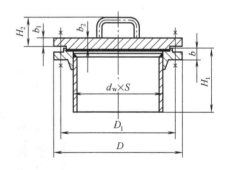

图 3-70　带颈平焊手孔

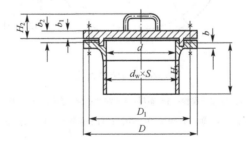

图 3-71　带颈对焊手孔

3.5.2 板式平焊手孔

为了更好地理解人孔和手孔的绘制，先来观察一下公称直径为 600 的人孔及公称直径为
250 手孔的具体图片，见图 3-72。

人孔   手孔

图 3-72　人孔和手孔图片

下面以板式平焊手孔为例，说明手孔的绘制方法。本次要绘制的是 *DN*150-0.6 板式平焊
手孔，分析图 3-73 所示手孔图，可知手孔共有筒节、法兰、垫片、法兰盖、把手组成。要完
全表达手孔的结构及其大小，必须对该 5 个部分的本身大小及其它们相互之间的关系表达清
楚。本次手孔的绘制采用集成绘制的方法进行绘制，前面已经介绍过的手孔组成部分不再详
细介绍绘制方法，如筒节的绘制可以参见接管的绘制方法，法兰、法兰盖、垫片的绘制可以
参考法兰的绘制方法，下面介绍从下到上的 *DN*150-0.6 板式平焊手孔法兰集成绘制过程，具
体的零件数据也在集成绘制过程中加以介绍。

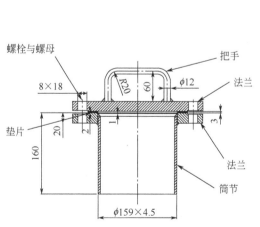

图 3-73　*DN*150-0.6 板式平焊手孔示意图　　　　　　图 3-74　筒节示意图

（1）筒节绘制

由图 3-74 可知，本次绘制的统计外观高度为 160，宽度为 159，其中水平方向上要表达
筒节的厚度 4.5 的壁厚，垂直方向上要考虑到法兰的焊接及和垫片之间以及筒节外壁和法兰
内壁之间预留 1 的距离，故实际筒节高度为 153.5，有了上述数据，可以方便地利用直线绘制

及偏移技术，方便地绘制好图 3-74 所示的手孔筒节图。注意在手孔筒节绘制中，建议设置 4 个图层，分别是主结构线图层、中心线图层、填充图层、标注图层。注意图 3-74 中最上方水平线和中心线的交点 A 作为与下步绘制法兰的插入点位置。

（2）法兰绘制

本次手孔中的法兰为 PL150-0.6，外径 265，法兰内径 161，凸台外径 205，螺栓孔中心线距离 225，螺栓孔直径为 18，法兰总高度为 20，凸台高度为 2。根据以上数据，可以利用直线绘制命令，可以方便地绘制好图 3-75 所示的法兰图，为了标注方便，图 3-75 中的直径标注数据没有加直径符号 ϕ。将图 3-75 中的插入点 A 通过复制或移动与图 3-74 中的插入点 A 重合，得到筒节和法兰的集成图 3-76。注意在复制或移动图 3-74 时，需要选择 A 点作为基准点。

（3）垫片绘制

本次手孔中的垫片外径为 202，内径为 161，厚度为 3，可以简单地利用直线绘制命令进行精确定位绘制。注意填充部分图案选择 ASNI37，比例为 0.25，插入基准点在下部水平线的中点，具体垫片的图形见图 3-77。将图 3-77 以 A 点为插入点，复制或移动到图 3-76 的 A 点上，集成绘制得到图 3-78。

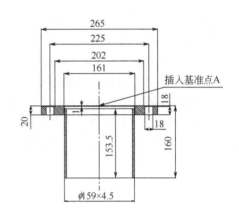

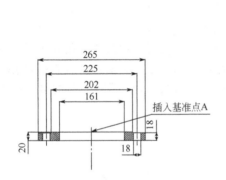

图 3-75　法兰示意图

图 3-76　法兰和筒节集成图

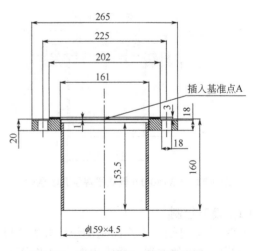

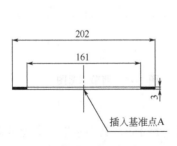

图 3-77　垫片示意图

图 3-78　法兰、筒节、垫片集成图

（4）法兰盖绘制

本次绘制的法兰盖是和步骤（2）的法兰配套的，具体尺寸和形状见图 3-79。图 3-79 可以利用直线绘制命令配合偏移、镜像修改工具进行绘制，具体绘制过程和法兰分绘制过程相仿，不再具体介绍。将图 3-79 中的下部水平线中点 B 作为插入基准点，将其移动或复制到图 3-78 中 A 点上部水平线和中心线的交点处，使该交点和图 3-79 中的 B 点重合，得到图 3-80。

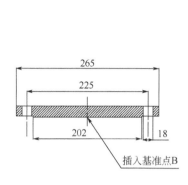

图 3-79　法兰盖示意图

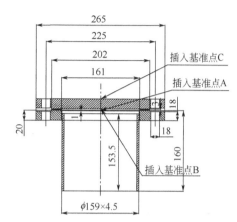

图 3-80　法兰、筒节、垫片、法兰盖集成图

（5）把手绘制

本次绘制的把手具体图形和尺寸见图 3-81。图 3-81 可以通过先绘制一个 120×60 的矩形，然后将矩形分解后，保留底部长度为 120 的水平边不变，其他三条边分别向内部及外部偏移 6，得到三个矩形，再将该三个矩形的上部两个直角进行倒圆角处理，圆角的半径分别为 14、20、26，再通过图层置换，补充垂直中心线，添加下部部分水平线就可以绘制得到图 3-81，将图 3-81 以 C 点作为插入点，插入到图 3-80 中，使两者的 C 点重合，并补充焊缝，调整标注的位置，得到图 3-82 所示的手孔正视图。

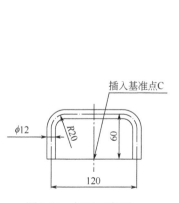

图 3-81　把手示意图

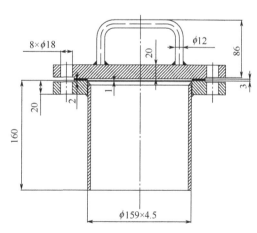

图 3-82　手孔集成正视图

（6）俯视图绘制

俯视图主要表示把手、8 个螺栓孔在法兰盖上的位置，具体图形如图 3-83 所示。该图先利用直线绘制命令绘制两条互相垂直的中心线，中心线的长度大约为 270；然后以两条中心

线的交点为圆心，以 225 为直径先在中心线图层绘制一个圆，再进入主结构线图层，绘制一个直径为 265 的圆。把手在俯视图上宽度为 12，由于在主视图中已有把手直径 12 的标注故不再在俯视图中标注，可以通过先绘制一个长度为 120、宽度为 12 的矩形，然后再在矩形水平方向的两端绘制半径为 6 的两个半圆，注意把手在俯视图中的中心点就是两条垂直中心线的交点。至于 8 个直径为 18 螺栓孔，先绘制其中一个，再利用环形阵列绘制好其他 7 个。绘制其中一个螺栓孔的方法为通过两条中心线的交点，绘制一条以"@150<22.5"为命令的辅助线，找到该辅助线与直径为 225 的圆相交点，以该交点为圆心，绘制直径为 18 的圆，再进入中心线图层，通过该直径为 18 的圆心绘制一段以直径 265 大圆为圆心的径向线，该径向线两端伸出直径为 18 的小圆长度为 3 左右。

图 3-83　手孔俯视图

> **提醒**
>
> 利用集成绘制技术绘制化工零件时，首先必须把化工零件分解成若干个可以独立绘制的部件，并利用已有的数据，通过图形之间的相互关系得出每一个部件的具体大小数据，利用 1∶1 的比例依次绘制每一个部件；在部件和部件之间集成时，一定要找到两个部件的共同点作为集成的基点；全部部件集成之后，必须补充必要的线条和焊缝，再进行全局的尺寸标注，适当调整一些部件中的标注，删除多余和重复部分标注，最后的零件标注必须满足工程制图的要求。

3.6　支座的绘制

3.6.1　支座的分类及作用

设备支座用来支承设备重量和固定设备的位置。按照其固定的设备不同，一般分为立式设备支座、卧式设备支座和球形容器支座。立式设备支座分为悬挂式支座、支承式支座、腿式支座和裙式支座四种，裙式支座常在大型塔设备中使用；卧式设备支座分为鞍式支座、圈式支座和支腿三种；球形容器支座分为柱式、裙式、半埋式、高架式支座四种。卧式容器支座常用的是鞍式支座，简称鞍座，鞍座的标准为 NB/T 47065.1—2018。图 3-84 是三种不同支座的实物图片。图 3-85～图 3-87 是三种支座的绘制图。

悬挂式支座中的耳式支座属于化工设备容器支座的一种，又称耳架，广泛用于立式设备。它的结构是由两块筋板、一块底板（和一块垫板）焊接而成，如图 3-84（a）所示，在筋板与筒体之间加一个垫板以改善支撑的局部应力情况，底板搁在楼板和钢梁等基础上，底板上有螺栓孔用螺栓固定设备。在设备周围一般均匀分布四个悬挂式支座（耳式支座），安装后使设备成悬挂状。小型设备也可用三个或两个支座。耳式支座有 A 型、AN 型（不带垫板）和 B 型、BN 型（不带垫板）以及 C 型、CN 型(双螺栓连接)六种结构。B 型和 BN 型有较宽的安装尺寸，适用于带保温层的立式设备。具体标准可参考标准 NB/T 47065.3—2018。

（a）耳式支座

（b）鞍式支座

（c）柱式支座

图 3-84　三种支座实物图片

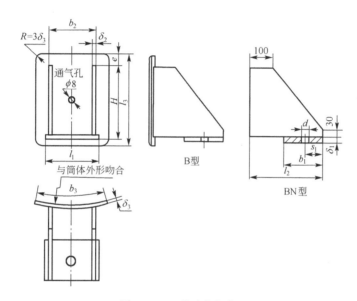

图 3-85　B 型耳式支座

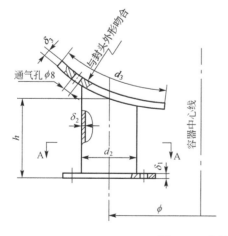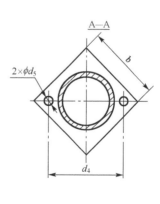

图 3-86　支承式支座

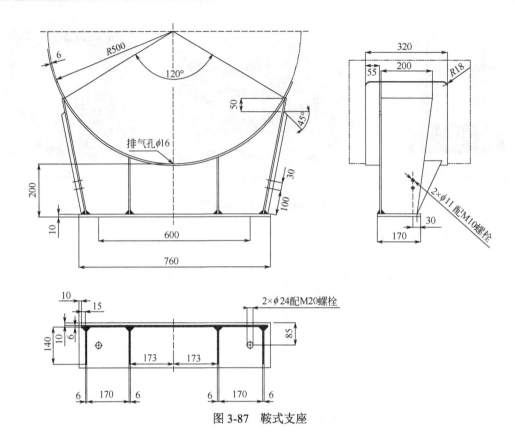

图 3-87　鞍式支座

3.6.2　AN 型耳式支座绘制

本次要绘制的 AN 型耳式支座，其具体形状及数据见图 3-88。在绘制之前，先观察图 3-88，该图共由 3 个视图组成，分别是主视图、俯视图、右视图，注意 3 个视图之间的数据关系。

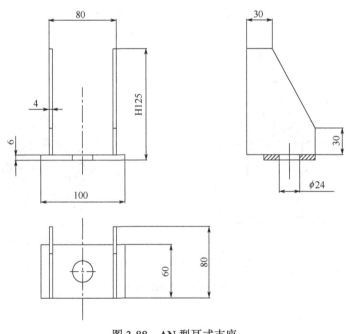

图 3-88　AN 型耳式支座

由图 3-88 可知，该 AN 型耳式支座是由两块筋板和一块支脚板组成。要想正确绘制该图，必须首先知道筋板和支脚板本身的大小及其相互关系。通过查表得到了具体尺寸：总高 125，筋板一边高度 119，另一边高度 30，厚度 4，下端长 80，上端长 30；两筋板外侧之间距离为 80；支脚板厚度为 6，长度为 100，宽度为 60，其中心由一直径为 24 的螺孔；两筋板在支脚板的长度中心线两侧，互相对称。有了以上数据及相互关系，就可以绘制图 3-88 了。主要采用直线绘制中的相对坐标及捕捉功能，并结合镜像工具来绘制，具体绘制过程如下：

（1）绘制正视图中的支脚板右边部分

命令: _line 指定第一点:【任取一点 A，点击】

指定下一点或 [放弃(U)]:【向下任取一点 B，点击，见图 3-89】

指定下一点或 [放弃(U)]:【回车，在正交状态下绘制中心线 L_1,以下所说的直线均指图 3-89 中所标】

命令: _line 指定第一点:【在中心线上捕捉一点】

指定下一点或 [放弃(U)]: @12,0【12 为螺孔直径的一半，绘好线段 L_2】

指定下一点或 [放弃(U)]: @0,6【6 为支脚板厚度，绘好螺孔线 L_3】

指定下一点或 [闭合(C)/放弃(U)]: @38,0【38=50-12，即支脚板长度的一半减去螺孔直径的一半，绘好线段 L_4】

指定下一点或 [闭合(C)/放弃(U)]: @0,-6【绘好线段 L_5】

指定下一点或 [闭合(C)/放弃(U)]:【鼠标捕捉线段 L_3 上的垂足或端点，绘好线段 L_6】

指定下一点或 [闭合(C)/放弃(U)]:【回车】

命令: _line 指定第一点:【捕捉线段 L_3 和 L_4 的交点】

指定下一点或 [放弃(U)]:【鼠标捕捉中心线 L_1 上的垂足，绘好线段 L_7，完成本阶段绘制工作】

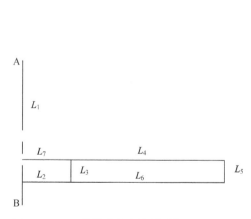

图 3-89 AN 型耳式支座绘制过程（一）

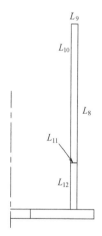

图 3-90 AN 型耳式支座绘制过程（二）

（2）绘制正视图中的右边筋板

命令: _line 指定第一点:【鼠标捕捉图 3-89 中线段 L_4 和 L_5 的交点】

指定下一点或 [放弃(U)]: @-10,0【属于在线段 L_4 上重复绘制，以便确定筋板外侧位置，其中 10=（100-80）/2】

指定下一点或 [放弃(U)]: @0,119【绘好线段 L_8，见图 3-89，其中 119=125-6】

指定下一点或 [闭合(C)/放弃(U)]: @-4,0【绘好线段 L_9】

指定下一点或 [闭合(C)/放弃(U)]: @0,-89【绘好线段 L_{10}，其中 89=119-30】

指定下一点或 [闭合(C)/放弃(U)]: 【鼠标捕捉线段 L_8 上的垂足，绘好线段 L_{11}】

指定下一点或 [闭合(C)/放弃(U)]: 【回车，结束命令】

命令: _line 指定第一点:【鼠标捕捉图 3-90 中线段 L_{10} 和 L_{11} 的交点】

指定下一点或 [放弃(U)]:【鼠标捕捉图 3-89 中线段 L_4 的垂足】

指定下一点或 [放弃(U)]:【回车，绘好线段 L_{12}，见图 3-90】

（3）利用镜像生成正视图中的左边部分

命令: _mirror

选择对象: 指定对角点: 找到 14 个

选择对象:【回车】

指定镜像线的第一点: 指定镜像线的第二点:【中心线 L_1 点击两次】

是否删除源对象？[是(Y)/否(N)] <N>:【回车，见图 3-91】

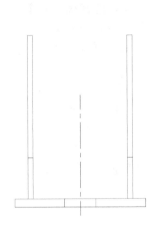

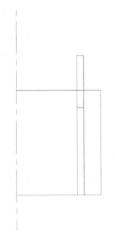

图 3-91　AN 型耳式支座绘制过程（三）　　　图 3-92　AN 型耳式支座绘制过程（四）

（4）绘制俯视图中的右边部分（见图 3-92）

我们只将绘制命令及最后结果图列出，具体的命令解释和正视图相仿，不再说明。

命令: _line 指定第一点:

指定下一点或 [放弃(U)]: @50,0

指定下一点或 [放弃(U)]: @0,60

指定下一点或 [闭合(C)/放弃(U)]: @-10,0

指定下一点或 [闭合(C)/放弃(U)]: @0,20

指定下一点或 [闭合(C)/放弃(U)]: @-4,0

指定下一点或 [闭合(C)/放弃(U)]: @0, -30

指定下一点或 [闭合(C)/放弃(U)]: @4,0

指定下一点或 [闭合(C)/放弃(U)]:

指定下一点或 [闭合(C)/放弃(U)]:

指定下一点或 [闭合(C)/放弃(U)]:【回车，结束命令】

命令: _line 指定第一点:

指定下一点或 [放弃(U)]:

指定下一点或 [放弃(U)]:

命令: _line 指定第一点:

指定下一点或 [放弃(U)]:

指定下一点或 [放弃(U)]:

指定下一点或 [闭合(C)/放弃(U)]:

命令: _line 指定第一点:

指定下一点或 [放弃(U)]:

指定下一点或 [放弃(U)]:【回车，见图 3-92】

（5）利用镜像生成俯视图中的左边部分，并进行打断及圆的绘制

命令: _break 选择对象:

指定第二个打断点或 [第一点(F)]: F

指定第一个打断点:

指定第二个打断点:

命令: 指定对角点:

命令: _mirror 找到 11 个

指定镜像线的第一点: 指定镜像线的第二点:

是否删除源对象？[是(Y)/否(N)] <N>:

命令: _line 指定第一点:

指定下一点或 [放弃(U)]:

指定下一点或 [放弃(U)]:

命令: _circle 指定圆的圆心或 [三点(3P)/两点(2P)/相切、相切、半径(T)]:

指定圆的半径或 [直径(D)]: 12【见图 3-93】

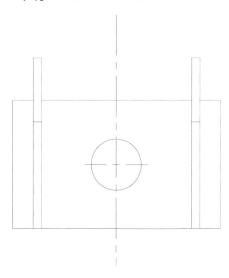

图 3-93　AN 型耳式支座绘制过程（五）

（6）绘制右视图并标上尺寸及填充（见图 3-88）

主要利用相对坐标及捕捉功能绘制直线。

命令: _line 指定第一点:

指定下一点或 [放弃(U)]: @0,119

指定下一点或 [放弃(U)]: @30,0

指定下一点或 [闭合(C)/放弃(U)]: @50, –89

指定下一点或 [闭合(C)/放弃(U)]: @0, –30

指定下一点或 [闭合(C)/放弃(U)]: @–60,0

指定下一点或 [闭合(C)/放弃(U)]: @0, –6

指定下一点或 [闭合(C)/放弃(U)]: @18,0

指定下一点或 [闭合(C)/放弃(U)]: @24,0

指定下一点或 [闭合(C)/放弃(U)]: @0,6

指定下一点或 [闭合(C)/放弃(U)]: @18,0

指定下一点或 [闭合(C)/放弃(U)]:

命令: _line 指定第一点:【以下主要利用捕捉功能补齐所缺的线条】

指定下一点或 [放弃(U)]:

指定下一点或 [放弃(U)]:

命令:

LINE 指定第一点:

指定下一点或 [放弃(U)]:

指定下一点或 [放弃(U)]:

命令:

LINE 指定第一点:

指定下一点或 [放弃(U)]:

指定下一点或 [放弃(U)]:

命令:

LINE 指定第一点:

指定下一点或 [放弃(U)]:

指定下一点或 [放弃(U)]:

命令:

LINE 指定第一点:

指定下一点或 [放弃(U)]:

指定下一点或 [放弃(U)]:【回车后标注数据，调整标注格式后最后见图 3-88，图 3-94 是右视图 AutoCAD 的截屏图，可以显示线条的粗细】

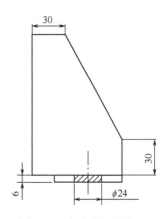

图 3-94　支座右视图截屏

3.6.3　B 型耳式支座绘制

图 3-95 是长筋板的 B 型耳式支座的三视图，是本次需要绘制的图形，需要的参数较多，除了图上标的 16 个数据外，由于垫板需要和筒体紧密接触，故尚需筒体外径数据，方可绘制出完整图形。至于图层，可继承前面绘制时的图层即可。为了更加方便地绘制图 3-95，加深对各个数据的理解，可以先观察一下具有垫板的耳式支座的立体图 3-96。

在绘制该 B 型支座三视图之前，先要确定该支座对应安装容器的外半径，本绘制中设置其外半径为 806，因此弧长为 250 的弧其对应的角度为：

$$250/806×180/π$$

通过中心线一半弧长的偏移角度为：

$$0.5×250/806×180/π=8.8858°$$

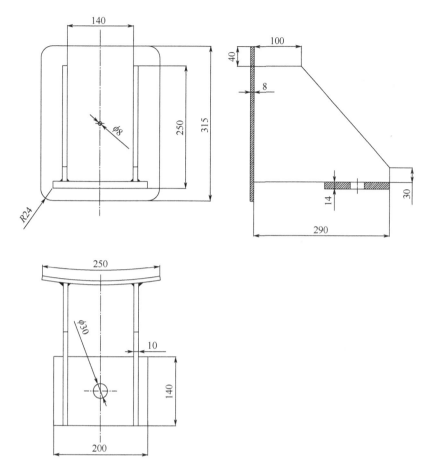

图 3-95　B 型耳式支座三视图

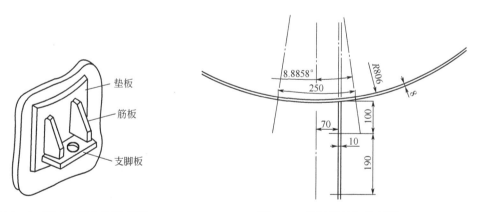

图 3-96　耳式支座立体示意图　　　　图 3-97　俯视图局部绘制图

　　有了绘制弧长 250 对应圆的半径 806 及中心线偏移角 8.8858°，就可以方便地绘制图 3-95 的俯视图中的长度为 250 的弧长。具体先绘制半径为 806 的圆，作此圆向外偏移 8 的圆，利用垂直线左右旋转 8.8858°，绘制长度为 250 的弧；再通过垂直偏移 70、80、100，水平辅助线偏移 100、190，镜像等技术绘制好俯视图（见图 3-97），再利用俯视图通过对应关系绘制好主视图，进而绘制好左视图，详细的绘制过程请参见学堂在线的慕课课程。

3.7 其他化工小零件的绘制

3.7.1 小零件绘制的基本原则

化工设备中有各式各样的小零件，这些小零件一般均有各种标准，如国家标准 GB、原化工部标准 HG、机械加工标准 JB 等。在这样标准中每一个小零件均有一个对应的标准号，并可以得到有关这个零件的所有详细尺寸，因此，在一般的化工设备图中，对这些小零件的本身大小的详细尺寸一般可以不标，并常常可以采用简略画法。对这些小零件重点需要表达的是它们的空间位置、焊接形式以及本身的外观尺寸。而标上外观尺寸的目的主要是保证设计的设备在安装上有足够的尺寸，而不会互相矛盾。对于非标准的化工小零件，必须参考有关标准的基础上，进行设计计算，并需提供详细的零件图，该零件图不能采用简略画法，需详细表达该零件的实际尺寸，以便零件加工者明白其设计意图。图 3-98 是四种化工设备中的零件立体示意图。

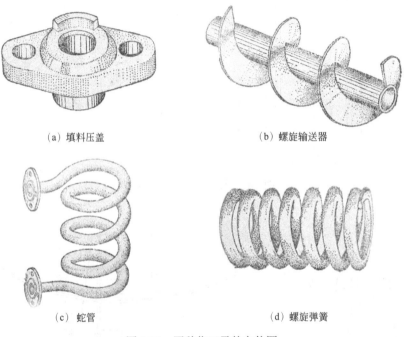

(a) 填料压盖   (b) 螺旋输送器

(c) 蛇管   (d) 螺旋弹簧

图 3-98 四种化工零件立体图

填料压盖在球阀中是压紧填料起密封作用的零件，它的一端做成圆柱体来压紧填料，另一端做成扇形凸台，起限制手柄转动位置的作用，压盖的长圆形板上有两孔是用来压紧填料时穿螺栓用的。螺旋输送器用来输送颗粒状物料，它是用钢板制成螺旋叶片，焊接在轴上或管子上，将螺旋输送器装在圆筒中转动，就可以输送物料。螺旋输送器的主要尺寸有外圈螺旋线的直径 D，内圈螺旋线的直径 d，节距 t，螺旋叶片厚度 b。

蛇管是化工设备中的一种传热结构，常放在容器中起到换热器作用。它的主要尺寸有管子的直径 d，管心距 D，节距 t，圈数 n。螺旋弹簧是用金属丝绕成螺旋线而制得，它可以用在安全阀中控制流体压力，也用于缓冲冲击和震荡的结构中。弹簧的规定画法和蛇管类似，所不同的是蛇管为管子，弹簧为实心金属丝。

3.7.2 填料压盖绘制

要表达清楚填料压盖的具体结构,必须用到两个视图,分别是主视图和俯视图,见图 3-99。为了重点介绍零件结构的绘制,有关零件表面加工的粗糙度及公差并没有在图 3-99 中表示,希望读者注意。下面介绍图 3-99 的具体绘制过程。

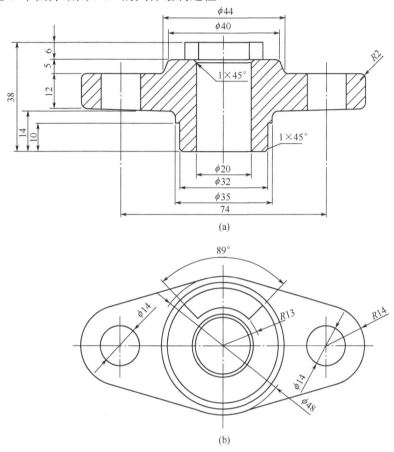

图 3-99 填料压盖二维视图

(1)绘制右边主要轮廓线

本轮次绘制全部通过命令输入的参数,通过多次调用直线绘制命令,在打开正交状态下快速精确地绘制好填料压盖的正视图中右边的主要轮廓线,具体操作过程如下。

命令: _line 指定第一个点:【鼠标点击屏幕适当位置,绘制好 P_0 点】

指定下一点或 [放弃(U)]: 20【鼠标向右拉开,输入"20",回车,绘制好 P_1 点,其中 $20=\phi 40/2$】

指定下一点或 [放弃(U)]: @2,–5【输入"@2, –5",回车,绘制好 P_2 点,其中 $2=(\phi 44- \phi 40)/2$,5 是凸台已知高度为 5,"–"是因为方向向下】

指定下一点或 [放弃(U)]: 15【输入"15",回车,绘制好 P_3 点,其中 $15=(\phi 74-\phi 34)/2$,此点作为螺栓孔中心线位置的定位点】

指定下一点或 [闭合(C)/放弃(U)]: 15【输入"15",回车,绘制好 P_4 点,此点也作为螺栓孔中心线位置的定位点,用两点画成线以方便中心线的绘制,其中数据 15 是根据压盖长圆板厚度 12 确定的,以便中心线伸出轮廓边界 3~5mm 的要求】

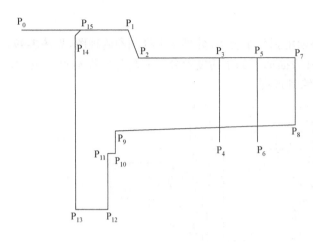

图 3-100　填料压盖绘制过程（一）

指定下一点或 [闭合(C)/放弃(U)]:【回车，退出直线绘制】

命令:LINE【回车，重复调用直线绘制】

指定第一个点:【鼠标捕捉 P_3 点，点击】

指定下一点或 [放弃(U)]: 7【输入"7"，回车，绘制好 P_5 点，此点作为螺栓孔的右侧线定位点，其中 7= $\phi 14/2$】

指定下一点或 [放弃(U)]: 15【输入"15"，回车，绘制好 P_6 点，此点也作为螺栓孔右侧线位置的定位点】

指定下一点或 [闭合(C)/放弃(U)]:【回车，退出直线绘制】

命令:LINE【回车，重复调用直线绘制】

指定第一个点:【鼠标捕捉 P_5 点，点击】

指定下一点或 [放弃(U)]: 7【鼠标向右拉开,输入"7",回车绘制好 P_7 点,其中 7=（$\phi 28$－$\phi 14$）/2】

指定下一点或 [放弃(U)]: 12【鼠标向下拉开，输入"12"，回车绘制好 P_8 点】

指定下一点或 [放弃(U)]: @－33.5,－1【输入"@－33.5,1"，回车绘制好 P_9 点，33.5=（102-35）/2】

指定下一点或 [放弃(U)]: 4【鼠标向下拉开，输入"4"，回车绘制好 P_{10} 点，4=14-10】

指定下一点或 ［闭合(C)/放弃(U)］: 1.5【鼠标向左拉开，输入"1.5"，回车绘制好 P_{11} 点，1.5=（35-32）/2】

指定下一点或 [闭合(C)/放弃(U)]: 10【鼠标向下拉开，输入"10"，回车绘制好 P_{11} 点，1.5=（35-32）/2】

指定下一点或 [闭合(C)/放弃(U)]: 6【鼠标向左拉开，输入"6"，回车绘制好 P_{12} 点，6=（32-20）/2】

指定下一点或 [放弃(U)]: 31【鼠标向上拉开,输入"31",回车绘制好 P_{13} 点,31=38-6-1】

指定下一点或 [放弃(U)]:【输入"@1,1"，绘制好 P_{14}】

指定下一点或 [闭合(C)/放弃(U)]:【回车，结束本次绘制，具体见图 3-100】

命令:

（2）倒角及图层置换

利用倒角工具，取圆倒角的半径为 2，直角倒角的两个距离均为 1，对图 3-100 需要倒角处理的地方进行倒角处理，同时利用图层置换，绘制螺栓孔中心线，利用直线绘制工具补充正视图的全局中心线及螺栓孔的左侧线，左侧线的位置可以通过螺栓孔中心 P_3P_4,向左偏移 7 确定，最后通过修剪，剪去多余的线段，最后得到图 3-101。

（3）镜像绘制正视左边轮廓线并打上剖面线

利用镜像工具绘制好正视图的左边轮廓线，利用填充工具，将需要的四个封闭区域打上剖面线，采用 ANSI31，比例为 1，具体图形见图 3-102。

（4）绘制俯视图中的圆

从上往下看填料压盖，跟圆有关的图形共有 10 个，需要先绘制好这 10 个圆，再利用修

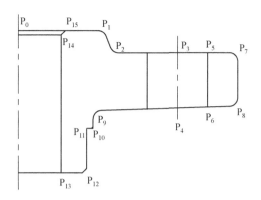

图 3-101　填料压盖绘制过程（二）

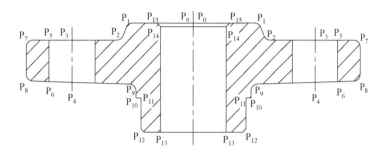

图 3-102　填料压盖绘制过程（三）

剪及其他工具补充其余线条。10 个圆中中间部分有 6 个同心圆，直径分别为 20、22、26、40、44、48；右边离 6 个同心圆圆心水平距离为 37 的地方有两个同心圆，直径分别为 14 和 28，同时左边有和其对称的两个圆，圆的绘制过程比较简单，具体操作不再赘述，具体图形见图 3-103。注意俯视图的全局垂直中心线必须和正视图的全局垂直中心线重合，因为正视图中尚未画的扇形凸台的位置需要通过俯视图来确定。

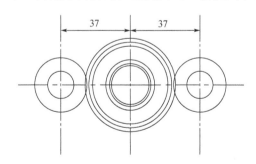

图 3-103　填料压盖绘制过程（四）

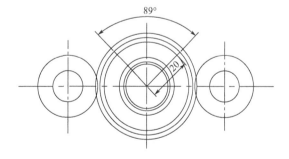

图 3-104　填料压盖绘制过程（五）

（5）修剪并补充其余线条

针对图 3-103，需要先补充两条径向线段，该两条线段之间的夹角为 89°，垂直中心线为其对称轴，绘制时利用相对极坐标进行绘制，通过点击直线绘制工具，捕捉 6 个同心圆的圆心后回车，确定第一点，输入"@20<44.5"回车确定第二点，绘制好第一条径向线；第二条径向的绘制和第一条相仿，只不过输入的命令是"@20<134.5"。绘制两条径向线是为了确定扇形凸台的位置，具体见图 3-104。同时还需要绘制 4 条分别和 $\phi48$ 的圆及两个 $\phi28$ 圆相切的 4 条切线。关于这 4 条切线的绘制，需要用到数学知识。已知两圆的大小及具体位置，绘

制和两圆相切的直线的思路如下。

① 绘制两个辅助圆　第一个辅助圆以大圆的圆心为圆心绘制半径为两个圆半径之差的圆，本次绘制的圆半径=24–14=10；第二个辅助圆以两个圆的圆心连线作为直径绘制，本次圆的直径为37，具体见图3-105。

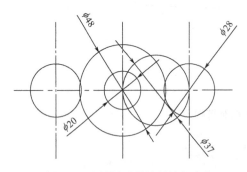

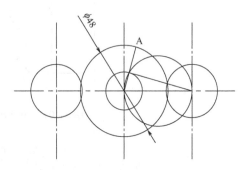

图3-105　填料压盖绘制过程（六）　　　图3-106　填料压盖绘制过程（七）

② 绘制两条辅助线　第一条辅助线是过大圆的圆心及第一个辅助圆和第二个辅助圆的上部交点并将其延伸至大圆A点的直线，注意千万不要用拉伸代替延伸，因为拉伸线条时线条的角度可能会变化；第二条辅助线是过小圆圆心和第一个辅助圆和第二个辅助圆的上部交点的直线。具体见图3-106。

③ 绘制过A点和小圆相切的线条　利用直线绘制命令，先捕捉A点作为第一点，鼠标移到小圆右上部，屏幕显示切点时，点击鼠标，绘制好两圆相切的第一条切线，见图3-107。

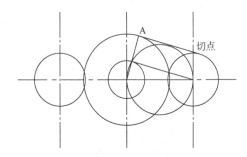

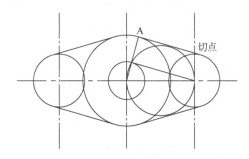

图3-107　填料压盖绘制过程（八）　　　图3-108　填料压盖绘制过程（九）

④ 绘制其余3条切线　利用对称技术可以方便地绘制好其余3条切线，具体见图3-108。

有了4条切线及两条径向辅助线，就可以方便地利用修剪工具剪去多余的线条，并标上必要的数据，具体见图3-99（b）。

（6）绘制正视图中的凸台部分

利用俯视图3-109（b）中扇形凸台的两条89°圆弧的4个端点，过该4个端点作垂直线，延伸到图3-102的上，再利用扇形凸台高度为6的已知数据，可以方便地绘制好扇形凸台在正视图中的部分，最后标注上全部数据，具体见图3-99。

3.7.3　蛇管绘制

前面已经说过蛇管的主要尺寸有管子的直径 d、管心距 D、节距 t、圈数 n。在具体绘制蛇管的零件图时，在平行与蛇管轴线的投影面的视图上，管中心线及各圈的轮廓线应画

成直线，不许按其真实投影画成曲线，见图
3-109 的上部正视图。蛇管两端的管线根据需要
可以弯曲成各种形式，所以蛇管的零件图除主
视图外，需要补充另外一个视图表达管两端的
弯曲圆弧，见图 3-109 下部的俯视图。超过四
卷以上的蛇管，可只画两端一两圈，中间各圈
可以省略。如有剖面要表达出管子的形状。右
旋蛇管及旋向不做规定的蛇管一律绘制成右
旋；对于左旋蛇管也可以绘制成右旋，但需一
律表示旋向"左"字。

　　要绘制图 3-109，有了直径 $d=32$，管心距
$D=200$，节距 $t=100$，圈数 $n=5$，就可以利用直线
绘制、圆绘制、矩形阵列（选 1 列 6 行）、修剪等
工具进行绘制。但在具体绘制过程中，要注意两
个问题，一是焊接在蛇管两端的法兰可以采用简
化画法，只画出了法兰的外观主要轮廓线，法兰
上的螺栓孔可以不画，简化绘制法兰的主要尺寸
是法兰的外直径、厚度、凸台外直径及凸台高度；
二是管子外轮廓线必须和对应的两个圆相切。问
题一比较容易解决，用直线绘制技术就可以绘制
两个大小不一的矩形并和蛇管管子两端的外轮廓
线配合即可。问题二必须依赖数学知识才可以方
便地绘制。具体的思路是先过两个需要相切圆的
圆心 O_1、O_2 绘制圆心连接线，见图 3-110；然后
过圆心连接线 O_1O_2 上方任意一点 A,向圆心连接
线方向绘制直线，鼠标在 O_1O_2 上移动，系统会
显示如图 3-110 所示的"垂足"两字，点击鼠标，
绘制好和圆心连接线 O_1O_2 垂直的 AB 线段；利用
复制工具，复制线段 AB,并以 B 点作为基点，将

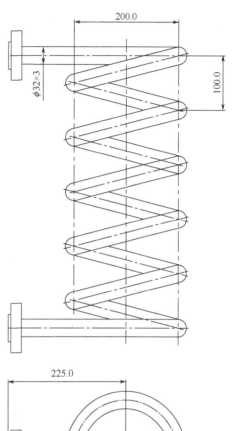

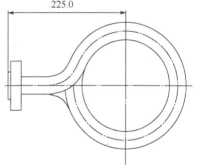

图 3-109　蛇管二维视图

其复制到圆心 O_1、O_2 上，新得到的两条线段和圆 O_1、圆 O_2 的交点就是所用绘制和两圆相切
点线段，同理可以绘制其他切线，再利用复制或阵列工具可以完成所有切线的绘制，通过修
剪，加上标注及俯视图的绘制完成图 3-110 的全部绘制工作。弹簧及螺旋输送器的绘制和蛇
管绘制的技巧相仿，不再介绍。

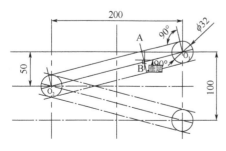
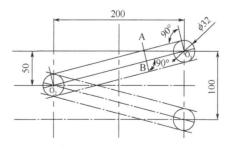

图 3-110　蛇管切线绘制示意图

3.8　本章 AutoCAD 重点知识

在本章的前面章节中，我们已经使用了大量的 AutoCAD 的绘图命令及其修改工具。本节的目的并不是想把在本章中用过的知识再重新介绍而是将较重要知识点再次提醒读者，同时也将有关该知识在具体应用中碰到的一些问题予以讲解，以加深对该知识点的理解及其灵活应用，在本章知识点中主要将以下 5 点知识进行着重分析，至于其他知识点会在后面的章节中陆续介绍。

（1）绘制直线

直线绘制是化工制图中使用频率最高的一种绘制命令，提高直线绘制的速度，减少一些不必要的修改是提高绘制化工图样的关键。建议直接点击左边绘图工具栏中的第一个工具进入该命令，在前一命令也是绘制直线时，也可直接回车进入该命令。直线绘制的关键不在如何进入该命令，而是在进入命令后，如何选择直线的第一点、下一点的问题。直线第一点一般可通过下面三种方法确定：一是输入绝对坐标，二是鼠标在适当位置点击，三是鼠标捕捉。在实际绘制中，强烈建议不要采用第一种方法，第一种方法是在 Auto Lisp 软件开发中，所有的定位工作均需通过计算机完成时才采用。直线第二点一般可通过下面四种方法确定：一是输入绝对坐标，二是输入相对坐标，三是鼠标在适当位置点击，四是鼠标捕捉。而实际采用的是后三种方法，通过适当使用后三种方法，就可以快速准确地绘制直线。

采用相对坐标法时，一般必须知道直线段的长度及其方向，其长度通常需要根据提供的数据进行计算，这在我们前面的具体应用中已有说明。如果直线段是水平或垂直的，则采用相对直角坐标，其具体形式为$@x, y$；如果直线段非水平也非垂直，且知道其长度和方向一般采用相对极坐标较好，其具体的形式为$@l<\alpha$；其中 l 是长度，α 是角度，需要注意的是该角度以水平线为基准沿逆时针方向旋转到该线段所形成的角度为准，一定要记住的是逆时针方向；同时，在实际输入时，2008 版本一般可以省略@。当然，如果仍强制输入@，系统也不认为错误。如果所画的直线段不需要精确的长度（一般是中心线），这时可通过鼠标在适当位置点击的方法确定第二点（通常在正交绘图状态下，保证中心线水平或垂直状态）。

采用鼠标捕捉确定第二点是使用频率仅低于采用相对坐标的一种方法，尤其是已画了一些辅助线或中心线后，常常采用该法。需要注意的是，采用该法时，首先必须打开鼠标捕捉功能，该功能在屏幕下方的系统状态栏，为开关键；其次当捕捉点附近有多个可能捕捉的目标难以区分时，建议采用实时动态放大功能，将要捕捉的部分放大，这时就很容易捕捉到我们所需要的点；再次，在捕捉时，鼠标不一定要在我们所需要的捕捉点上，只要屏幕有黄色的文字显示我们所捕捉的点即可，有时所需要的捕捉点可能既是端点，又是交点或垂足，这时只要捕捉任意一点即可。

（2）填充

填充工作是在完成了所有轮廓线后，对剖面、垫片及焊缝进行的绘制工作。在填充工作中需要注意几个问题：一是不论剖面、垫片或是焊缝均需注意其比例的大小问题，这要根据具体的绘制图形而定，系统设定默认为 1，一般对剖面采用 1，垫片采用 0.1，焊缝采用 0.25。二是不同的填充，采用不同的式样，一般对剖面采用 ASNI31，垫片和焊缝采用 ASNI37；三是当两个不同零件的剖面相交时，该两个剖面应采用不同的角度以示区别，一般一个采用 0°，另一个采用 90°；四是所填充的区域必须在当前视窗完全可见，否则，即使所填充的区域是封闭的，系统也会提示找不到填充的区域；有时即使所填充的区域在当前视窗完全可见，如果该区域是圆弧区域，系统也会提示找不到填充的区域。这时，解决的办法是在填充的区域中间，人为地画上几条辅助线，将原来的填充区域分成若干个小的区域，这时问题就可以解决了。对于窄小区域的填充，需利用实时放大功能和作辅助线相结合的方法予以解决。

（3）打断

打断是化工图样绘制中常用的方法。例如在绘制封头上和筒体上的接管时，就是采用打断功能来实现的。一般先将筒体和封头整体画好，然后插入接管，再将接管和筒体或封头相交部分打断。如果不是采用这种方法，而是另一种方法，如将封头被接管分割的部分分段绘制，那将增加绘图的工作量和难度，因此合理地使用打断功能，可提高绘图速度。在使用打断功能时，应注意以下两个问题：一是第一次鼠标捕捉的是打断的目标，此时鼠标也落在了目标的某一点上，如果第二次直接捕捉打断目标点，就会将前后两次点击处打断，由于第一次点击的点通常不是我们所需要的点，因此，打断的部分不是我们所希望的。解决的办法是在点击目标后，在系统提示下输入 f 并回车，然后利用捕捉功能捕捉打断第一点，再捕捉打断第二点就能按照我们的要求打断目标；二是在打断圆和椭圆时，打断的部分是从第一点沿逆时针方向到第二点部分的弧段。

（4）偏移

利用偏移不仅可以定位，也可以将内轮廓线通过偏移直接生成外轮廓线。如果需要偏移的部分都是直线，那么从外向内偏移和从内向外偏移均可以，如果偏移的部分中含有圆弧，且圆弧和连接的直线不是相切的话，此时偏移的结果无法直接使用，需通过修剪或延伸的方法修改方可使用。两种不同的偏移结果见图 3-111，建议使用由内向外偏移，这样可以通过修剪工具，达到要求。

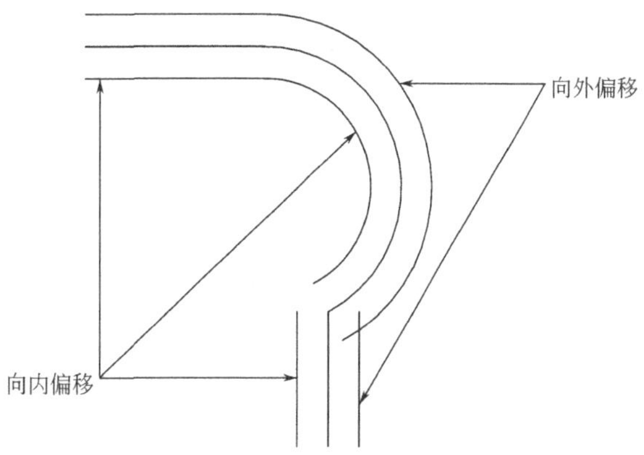

图 3-111 两种不同方向偏移示意图

（5）圆弧和样条线

利用绘制圆弧的方法可绘制零件的交界线，如图 3-112 所示，点击绘制圆弧命令后，通过鼠标捕捉图 3-112 中所示的 A、B、C 三点即可绘制交界线。在绘制过程中，A、C 两点是确定的，而 B 点可在中心线上适当选取。而局部剖面的分界线则利用样条曲线绘制的方法绘制，鼠标捕捉图 3-114 中的 A、B、C、D、E 五点，回车后，即可得到如图 3-113 所示的结果。

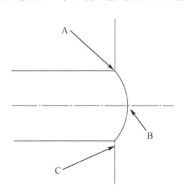

图 3-112 绘制交界线示意图

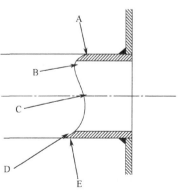

图 3-113 绘制剖面分界线示意图

3.9　本章慕课学习方法及建议

　　本章的慕课学习除了按前两章提及的学习方法外，还必须注意一个新的问题。该新问题就是从本章开始正式涉及化工设备的绘制，而本章各种化工零件的绘制是化工设备绘制的必备知识。要想更好地理解本章化工零件的绘制方法，建议读者通过网络多查阅各种化工零件的实物图片，认真观察化工零件的结构特点，在绘制化工零件前，认真查阅各种标准，确定化工零件的各种尺寸，在充分了解化工零件的结构特点及具体尺寸的前提下再开始绘制化工零件。在化工零件的具体绘制上既可参考慕课上的绘制方法，也可以自己创新绘制方法，只要绘制的图纸符合规范要求即可。

习　　题

1. 请按 1 : 1 的比例绘制两个容器法兰（见图 3-114），注意按自己序号修改数据。

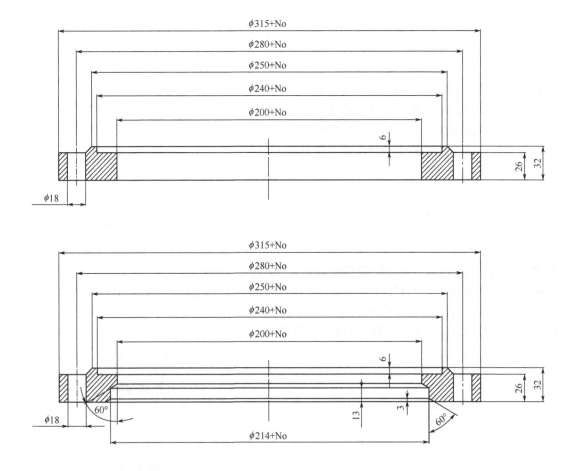

图 3-114　习题 1 图

2. 请按 1 : 1 比例绘制两个封头（见图 3-115），注意按自己序号修改数据。

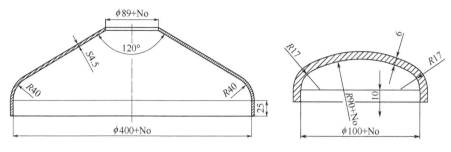

图 3-115　习题 2 图

3. 请按 1∶1 绘制管板法兰零件图（见图 3-116），注意按自己序号修改数据。

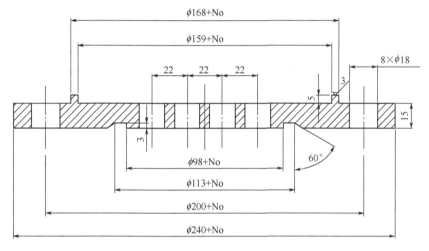

图 3-116　习题 3 图

4. 请按 1∶1 绘制耳式支座零件图（见图 3-117），注意按自己序号修改数据。

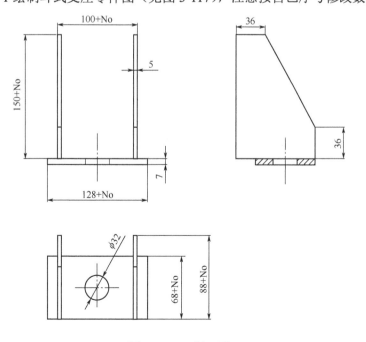

图 3-117　习题 4 图

5. 请按 1∶1 绘制填料压盖零件图（见图 3-118），注意按自己序号修改数据。

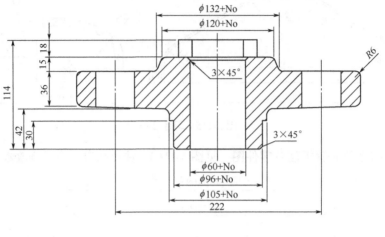

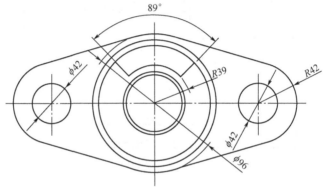

图 3-118　习题 5 图

6. 请按 1∶1 绘制封头及其上面的接管（见图 3-119）。

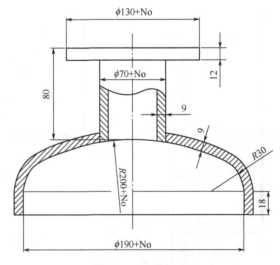

图 3-119　习题 6 图

7. 请按 1∶1 的比例绘制图 3-120 所示的某支腿俯视图。

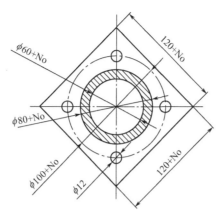

图 3-120　习题 7 图

8. 绘制图 3-121，注意数据修改及比例大小，全部内容画在规定的图框内。

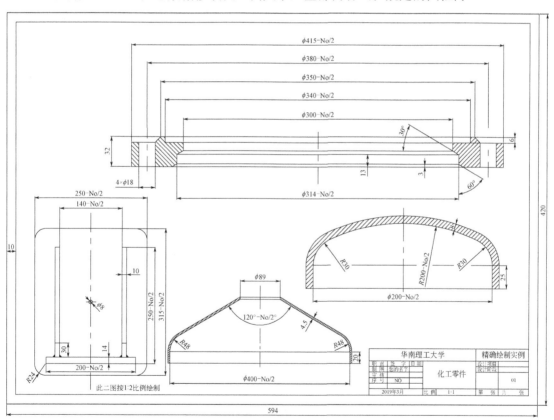

图 3-121　习题 8 图

第4章
化工容器的绘制

4.1 本章导引

　　容器，顾名思义乃容纳或储存物体之器皿。在化学工业生产中的任何一个单元操作的设备如反应器、热交换器、塔器等化工设备，虽然尺寸大小不一，形状结构不同，内部构件的形式也各不相同，但是它们都有一个使单元操作能够进行的场所，既一个能够容纳物料的外壳，这个外壳就是化工设备中广义的容器。由于广义的容器概念包含太多的设备，本章介绍的是一种较为狭义的化工容器，该容器主要是作为原料、中间产物、产品的储存容器，如大型炼油厂的原油储罐、油制气厂的球形储气罐等，一般无化学反应，至于其它涉及广义容器概念的设备，将有单独章节予以介绍。

　　由于前面已经将容器的概念进行了界定，则容器的结构主要由简体、封头、接管、法兰及支座组成，其示意图见图4-1。

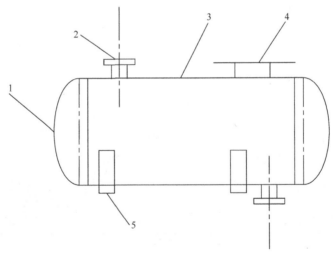

图4-1　容器结构示意图

1—封头；2—接管；3—简体；4—人孔；5—支座

　　由图 4-1 可知，要绘制容器，就必须首先确定容器几个组成部分的尺寸，在此基础上，再根据各个组成部分的相互关系，绘制出符合条件的容器。值得注意的是，在几个组成部分中，简体和封头需准确绘制，表明所有的细节，而接管上的法兰、人孔、支座如果是标准件，在装配图中，一般可采用简化画法，只需标明外轮廓线即可，但其装配位置（如中心位置、接管法兰面距简体长度等）需准确标出。

　　本章将先对容器的一些基本知识进行介绍，以便读者了解容器的分类、结构及各种指标要求，如果读者已具有这方面的知识，则可以跳过这些方面的内容。对容器的几个关键尺寸本章将进行一些结论性的介绍，如直接给出筒体厚度的计算公式，各种接管的长度或有关安装上需要注意的尺寸，这方面的知识，对于容器绘制是十分重要的，希望读者注意。即使你已具有了较好的化工工艺计算能力及设备强度计算能力，确定了容器的厚度、长度及直径，接下来一些其它组件的尺寸无法利用上面的知识进行计算，也没有一个固定的计算公式。这时，就必须利用一些在设备实际加工过程中累积起来的经验及规范，来确定具体的尺寸，比如筒体上靠近筒体法兰的接管需和筒体法兰保持一定的距离，如 100mm 以上，以便于筒体法兰上螺栓的安装，接管若带有管法兰，则该法兰和筒体的外周需保持一定的距离，以便管法兰上螺栓的安装，这就是为什么常常见到接管的长度一般在 100~150mm 以上。图 4-2 是四种容器的实物图片。

（a）卧式容器

（b）立式容器

（c）球形容器

（d）大型卧式容器

图 4-2　四种容器实物图片

　　本章在介绍 Auto CAD 绘制过程中有关计算机操作的一些规范和前面已经规定的相同，对于前面已经介绍过的零件的绘制过程，本章将不再重复，但对于零件的定位及整个容器的绘制思路将会作详细的介绍，对于一些标准件的尺寸及其简化画法中用到的一些尺寸将直接选用，但如何利用这些数据绘制出标准件的外轮廓会做出适当介绍。

4.2　化工容器的设计基础

4.2.1　化工容器的分类

　　化工容器的分类方法很多，目前没有形成统一的硬性规定，通常可按容器的作用原理、形状、容器厚度、承压性质、工作温度、放置形式、制造材料及容器的技术管理规范等进行分类。

（1）按容器的作用原理分类

按容器的作用原理可分为换热容器、反应容器、分离容器、储存容器等。

（2）按容器形状分类

按容器形状分主要有球形容器、圆筒形容器、方形和矩形容器。

① 球形容器由数块弓形板拼焊而成，承压能力好，但由于安装内件不便和制造较难，一般多用作储罐，如大型的储气罐。

② 圆筒形容器由圆柱形筒体和封头（椭球形、半球形、碟形、圆锥形、平板形）组成。圆柱形筒体作为容器主体，其制造容易，安装内件方便，而且承压能力较好，是化工企业中应用最广的一类容器。

③ 方形和矩形容器由平板焊成，其制造过程简单，技术要求低，但承压能力差，一般只用作常压或低压小型储槽。

（3）按容器厚度分类

压力容器按厚度可以分为薄壁容器和厚壁容器。通常，厚度与其最大截面圆的内径的比值 K（$K = \delta/D_0$）小于等于 0.1 的容器称为薄壁容器，K 大于 0.1 称为厚壁容器。

（4）按容器承压性质和能力分类

按承压性质可将容器分为常压容器与受压容器两类。受压容器又可以分为内压容器和外压容器两类。当容器内部介质压力大于外部压力时，称为内压容器；当容器内部压力小于外部压力时，称为外压容器，其中，内部压力小于一个绝对大气压（0.1MPa）的外压容器，又叫真空容器。

内压容器，按其所能承受的工作压力，又可分为低压、中压、高压和超高压容器等 4 类，其受压情况如下：

低压：$0.1\text{MPa} \leqslant p < 1.6\text{MPa}$

中压：$1.6\text{MPa} \leqslant p < 10.0\text{MPa}$

高压：$10.0\text{MPa} \leqslant p < 100\text{MPa}$

超高压：$100\text{MPa} \leqslant p$

（5）按容器的壁温分类

根据容器工作时的壁温，可分为低温容器、常温容器、中温容器和高温容器。

① 低温容器 指壁温低于-20℃条件下工作的容器。其中在-40～-20℃条件下工作的容器为浅冷容器；在低于-40℃条件下工作的容器为深冷容器。

② 常温容器 指壁温在-20～200℃条件下工作的容器。

③ 中温容器 指壁温在常温和高温之间的容器

④ 高温容器 指壁温达到材料蠕变温度下工作的容器。对碳素钢或低合金钢容器，温度超过 420℃，其他合金钢超过 450℃，奥氏体不锈钢超过 500℃，均属高温容器。

（6）按容器的放置形式分类

容器按放置形式可分为卧式容器和立式容器。

（7）按制造材料分类

按制造容器材料来分，容器可分为金属制容器和非金属制容器两类。

金属制容器中，目前应用最多的是低碳钢和普通低合金钢制的容器。在腐蚀严重或产品纯度要求高的场合，可使用不锈钢、不锈复合钢板或铝、银、钛等制的容器。在深冷操作中，可用铜或铜合金。而承压不大的塔节或容器可用铸铁。

非金属材料常用的有硬聚乙烯、玻璃钢不透性石墨、化工搪瓷、化工陶瓷、砖、板、花岗岩、橡胶衬里等，它们既可用作容器的衬里，又可作独立的构件。

（8）按管理分类

国家劳动部门为了加强压力容器的安全技术管理和监督检查，根据容器的压力高低、介质的危害程度以及在生产过程中的重要作用，《压力容器安全技术监察规程》将压力容器（不包括核能容器、船舶上的专用容器和直接火焰加热的容器）分为 3 类。

① 低压容器为第一类压力容器[②③规定的除外]

② 下列情况之一的，为第二类压力容器[③规定的除外]

a. 中压容器；

b. 低压容器（仅限毒性程度为极度和高度危害介质）；

c. 低压反应容器和低压储存容器（仅限易燃介质或毒性程度为中度危害介质）；

d. 低压管壳式余热锅炉；

e. 低压搪玻璃压力容器。

③ 下列情况之一的，为第三类压力容器：

a. 高压容器；

b. 中压容器（仅限毒性程度为极度和高度危害介质）；

c. 中压存储容器（仅限易燃或毒性程度为中度危害介质，且 pV 乘积大于等于 10MPa·m³）；

d. 中压反应容器（仅限易燃或毒性程度为中度危害介质，且 pV 乘积大于等于 0.5MPa·m³）；

e. 低压容器（仅限毒性程度为极度和高度危害介质，且 pV 乘积大于等于 0.2MPa·m³）；

f. 高压、中压管壳式余热锅炉；

g. 中压搪玻璃压力容器；使用强度级别较高（指相应标准中抗拉强度规定值下限大于等于 540MPa）的材料制造的压力容器；

h. 移动式压力容器，包括铁路罐车（介质为液化气体、低温液体）、罐式汽车[液化气体运输（半挂）车、低温液体运输（半挂）车、永久气体运输（半挂）车]和罐式集装箱（介质为液化气体、体温液体）等；

i. 球形储罐（容积大于等于 50m³）；

j. 低温液体储存容器（容积大于 5m³）。

4.2.2 化工容器关键尺寸的计算

4.2.2.1 工艺尺寸的计算

工艺尺寸主要是指为了满足工艺的需要，容器应该具有的一些基本尺寸。如容器的长度、直径（指内径）、封头的类型及其尺寸，接管的大小、人孔的大小等工艺需求的尺寸。

（1）容器的体积尺寸

一般在设计容器前，就已经知道该容器能够装下的物料的体积（如果已知的是质量，也可通过密度换算得到体积）$V_{工艺}$，由此体积，再结合具体的容器结构就可以算出具体的尺寸。对于用于物料停留的中间贮罐的容积 $V_{工艺}$，可按下式计算：

$$V_{工艺} = G\tau \tag{4-1}$$

式中，G 为物料流量，m³/s；τ 为物料在容器中的停留时间，s。

液体在容器内的停留时间可以用公式计算，也可以用实际测定得到的数据，表 4-1 提供了一般情况下容器内液体平均停留时间的参考值。

① 球形容器的直径　球形容器虽然制造并不容易，但计算其大小却较简单，考虑到容器不能全部充满整个球形空间（气体除外），一般有一个充装系数为 η，充装系数一般取 0.85~0.95，则有下式：

表 4-1　液体在容器中平均停留时间参考值

储 罐 名 称	停留时间或周转时间
原料罐及成品罐	根据具体情况而定，一般为 20 天
接收罐	20min
中间储罐或缓冲罐	20min
气-液分离器	3～5min
回流罐	5～10min
液-液分离罐（已分层）	20min

$$V_{工艺} = \eta \frac{\pi D_i^3}{6} \tag{4-2}$$

则球形容器的直径 D_i 可由下式得到：

$$D_i = \sqrt[3]{\frac{6V_{工艺}}{\pi \eta}} \tag{4-3}$$

② 上下均采用平板封头的圆柱形容器　假设容器的长径比 $\frac{h}{D_i}$ 为 β，一般尽可能按经济

原则考虑长径比，可按经验数据选择，常用的数据为 2~4，则 $h=\beta D_i$，得：

$$V_{工艺} = \eta \frac{\pi \beta D_i^3}{4} \tag{4-4}$$

则圆柱形容器的尺寸如下：

$$D_i = \sqrt[3]{\frac{4V_{工艺}}{\pi \eta \beta}} \qquad h_i = \sqrt[3]{\frac{4\beta^2 V_{工艺}}{\pi \eta}} \tag{4-5}$$

③ 上下均采用标准形椭圆封头的圆柱形容器　假设容器的长径比 $\frac{h}{D_i}$ 为 β，则 $h=\beta D_i$（此

h 已包括了封头的直边高度），封头的长轴和筒体的直径相同，封头的短轴为长轴的一半，则
整个容器的计算体积为：

$$V_C = \frac{\pi + 3\pi \beta}{12} D_i^3 \tag{4-6}$$

则标准形椭圆封头的圆柱形容器的尺寸如下：

$$D_i = 3\sqrt{\frac{12V_{工艺}}{\pi(1+3\beta)\eta}} \qquad h_i = 3\sqrt{\frac{12V_{工艺}\beta^3}{\pi(1+3\beta)\eta}} \tag{4-7}$$

④ 上下均采用半球形封头的圆柱形容器　假设容器的长径比 $\frac{h}{D_i}$ 为 β，则 $h=\beta D_i$（此 h

不包括封头的高度），球形封头的直径长和筒体的直径相同，高度为筒体直径的一半，则整个
容器的计算体积为：

$$V_C = \frac{2\pi + 3\pi \beta}{12} D_i^3 \tag{4-8}$$

则球形封头的圆柱形容器的尺寸如下：

$$D_i = 3\sqrt{\frac{12V_{工艺}}{\pi(2+3\beta)\eta}} \qquad h_i = 3\sqrt{\frac{12V_{工艺}\beta^3}{\pi(2+3\beta)\eta}} \tag{4-9}$$

　　根据容器的工艺体积计算得到容器的直径、高度等尺寸，在实际选用时需对数据进行圆整，至于其它形状的容器直径、高度等尺寸的计算，读者只要按照前面介绍类似的方法就可以自己推导得到所需尺寸，在此不再介绍。

（2）接管大小的计算及位置的确定

　　容器中有许多接管，接管的直径和长度均要进行合理的选取或计算，对于接管的长度，如果是法兰连接的，一般需要 100~150mm 以上的长度，以便与法兰上螺栓的安装连接；如果采用螺纹连接，则其长度可以稍短一些。对于接管直径的大小，可以通过选择一个适宜的流速，然后通过工艺处理量算出其直径，并将其圆整后查取标准得到最后的接管直径。一般管内液体的适宜流速应小于 3m/s，气体的适宜流速应小于 100m/s，常见的流体在不同情况下的适宜流速见表 4-2。对于接管上的法兰，应选用和接管配套的标准法兰，根据手册查得的数据即可作为制图时的依据。确定了接管的大小及配套法兰以后，还需确定接管的安装位置。安装位置的确定应根据物料进出的方便、设备安装的方便、物料最后排空的方便等诸多因素确定。比如物料的进料管一般在容器的上方，而出料管在容器的下方，最后的排空管应在容器的最底部。下面通过两个具体的例子来说明接管大小的确定。

　　选定管子的适宜流速为 u（m/s）以后，根据管子的工艺处理量就可以按下式求出管子的直径：

$$d_i = \sqrt{\frac{4Q}{u\pi}} \tag{4-10}$$

　　其中，Q 为管子的工艺处理量，单位为 m³/s。

　　现有某输送气体的管道，工艺处理量为 100m³/s，选择适宜的流速为 50m/s，则利用公式（4-10）计算可知其管子内直径

$$d_i = \sqrt{\frac{4Q}{u\pi}} = \sqrt{\frac{4\times100}{50\times3.14}} = 0.505 \ （m）$$

经过圆整，可取管子的内直径为 500mm。

表 4-2　流体在不同管道内的适宜流速

介　　质	条　　件	适宜流速/(m/s)
过热蒸汽	DN<100	20~40
	DN=100~200	30~50
	DN>200	40~60
饱和蒸汽	DN<100	15~30
	DN=100~200	25~35
	DN>200	30~40
低压蒸汽 $<1\times10^6$Pa	DN<100	2~4
	DN=125~300	4~6
	DN=350~600	6~8
	DN=700~1200	8~12
气体	鼓风机吸入管	10~15
	鼓风机排出管	15~20
	压缩机吸入管	10~20
	压缩机排出管：$P<1\times10^6$Pa	8~10
	$P>1\times10^6$Pa~1×10^7Pa	10~20
	往复式真空泵吸入管	13~16
	往复式真空泵排出管	25~30

介　质	条　件		适宜流速/(m/s)
水及黏度相似液体	P=0.1～0.3MPa		0.5～2
	P <1MPa		0.5～3
	有压回水		0.5～2
	无压回水		0.5～1.2
	往复泵吸入管		0.5～1.5
	往复泵排出管		1～2
	离心泵吸入管		1.0～2
	离心泵排出管		1.5～3
油及黏度相似液体	黏度 0.05Pa·s	DN=25	0.5～0.9
		DN=50	0.7～1.0
		DN=100	1.0～1.6
	黏度 0.1Pa·s	DN=25	0.3～0.6
		DN=50	0.5～0.7
		DN=100	0.7～1.0
		DN=200	2.0～1.6
	黏度 1Pa·s	DN=25	0.1～0.2
		DN=50	0.16～0.25
		DN=100	0.25～0.35
		DN=200	0.35～0.55

另一个是输送液体的管子，已知其处理量为 0.001m³/s，适宜的管内流速为 2m/s，则利用式（4-10）计算可知其管内直径

$$d_i = \sqrt{\frac{4Q}{u\pi}} = \sqrt{\frac{4 \times 0.001}{2 \times 3.14}} = 0.0252\text{m}$$

经过圆整，可取管内直径为 25mm。

（3）人孔大小及位置的确定

人孔应根据具体设备的需要，开设人孔，人孔应尽量选用标准件，人孔位置的确定应在服从设备强度要求的前提下，以便于安装和人员进出容器为准。

4.2.2.2　有关强度尺寸的计算

前面已经介绍了容器的一些工艺尺寸的计算。容器的工艺尺寸确定了容器的大小，满足了储量的要求及充装物料的要求，而容器的一些强度尺寸主要是从容器的安全性来考虑。下面主要介绍容器筒体厚度及封头厚度的求取方法。

（1）内压容器

容器在各种因素如容器中物料产生的静压、物料表面的气压（指储存液体的容器）、物料气体的压力、温差引起的应力等混合作用下，在不同的方向产生不同的应力，对于内压薄壁容器的回转壳体一般产生以下 3 个主要应力，通常第一主应力（最大）为周向应力 σ_θ，第二主应力为径向应力 σ_φ，第三个主应力是轴向应力 σ_z，由于 σ_z 与 σ_φ 和 σ_θ 相比可忽略不计，按 $\sigma_3 = \sigma_z \approx 0$ 计。按照材料力学中的强度理论，在容器常规设计中常采用第一强度理论，即：

$$\sigma_1 \leqslant [\sigma] \tag{4-11}$$

式中，σ_1 是容器壁中三个主应力中最大一个主应力，$[\sigma]$ 是材料的抗拉、抗屈服、抗蠕变极限规定许用应力中最小的一种，一般情况下，查表得到的材料许用应力，就是三种许用应力中最小的一种，可直接拿来为设计计算使用。因此，可以这样说，在对内压容器壳体各元件进行强度计算时，容器可能产生的应力选取最大的一种，容器材料的许用应力采用最小的

一种，这样即使发生极端的情况，设计的容器仍然是安全，这起码在理论上保证了容器设计的安全，这一点在安全设计上非常重要。容器强度的设计主要就是确定 σ_1，并将其控制在许用应力范围以内，进而求得容器的厚度。

① 圆筒壁厚的确定

圆筒承受均匀内压作用时，其器壁中产生如下薄膜应力（设圆筒的平均直径为 D，壁厚为 t）。

$$\sigma_\theta = \frac{pD}{2t} \text{ 和 } \sigma_\varphi = \frac{pD}{4t}$$
$$\sigma_z = 0$$

显然，$\sigma_1 = \sigma_\theta$，故按照第一强度理论可得：

$$\sigma_1 = \frac{pD}{2t} \leqslant [\sigma]^t \tag{4-12}$$

因工艺设计中一般给出内直径 D_i，$D = D_i + t$，将此式代入式（4-12）得：

$$\frac{p(D_i + t)}{2t} \leqslant [\sigma]^t \tag{4-13}$$

实际圆筒由钢板卷焊而成，焊缝区金属强度一般低于母材，所以上式中 $[\sigma]^t$ 应乘以系数 φ，具体数值见表 4-3。

$$\frac{p(D_i + t)}{2t} \leqslant [\sigma]^t \varphi$$

对上式整理后得：

$$t = \frac{pD_i}{2[\sigma]^t \varphi - p} \tag{4-14}$$

此式中的 t 定义为计算厚度，mm。

式（4-14）中的焊缝系数可根据不同的焊接形式及探伤情况取不同的值，具体取值情况见表 4-3。

表 4-3 不同情况下的焊缝系数

焊 接 形 式	探 伤 情 况	焊 缝 系 数
双面焊或相当于双面焊的全焊透对接焊	100%无损探伤	1.00
	局部无损探伤	0.85
单面焊的对接焊，沿焊缝根部全长具有紧贴基本金属的垫板	100%无损探伤	0.90
	局部无损探伤	0.80
单面焊环向对接焊缝，无垫板	无法进行探伤	0.6

考虑容器内部介质或周围大气腐蚀，设计厚度应比计算厚度 t 增加一腐蚀裕度 C_2。于是有

$$t_d = \frac{pD_i}{2[\sigma]^t \varphi - p} + C_2 \tag{4-15}$$

式中，p 为设计内压力，MPa；D_i 为圆筒内直径，mm；t_d 为设计厚度，mm；φ 为焊缝系数，取 $\varphi \leqslant 1.0$；C_2 为腐蚀裕度，mm；$[\sigma]^t$ 为设计温度下材料的许用应力，MPa。

式（4-15）中 C_2 由介质的腐蚀性和容器的使用寿命确定。对于碳素钢和合金钢，腐蚀裕量一般大于 1mm，对于不锈钢，当介质的腐蚀性极小时，腐蚀裕量可取零。

设计厚度 t_d 是为了与仅按强度计算得到的计算厚度 t 相区别而定义的，由于供货钢板有

可能出现负偏差，实际采用钢材标准规格的厚度是圆整值，故又定义 t_n 为名义厚度，它是设计厚度加上钢板厚度负偏差，并向上圆整到钢板标准规格的厚度，名义厚度就是图样上标明的厚度。而有效厚度 t_e 是名义厚度减去厚度附加量，常常作为强度校核时筒体的实际厚度承压厚度。t_e、t_n、t_d 和 t 四者的关系为：

$$t_n \geq t_d + C_1 \tag{4-16}$$

$$t_d = t + C_2 \tag{4-17}$$

$$t_e = t_n - C_1 - C_2 \tag{4-18}$$

式（4-16）中 C_1 是钢板厚度负偏差，一般钢板的负偏差见表 4-4 和表 4-5，表中单位均为 mm，厚度超过 60mm 的钢板其负偏差取 1.5mm。

表 4-4 普通钢板厚度负偏差

名义厚度	2	2.2	2.5	2.8～3.0	3.2～3.5	3.8～4.0	4.5～5.5
负偏差	0.18	0.19	0.20	0.22	0.25	0.30	0.5
名义厚度	6～7	8～25	26～30	32～34	36～40	42～50	52～60
负偏差	0.6	0.8	0.9	1.0	1.1	1.2	1.3

表 4-5 不锈钢复合钢板厚度负偏差

复合板总厚度	4～7	8～10	11～15	16～25	26～30	31～60
总厚度负偏差	9%		8%	7%	6%	5%
复层厚度	1.0～1.5	1.5～2.0	1.0～1.5	3～4	4～5	5～6
复层负偏差	10%					

需要注意的是当筒体的环向焊缝系数和纵向焊缝系数之比小于 0.5 时，径向应力成为主要控制应力，这时筒体壁厚的计算公式为

$$t = \frac{pD_i}{4[\sigma]^t \varphi_2 - p} \tag{4-19}$$

其中 φ_2 为环向焊缝系数，式中其它符号的单位和前面相同。

有了计算厚度以后，其它的各种厚度计算方法和前面相同。根据前面的介绍，就可以根据工艺计算得到容器中的压力、温度、介质性质及容器的内直径，确定容器的厚度。

【例 4-1】 某压力容器，已通过工艺计算确定其筒体内直径为 500mm，设计压力为 1.6MPa，设计温度为 100℃，工作介质具有轻微腐蚀性，试为该容器选择材料并设计筒体厚度。

解： 首先，根据容器中的工作介质腐蚀性的强弱，选择容器筒体的材料。本问题中，容器中介质的腐蚀性不高，可选用碳钢或低合金钢，此处选用 Q235-A 钢，根据设计温度，通过查表，确定该材料在 100℃时的许用应力 $[\sigma]^t$ 为 113MPa，焊接采用双面对接焊，局部无损探伤，查表 4-3 可得焊缝系数 φ 为 0.85，腐蚀裕量 C_2 取 2mm，根据前面的计算公式，可得筒体的计算厚度为

$$t = \frac{pD_i}{2[\sigma]^t \varphi - p} = \frac{1.6 \times 500}{2 \times 113 \times 0.85 - 1.6} = 4.20\text{mm}$$

设计厚度为

$$t_d = t + C_2 = 4.20 + 2 = 6.20\text{mm}$$

由于设计厚度已达 6.2mm，故在查表 4-4 时，选择名义厚度为 8～25mm 的钢板负偏差 0.8mm 作为设计的负偏差，则钢板厚度圆整前为：

$$t + C_2 + C_1 = 4.20 + 2 + 0.8 = 7.00\text{mm}$$

考虑到前面钢板负偏差标准选择时已选用 8～25mm，故最后钢板的厚度圆整为 8mm，也就

是说，容器的厚度为 8mm，一般情况下，选择钢板负偏差时，会提高一个档次。如果该题按 6~7mm 选取钢板负偏差，则钢板厚度在圆整前为 6.8mm，圆整后为 7mm 其实也未尚不可。不过，为了安全起见，建议大家还是提高一个档次为好。因为容器中可能还要开孔等其它需要补强的要求。

通过上面的实际例子，可以发现设计容器筒体壁厚的主要步骤如下（该步骤同样也适用于封头厚度的计算或相关其它元器件厚度的计算）。

a. 根据工艺设计中提供的容器介质有关腐蚀性能的信息，确定选用的材料及腐蚀裕量。

b. 根据选用的材料及工艺设计中提供的容器承受温度信息，查表确定材料在设计温度下的许用应力。

c. 确定容器的焊接及探伤方式，查表确定容器的焊缝系数。

d. 根据工艺设计中提供的容器承受压力信息及厚度计算公式，确定容器的计算厚度。

e. 根据计算厚度和腐蚀裕量，确定容器筒体的设计厚度。

f. 根据设计厚度，确定容器的名义厚度范围，通过查表确定钢板的负偏差。

g. 计算出设计厚度和负偏差之和，作为名义厚度最小值的参考，结合具体的钢板厚度，通过圆整，最后得到筒体的名义厚度，也就是图样上标注的厚度。

h. 进行有关校核工作，如容器的有效壁厚是否符合壁厚最小值的要求。

前面介绍的是未知容器壁厚，通过计算来设计一个容器壁厚。另一种情况是已经知道圆筒尺寸 D_i、使用材料及名义厚度 t_n，需要对该圆筒壁厚是否在安全限度内进行判断，该问题就是强度校核问题，其判断准则为：

$$\sigma^t = \frac{p(D_i + t_e)}{2t_e} \leqslant \varphi[\sigma]^t \tag{4-20}$$

式中，σ^t 为校核温度下圆筒器壁中的计算应力；其余符号同前面公式中介绍的完全一致，但应考虑校核的操作条件。

下面通过一个具体的例子来说明容器壁厚校核的过程。

【例 4-2】 已知某正在使用的容器，其筒体内直径为 500mm，工作压力为 1.6MPa，工作温度为 100℃，工作介质具有轻微腐蚀性，筒体材料采用 16MnR，筒体名义厚度为 6mm，试问该容器筒体目前是否安全？

解： 首先，根据容器中的工作介质为轻微腐蚀性介质及容器筒体的材料 16MnR，确定筒体的腐蚀裕量 C_2 为 2mm，根据设计温度，通过查表，确定该材料在 100℃时的许用应力 $[\sigma]^t$ 为 170MPa。已知筒体的焊接采用双面对接焊，局部无损探伤，查表 4-3 可得焊缝系数 φ 为 0.85。根据名义厚度 6mm，查表 4-4 得加工负偏差为 0.6mm，则筒体的有效厚度为

$$t_e = t_n - C_1 - C_2 = 6 - 2 - 0.6 = 3.4 \tag{4-21}$$

根据前面式（4-20）的校核公式得筒体在工作条件下的应力：

$$\sigma^t = \frac{p(D_i + t_e)}{2t_e} = \frac{1.6 \times (500 + 3.4)}{2 \times 3.4} = 118.4 \, (\text{MPa}) \tag{4-22}$$

根据焊缝系数及材料许用应力得筒体的实际许用应力：

$$\sigma^s = \varphi[\sigma]^t = 0.85 \times 170 = 144.5 \, (\text{MPa}) \tag{4-23}$$

比较式（4-22）和式（4-23）可知，筒体的实际应力小于筒体的实际许用应力，故从筒体厚度来考虑，该容器是安全的。

② 封头壁厚的确定

封头是容器中除筒体之外的另一个重要组件，封头的厚度设计和筒体相仿，其大致步骤是根据一定的公式算出计算厚度，由计算厚度和腐蚀裕量计算设计厚度，再由设计厚度选定

材料负偏差的范围，进而算出名义厚度的初始值，经过圆整得到最后封头的名义厚度，各种封头的计算厚度公式如下：

a. 球形封头：

$$t = \frac{pD_i}{4[\sigma]^t \varphi - p} \tag{4-24}$$

b. 标准椭圆形封头：

$$t = \frac{pD_i}{2[\sigma]^t \varphi - 0.5p} \tag{4-25}$$

c. 球冠形封头：

$$t = \frac{QpD_i}{2[\sigma]^t \varphi - p} \tag{4-26}$$

式中，Q 为和球冠结构和受压有关的系数，其值远大于 1，可查有关表获取。

d. 碟形封头：

$$t = \frac{M\alpha pD_i}{2[\sigma]^t \varphi - p} \tag{4-27}$$

式中，M 为形状系数，可由下式确定：

$$M = \frac{1}{4}\left(3 + \sqrt{\frac{\alpha D_i}{r}}\right) \tag{4-28}$$

式中，α 为 1 或 0.9，通常为 0.9；r 为碟形封头的过渡圆半径。

e. 不带折边锥形封头：

$$t = \frac{pD_i}{2[\sigma]^t \varphi - p} \times \frac{1}{\cos\alpha} \tag{4-29}$$

式中，α 为锥形封头的半锥角

f. 带折边锥形封头：

$$t = \frac{f_0 pD_i}{2[\sigma]^t \varphi - p} \tag{4-30}$$

式中，f_0 为和封头的半锥角及过渡圆半径和大端直径有关的系数，具体可根据公式计算或查表，计算的公式如下：

$$f_0 = \frac{1 - 2\dfrac{D_i}{r}(1 - \cos\alpha)}{\cos\alpha} \tag{4-31}$$

g. 平板封头：

$$t_B = D_i\sqrt{\frac{Kp}{[\sigma]^t \varphi}} \tag{4-32}$$

式中，K 为平板结构系数，一般情况下小于 0.5，大于 0.16。

以上各个公式若进行反推，均可得到校核应力公式，如对球形封头而言，校核应力用下式计算：

$$\sigma_t = \frac{p(D_i + t_e)}{4t_e} \leq [\sigma]^t \varphi \tag{4-33}$$

将式（4-33）与式（4-22）比较可知，当压力、直径相同时，球壳的壁厚仅为圆筒之半，所以用球壳做容器，材料节省，占地面积小；但球壳是非可展曲面，拼接工作量大，所以制

造工艺比圆筒复杂得多，对焊接技术的要求也高，大型带压的液化气或氧气等贮罐常用球罐型式。至于其它封头的厚度校核公式在此不再推导，望读者需要时自己推导。

（2）外压容器

外压容器的厚度计算取决于容器失稳。容器应有足够的厚度，保证其不会失稳，在稳定系数 m 取 3 时，对于圆筒形容器的许用外压$[P]$的计算公式如下（省去复杂的推导过程，感兴趣的读者可参考书后所附参考文献）

$$[P] = B \times t_e / D_0 \tag{4-34}$$

式中　t_e——外压容器筒体的有效厚度；

　　　D_0——外压容器筒体的有效外直径，其中 $D_0 = D_i + 2t_e$；

　　　B——是和容器结构形状系数或称容器几何系数 A 及材料弹性模量 E 有关的数，其单位为 MPa。根据不同失稳状态下，B 可通过查表或计算可得，在纯弹性状态下，其计算公式如下：

$$B = 2E \times A / 3 \tag{4-35}$$

式中，E 为材料的弹性模量，单位为 MPa。在非弹性状态下，B 可通过查取不同材料的 B-A 曲线图获得，几种化工容器中常见材料的 B-A 曲线图见图 4-4～图 4-7。而判断材料是否在纯弹性状态下失稳还是在非弹性下失稳，要由 A 值的大小来判断。A 值是和容器形状结构有关，和材料无关的一个系数，其决定因素是 D_0/t_e 和 L/t_e。已知 D_0/t_e 和 L/t_e 可通过查图确定 A 的值，见图 4-8，该图的数据适用所有的材料。如所查数据在图上的两条曲线之间，则可通过内插决定 A 值，具体的查取及计算过程将在后面通过示意图表示。需要注意的是，在计算 A 值时，需要用到容器的长度，该长度不是一般意义上的长度，需根据不同的状况分别计算。

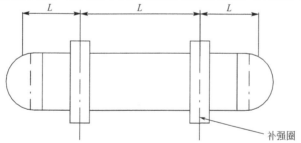

图 4-3　外压容器失稳计算时结构长度计算示意图

对于图 4-3，可分 3 种情况计算结构长度。

① 补强圈和封头之间长度

　　　　L=补强圈中心线至筒体和封头焊缝处长度+封头直边高度+封头高度/3

② 补强圈和补强圈之间长度

　　　　L=一个补强圈中心线至另一个补强圈中心线之间长度

③ 整个容器无补强圈情况下长度

　　　　L=容器筒体长度+2×封头直边高度+封头高度/3

通过前面的分析，可以得到外压容器筒体厚度设计计算的步骤，对于新容器：

① 在工艺计算的基础上完成筒体内直径 D_i、筒体本身长度 L_T、封头直边高度 h_0、封头高度 h 及筒体结构长度 L 的计算或确定；

② 假设容器的名义厚度 t_n，查表确定钢板的负偏差 C_1 及根据钢板材料和容器中介质的性质确定腐蚀裕量 C_2，得到容器筒体的有效厚度 $t_e=t_n-C_1-C_2$，进而得到容器的有效外直径

$$D_0 = D_i + 2t_e$$

　　③ 计算出 D_0/t_e 和 L/t_e，查表确定 A 的值。

根据 A 的值，查对应材料在设计温度下的 B-A 曲线，确定 B 的值，并计算出。

　　④ 在假设名义厚度下的许用压力$[P]$。

$$[P] = B \times t_e / D_0$$

　　⑤ 比较前面计算所得许用压力$[P]$和设计压力的大小，若许用压力大于或等于设计压力，并且大得不是很多，则原来假设的名义厚度就可以作为新容器的名义厚度；如果计算所得的许用压力小于设计压力，则表明原来假设的名义厚度偏小，增加名义厚度，重新设计计算，直到符合条件；如果计算所得的许用压力远大于设计压力，则表明原来假设的名义厚度偏大，减小名义厚度，重新设计计算，直到符合条件。

　　对于旧容器的校核，可根据实测的容器厚度 t_c，算出容器的有效厚度 $t_e = t_c - 2n\lambda$，其中 n 是设备的设计寿命，λ 是筒体材料的年腐蚀速率。在此基础上，可采用和新容器厚度设计相同的方法，计算出容器的许用压力，再根据许用压力和实际压力的比较确定容器是否安全。

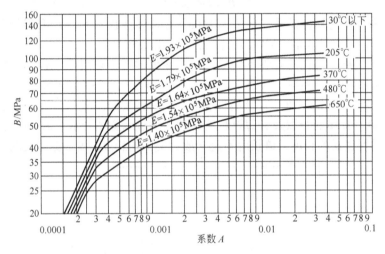

图 4-4　外压圆筒和球壳厚度计算 B-A 曲线（适用 0Cr19Ni9）

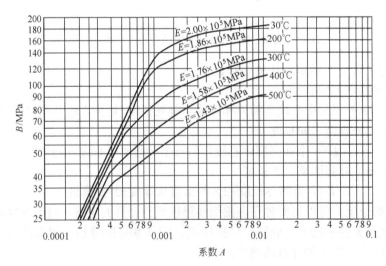

图 4-5　外压圆筒和球壳厚度计算 B-A 曲线（适用 16MnR 及 09Mn2VDR）

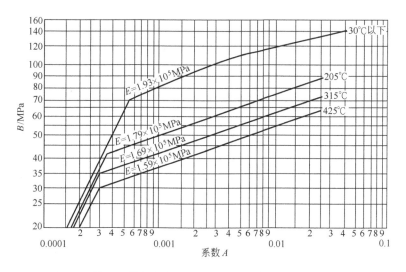

图 4-6　外压圆筒和球壳厚度计算 *B-A* 曲线（适用 00Cr19Ni11）

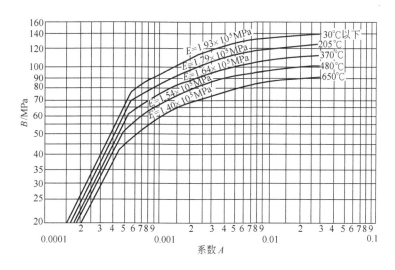

图 4-7　外压圆筒和球壳厚度计算 *B-A* 曲线（适用 16MnR 及 09Mn2VDR）

　　在前面的设计计算中，提到了容器结构形状系数 A 的确定和通过查 B-A 曲线确定 B，下面通过示意图来说明两种系数的确定方法。首先来说明 A 的查取或内插计算方法。图 4-9 是筒体几何参数 A 查取示意图，其查取过程如下。首先根据计算得到长径比的值，假设为 Y_1，在纵坐标上找到 Y_1 的点，过此点向右作水平线和该容器径厚比 $[D_0/t_e]$ 的数据相同的曲线相交，这里假设径厚比为 $[D_0/t_e]_1$，交点为 K，过该交点向下作垂直线，和水平坐标相交，得到要查的几何参数为 A_3。而大多数情况下，计算所得的径厚比 $[D_0/t_e]$ 数据在图上没有，但径厚比数据落在两条已知径厚比曲线中间的值。这时，需要采用内插的方法求取筒体几何参数 A。首先根据计算所得的长径比的值，假设为 Y，在纵坐标上找到 Y 的点，过此点向右作水平线和该容器径厚比 $[D_0/t_e]$ 的数据前后的两条曲线相交，这里假设前后两条曲线的径厚比分别为 $[D_0/t_e]_1$ 和 $[D_0/t_e]_2$，交点分别为 K_1 和 K_2，过两交点向下作垂直线，和水平坐标相交，得到 A_1 和 A_2 两个数值，则需要的 A 可通过下式计算：

$$A=A_1+（A_2-A_1）\times（[D_0/t_e]-[D_0/t_e]_1）/（[D_0/t_e]_2-[D_0/t_e]_1）\tag{4-36}$$

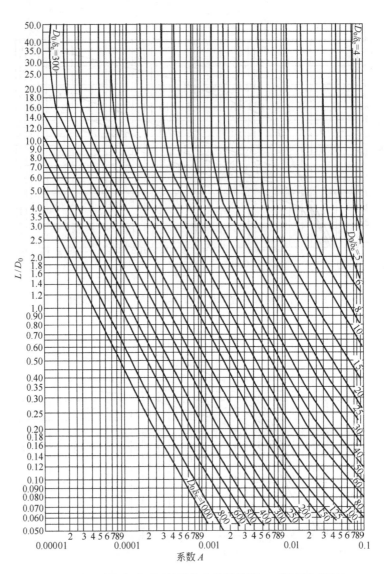

图 4-8　外压或轴向受压圆筒结构参数计算图（适用所有材料）

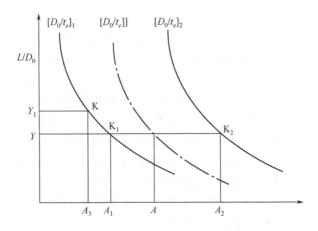

图 4-9　筒体几何参数 A 查取示意图

有了 A 值之后，利用对应材料的 $B\text{-}A$ 曲线图去查取 B 的值。在 $B\text{-}A$ 曲线图上，横坐标 A 的数值，纵坐标为 B 的数值，上面有多条曲线，见图 4-10，每条曲线代表不同的温度。每一条曲线，有两部分组成，前面部分是一条直线，表明 B 和 A 的关系是线性关系，属于纯弹性失稳范围，此时 B 的值可利用图上表明弹性模量 E 的值，利用前面的公式直接计算得到。当然也可以利用如图 4-10 所示的方法查图得到，但计算所得的值比查图所得的值更精确。如果是曲线得后半部分，从图上看，可以发现和前半部分有一个明显的转折点，此时，B 值只能根据查图得到。因为此时，材料处在非弹性失稳状态。和计算 A 值同样的道理，如果设计温度或校核温度所对应的曲线没有，则必须采用内插法求取，具体方法和求取 A 值的相仿，在此不再重复。

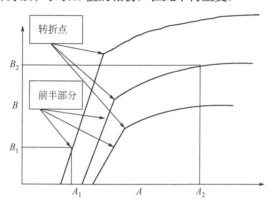

图 4-10 $B\text{-}A$ 曲线查取示意图

至于封头的失稳计算，一般情况下，同厚度同直径的封头比筒体更能承受外压，其抗失稳性能优于筒体，故只要外压容器的筒体不失稳，封头就不会失稳，一般也不再进行校核。至于特殊的情况，若封头需要单独校核，请参看本书所列的参考文献。下面通过两个具体的实例来说明外压容器的设计。

【例 4-3】 今欲制造一真空分馏塔，真空度为 0.098MPa，工作温度为 300℃，塔身长度为 6000mm（已包括两端椭圆形封头的直边长度），封头高度为 500mm，容器内直径为 2000mm，今仓库中只有厚度为 12mm 的 16MnR 钢板，问该钢板能否用来制造该容器？如果不行，则建议采用多厚的 16MnR 钢板来制造该容器？

解： 根据前面的公式可知塔的结构长度 L

$$L=6000+2\times500/3=6333\text{mm}$$

钢板厚 12mm，查表 4-4 可知其负偏差为 0.8mm，钢板腐蚀裕量取 1mm，则钢板的有效厚度为 10.2mm，则其结构参数计算如下：

$$\frac{D_0}{t_e}=\frac{2000+2\times10.2}{10.2}=198$$

$$\frac{L}{D_0}=\frac{6333}{2000+2\times10.2}=3.13$$

根据上面的数据，查图 4-7 可得 $A=0.00014$，利用 A 值查图 4-5，可知现在的 A 值落在对应 300℃的 $B\text{-}A$ 曲线的左边，即直线段部分，其 B 值可直接用公式计算，此时的材料弹性模量为 1.76×10^5 MPa，故用该厚度所做的塔的许用外压为：

$$[p]=\frac{2}{3}EA\frac{t_e}{D_0}=\frac{2\times1.76\times10^5\times0.00014\times10.2}{3\times2020.4}=0.0829\ (\text{MPa})$$

由于许用外压小于塔的真空度，故不能用 12mm 的 16MnR 钢板。那么，用多厚的钢板可以胜任该任务？由于用现在钢板的厚度做的塔其许用外压已比较接近设计要求，故可将钢板的厚度略微增大一点，进行重新计算。假设取钢板的名义厚度为 14mm，其腐蚀裕量为 1mm，查表 4-4 其负偏差仍为 0.8mm，钢板腐蚀裕量取 1mm，则钢板的有效厚度为 12.2mm，则其结构参数计算如下：

$$\frac{D_0}{t_e} = \frac{2000 + 2 \times 12.2}{12.2} = 165.9$$

$$\frac{L}{D_0} = \frac{6333}{2000 + 2 \times 12.2} = 3.13$$

根据上面的数据，查图 4-7 可得 $A=0.00017$，利用 A 值查图 4-4，可知现在的 A 值仍落在对应 300℃ 的 B-A 曲线的左边，即直线段部分，其 B 值可直接用公式计算，故许用外压为：

$$[p] = \frac{2}{3} EA \frac{t_e}{D_0} = \frac{2 \times 1.76 \times 10^5 \times 0.00017 \times 12.2}{3 \times 2024.4} = 0.12 \, (\text{MPa})$$

由于此时的许用外压已对于塔的真空度，故可通过向外采购名义厚度为 14mm 的 16MnR 钢板来制造该真空分馏塔。

【例 4-4】 一台使用多年的真空容器，经检验发现筒体和封头均有腐蚀，实测筒体最薄处的厚度为 7.8mm，封头厚度为 8.5mm，筒体长度为 3000mm（已包括两端椭圆形封头的直边长度），封头高度为 250mm，容器内直径为 1000mm，容器材料 16MnR，工作温度为 30℃，试问该容器允许的最大真空度是多少？若介质对金属器壁的年腐蚀速率为 0.3mm/a，试问该容器能否继续使用 8 年（要求容器的真空度为 0.090MPa）？

解： 封头的实测厚度大于筒体的厚度，而且封头抗失稳性能又强于筒体，所以只要对筒体进行许用外压的计算，就可以确定容器允许达到的真空度，根据前面的公式可知塔的结构长度 L

$$L = 3000 + 2 \times 250/3 = 3167 \, （\text{mm}）$$

又由于筒体的厚度是目前的实测厚度，可直接用来计算当前状态下的容器结构参数：

$$\frac{D_0}{t_e} = \frac{1000 + 2 \times 7.8}{7.8} = 130.2$$

$$\frac{L}{D_0} = \frac{3167}{1000 + 2 \times 7.8} = 3.12$$

根据上面的数据，查图 4-7 可得 $A=0.00027$，利用 A 值查图 4-4，可知现在的 A 值落在对应 30℃ 的 B-A 曲线的左边，即直线段部分，其 B 值可直接用公式计算，此时的材料弹性模量为 2.00×10^5 MPa，故该容器目前的许用外压为：

$$[p] = \frac{2}{3} EA \frac{t_e}{D_0} = \frac{2 \times 2 \times 10^5 \times 0.00027 \times 7.8}{3 \times 1015.6} = 0.2764 \, (\text{MPa})$$

由于许用外压对于绝对真空时的真空度，故该容器可以达到绝对真空，其真空度为 0.1MPa。那么，能否连续使用 8 年，这要根据 8 年后容器的许用外压能否达到真空度的要求。8 年后容器的有效壁厚将降为 5.4mm，这时其结构参数计算如下：

$$\frac{L}{D_0} = \frac{3167}{1000 + 2 \times 5.4} = 3.13$$

$$\frac{D_0}{t_e} = \frac{1000 + 2 \times 5.4}{5.4} = 187.2$$

据上面的数据，查图 4-7 可得 $A=0.000163$，利用 A 值查图 4-4，可知现在的 A 值落在对应 30℃的 B-A 曲线的左边，即直线段部分，其 B 值可直接用公式计算，此时的材料弹性模量为 2.00×10^5 MPa，故该容器目前的许用外压为：

$$[p]=\frac{2}{3}EA\frac{t_e}{D_0}=\frac{2\times2\times10^5\times0.000163\times5.4}{3\times1010.8}=0.116\,(\text{MPa})$$

所以 8 年以后，该容器仍可作真空容器使用，且其仍可达到绝对真空。

4.2.3　化工容器的一些标准及规范

4.2.3.1　国内压力容器规范

（1）GB 150—89《钢制压力容器》

GB 150—89《钢制压力容器》我国第一部压力容器国家标准，它对压力容器的设计、制造、检验与验收做出了一系列的规定。

该标准共 10 章正文和 11 个附录，其中 8 个附录为补充文件，3 个附录为参考件，正文和补充文件是必须遵守的规定，参考件则为推荐性的。该标准适用于设计压力不大于 35MPa 的钢制压力容器，设计温度范围根据钢材允许的使用范围规定。

该标准不适用于直接火焰加热的容器；受辐射作用的容器；经常搬运的容器；与旋转或往复机械设备连在一起成体系的或作为组成部件的压力容器；设计压力低于 0.1MPa 的容器；真空度低于 0.02MPa 的容器；要求作疲劳试验分析的容器；已有其他行业标准管辖的压力容器。

对于诸如制冷、制糖、造纸、饮料等行业中的某些专用压力容器可根据使用经验允许相对本标准另订技术要求。

该标准不包括任意结构的容器或元件，尤其是允许用常规方法确定结构尺寸的受压元件，经全国压力容器标准化技术委员会评定认可后，允许用以下方法设计：

① 以应力分析为基础的设计（包括有限元分析）；

② 验证性试验分析（如压力测定、验证性水压试验）；

③ 用可比的投入使用的结构进行对比经验设计。

（2）劳动部《压力容器安全技术监察规程》

1990 年，国家劳动部颁发了《压力容器安全技术监察规程》，并于 1991 年 1 月 1 日起正式试行。该规程规定了压力容器安全技术监察的基本要求。

该规程适用于同时具备下列条件的压力容器：最高工作压力大于等于 0.1MPa（不含液体静压力）；内直径（非圆形截面，指截面最大尺寸）大于等于 0.15m，且容积大于等于 0.025m³；介质为气体、液化气体或最高工作温度高于标准沸点的液体。具备上述条件的压力容器所用的安全附件也属本规程管辖范围。

该规程不适用于下列压力容器：核能装置中的压力容器、消防用的压力容器、科学研究试验用的压力容器、医疗用载人的压力容器、真空下工作的压力容器（不含夹套压力容器）；各类气体槽（罐）车和气瓶；非金属材料制压力容器；无壳体的套管换热器、冷却排管等；烟道式余热锅炉和砌（装）在设备内的管式水冷却件；正常运行的最高工作压力小于 0.1MPa，但在使用中断时（如进、出物料时）承受的压力容器（如常压发酵管，硫酸、硝酸、盐酸储罐等）；机器上非独立的承压部件（如压缩机、发电机、泵、柴油机的承压壳或汽缸，但不含造纸、纺织机械的烘缸、压缩机的辅助压力容器和移动式空气压缩机储罐等）；电力行业专用的封闭式电气设备的电容压力容器（封闭容器）；超高压容器。

该规程所指的最高工作压力是：对于承受内压的压力容器，是指压力容器在正常使用过程中，顶部可能出现的最高压力；对于承受外压的压力容器，是指压力容器在正常使用过程中，夹套顶部可能出现的最高压力。

4.2.3.2　国外压力容器规范

（1）美国 ASME 规范

美国机械工程师学会（ASME）所规定的《锅炉及压力容器规范》是当今世界上最有权威的锅炉及压力容器规范，为众多国家所参照和仿效。现介绍其主要特点：

它是一个完整的、封闭型的标准体系。所谓封闭型的标准体系的含义即基本上不必借助于其他标准，依靠本身即可完成压力容器的选材、设计、制造、检验、试验、安装及运行等全部工作环节。目前 ASME 规范共有 11 卷、23 册。其中与压力容器密切相关的有：

第Ⅱ卷　材料

A 篇　钢铁材料技术条件

B 篇　有色金属材料技术条件

C 篇　焊条、焊丝及填充金属技术条件

D 篇　性能

第 V 卷　无损检验

第Ⅷ卷　压力容器——第一册

　　　　压力容器——第二册——另一规程

第Ⅸ卷　焊接和钎焊评定

第 X 卷　玻璃纤维增强塑料压力容器

第ⅩⅠ卷　核动力装置设备在役检查规程

ASME 规范第Ⅷ卷第一册和第二册是各自独立的、平行不悖的压力容器规范。前者属于按规则设计的规范，后者属于按应力分析设计的规范。

按规则设计的方法经过长期的实践考验，方便可靠。规范中对压力容器的选材、结构作出了一系列的规定，对制造过程的各个环节都规定了严格的检验制度并按照允许的尺寸和形状偏差验收，并采用规定的、合宜的安全系数。

按应力分析设计的方法需要比较详细地计算应力，并对应力进行分类；对材料、结构、制造和检验等方面提出较高的要求和较多的限制。因此采用比较低的安全系数仍能保证容器有足够的安全性，但这种设计方法工作量极大。

（2）英国的 BS 5500 规范

英国的压力容器规范 BS 5500《非直接火压力容器规范》由 BS 1500《一般用途的熔融焊压力容器规范》和 BS 1515《化工及石油工业中应用的熔融焊压力容器规范》两规范组成。前者相当于 ASME 第Ⅷ卷第一册，后者近似于德国的 AD 规范。

（3）日本 JIS B 8243 和 8250 规范

日本和美国一样，也采用基础标准的双轨制，一部标准是参照 ASME 第Ⅷ卷第一册的 JIS B 8243《压力容器的构造》；另一部标准是参照 ASME 第Ⅷ卷第二册的 JIS B 8250《压力容器的构造（另一构造）》。

（4）德国的 AD 规范

德国的 AD 规范在技术上独树一帜，是一部在世界上，尤其是在欧洲大陆具有广泛影响的规范。

AD 规范和 ASME 规范相比，具有的特点：只对材料的屈服极限取安全系数，且数值较小，因此产品壁厚薄，重量轻；允许采用高强度的钢材；但制造要求没有 ASME 的详尽。

4.2.3.3　一些具体的规定和要求

（1）设计温度

是指容器处在相应设计压力的正常操作情况下，设定的受压元件的金属温度。分两种情况，一种是高于 0℃的金属工作温度，设计温度不得低于金属受压元件的最高温度；另一种情况是一种低于0℃的金属温度，设计温度不得高于金属受压元件的最低温度。

（2）设计压力

设计压力是在设计温度下用以确定容器壁厚的压力，其值不得小于最大工作压力，而最大工作压力是指在正常工作情况下，容器顶部可能出现的最大压力（如是外压容器则是容器外部可能出现的最大压力）。如果容器外面有夹套，则该容器有时是内压容器，有时是外压容器，设计容器壁厚时，应考虑极端情况，如考虑内压时，则认为夹套为常压，则容器内本身可能出现的最大压力，就是作为内压容器设计的最大压力；而考虑外压时，则认为容器内为常压（有时甚至认为是真空，需根据具体的工艺情况决定），将夹套内可能出现的最大压力作为容器最大外压来设计。

当容器上装有安全阀时，容器的设计压力应不小于安全阀的开启压力。开启压力系指安全阀阀瓣在运行条件下开始升起，介质连续排出时的瞬时压力。

（3）最小壁厚

当容器压力很小或处于常压时，按壁厚计算公式得到的壁厚可能很小，不能满足制造工艺的要求以及运输和安装过程中的刚度要求，此时需根据工程实践经验，确定容器或封头的最小厚度（该最小厚度不包括腐蚀裕量）。

对于碳钢和低合金钢容器，当容器的内径小于等于 3800mm 时，其最小容器壁厚 $t_{min}=2D_i/1000$，且不小于3mm；当容器内径对于3800mm时，最小壁厚按运输、现场制造及安装条件确定。对于不锈钢容器其最小壁厚为2mm。

对于各种封头，为防止封头在弹性范围内失去稳定，一般对其最小厚度有一定要求。对于标准椭圆封头和 $R_i=0.9D_i$，$r=0.17D_i$ 的碟形封头，其最小厚度不应小于封头内直径的 0.15%；对于其它椭圆形封头和碟形封头，其最小厚度不小于封头内直径的 0.30%。

（4）压力试验

压力试验包括强度试验和致密性试验。强度试验是指超工作压力下进行液压或气压试验，其目的是检查容器在超过工作压力下的宏观强度；致密性试验是在进行强度试验后，对于密封性要求高的容器进行泄漏试验。压力试验有液压试验和气压试验两种，液压试验中常用的介质是水；气压试验时常用的介质是洁净的空气、氮气及其它惰性气体。液压试验时，其试验压力为：

$$p_T = \text{Max}\left\{1.25p\frac{[\sigma]}{[\sigma]^t}, p+0.1\right\}$$

式中　p_T——试验压力，MPa；

　　　p——设计压力，MPa；

　$[\sigma]$——容器材料在试验温度下的许用应力，MPa；

　$[\sigma]^t$——容器材料在设计温度下的许用应力，MPa。

对于不宜作液压试验的容器，如有些容器因工艺要求不允许有微量液体的残留，则采用气压试验，气压试验的压力为：

$$p_T = \text{Max}\left\{1.15p\frac{[\sigma]}{[\sigma]^t}, p+0.1\right\}$$

公式中的符号含义和液压试验相同，如采用 $p+0.1$ 作为试验压力必须增大容器厚度时，则允许降低试验压力，但不能低于两个公式中的第一项计算值；如果容器中各元件采用不同材料时，则应取 $\dfrac{[\sigma]}{[\sigma]^t}$ 中最小者。

4.2.4 化工容器关键尺寸实例计算

【例 4-5】 设计一能罐装下 2.4m³ 的液氨储槽，设计压力为 2MPa，工作温度为-3～22℃。

解：（1）工艺计算，确定容器外观尺寸

选择该液氨储槽为圆筒，两头采用标准椭圆封头，储槽的长径比取 3，罐装系数取 0.92，则根据式（4-7）有：

$$D_i = \sqrt[3]{\frac{12V_{工艺}}{\pi(1+3\beta)\eta}} = \sqrt[3]{\frac{12 \times 2.4}{\pi(1+3\times3) \times 0.92}} = 0.9985 \,(\text{m})$$

将筒体的内直径圆整为 1m，即 1000mm，筒体长度为 3000mm，椭圆形封头的高度为 250，直边高度为 25，并在容器上安装两个接管，分别为装料管和泄料管，采用 $\phi 57 \times 3.5$ 的管子，管长为 200mm。根据上面的工艺计算，该容器的理论计算体积为 2.656m³。

（2）强度计算，确定筒体壁厚

根据液氨储槽的工作压力、工作温度和介质性质，该设备为常温中压设备，纯液氨腐蚀性很小，储槽可选用一般钢种，合适的材料有 Q235-A、20g、20R、16MnR、15MnVR 等。现将 Q235-A 与 16MnR 进行比较和选择。

方案一：选择材料 Q235-A

已知 Q235-A 钢板在-3~22℃范围内的许用应力查取为$[\sigma]$=124MPa，焊缝采用 V 形坡口双面焊接，采用局部无损探伤，其焊缝系数可查得ϕ=0.85，则计算厚度：

$$t = \frac{pD_i}{2[\sigma]^T\phi - p} = \frac{2 \times 1000}{2 \times 124 \times 0.85 - 2} = 9.6 \,(\text{mm})$$

腐蚀裕度按设备内侧单向腐蚀考虑，取 C_2=1mm，则此筒体的设计壁厚为：

$$t_d = t + C_2 = 10.6\text{mm}$$

而 8~25mm 之间钢板负偏差，可查得 C_1=0.8mm，则容器壁厚为：

$$t_n \geqslant t_d + C_1 = 11.4\text{mm}$$

根据钢板厚度规格，圆整后取钢板名义厚度为 12mm。

常温水压试验，规定的试验压力为：

$$p_T = 1.25\frac{[\sigma]}{[\sigma]^T} = 1.25p = 1.25 \times 2 = 2.5 \,(\text{MPa})$$

方案二：选用材料 16MnR

16MnR 的许用应力查得$[\sigma]$=170MPa，焊缝同方案一，则ϕ=0.85，则计算厚度：

$$t = \frac{pD_i}{2[\sigma]^T\phi - p} = \frac{2 \times 1000}{2 \times 170 \times 0.85 - 2} = 7.0 \,(\text{mm})$$

腐蚀裕度按设备内侧单向腐蚀考虑，取 C_2=1mm，则此筒体的设计壁厚为：

$$t_d = t + C_2 = 8\text{mm}$$

而 8～25mm 之间钢板负偏差，可查得 C_1=0.8mm，则容器壁厚为：

$$t_n \geqslant t_d + C_1 = 8.8\text{mm}$$

根据钢板厚度规格，圆整后取钢板名义厚度为 10mm。

常温水压试验，规定的试验压力为：

$$p_T = 1.25\frac{[\sigma]}{[\sigma]^T} = 1.25p = 1.25 \times 2 = 2.5 \,(\text{MPa})$$

比较上述两种方案的结果，16MnR 的钢板耗用量和制造费用均较 Q235-A 少，故选用方案二。

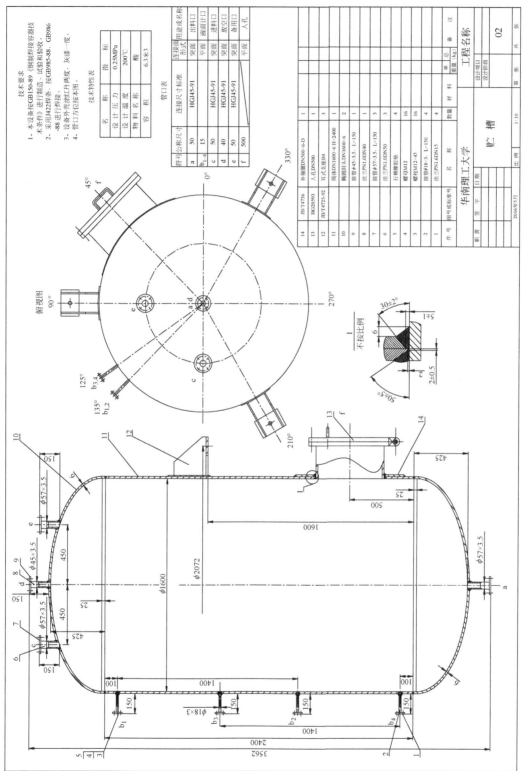

图 4-11 某容器设备装配图（示范）

4.3 化工容器 AutoCAD 绘制

4.3.1 绘制前的一些准备工作

现在要绘制的是上面图 4-11 所示的体积为 $6.3m^3$ 贮槽（实际图纸中明细栏内容应尽量添齐），其实在真正绘制的时候是没有上面图纸的，但应该已经完成前面例 4-3 中的工作，已知料贮槽的直径、壁厚、总长度以及一些接管和封头等标准的选定，并在此基础上画出草图。同时对本贮槽的各个构成元件的尺寸已有了清晰的了解，知道了各种尺寸及加工要求，对各个元件之间的相对位置已经确定。其实在利用 AutoCAD 绘制上面的容器贮槽前的一些准备工作和手工绘制前的准备工作一样，准备工作做得越细致，在以后的绘制工作中就越顺利，绘制速度也就越快，一般来说，在进入 AutoCAD 计算机绘制容器之前，应先完成以下几项工作。

① 完成工艺计算及强度计算，确定筒体和封头的直径、高度、厚度。本例中的具体数据请参看图 4-11，在此不一一列出，在下面具体的绘制过程中用到时再作详细介绍。

② 完成各种接管如进料管、出料管、备用管、液位计接管、人孔等的计算或标准选定，并确定其相对位置，和上面一样，本例中各元件的具体位置请参看图 4-11，在此不再一一列出，在下面具体的绘制过程中用到时再作详细介绍。

③ 根据前面获得的基本信息，绘制草图，确定设备的总高、总宽，并对图幅的布置进行初步的设置。

④ 查取各种标准件的具体尺寸，尤其是其外观尺寸及安装尺寸，为具体绘制作好准备。

完成了前面的四项基本工作后，就可以启动 AutoCAD 软件，启动方法和其他程序的启动方法一样有多种启动方法。可以在"开始"菜单中选择"程序"，然后选择"AutoCAD2016/2018/2020"启动，也可以双击桌面上的 AutoCAD2016/2018/2020 图标来启动，更为详细的内容在第 1 章中已有介绍，读者可自行参考。

4.3.2 设置图层、比例及图框

（1）设置图层

设置图层的目的是为了后面绘制过程的方便，将不同性质的图线放在不同的图层，用不同的颜色区别，使绘图者一目了然。同时在图层中设置线条的宽度、类型等信息。图层的设置方法在第 1 章中已有详细介绍，可以用"图层特性管理器"对话框方便地设置和控制图层。利用对话框可直接设置及改变图层的参数和状态，即设置层的颜色、线型、可见性、建立新层、设置当前层、冻结或解冻图层、锁定或解锁图层以及列出所有存在的层名等操作。

从下拉菜单"格式"中选取"图层"或在工具栏中直接单击图层图标，均会出现图层特性管理器对话框，可从对话框中进行图层设置。图层设置要根据具体的需要，本图中共有 10个图层，其中 0 层是基本图层，不可删除；defpiont 图层是默认的不打印图层，进行尺寸标注后自动产生，故实际使用的是 8 个图层。每一个图层以均以中文名表示，中文名基本上代表了图层的主要内容。图层名的修改可通过鼠标单击已选中的图层的名称，如图 4-12 中"中心线"图层已选中，若要修改其名称，则只要鼠标在"中心线"三字上单击，再输入新的名称即可。至于颜色和线宽的设置和名称修改一样，不再重复，详细内容可参看第 1 章。本图层设置中除主结构线的线宽为 0.4mm 以外，其余均为 0.13mm，以符合化工制图中对线宽的要求。各个图层的具体内容见图 4-12。

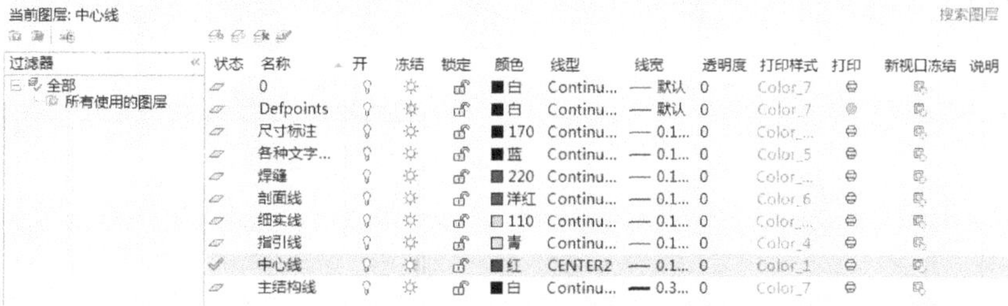

図 4-12 八个图层设置结果

需要说明的是，虽然定义各个图层的线宽，但在绘制过程中，一般不选用状态栏中的线宽状态，故屏幕上是不会有所显示的，只有不同线型在绘制过程中会有所显示。除非需要将该图复制到 Word 文档时，会选择线宽状态，但只有线宽在 0.3mm 以上才会有所显示，小于 0.3mm 的线条，在屏幕上显示的宽度是一样的，并且采用线宽状态时，两条距离较近的线有时会重叠在一起，这一点需要引起读者注意。定义的线宽在用绘图仪输出时是可以体现出来。

（2）设置比例及图纸大小

根据前面的计算及草图绘制，容器的总高达 3762mm 左右，总宽在 2060mm 以上，同时考虑尚需用俯视图表达管口位置，其宽度也将达到 2060mm 以上，这样在不考虑明细栏等文字说明内容的情况下，图纸的总宽将在 4000mm 以上，总高将在 3762mm 以上。同时，明细栏的宽度为 180mm 时，根据以上的数据，如果选用 A2 号图纸，比例为 1∶10，将符合绘图要求，选用 A2 号图纸，其大小为 594×420。

（3）绘制图框

根据前面的选定，图框由两个矩形组成，一个为外框，用细实线绘制，大小为 594×420，线宽为 0.13mm；另一个为内框，大小为 574×400 用粗实线绘制，粗实线和主结构图层线可在同一图层，因为线宽均为 0.4mm。

① 绘制外图框　点击图层特性框的下拉符号 "∨"处，选择细实线图层，在细实线上点击，系统就进入细实线图层，然后点击绘图工具栏中的矩形绘图工具，按照下面命令中的具体操作，就可以绘制出符合条件的外图框。利用矩形绘制工具，绘制一个长为 594，宽为 420 的矩形，见图 4-13。

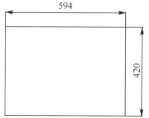

図 4-13 绘制外图框

② 绘制内图框　内框的大小为 574×400，用粗实线绘制。外框只要尺寸正确可以任意绘制，而内框则不能任意绘制，需借助辅助线确定矩形框的第一点，然后通过捕捉该点绘制大小为 574×400 的矩形，具体命令及操作过程如下。

a. 绘辅助线，确定内框某一点

命令: _line 指定第一点:【点击外框的左下点 A，见图 4-14】

指定下一点或 [放弃(U)]: @10,10【确定 B 点，因为内框比外框长度和宽度均小 20mm】

指定下一点或 [放弃(U)]:【回车，绘制好辅助线，见图 4-14】

b. 绘制内框

命令: _rectang

指定第一个角点或 [倒角(C)/标高(E)/圆角(F)/厚度(T)/宽度(W)]:【捕捉辅助线上端的 B 点，鼠标点击】

指定另一个角点或 [面积(A)/尺寸(D)/旋转(R)]: @574,400【输入 "@574,400"，回车，绘制好内框】

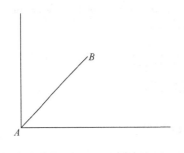

图 4-14　绘制辅助线示意图

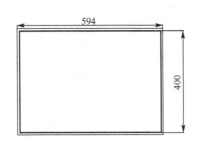

图 4-15　绘制内框示意图

指定另一个角点或 [尺寸(D)]: d

指定矩形的长度 <594.0000>: 574

指定矩形的宽度 <420.0000>: 400

指定另一个角点或 [尺寸(D)]:【鼠标在右上角点击】

命令:【选择辅助线】

命令: _.erase 找到 1 个【点击"Delete"键，删除辅助线，最后见图 4-15】

4.3.3　画中心线

首先进入中心线图层，根据设备的具体尺寸及绘图比例和图幅布置，绘制中心线。在绘制前，必须对中心线进行定位，需要确定筒体中心线的第一点，筒体中心线和封头与直边交界线的交点以及俯视图中圆心的位置，只有先确定这些基准点的位置，才可以方便进行后续工作的绘制，具体命令及操作如下。

（1）确定基准位置

命令: _line 指定第一点:【捕捉内图框的左上角顶点 P_0，见图 4-16】

指定下一点或 [放弃(U)]: @140,-15【根据图幅的大小、图纸的比例及容器的总尺寸确定，如果最后在绘制过程发现有所不妥，可采用整体移动的方法，加以调整，不过建议在绘制前，尽量计算准确，该计算过程和用手工绘制时完全一样，在此不再讲述】

指定下一点或 [放弃(U)]:【回车，确定筒体中心线的第一点，见图 4-16 中上方第一条线，确定 P_1 点】

命令:【回车，可直接调用原命令】

LINE 指定第一点:【捕捉内图框的左上角顶点 P_0】

指定下一点或 [放弃(U)]: @140,-75【绘制 P_3 点】

指定下一点或 [放弃(U)]:【回车，确定筒体中心线和封头与直边交界线的交点】

命令:【回车，可直接调用原命令】

LINE 指定第一点:【捕捉内图框的左上角顶点 P_0】

指定下一点或 [放弃(U)]: @340,-120【确定 P_2 点】

指定下一点或 [放弃(U)]:【回车，确定俯视图中的圆心，见图 4-16 中上方第二条线】

（2）绘制基本中心线

命令: _line 指定第一点:【鼠标捕捉 P_1 点，此点乃筒体中心线的起点】

指定下一点或 [放弃(U)]: @0,-370【由于绘图比例为 1：10，容器总长大约在 3550mm 左右，故取中心线的总长度为 370，后面有关数据的选择和计算，均和此相仿，也和手工绘

制相仿，以后一般不再叙述，确定 P_4 点】

指定下一点或 [放弃(U)]:【回车，绘制好筒体中心线，见图 4-17 中左边第二条垂直线】

命令: _line 指定第一点:【鼠标捕捉第三条辅助线的下端点 P_3，此点乃筒体中心线和封头与直边交界线的交点】

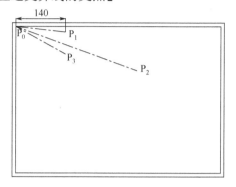

图 4-16 绘制确定中心线位置的辅助线

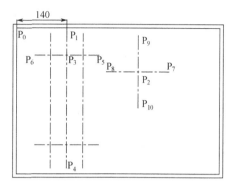

图 4-17 绘制基本中心线

指定下一点或 [放弃(U)]: @90,0【向右绘制封头与直边交界线的右边部分，最后需删除，确定 P_5 点，绘制好线段 P_3P_5】

指定下一点或 [放弃(U)]: @−180,0【绘制整个封头与直边交界线，确定 P_6 点，绘制好 P_6P_5】

指定下一点或 [闭合(C)/放弃(U)]:【回车】

命令: 指定对角点:【从左上方往右下方拉，选中原绘制的右边交界线部分 P_3P_5】

命令: _.erase 找到 1 个【删除右边的交界线，由于交界线是用点划线绘制，如果重复不同的长度进行绘制，可能得不到点划线的效果，如果是实线的话，就不必进行该操作，也不影响绘图效果，结果见图 4-17 中左边上面第一条水平线】

命令: _offset【准备绘制下面一条封头和直边的交界线】

指定偏移距离或 [通过(T)/删除(E)/图层(L)] <通过>: 245【筒体高度为 2400mm，两个直边高度之和为 50mm】

选择要偏移的对象，或 [退出(E)/放弃(U)] <退出>:【点击已绘好的上面一条交界线 P_6P_5】

指定要偏移的那一侧上的点，或 [退出(E)/多个(M)/放弃(U)] <退出>:【在交界线 P_6P_5 的下方点击】

选择要偏移的对象，或 [退出(E)/放弃(U)] <退出>:【回车，绘制好下面一条交界线】

命令: _offset【准备绘制 e、c 接管的中心线，长度可在最后进行修剪】

指定偏移距离或 [通过(T)/删除(E)/图层(L)] <245.0000>: 45【两接管管心距中心线为 450mm】

选择要偏移的对象，或 [退出(E)/放弃(U)] <退出>:【点击筒体中心线 P_1P_4】

指定要偏移的那一侧上的点，或 [退出(E)/多个(M)/放弃(U)] <退出>:【在筒体中心线右边点击，绘制好 e 管的中心线，需要说明的是 e 在主视图中作了向右 90° 旋转处理】

选择要偏移的对象，或 [退出(E)/放弃(U)] <退出>:【点击筒体中心线】

指定要偏移的那一侧上的点，或 [退出(E)/多个(M)/放弃(U)] <退出>:【在筒体中心线左边点击，绘制好 c 管的中心线】

选择要偏移的对象，或 [退出(E)/放弃(U)] <退出>:【回车，结束偏移】

命令: _line 指定第一点:【鼠标捕捉第二条辅助线的下端点 P_2，此点为俯视图圆心位置】

指定下一点或 [放弃(U)]: @90,0【确定 P_7，绘制好 P_2P_7】

指定下一点或 [放弃(U)]: @-180,0【确定 P_8，绘制好 P_7P_8】

指定下一点或 [闭合(C)/放弃(U)]:【回车】

命令: 指定对角点:【选中 P_2P_7】

命令: _.erase 找到 1 个【绘制好俯视图的水平中心线】

命令: _line 指定第一点:【鼠标捕捉第二条辅助线的下端点 P_2】

指定下一点或 [放弃(U)]: @0,100【确定 P_9，绘制好 P_2P_9】

指定下一点或 [放弃(U)]: @0,–200【确定 P_{10}，绘制好 P_9P_{10}】

指定下一点或 [闭合(C)/放弃(U)]:

命令: 指定对角点:【选中 P_2P_9】

命令: _.erase 找到 1 个【绘制好俯视图的垂直中心线，见图 4-17 中右边第一条垂直线】

将原来的 3 条辅助线删除，删除过程的具体命令和操作较简单，不再赘述，最后结果见图 4-17。

（3）绘制俯视图中的管口中心线

命令: _line 指定第一点:【捕捉俯视图中的圆心 P_2】

指定下一点或 [放弃(U)]: @120<45【人孔中心线在 45°角上】

指定下一点或 [放弃(U)]:【回车，绘制好人孔中心线 L_1】

命令:【回车，可直接调用原命令】

LINE 指定第一点:【捕捉俯视图中的圆心】

指定下一点或 [放弃(U)]: @100<125【液位计 b_3、b_4 接管中心线在 125°上】

指定下一点或 [放弃(U)]:【回车，绘制好 b_3、b_4 接管中心线 L_2】

命令:【回车，可直接调用原命令】

LINE 指定第一点:【捕捉俯视图中的圆心】

指定下一点或 [闭合(C)/放弃(U)]: @100<135【液位计 b_1、b_2 接管中心线在 135°上】

指定下一点或 [闭合(C)/放弃(U)]:【回车，绘制好 b_1、b_2 接管中心线 L_3】

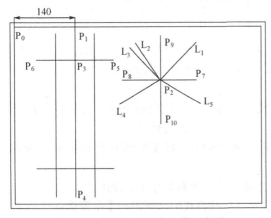

图 4-18　绘制完主要中心线示意图

命令:【回车，可直接调用原命令】

LINE 指定第一点:【捕捉俯视图中的圆心】

指定下一点或 [放弃(U)]: @110<210【三个支座中的其中一个在 210°上】

指定下一点或 [放弃(U)]:【回车，绘制好其中一个支座的中心线 L_4】

命令:【回车，可直接调用原命令】

LINE 指定第一点:【捕捉俯视图中的圆心】

指定下一点或 [放弃(U)]: @110<330【三个支座中的另一个在 330°上】

指定下一点或 [放弃(U)]:【回车，绘制好其另一个支座的中心线 L_5，最后结果见图 4-18】

4.3.4　画主体结构

（1）筒体主结构线

绘制筒体主结构线时，先不要考虑筒体上的所有接管，只需将筒体在全剖情况下的矩形框绘制出来即可。在绘制时首先利用筒体中心线和封头于直边交界线（上面那条）的交点作为基点，向下作一条垂直长度为 25mm 的直线，利用该直线的下端点，作为绘制筒体主结构线的起点，利用相对坐标、偏移、镜像等工具，完成最后的绘制工作。在绘制筒体厚度时，作了夸张的处理技术（全图的比例为 1∶10，筒体厚度采用 1∶4，在其它接管厚度等处理，基本上均采用此处理方法），否则筒体的厚度将很难看清楚，下面是具体的操作过程及其命令解释。

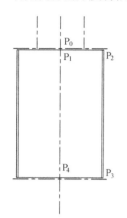
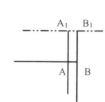
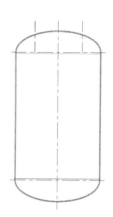

图 4-19　绘制筒体主结构线　　　　图 4-20　绘制封头主结构线　　　图 4-21　完成绘制封头主结构线

命令: _line 指定第一点:【捕捉筒体中心线和上面那条封头与直边交界线的交点 P_0，在图 4-18 中位 P3，现设为 P0，方便其他点的标记】

指定下一点或 [放弃(U)]: @0,−2.5【2.5=25/10，封头直边为 25，绘制好 P_0P_1，此线为辅助线，最后删除】

指定下一点或 [放弃(U)]: @81.5,0【81.5=800/10+6/4=80+1.5，800 为筒体的半径，确定 P_2】

指定下一点或 [闭合(C)/放弃(U)]: @0, −240【240=2400/10，2400 为筒体长度,确定 P_3】

指定下一点或 [闭合(C)/放弃(U)]:【捕捉中心线上的垂足,确定 P_4】

指定下一点或 [闭合(C)/放弃(U)]:【回车，绘制好右边部分的外框】

命令: _offset

指定偏移距离或 [通过(T)/删除(E)/图层(L)] <1.0000>: 1.5【为筒体厚度在图上的数据】

选择要偏移的对象，或 [退出(E)/放弃(U)] <退出>:【点击已画外框的垂直线 P_2P_3】

指定要偏移的那一侧上的点，或 [退出(E)/多个(M)/放弃(U)] <退出>:【在上面垂直线的左边点击】

选择要偏移的对象，或 [退出(E)/放弃(U)] <退出>:【回车，绘制好内框的垂直线】

命令: _mirror 找到 4 个【选择已画好的筒体结构线】

指定镜像线的第一点: 指定镜像线的第二点:【在筒体中心线上从上到下点击两次】

是否删除源对象？[是(Y)/否(N)] <N>:【回车，绘制好左边的筒体结构线】

对接管的中心线进行修剪并删除辅助线，本轮绘制的最后结果见图 4-19。

（2）封头主结构线

封头有上下两个，在绘制时，先不要考虑接管的问题，接管问题可通过修剪、打断等工具加以解决。由于两个封头情况相似，只介绍上面一个封头的具体绘制方法，下面一个的绘制方法只说明和上面一个的不同之处。在第 3 章中已经介绍过，椭圆形封头由直边和半椭圆球组成，具体的绘制方法在第 3 章已有详细讲解，这里要介绍的关键是如何定位的问题。首先绘制封头左边的内外两条直边，然后利用直边的上端作为半椭圆的起点绘制内半椭圆，再利用偏移技术生成外半椭圆。具体操作过程及命令如下。

命令：_line 指定第一点:【捕捉图 4-20 中的 A 点,该图是将图 4-19 中的右上角放大所得】

指定下一点或 [放弃(U)]:【在上面的交界线上捕捉垂足 A_1 点】

指定下一点或 [放弃(U)]:【回车，绘制好直边 AA_1】

命令：_line 指定第一点:【捕捉图 4-20 中的 B 点,该图是将图 4-19 中的右上角放大所得，在图 4-19 中为 P_2】

指定下一点或 [放弃(U)]:【在上面的交界线上捕捉垂足 B_1 点】

指定下一点或 [放弃(U)]:【回车，绘制好直边 BB_1】

命令：_ellipse

指定椭圆的轴端点或 [圆弧(A)/中心点(C)]: _a

指定椭圆弧的轴端点或 [中心点(C)]: 【捕捉图 4-19 中的 A_1 点，作为内半椭圆的起点】

指定轴的另一个端点: @–160,0【160=1600/10，1600 为椭圆的长轴长度】

指定另一条半轴长度或 [旋转(R)]: 40【40=400/10，该椭圆封头为标准形封头，短轴为长轴的一半，故短轴的一半为 400】

指定起始角度或 [参数(P)]: 0

指定终止角度或 [参数(P)/包含角度(I)]: 180【表明是半个椭圆】

命令：_offset

指定偏移距离或 [通过(T)/删除(E)/图层(L)] <1.5000>:【默认为 1.5】

选择要偏移的对象，或 [退出(E)/放弃(U)] <退出>:【选择已画好的半椭圆】

指定要偏移的那一侧上的点，或 [退出(E)/多个(M)/放弃(U)] <退出>:【在已画好的半椭圆外侧点击】

选择要偏移的对象，或 [退出(E)/放弃(U)] <退出>:【回车，绘制好外半椭圆】

然后再绘制好封头左边部分的两条直边，至此，上面的封头结构线绘制完成。下面的封头和上面的绘制相似，只不过必须从左边开始，因为下面的封头用的是椭圆的下部分，当然也可以通过先复制上面的封头，进行 180°的旋转，然后再进行移动定位，也可以完成下面封头的绘制；也可以通过作筒体的横向中心线，利用镜像完成下封头的绘制，这一点希望读者自己去练习。最后的结果见图 4-21。

（3）所有接管在主视图和俯视图中的结构线

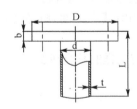

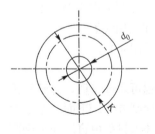

图 4-22 接管绘制（一）

本设备图中共有各种接管 8 个，涉及 3 种公称直径，接管上采用管法兰和其它管子相连接，与这三种公称直径有关的数据见表 4-6，表中数据的第一项为实际大小，单位一律为 mm，斜杠后面的数据为在具体绘制中用到的数据。所有的接管均采用如图 4-22 的简化画法,其涉及的数据均已在表中一一列出。对于图 4-22 的具体绘制方法已在第 3 章中有详细介绍，而在本设备图中，俯视图中接管采用局部剖方法绘制，在俯视图中只绘制三个圆，分别是法兰外直径圆、螺栓孔中心距圆（用中心线）、接管内径圆。由上分析，在本设备图中绘制接管的关键在定位，a、b、c、d 接管的定位线已经绘好，而四个液位计接管的定位线即接管中心线可以通过筒体主结构线中的水平线，利用辅助直线定位的方法绘制，下面通过 d 管的绘制方法，来说明所有接管的绘制过程，其它接管均可以参照此方法绘制。

表 4-6 三种接管及法兰数据

公称直径	法兰外径 D	螺栓孔中心距 K	法兰厚度 b	接管外径 d	接管内径 d_0	接管厚度 t	长度 L
a、c、e 管: 50	140/14	110/11	12/1.2	57/5.7	50/5	3.5/0.8	150/15
d 管: 40	120/12	90/9	12/1.2	45/4.5	38/3.8	3.5/0.8	150/15
b_{1-4}: 15	75/7.5	50/5	10/1.0	18/1.8	12/1.2	3/0.5	150/15

d 管的公称直径为 40，具体的数据见表 4-6，下面是其绘制过程及命令解释：

命令: _line 指定第一点:【捕捉筒体中心线和封头内轮廓线的交点 A，见图 4-23】

指定下一点或 [放弃(U)]: @2.25,0【2.25=22.5/10 ，22.5 为接管的外半径，确定 B 点】

指定下一点或 [放弃(U)]:【在正交状态下，鼠标在上方一定位置点击，只要离开封头外壳即可，确定 D 点。不要太长，否则，以后还需要修剪】

指定下一点或 [闭合(C)/放弃(U)]:【回车，绘制好 AB、BD 线，为面的绘制打下了基础】

命令: _line 指定第一点:【捕捉 C 点，为 BD 线与封头外轮廓线的交点】

指定下一点或 [放弃(U)]: @0,13.8【13.8=(150−12)/10，其中 150 为接管总长度，12 为法兰厚度，确定 E 点】

指定下一点或 [放弃(U)]: @3.75,0【3.75=(60−22.5)/10，其中 60 为法兰外半径】

指定下一点或 [闭合(C)/放弃(U)]: @0,1.2【1.2=12/10，12 为法兰厚度】

指定下一点或 [闭合(C)/放弃(U)]:【鼠标在筒体中心线上捕捉垂足】

指定下一点或 [闭合(C)/放弃(U)]:【回车】

命令: _line 指定第一点:【捕捉 E 点，完成法兰厚度线的下半部分】

指定下一点或 [放弃(U)]:【鼠标在筒体中心线上捕捉垂足】

指定下一点或 [放弃(U)]:【回车】

命令: _offset

指定偏移距离或 [通过(T)/删除(E)/图层(L)] <通过>: 0.8【0.8 作为接管的厚度】

选择要偏移的对象，或 [退出(E)/放弃(U)] <退出>:【点击 CE 线】

指定要偏移的那一侧上的点，或 [退出(E)/多个(M)/放弃(U)] <退出>:【在 CE 线左侧点击】

选择要偏移的对象，或 [退出(E)/放弃(U)] <退出>:【点击 BD 线】

指定要偏移的那一侧上的点，或 [退出(E)/多个(M)/放弃(U)] <退出>:【线 BD 左侧点击】

选择要偏移的对象，或 [退出(E)/放弃(U)] <退出>:【回车，绘制好接管右边部分】

命令: _mirror 找到 8 个

指定镜像线的第一点: 指定镜像线的第二点:【在筒体中心线也是接管中心线上从上到下点击两次】

是否删除源对象？ [是(Y)/否(N)] <N>:【回车】

然后绘制绘剖面部分和不剖部分分界线，具体过程在第 3 章有详细说明，在此不再重复，最后结果见图 4-23。

在图 4-23 的基础上，先进入中心线图层，绘制好两条螺栓孔的中心线。该中心线可通过法兰的垂直外侧线向内偏移 1.5（即 15mm）来定位，然后再通过修剪、打断等方法，最后得到满足要求的接管图，见图 4-24，其它接管均可仿照此法，只要根据表 4-6 中的数据作相应修改即可，同时对与相同大小的接管，只要找准基点，也可以通过复制、旋转、移动等一系列修改工具来绘制，无需再重新绘制，关于这一点，将在下一节中作详细介绍。最后全局绘制结果见图 4-25。

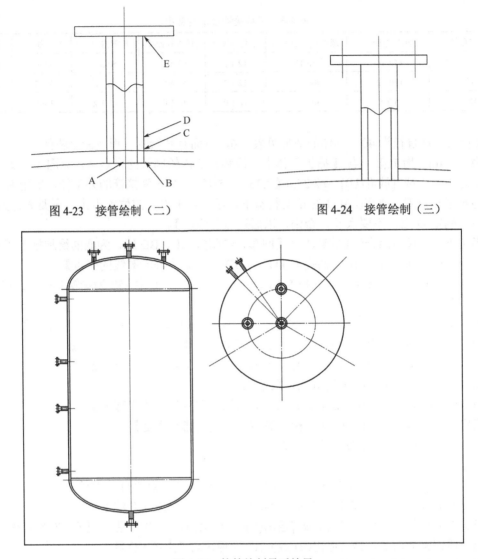

图 4-23　接管绘制（二）　　　　　　　　图 4-24　接管绘制（三）

图 4-25　接管绘制最后结果

（4）支座在主视图和俯视图中的结构线

图 4-26 是本容器图中支座的具体尺寸示意图，该尺寸大小是查有关标准得到的，关于支座的绘制，在第 3 章中已有介绍。现在的关键问题是确定支座绘制的起点或某一个基点，然后就可以根据图 4-26 中的具体数据及在第 3 章中介绍的方法进行绘制，下面是具体绘制过程及命令解释。

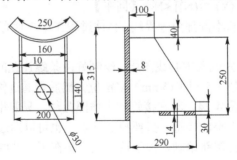

图 4-26　支座具体尺寸（没有完全按比例绘制）

① 首先确定绘制的基点，选择垫板和筒体接触的下部端点的位置作为支座在正视图中的起点，见图 4-27 中的 C 点。

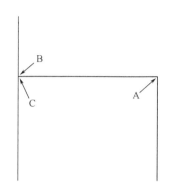

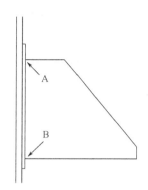

图 4-27　支座绘制在正视图中的定位图　　　图 4-28　支座绘制在正视图中的主结构线

命令: _line 指定第一点:【在筒体和下封头的交界线上捕捉一点】

指定下一点或 [放弃(U)]: @30,0【绘制辅助线】

指定下一点或 [放弃(U)]: @0,160【160=1600/10，绘制好 A 点，此乃支座垂直距离定位点】

指定下一点或 [闭合(C)/放弃(U)]:【在筒体垂直线上捕捉垂足 B 点】

指定下一点或 [闭合(C)/放弃(U)]: @0,–1.1【1.1=11/10，11=315–40–250–14，确定 C 点，此乃绘制起点】

指定下一点或 [闭合(C)/放弃(U)]:【回车，完成定位工作，见图 4-27】

② 绘制主视图中的支座主要结构线，最后结果见图 4-28。

命令: _line 指定第一点:【捕捉图 4-27 中的 C 点】

指定下一点或 [放弃(U)]: @0.8,0【0.8=8/10，其中 8 是垫板厚度，后面说明数据直接用原尺寸来说明，除以 10 不再演示】

指定下一点或 [放弃(U)]: @0,2.5【25=315–40–250】

指定下一点或 [闭合(C)/放弃(U)]: @29,0

指定下一点或 [闭合(C)/放弃(U)]: @0,3

指定下一点或 [闭合(C)/放弃(U)]: @-19,22【190=290–100，220=250–30】

指定下一点或 [闭合(C)/放弃(U)]: @-10,0

指定下一点或 [闭合(C)/放弃(U)]: @0,4

指定下一点或 [闭合(C)/放弃(U)]:【捕捉筒体上的垂足】

指定下一点或 [闭合(C)/放弃(U)]: 【回车】

命令: _line 指定第一点:【捕捉图 4-28 中的 A 点】

指定下一点或 [放弃(U)]: 【捕捉图 4-28 中的 B 点，将垫板的结构线连起来】

指定下一点或 [放弃(U)]: 【回车，完成本轮绘制工作，见图 4-28】

③ 绘制底板，绘制结果见图 4-29。

命令: _line 指定第一点:【捕捉图 4-29 中的 A 点，即筋板的右下端点】

指定下一点或 [放弃(U)]: @0,-1.4【14 为底板厚度】

指定下一点或 [放弃(U)]: @-14,0【140 为底板宽度】

指定下一点或 [闭合(C)/放弃(U)]:【在筋板水平结构线上捕捉垂足】

指定下一点或 [闭合(C)/放弃(U)]:【回车，绘制好底板主视图中的结构线】

命令: _offset

指定偏移距离或 [通过(T)/删除(E)/图层(L)] <通过>: 7【底板螺栓孔中心线距底板边缘距离】

选择要偏移的对象，或 [退出(E)/放弃(U)] <退出>:【选择过 A 点的直线】

指定要偏移的那一侧上的点，或 [退出(E)/多个(M)/放弃(U)] <退出>:【在左侧点击】

选择要偏移的对象，或 [退出(E)/放弃(U)] <退出>:【回车】

以后进行将偏移得到的直线进行改变图层、两端拉伸操作，即可得到图 4-29 的结果，该操作的具体介绍将在下一节介绍。

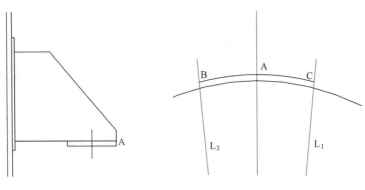

图 4-29　底板绘制结果图　　　　图 4-30　支座俯视图绘制（一）

④ 支座俯视图绘制

俯视图的绘制要考虑到垫板的长度 250 是和筒体紧贴的，为了便于绘制，需要算出其圆弧度数，其计算公式如下：

$$圆弧度数=\frac{250}{806}\times\frac{360}{2\pi}=17.77$$

以垂直方向的支座为例，说明绘制过程：

命令: _line 指定第一点:【捕捉俯视图中的大圆圆心】

指定下一点或 [放弃(U)]:【点击图 4-30 中的 A 点，为旋转作准备】

指定下一点或 [放弃(U)]:【回车】

命令: _rotate

UCS 当前的正角方向:　ANGDIR=逆时针　ANGBASE=0

找到 1 个【选择刚才绘制好的线条，注意不要选择整条原来的中心线】

指定基点:【捕捉圆心】

指定旋转角度或 [参照(R)]: −8.89【绘制好 L_1】

命令: _mirror

选择对象: 找到 1 个【选择已旋转的辅助线，见图 4-30 中的 L_1】

选择对象:【回车】

指定镜像线的第一点: 指定镜像线的第二点:【在大圆的垂直中心线上从上到下点击两次】

是否删除源对象？[是(Y)/否(N)] <N>:【回车，绘制好 L_2】

命令: _offset

指定偏移距离或 [通过(T)/删除(E)/图层(L)] <7.0000>: 0.8【8 为垫板厚度】

选择要偏移的对象，或 [退出(E)/放弃(U)] <退出>:【点击大圆】

指定要偏移的那一侧上的点，或 [退出(E)/多个(M)/放弃(U)] <退出>:【在大圆外侧点击】

选择要偏移的对象，或 [退出(E)/放弃(U)] <退出>:【回车】

命令: _break 选择对象:【选择偏移后得到的圆】

指定第二个打断点或 [第一点(F)]: f

指定第一个打断点:【点击图 4-30 中的 B 点】

指定第二个打断点:【点击图 4-30 中的 C 点，本轮最后结果见图 4-30】

⑤ 确定支座筋板在俯视图中的绘制基点

命令: _line 指定第一点:【捕捉图 4-31 中的 A 点，此点为俯视图垂直中心线和垫片结构线的交点】

指定下一点或 [放弃(U)]: @8,0【80 为筋片外端距支座垂直中心线的距离，绘制好 B 点】

指定下一点或 [放弃(U)]:【绘制好 D 点，在垫片的内部点即可】

指定下一点或 [闭合(C)/放弃(U)]:【回车，本轮结果见图 4-31】

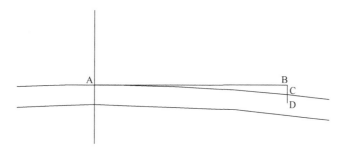

图 4-31　支座俯视图绘制（二）

⑥ 绘制俯视图中筋板及底板的右半部分

命令: _line 指定第一点:【捕捉图 4-31 中的 C 点】

指定下一点或 [放弃(U)]: @0,29【290 为筋板长度，绘制好图 4-32 中的 A 点】

指定下一点或 [放弃(U)]: @2,0【20=（200－160）/2，绘制好图 4-32 中的 B 点】

指定下一点或 [闭合(C)/放弃(U)]: @0,–14【绘制好图 4-32 中的 C 点】

指定下一点或 [闭合(C)/放弃(U)]:【捕捉垂足，见图 4-32 中的 D 点】

指定下一点或 [闭合(C)/放弃(U)]:【回车】

命令: _line 指定第一点:【捕捉 A 点】

指定下一点或 [放弃(U)]:【捕捉垂足 E 点】

指定下一点或 [放弃(U)]:【回车】

命令: _offset

指定偏移距离或 [通过(T)/删除(E)/图层(L)] <0.8000>: 1【10 为筋板厚度】

选择要偏移的对象，或 [退出(E)/放弃(U)] <退出>:【选择过 A 点的垂直线】

指定要偏移的那一侧上的点，或 [退出(E)/多个(M)/放弃(U)] <退出>:【在左侧点击】

选择要偏移的对象，或 [退出(E)/放弃(U)] <退出>:【回车】

命令: _offset

指定偏移距离或 [通过(T)/删除(E)/图层(L)] <1.0000>: 19【190=290－100】

选择要偏移的对象，或 [退出(E)/放弃(U)] <退出>:（选择 AE 线）
指定要偏移的那一侧上的点，或 [退出(E)/多个(M)/放弃(U)] <退出>:【下方点击】
选择要偏移的对象，或 [退出(E)/放弃(U)] <退出>:【回车，见结果图 4-32】

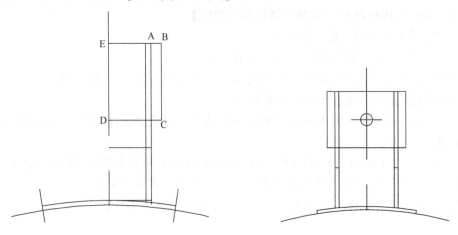

图 4-32　支座俯视图绘制（三）　　　　　图 4-33　支座俯视图绘制（四）

在图 4-32 的基础上通过修剪、打断、镜像等处理方法，并绘上底板中间的螺栓孔，该孔直径为 30，最后结果见图 4-33。在图 4-33 的基础上，通过复制、旋转、作辅助圆确定复制基点及带基点移动等多项处理技术，可得到另两个支座在俯视图上的结构线，最后全局图见图 4-34。观察图 4-34，发现主视图和俯视图靠得太近，说明在原来中心线定位时有一点偏差，只要通过移动俯视图即可。其命令如下：

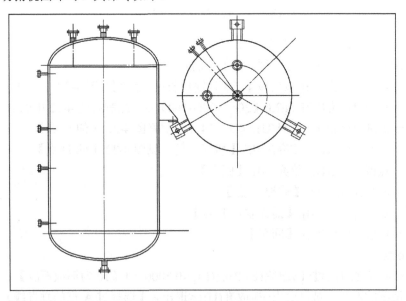

图 4-34　支座俯视图绘制（五）

命令: _move 找到 93 个【选中俯视图中全部线条】
指定基点或位移: 指定位移的第二点或 <用第一点作位移>: @10,–10【向右，向下移动】
移动后的图见图 4-35。

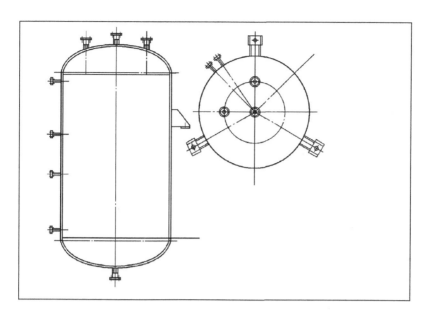

图 4-35　支座俯视图绘制（六）

（5）人孔在主视图和俯视图中的结构线

① 确定绘制基点的确定

命令: _line 指定第一点:【捕捉图 4-36 中的 A 点，此点乃筒体外轮廓线和封头线的交点】

指定下一点或 [放弃(U)]: @40,0【40 基于人孔总长度为 352 左右考虑，绘制 B 点】

指定下一点或 [放弃(U)]: @0,50【500 为人孔中心线距封头和筒体交界线距离，绘制 C 点】

指定下一点或 [闭合(C)/放弃(U)]: 【在正交状态下，在筒体内部点击，绘制好人孔中心线，和通体外壳交 D 点】

指定下一点或 [闭合(C)/放弃(U)]:【回车，完成本轮操作，结果见图 4-36】

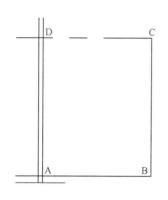

图 4-36　人孔绘制（一）

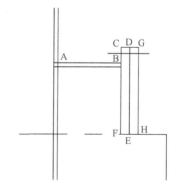

图 4-37　人孔绘制（二）

② 绘制人孔在主视图中的上半部分

命令: _line 指定第一点:【捕捉图 4-36 中的 D 点】

指定下一点或 [放弃(U)]: @0,26.5【265=530/2，530 为人孔的外径，绘制好图 4-37 中的 A 点，下面提到的点均指图 4-37】

指定下一点或 [放弃(U)]: @19.8,0【198=230−32，32 为法兰厚度，绘制好 B 点】

指定下一点或 [闭合(C)/放弃(U)]: @0,5.75【57.5=(645−530)/2，645 为法兰外径，绘制好 C 点】

指定下一点或 [闭合(C)/放弃(U)]: @3.2,0【绘制好 D 点】

指定下一点或 [闭合(C)/放弃(U)]:【捕捉人孔中心线上的垂足，绘制好 E 点】

指定下一点或 [闭合(C)/放弃(U)]:【回车】

命令: _line 指定第一点:【捕捉 C 点】

指定下一点或 [放弃(U)]:【捕捉人孔中心线上的垂足，绘制好 F 点】

指定下一点或 [放弃(U)]:【回车】

命令: _offset

指定偏移距离或 [通过(T)/删除(E)/图层(L)] <通过>: 1.5【人孔壁厚为 6，采用和简体相同的夸张方法】

选择要偏移的对象，或 [退出(E)/放弃(U)] <退出>:【选择 AB 线】

指定要偏移的那一侧上的点，或 [退出(E)/多个(M)/放弃(U)] <退出>:【在下方点击】

选择要偏移的对象，或 [退出(E)/放弃(U)] <退出>:【回车】

命令: _offset

指定偏移距离或 [通过(T)/删除(E)/图层(L)] <1.5000>: 3.2【人孔盖厚度为 32】

选择要偏移的对象，或 [退出(E)/放弃(U)] <退出>:【选择 DE 线】

指定要偏移的那一侧上的点，或 [退出(E)/多个(M)/放弃(U)] <退出>:【在其右侧点击】

选择要偏移的对象，或 [退出(E)/放弃(U)] <退出>:【回车，绘制好 GH 线】

③ 然后通过延伸和偏移等处理，完成本轮的最后工作，见图 4-37。下面是通过镜像生成下半部分，并利用中心线定位把手的位置。把手距中心线 175mm，把手直径为 20mm，本身长 150mm，高 70mm。具体的绘制命令和前面的基本相仿，不再解释，只列出命令，望读者在练习中体会其含义，结果见图 4-38。

命令: _mirror 找到 15 个

指定镜像线的第一点: 指定镜像线的第二点:

是否删除源对象？[是(Y)/否(N)] <N>:

命令: _offset

指定偏移距离或 [通过(T)/删除(E)/图层(L)] <2.2500>: 17.5

选择要偏移的对象，或 [退出(E)/放弃(U)] <退出>:

指定要偏移的那一侧上的点，或 [退出(E)/多个(M)/放弃(U)] <退出>:

命令: _line 指定第一点:

指定下一点或 [放弃(U)]: @7,0

指定下一点或 [放弃(U)]:

命令: _offset

指定偏移距离或 [通过(T)/删除(E)/图层(L)] <17.5000>: 1

选择要偏移的对象，或 [退出(E)/放弃(U)] <退出>:

指定要偏移的那一侧上的点，或 [退出(E)/多个(M)/放弃(U)] <退出>:

选择要偏移的对象，或 [退出(E)/放弃(U)] <退出>:

指定要偏移的那一侧上的点，或 [退出(E)/多个(M)/放弃(U)] <退出>:

选择要偏移的对象，或 [退出(E)/放弃(U)] <退出>:

指定要偏移的那一侧上的点，或 [退出(E)/多个(M)/放弃(U)] <退出>:

选择要偏移的对象，或 [退出(E)/放弃(U)] <退出>:

命令: _circle 指定圆的圆心或 [三点(3P)/两点(2P)/相切、相切、半径(T)]:

指定圆的半径或 [直径(D)] <1.0000>:

命令: _break 选择对象:

指定第二个打断点或 [第一点(F)]: f

指定第一个打断点:

指定第二个打断点:

命令: _offset

指定偏移距离或 [通过(T)/删除(E)/图层(L)] <3.5500>: 35.5【此乃回转轴心距人孔中心线距离】

选择要偏移的对象，或 [退出(E)/放弃(U)] <退出>:

指定要偏移的那一侧上的点，或 [退出(E)/多个(M)/放弃(U)] <退出>:

选择要偏移的对象，或 [退出(E)/放弃(U)] <退出>:【回车，最后结果见图 4-38】

④ 绘制人孔回转轴上的一些结构线

作了一些简单画法，只确定了回转轴中心线的位置、轴的大小（直径为 20mm）、轴上的固定螺母外径 32mm 等，具体绘制过程如下：

命令: _line 指定第一点:【捕捉图 4-39 中的 A 点】

指定下一点或 [放弃(U)]:【在正交状态下鼠标过回转轴水平中心线点击】

指定下一点或 [放弃(U)]:【回车】

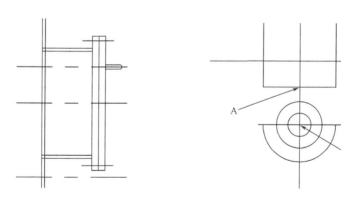

图 4-38　人孔绘制（三）　　图 4-39　人孔绘制（四）

命令: _circle 指定圆的圆心或 [三点(3P)/两点(2P)/相切、相切、半径(T)]:【鼠标捕捉图 B 点】

指定圆的半径或 [直径(D)] <5.0000>:1.0【绘制好小圆】

命令: _circle 指定圆的圆心或 [三点(3P)/两点(2P)/相切、相切、半径(T)]:【鼠标捕捉图 B 点】

指定圆的半径或 [直径(D)] <1.0000>: 1.6【绘制好中圆】

命令: _circle 指定圆的圆心或 [三点(3P)/两点(2P)/相切、相切、半径(T)]:【鼠标捕捉图 B 点】

指定圆的半径或 [直径(D)] <2.0000>: 3.2【绘制好大圆】

命令: _break 选择对象:【选择大圆】

指定第二个打断点或 [第一点(F)]: f

指定第一个打断点:

指定第二个打断点:【打断后见图 4-39】

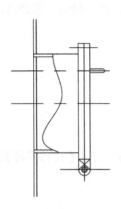

图 4-40　人孔绘制之（五）

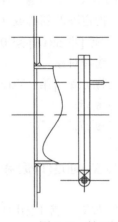

图 4-41　补强圈绘制图

在图 4-39 的基础上，补充好其它连接线并将法兰外端被回转轴组合构件挡住部分删除后，见图 4-40，在图 4-40 的基础上，绘制好补强圈，补强圈外径为 840，厚度为 6，内径最小处 540mm，并以 35°左右的角度向上倾斜，具体细节见局部放大图，补强圈的中心线和人孔的中心线重叠，具体绘制过程不再重复，结果见图 4-41。此时的全局图见图 4-42，至此已完成了全部主要结构线的绘制工作，下面将进入一些辅助性工作，对于这些工作的介绍，一般只介绍工作方法，不再作详细介绍，其具体的工作过程在前面 3 章中均有介绍。

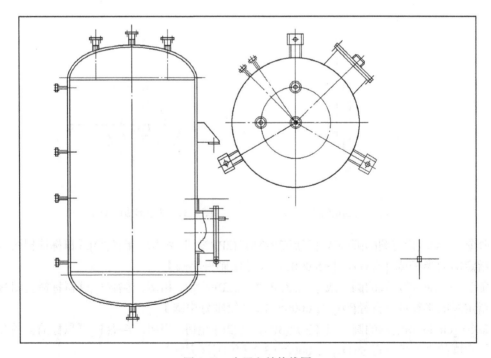

图 4-42　全局主结构线图

4.3.5　画局部放大图

本容器设备图中，已清晰地表明了大部分部件的相互关系，主要在补强圈部分有些看不清楚，通过将原来部分放大 6 倍，来表达局部放大图。该放大图可在俯视图下面重新绘制，也可以利用原来已画部分进行复制放大处理获取，可不按比例绘制，只要能表达清楚其结构相互关系即可。绘制好的局部放大图见图 4-43，利用原图部分进行放大处理的技术过程将作为本章的 AutoCAD 重点知识在下一节中介绍。

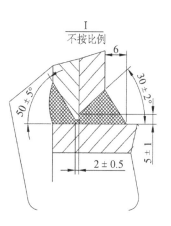

图 4-43　局部放大图

4.3.6　画剖面线及焊缝线

进入剖面线图层绘制剖面线，剖面线型号选为 ANSI31，比例为 1，角度为 90° 或 0°，同一个部件其角度必须保持一致，两个相邻的部件，其角度应取不同值，如本容器图中筒体剖面线的角度为 90°，封头则为 0°，而封头上的管子的剖面线其角度又为 90°，筒体上的液位计接管剖面线其角度为 0°。在绘制剖面线之间，需为绘制焊缝做好准备，如筒体和封头之间的焊缝需在绘制剖面线前预先绘制在范围，如由原来的图 4-44 经预先处理变成图 4-45；而接管和筒体及封头连接部分也需预先处理，如将原来的图 4-46 经预先处理成图 4-47。在剖面线的绘制过程中，有时需要添加一些辅助线，将填充空间缩小或封闭起来，关于该知识的详细介绍在第 3 章的重点知识介绍中已进行过详细介绍，希望读者自己复习原来的知识。总之只要细心并遵循前面提出的一些规定，就能绘制好剖面线。绘制好剖面线，就会绘制各种焊缝，本图中主要有筒体和上下封头、封头上的接管、筒体上的接管、筒体和补强圈、筒体和支座上的垫板等焊缝。在绘制剖面线和焊缝的过程中，发现 c 管上封头的结构线没有打断，顺便补上该工作，绘至此时的全局图见图 4-48。

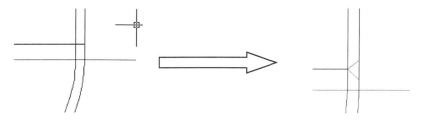

图 4-44　剖面线绘制过程（一）　　　　图 4-45　剖面线绘制过程（一）

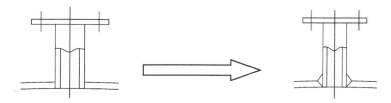

图 4-46　剖面线绘制过程（三）　　　　图 4-47　剖面线绘制过程（四）

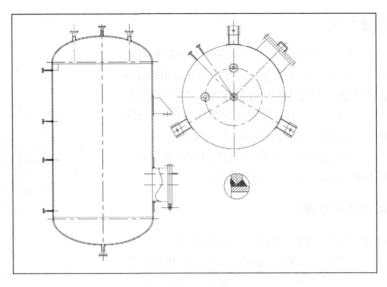

图 4-48　主结构线图

4.3.7　画指引线

本设备共有指引线 14 条，指引线一般从左下角开始，按顺时针编号排列。指引线由一条斜线段和一条水平线段组成，在水平线段上方标上序号即可。序号的字和明细栏中的大小相同，可采用 2.5 号字体，即字高 2.5mm。尽管在 Auto CAD 的标注工具中有指引线一栏，但其指引线绘制好后，其文字在水平段的左方而不是所希望的上方，其实利用绘制直线工具直接绘制指引线也是十分简便的，需要指出的是在绘制指引线的水平段时，其长度可采用 5mm，也就是说在绘制好指引线的斜线段后通过输入(@5,0)或(@–5,0)来绘制水平段，同一方向的水平线段应尽量对齐。需要注意的是水平段长度 5mm，不能像绘制结构线那样按 1∶10 绘制，而按实际大小绘制，同样在下面介绍的明细栏、主题栏、管口表、技术特性表均是按实际尺寸绘制。指引线上方的文字通过点击左边工具栏中文字编辑工具，采用 2.5 号仿宋体。此阶段的全局图和标注好尺寸后的全局图一起表示，见图 4-49。

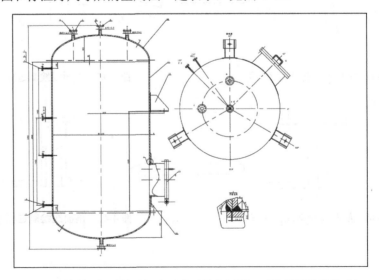

图 4-49　绘制好指引线及标注尺寸后的全局图（对俯视图作了移动）

4.3.8　标注尺寸

进入尺寸标注图层，并通过格式标注式样，设定标注的形式，如选择文字高度为 2.5，选择箭头大小为 2.5。设置好标注式样后，根据设备的实际尺寸进行标注，千万不要根据所画图的大小进行标注。因为在绘制时已经按比例进行了缩小，同时有些方面还进行了夸张处理，所以必须按实际尺寸进行标注，其中支座安装尺寸是利用指引线绘制的，上面的数字利用文字编辑进行输入，标注后的全局图见图 4-11。

4.3.9　写技术说明、绘管口表、标题栏、明细栏、技术特性表等

技术说明可利用文字编辑器进行输入，"技术要求" 4 个字采用 5 号字，正文说明采用 3.5 号字。明细栏、标题栏的绘制可通过直线绘制工具及多次利用偏移、修剪、打断等工具可快速地进行绘制，栏中或表中的文字有采用 5 号的也有采用 2.5 号的，可根据其宽度而定。下面通过标题栏的具体绘制说明各类表的绘制方法。其主要步骤为：

① 绘制标题栏的外框尺寸；

② 通过偏移产生内部线条；

③ 通过修剪、打断生成其本框架；

④ 通过图层置换，改变所需要改变的线条。

经过以上 4 个步骤，就可以完成标题栏线条的绘制。然后再根据具体的内容，利用文字输入工具输入有关文字，本轮工作完成后，全局的效果图见图 4-11，需要说明的是明细栏中有些项目的内容没有写上去，作为正式图纸需要写上去，因为本教材的重点是教会大家如何用计算机绘图，而不是化工设计，故有关化工设计上的内容希望大家参考本教材后面列出的有关参考文献。

4.4　本章 AutoCAD 重点知识

4.4.1　复制、旋转、带基点移动的综合应用

在本容器图的绘制中，有许多相同的构件，这些构件有些在图中的表达形式是完全相同的，如液位计接管，有些经过旋转其结构线可重合。对于这些构件，在完成一件以后，可以通过复制、旋转、带基点移动的综合应用来达到快速绘制的目的，以俯视图中支座的结构线绘制为例来说明该技术的应用。

① 原位选择需要复制的内容，可先利用鼠标从左上向右下拖动，然后对尚未选中的内容通过按住"Shift"键，再点击所需要选择的目标即可选中全部目标，见图 4-50(a)（先绘 90°方向的支座）。

② 点击菜单栏中的"编辑"，选"复制"功能，鼠标移到空白处，点击菜单栏中的"编辑"，选"粘贴"，复制一个已绘好的支座。

③ 以中心线和垫板交点为 A 基点旋转 120°，见图 4-50（b）。

④ 在需要粘贴的地方，先利用辅助线确定基点，然后通过带基点 A 移动，完成最后的复制工作。本设备图中需要先绘制一个半径为 810 的圆（810=800+10，其中 800 为筒体半径，10 为垫板厚度），在实际绘制中，考虑到比例为 1∶10，则实际在图纸上绘制一个半径为 81 的圆，和原来已经绘制好的支座中心线交于 B 点，见图 4-50（c），在移动过程中，将 A 点和 B 点重合即完成整个工作，另一个支座可仿照该过程绘制。

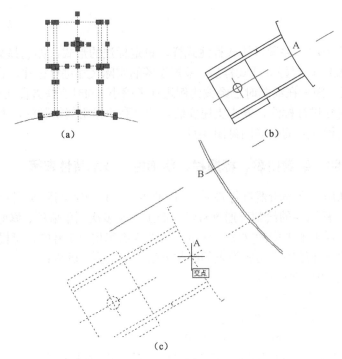

图 4-50 复制、旋转、带基点移动的综合应用

4.4.2 偏移、置换图层、延伸的综合应用

在绘制各种小构件的中心线的时候，如果利用该构件的轮廓线进行偏移，则可方便地确定其位置，但轮廓线是粗线条，不在中心线图层，且长度不够，可以通过置换图层和拉伸完成修改工作，下面以法兰的螺栓孔中心线为例来说明该综合技术的应用。

① 将法兰外侧线向内偏移 1.5[15=（D–K）/2=（140–110）/2，见图 4-51（a）]。

② 点击 AB 线，点击图层特性栏旁边的倒三角"▼"，点击中心线图层，完成图层置换。

③ 点击 AB 线，再点击 A 点，见 A 点变成红色，见图 4-51（b）图，不要松手，在正交状态下，向上拖动，至一适当位置松手，再点击，即可完成 A 端的拉伸，在 B 端重复上面的工作，即可完成整个工作，见图 4-51（c）。

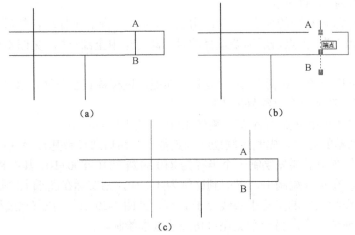

图 4-51 偏移、置换图层、延伸的综合应用

4.4.3 利用原图中的部分绘制局部放大

绘制局部放大是为了使无法在主、俯视图表达清楚的细节进行放大，该放大图的绘制可不按比例绘制，但各部件之间的相互位置关系必须表达清楚，尺寸必须按实际大小标注。局部放大图既可以在适当位置重新绘制，也可以利用在主视图中已经绘制好的部分，通过放大处理得到。如果想要通过放大处理得到局部放大图，在主视图绘制时齐部件的相互关系必须按实际情况绘制，不能作简化处理，否则放大处理后的图无法使用。下面是该综合技术的处理步骤。

① 选中需要放大的各部件，点击菜单栏中的"编辑"，选"复制"功能，鼠标移到空白处，再点击菜单栏中的"编辑"，选"粘贴"，复制好需放大的图形，见图 4-52（a）。

② 将图 4-52（a）进行修剪处理，得到图 4-52（b）。

③ 选中图 4-52（b）全部内容，点击右边的"缩放"功能键，选择圆心作为基点，也可选择其它点作为基点，见图 4-52（c），输入 6 作为放大倍数，就可以得到比原图放大六倍的图形，当然其形状和原来是一模一样的，这里不再显示，最后标上尺寸及剖面线，见图 4-52（d）。需要注意的是在绘制焊缝时，对有些直线进行了一些处理，使其变成了圆弧线，并将原来外面的圆变成任意的手工线条。

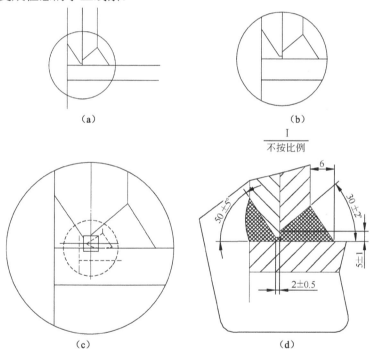

图 4-52 利用原图绘制局部放大图

4.5 本章慕课学习建议

本章从如何设计一个容器到最后如何用 AutoCAD 绘制容器的装配图，除了按前面介绍的先看教材、再看视频、再自己动手绘制、参加翻转课堂（针对学校课程开设的学生）的先后次序外，必须注意有关容器设计的知识，光凭本课程的内容还是不够的，慕课学员必须自己参阅有关化工容器设计的知识及设计标准；在化工容器装配图的绘制中，必须首先搞清楚所设计的化工容器的所有细节，通过查找标准，确定容器中的接管、人孔、手孔、支座、视镜、液位计等零件的具体标准，在装配图中准确表达它们的安装位置，至于这些零件的详细尺寸无需在装配图中表达。

习 题

1. 请根据前面介绍的方法，绘制下面容器，所缺的数据请自己查资料补上。

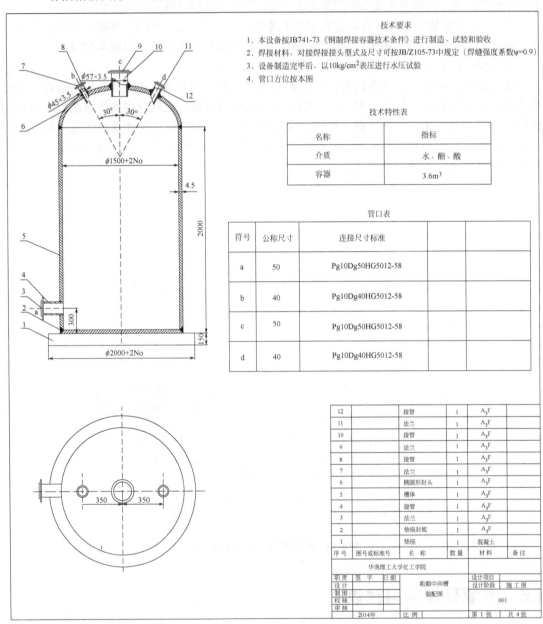

图 4-53 习题 1 图

2. 请将图 4-11 容器的直径数据减去自己的序号 No，容器的筒体长度减去 2No，封头的高度及直径自动随筒体数据变动，其他数据均不变，重新绘制图 4-11，在 A3 图纸上打印，注意线条粗细及类型，并写出绘制此图的心得，不少于 150 字。

第5章
热交换设备系列绘制

5.1 本章导引

换热设备，顾名思义就是用来进行热量交换的设备，而这个热量的概念是一个广义的概念，也包括冷量。因为站在不同的角度，热量和冷量概念是可以相互转化的。

根据热量交换的形式不同，热交换设备可以分为间壁式换热器、混合式换热器以及蓄热式换热器。间壁式换热器在其热量交换过程中需要通过某一个介质壁，这个介质壁多为金属，也有使用非金属材料的，两个需要互相交换热量的流体通过这个介质壁交换热量，而两个流体之间并不直接接触。常见的间壁式换热设备有管壳式换热器和板面式换热器两类，化工企业中应用最广泛的列管式换热器属于间壁式换热设备的一种。混合式换热器是两种需要交换热量的流体直接混合接触，使两者温度趋于相同，如冷水塔，用冷水直接喷淋需要冷却的气体。蓄热式换热器是利用一种蓄热介质，使需要交换热量的流体交替流过蓄热介质，从而达到交换热量的目的，利用蓄热器可回收高温炉气中的热能，也可用于太阳能的回收利用。

根据交换热量的目的不同，换热设备可以分为加热器、蒸发器、再沸器、冷凝器、冷却器。加热器、蒸发器、再沸器交换热量的目的是使目标物体温度提高或由液态变成气态，如加热器的目的是使目标物体温度提高，蒸发器的目的是使目标物体由液体变成气体，该三种换热设备均需由公用工程提供热量给目标物体；而冷凝器、冷却器交换热量的目的是使目标物体的温度降低或由气态变成液态，该两种换热设备均需由公用工程提供冷量给目标物体。

换热设备是化工、轻工、炼油等企业普遍应用的典型化工设备。在一般的化工厂换热设备的费用约占总设备费用的 10%～20%，而在炼油企业则占到总费用的 35%～40%。换热设备在原子能、动力、食品、冶金、交通、家电、环保等行业或部门都有着广泛的应用，因此在工艺设计计算的基础上，学会用计算机正确地绘制换热设备具有十分重要的意义。

本章主要介绍化工和炼油企业中最常用的列管式换热器的绘制方法。列管式热交换器主要由换热管束、壳体、管箱、分程隔板、支座、接管等组成，而换热管束包括换热管、管板、折流板、支持板、拉杆、定距管等。换热管一般为普通光管，但也可采用各种强化管，如带翅片的翅片管、螺旋槽管、横纹管、多孔表面管等各种强化管。壳体一般为圆筒形，也可为方形。管箱有椭圆封头管箱、球形封头管箱和平盖管箱等。分程隔板可将管程及壳程介质分成多程，以满足工艺需要。列管式换热器常采用的材料有碳钢、低合金钢、不锈钢、铜材、铝材、钛材等。

根据列管式换热器的主要组成部分可知，其大部分元器件的绘制已在前面的章节中介绍过，如壳体相当于容器中的筒体（包括壳体的法兰）、支座、接管、管箱（相当于各种封头）等，因此对于这部分内容的绘制，我们在具体的介绍过程中不再对所有的命令进行解释，只在绘制前先说明这些器件的规格、具体绘制尺寸的大小及其空间位置的确定。对于一些新出现的器件，会做详细的解释说明，希望读者在学习本章的过程中引起注意。

5.2 列管式热交换器的设计基础

5.2.1 列管式热交换器的分类

根据前面的介绍，列管式热交换器属于间壁式管壳类的换热器，根据管束、管板、壳体、管箱等不同结构，又可以分为以下 5 种不同的结构形式。

（1）固定管板式热交换器（图 5-1）

该热交换器的两端管板采用焊接方法与壳体固定连接，换热管可为光管或低翅管。其结构简单，制造成本低，能得到较小的壳体内径，管程可分成多程，壳程也可用纵向隔板分成多程，规格范围广，故在工程中广泛应用。

该换热器壳侧不便清洗，只能采用化学方法清洗，检修困难，对于较脏或对材料有腐蚀性的介质不能走壳程。壳体与换热管温差应力较大，当温差应力很大时，可以设置单波或多波膨胀节减小温差应力。

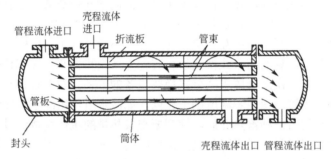

图 5-1　固定管板式换热器及其折流板

（2）浮头式热交换器（图 5-2）

该换热器一端管板与壳体固定，而另一端的管板可以在壳体内自由浮动。壳体和管束对热膨胀是自由的，故当两种介质的温差较大时，管束与壳体之间不会产生温差应力。浮头端设计成可拆结构，使管束可以容易地插入或抽出，这样为检修和清洗提供了方便。这种形式的热交换器特别适用于壳体与换热管温差应力较大，而且要求壳程与管程都要进行清洗的工况。

浮头式热交换器结构复杂，价格较贵，而且浮头端小盖在操作时无法知道泄漏情况，所以装配时一定要注意密封性能。

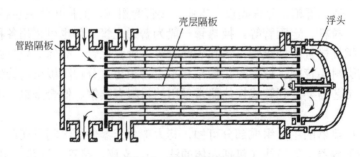

图 5-2　浮头式换热器

（3）U形管式热交换器

该换热器是将换热管弯成U形，管子两端固定在同一块管板上。由于换热管可以自由伸缩，所以壳体与换热管无温差应力。该热交换器仅有一块管板，结构较简单，管束可从壳体内抽出，壳侧便于清洗。但管内清洗稍困难，所以管内介质必须清洁且不易结垢。因弯管时必须保证一定的曲率半径，所以管束的中心部分存在较大的空隙，在相同直径的壳体中排列的管子数较固定管板式少，价格较固定管板式高10%左右。该热交换器一般用于高温高压情况下，尤其适合于壳体与换热管金属壁温差较大的场合。壳程可设置纵向隔板，将壳程分为两程。

（4）填料函式热交换器

该换热器的浮头部分伸在壳体之外，换热管束可以自由滑动，浮头和壳体之间填料密封。对于一些壳体与管束温差较大，腐蚀严重而需经常更换管束的热交换器，可采用填料函式热交换器。它具有浮头式热交换器的优点，又克服了固定管板式热交换器的缺点，结构简单，制造方便，易于检修清洗。

填料函式热交换器不适宜在高温、高压条件下使用，同时对壳程介质也有限制，对易挥发、易燃、易爆、有毒等介质不宜走壳程。

（5）异形壳体翅片管热交换器

该换热器的壳体可为方箱形、椭圆形、C形，甚至可以是裸露的，其换热管为带翅片的翅片管。换热管可根据需要排成单排或多排。翅片材料可采用碳钢、不锈钢、铝或铜材等。翅片的翅高、翅距和翅片厚度可根据实际工况而定。这种形式的热交换器因为采用了翅片管，可大大强化传热面积，所以特别适用于给热系数较低的流体。壳程流通面积可设计较大，流动阻力较小，所以对于压力较低和对压力降要求较小的流体特别适用。在实际生产中，常常用这种热交换器来加热或冷却低压空气，如各种空调系统的蒸发器和冷凝器均可认为是此类换热器。

20世纪80年代以来，热交换器技术飞速发展，使能源利用率提高。各种新型、高效热交换器的相继开发与应用带来了巨大的社会经济效益，随着能源的日趋紧张、全球气候变暖、环境保护要求的提高都对开发新型高效热交换器提出了越来越高的要求。国内外各研究机构对强化传热元器件及传热模式正在进行深入的研究，不断推陈出新，各种新型的传热元器件如表面多孔管、螺旋槽管、波纹管、纵横管以及各种新型换热器形式（如板片传热器、板式热交换器、板壳式热交换器、螺纹管热交换器、折流管热交换器、外导流筒热交换器）等不断进入市场，相信随着科技的发展，热交换器将朝着传热性能好、节能、增效的方向不断发展。

5.2.2 列管式热交换器关键尺寸的计算

（1）换热面积的计算

换热面积是换热器的一个主要特性指标，也是计算其他关键尺寸的基础。对于一个已知的换热器，其换热面积A可简单地利用所有传热管的面积和来代替，即

$$A = n\pi dL \tag{5-1}$$

式中，n为传热管数目；d为传热管外径（也可以是内径或中径，只要和传热面积对应即可）；L为传热管有效长度。

在设计阶段，不知道具体换热器的有关尺寸，其换热面积也无法通过式（5-1）求得。但是，已知该换热器需要完成的任务：将某一流量为G的目标流体从温度T_1变成T_2。要完成

这个任务，可采用将流量为 W 的公用工程流体，从温度 t_1 变成温度 t_2，从而完成前面的任务。在完成这个任务中，需要一个传热面积，就是所需要设计的换热器的面积，该面积可以通过热负荷和传热速率方程来求取。

对目标流体传热负荷方程有（假定目标流体的温度升高）

$$Q_G = GCp_G(T_2 - T_1) \qquad (5-2)$$

对公用工程流体

$$Q_M = WCp_M(t_1 - t_2) \qquad (5-3)$$

如果忽略传递过程中的热量损失及换热器外壳的热量损失，根据能量守恒可知

$$Q_M = Q_G$$

总传热方程为

$$Q = KA\Delta T_m \qquad (5-4)$$

式中，Q 为传热速率，其值等于 Q_M 或 Q_G；K 为总传热系数（在一般计算中，可根据目标流体及公用工程流体和拟选用的换热器形式确定，在较精确的计算中，可通过上面初步确定的 K，计算出传热面积，再通过传热面积来校核总传热系数，关于这方面的详细介绍，请参看有关换热器设计的文献）；A 为总传热面积；ΔT_m 为平均温差。

式（5-4）中 Q 的值可由式（5-2）求得，平均温差的计算公式为
顺流：

$$\Delta T_m = \frac{(T_2 - t_2) - (T_1 - t_1)}{\ln\left(\dfrac{T_2 - t_2}{T_1 - t_1}\right)}$$

逆流：

$$\Delta T_m = \frac{(T_2 - t_1) - (T_1 - t_2)}{\ln\left(\dfrac{T_2 - t_1}{T_1 - t_2}\right)}$$

所以，可以得到传热面积（以逆流为例）

$$A = \frac{Q}{K\Delta T_m} = \frac{GCp_G(T_2 - T_1)}{K}\frac{\ln\left(\dfrac{T_2 - t_1}{T_1 - t_2}\right)}{(T_2 - t_1) - (T_1 - t_2)} \qquad (5-5)$$

（2）管径、管长及管子数的确定

确定了换热器的传热面积后，换热器中传热管的管径 d、管长 L、管子数 n 就受到式（5-1）的约束，但一个方程，三个变量，其自由度为 2，仍无法确定该 3 个变量的具体大小。一般情况下，先通过确定管子内的适宜流速 u 及管子内径 d_i 来确定管子数目 n，其计算公式如下：

$$n = \frac{V}{\dfrac{\pi}{4}d_i^2 u} \qquad (5-6)$$

式中，V 为管程流体的体积流量，m^3/s。

显然，若要通过式（5-6）求取换热器管子数目，必须首先解决两个问题，一是管内适宜流速的选定；二是管子内径的确定。对于这两个变量，通常有一些常用的取值规定，对于流速而言，适宜的流速范围见表 5-1。

表 5-1 换热器适宜流速范围

流 体 种 类	流速/（m/s）	
	管程	壳程
一般液体	0.5～3	0.5～1.5
易结垢液体	>1	>0.5
气体	5～30	3～15

列管式换热器管子的适宜流速利用表 5-1 中管程流速的数据选定后（需注意如果流体的黏度较大，适宜的流速应取表 5-1 中接近下限值，如液体的黏度大于 1500mPa·s 时，管程的适宜流速应取 0.6m/s），还需确定管子内径，才能确定管子数目。而常用的管子规格有 $\phi16\text{mm}\times1.5\text{mm}$、$\phi19\text{mm}\times2\text{mm}$、$\phi25\text{mm}\times2.5\text{mm}$、$\phi38\text{mm}\times3\text{mm}$，其中最常用的是 $\phi19\text{mm}\times2\text{mm}$、$\phi25\text{mm}\times2.5\text{mm}$，应该根据实际情况，选择以上管子中的一种。一般来说，小直径的管子可以承受更大的压力，而且管壁较薄；同时，对于相同的壳径，可以排更多的管子，相对于大管径而言，单位传热面积的金属耗量更少，单位体积的传热面积更大。所以，在管程接垢不严重以及允许压力降较高的情况下，通常采用 $\phi16\text{mm}\times1.5\text{mm}$、$\phi19\text{mm}\times2\text{mm}$ 的管子。如果管程走的是易结垢的液体，则应选择较大直径的管子，对于直接火焰加热时，则采用 76mm 的管径。

确定了管径和适宜管内流速后，利用式（5-6）就可以确定管子数目，根据管子数目、管径及换热面积，利用式（5-1）就可以求得管子的长度 L，但实际上换热器管子的长度常常取标准值，常用的标准管子长度有 1.5m、2m、3m、6m 等，一般根据计算的管子长度，结合标准管子的长度，选定一个合理的标准长度，同时通过管程数的改变来保证换热器结构合理。关于管程的问题在下面确定壳体直径时加以讨论。

（3）管心距、壳体直径及壳体厚度的确定

确定了管长、管径、管子数等参数后，接下来需进一步确定管心距 t、壳体直径 D、壳体厚度 S 等参数，以便确定换热器的具体结构。

已知了管子数目及管子的直径，就可以按一定的规律将管子在某一直径的圆管板内排列起来，而该圆的大小不仅跟管子数目、管子直径有关，同时也和管子的排列方式、管子和管子之间的距离（即管心距）有关。管子在管板上的排列方式常用的有正三角形错列、正三角形直列、同心圆排列、正方形直列、正方形错列 5 种（图 5-3）。

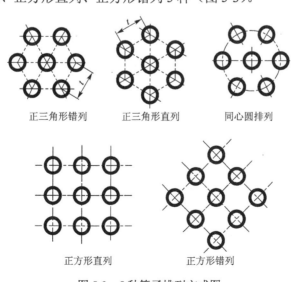

正三角形错列　　　正三角形直列　　　同心圆排列

正方形直列　　　　正方形错列

图 5-3 5 种管子排列方式图

正三角形错列是最为普遍的一种排列方式，因为该种排列方式可在相同的管板面积上排列最多的管子，但管外不易采用机械清洗。而正方形排列则适宜于采用管外机械清洗。在小直径的换热器中，同心圆排列比正三角形排列所能排列的管子数要多，具体情况可参见表5-2。

表5-2　不同排列方式的管子数比较

排列层数	1	2	3	4	5	6	7
正三角形排列管子数	7	19	37	61	91	127	187
同心圆排列管子数	7	19	37	62	93	130	173

由表5-2可知，当排列层数小于等于6层时，同心圆排列的管子数大于等于正三角形排列的管子数，当排列层数大于6以后，正三角形排列的管子数就开始多于同心圆排列。需要注意的是当排列层数大于6以后，正三角形排列除按标准的层数排列外，还需在最外层的管子和壳体之间的弓形处排上管子。

确定了管子的排列方式后，就需要确定管心距，以便进一步确定壳体直径。管心距是管板上两管子中心之间的距离。管心距的大小和管板强度、管外清洗方式、管子的固定方式有关，一般情况下，管心距的大小可采用表5-3中所列的数据。

表5-3　各种情况下的管心距数据

管子固定方法及其他	焊接法	胀接法	小直径管子	最外层管心距壳体内表面距离	两管之间有搁板槽时 d/mm		
管心距 t	$1.25d$	$(1.30\sim1.50)d$	$\geq d+10mm$	$\geq 0.5d+10mm$	19	25	38
					38	44	57

有了管心距的数据以及前面已经得到的数据，就可以确定壳体的内径，壳体的内径应等于或大于（对浮头式换热器而言）管板的直径，所以可以通过确定管板的直径来确定壳体的内径。除了可以利用前面已知的数据，通过作图法得到外，在初步设计时，可用下式来计算壳体内径：

$$D_i=t(n_c-1)+2e \tag{5-7}$$

式中，D_i 为壳体内径，mm；t 为管心距，mm，选用数据见表5-3；n_c 为横过管束中心线的管子数，管子正三角形排列其值取 $1.1\sqrt{n}$，管子正方形排列其值取 $1.19\sqrt{n}$；e 为管束中心线上最外层管中心到壳体内壁的距离，一般 $e=(1\sim1.5)d$；d 为管子的外径，mm；n 为换热器的总管数。

利用式（5-7）得到的壳体内径，一般应将其圆整到常用的标准尺寸。换热器筒体内径的常用标准尺寸在400mm以后，以100mm递增，有400mm、500mm、600mm、700mm、800mm、900mm、1000mm、1100mm、1200mm、1300mm等，小于400mm时有325mm、273mm、159mm。对于一些特殊场合使用的换热器，其壳体尺寸可根据实际情况选取，但带来的问题是有关管板、法兰等一些配件将没有标准件可选用，需重新设计加工，故在大多数情况下，都选择标准的筒体内径，以便于加工配套。

通过前面的计算，得到了管子的长度和筒体的内径，而这两个数据是否合理，一般可以将管子长度和筒体内径的比值（$\beta=L/D_i$）作为一个判断标准，对卧式设备而言，β 的值为6~10；对立式设备而言，β 的值为4~6。如果 β 值小于上述值，则需增加管子的长度，这时，可能会适当减少管子数，以保证总换热面积不变，但也可能只增加管子长度，而不减少管子数目，使换热器具有更多的换热面积；如果 β 值大于上述值，则需增加管子的数目，因为增加管子的数目，可以使壳体直径增大。但是，管子数目的增加，会影响管内流速，进而影响传热性能，故一般采用对管束的分程方法。该方法是在换热器的一端或两端的管箱中分别安置一定数量的隔板，并且保证每程中的管子数大致相等。出于制造、安装和操作等因素的考虑，通常采用偶数管程，管程数不宜太多，常见 1、2、4、6 管程的隔板设置形式及流动顺序见图 5-4。

换热器壳体壁厚的计算公式和第 4 章中容器壁厚的计算公式相仿，考虑到换热器一般为内压容器，其壁厚的计算公式为

$$S = \frac{pD_i}{2[\sigma]^t\phi - p} + C \tag{5-8}$$

式中，S 为壳体厚度，mm；p 为操作时可能的最大压力，Pa；$[\sigma]^t$ 为材料在操作温度范围内的许用应力，Pa；ϕ 为焊缝系数，单面焊取 0.65，双面焊取 0.85；C 为腐蚀裕量，可根据壳体材料及介质腐蚀性质在 1～8mm 之间选择；D_i 为壳体内径，mm。

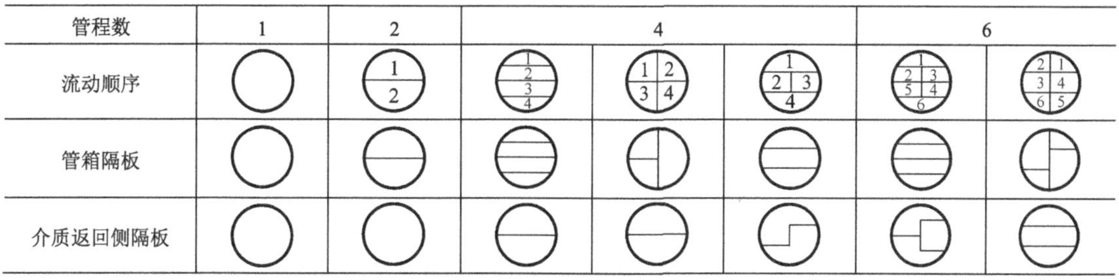

管程数	1	2	4			6	
流动顺序	○	① ②	② ③ ④	① ② ③ ④	① ② ③ ④	① ② ③ ④ ⑤ ⑥	② ① ③ ④ ⑥ ⑤
管箱隔板	○	○	○	○	○	○	○
介质返回侧隔板	○	○	○	○	○	○	○

图 5-4　常见管程隔板设置及其流动顺序

（4）折流板大小及间距的确定

在列管式换热器壳层安装折流板，不仅可以提高壳程流速，增加流体湍动，改善壳层侧传热，同时在卧式换热器中还可以起到支撑管束的作用。常用的折流板有弓形折流板（图 5-5）、圆环-圆盘形折流板（图 5-6）两类。其中弓形折流板又可以分为单弓形、双弓形及三重弓形等几种。在实际应用中，单弓形折流板是应用最多的一种，其常见结构有 3 种（图 5-5），其中弓形缺口的高度为壳体内径的 15%～45%，一般为 20%。弓形的直径略小于壳体的内径，当然，从传热的角度出发，两者之间的尺寸越接近越好，但两者间隙过小，会给制造和安装带来困难，故一般应保留一定的间隙。图 5-5（b）是用于卧式冷凝器的折流板，底部有一90°缺口，高度为 15～20mm，供停工排除残液用。而图 5-5（c）具有带堰的单弓折流板用于某些特殊场合的冷凝器，该冷凝器需要在壳体中保留一部分过冷凝液，使冷凝液泵具有正的吸入压头，其堰的高度可取弓形折流板直径的 25%～30%。

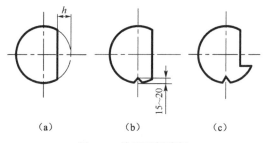

图 5-5　单弓形折流板

图 5-6　圆环-圆盘形折流板

折流板的安装固定需要利用长拉杆通过焊接或定距管来保持管板之间的距离，关于折流板和拉杆、定距管之间的安装图将在具体图纸绘制中加以详细讲解。折流板的厚度及折流板

之间的间距和换热器的功用、壳层流体的流量及黏度有关，常用的折流板间距有 100mm、150mm、200mm、300mm、450mm、600mm、800mm、1000mm 等，常用的折流板厚度和间距及公称直径的关系见表 5-4。

表 5-4　不同情况下折流板厚度数据表

壳体公称直径/mm	折流板间距/mm				
	<300	300～450	450～600	600～750	>750
200～250	3	5	6	10	10
400～700	5	6	10	10	12
700～1000	6	8	10	12	16
>1000	6	10	12	16	16

5.2.3　列管式热交换器的一些标准及规范

（1）最小管板厚度

管板是一个密布管孔的圆形平板，管板厚度的计算十分复杂，其厚度与管板上的开孔数、孔径、孔的分布形式及管子和管板的连接方式有关，一般均采用计算机计算。对于胀接的管板，考虑到胀接的刚度，对最小厚度有一定要求，其最小厚度可参见表 5-5。考虑到腐蚀裕量、接头松脱、泄露和振动等因素，管板的最小厚度应大于 20mm。

表 5-5　胀接时管板的最小厚度

管子外径 d/mm	≤25	32	38	57
管板厚度/mm	$3d/4$	22	25	32

常见固定管板的厚度与壳体的公称直径及公称压力之间的关系可参考表 5-6 中的数据，在一般的设计中可采用该表中的管板厚度数据。

表 5-6　常用碳钢管板厚度（参考值）

公称直径/mm	公称压力 P_g/MPa			
	0.6	1.0	1.6	2.5
159	—	—	—	28
273	—	—	—	32
400	—	30	40	44
500	—	32	40	44
600	—	36	46	50
800	32	40	50	60
1000	36	44	56	66

（2）管板和管子的连接

管板和换热管子常有 3 种连接方式，分别是胀接、焊接、胀焊并用。不管采用哪种连接方式必须满足两个基本条件：一是有良好的密封性，使管程和壳程流体不互相串流；二是有足够的结合力，避免管子从管板中拉脱。

胀接是用胀管器将管板孔中的管子强行胀大，利用管子的塑性变形来达到密封和压紧的一种机械连接方式，管子胀接前后的比较示意图见图 5-7。由于胀接利用的是一种残余应力，该应力会随着温度的升高而降低，故胀接不适用于温度大于 300℃、设计压力大于 4MPa 的场合。对于外径小于 14mm 的管子，由于管子太小，一般也不采用胀接的方法。

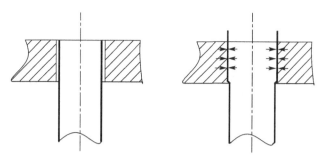

图 5-7　管子胀接前后示意图

采用胀接方法连接管板和管子时，管板的硬度应大于管子的硬度，以保证在胀接时，管子发生塑性变形时，管板仅发生弹性变形；管子材料一般选用 10、20 优质碳钢，管板采用 25、35、Q225 或低合金钢 16Mn、Cr5Mo 等。

焊接就是将管子直接焊接在管板上，有多种不同的焊接方式，分别适用于不同的场合，见图 5-8。图 5-8（a）中的结构可以减少管口处的流体阻力或避免立式换热器在管板上方的滞留液体；为了防止焊接时熔融的金属堵住小直径管子的管口，可采用图 5-8（d）的结构，对于易产生热裂纹的材料，宜采用图 5-8（c）的结构。一般常采用图 5-8（b）的焊接方式。

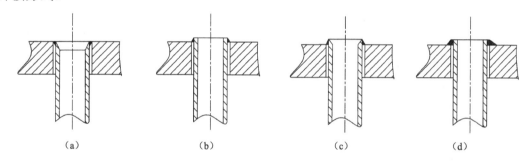

（a）　　　　　　　（b）　　　　　　　（c）　　　　　　　（d）

图 5-8　四种不同的管子焊接方式

焊接和胀接相比，其气密性和强度均有提高，但当管子破漏需要拆卸更换时，焊接比胀接更困难，故对于焊接的管子，当发生破漏时，一般将管子堵死。由图 5-8 可以发现，单纯的焊接会在管子和孔板之间形成环隙，为了减少间隙腐蚀、提高连接强度、改善连接的气密性，可采用胀焊并用的连接方式。

胀焊并用是目前使用比较广泛的一种连接方式，根据胀、焊所起的作用不同，可分为强度胀加密封焊和强度焊加贴胀两种。强度胀加密封焊，胀接是为了承受管子的载荷，保证连接处的密封，而焊接仅仅起辅助性的密封作用；而强度焊加贴胀就是用焊接保证强度和密封，用胀接消除换热管与管板空间的环隙，以防产生间隙腐蚀并增加抗疲劳破坏能力。

（3）管板和壳体的连接

管板和壳体的连接方式与换热器的类型有关，在固定管板式换热器中，管板和壳体的连接均采用焊接。由于管板有兼作法兰和不兼作法兰两种，兼作法兰的管板与筒体的连接方式常见图 5-9 中的两种。其中第一种在管板上开槽，壳体嵌入后进行焊接，施工容易，使用于压力不高，物料不易燃易爆、无毒的场合；而第二种则可用于高压的场合。不兼作法兰的管板可直接与壳体及管箱焊接，也有图 5-10 所示的几种不同焊接方式，具体采用哪种焊接方式，需根据壳体直径、管板厚度、管壳程之间的压力差异等因素加以选择。

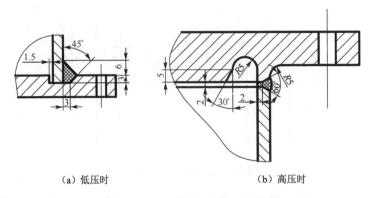

（a）低压时　　　　　　　　（b）高压时

图 5-9　兼作法兰管板和筒体连接

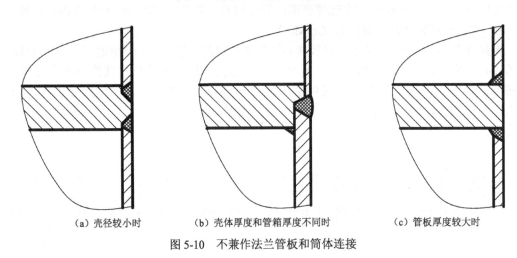

（a）壳径较小时　　　　（b）壳体厚度和管箱厚度不同时　　　　（c）管板厚度较大时

图 5-10　不兼作法兰管板和筒体连接

（4）管、壳程流体的确定

由于管程和壳层的清洗难易程度及承压能力不同，一般将高温物流、较高压的物流、腐蚀性强的物流、较脏的物流及易结垢的物流（U 形管浮头式换热器除外）、对压力降有特定要求的物流、容易析出结晶的物流安排走管程；而将黏度较大的流体、流量较小的流体、给热系数较小的流体以及蒸汽、被冷却的流体安排走壳层。上面的安排，在实际中不可能同时兼顾，对具体问题，应抓住问题的关键因素进行具体分析。例如，首先从流体的压力、腐蚀性以及清洗等方面加以考虑，然后再对压力降及给热系数方面加以校核，以便做出合理的选择。

（5）公用工程流体的选择

换热器中换热的两股物流除采用两股工艺物流直接交换热量外，常用的是利用公用工程的物流（或称热载体）来提供或带走热量。提供热量的热载体称为加热剂，常用的加热剂有热水、饱和蒸汽、联苯混合物、水银蒸气、矿物油、甘油、熔盐、四氯联苯等；带走热量的热载体称为冷却剂，常用的冷却剂有水、盐水、液氨等。公用工程流体用量的多少及其本身的价格，涉及换热器的操作费用问题，所以应选择一种合适的热载体，以完成换热器的换热任务。在选择公用工程流体时应从以下几方面加以考虑：

① 热载体的温度易于调节；

② 热载体能满足工艺上的要求，使目标物流达到冷却（加热）温度；

③ 热载体的毒性小，对设备腐蚀性小，不易爆炸；

④ 热载体的饱和蒸气压小，加热过程不会分解；

⑤ 热载体来源广泛，价格合理。

（6）换热终极温度的设定

两股物流在换热器里进行换热时，一般情况下其中一股物流（即目标物流）的进出口温度是已经确定的，也就是说目标物流必须达到规定的温度；而另一股物流其温度规定的情况非常少，一般根据具体情况加以选定。不同的换热终极温度会影响换热强度及换热效率，进而影响所需的传热面积及公用工程流体的流量，对换热器的经济性产生影响。例如冷流体出口的终极温度达到热流的进口温度，这时两股流体达到了最大限度的换热，但所需的传热面积为最大，在经济上是不合理的，一般换热器两端的终极温度或两者之差应符合下面几点。

① 冷却水的出口温度不宜高于 60℃，以免结垢严重，一般以 40～45℃以下为宜。

② 换热器高温端的温差不小于 20℃。

③ 换热器低温端的温差分为三种情况：一般情况下的两种工艺流体换热，其温差不小于 20℃；两种工艺流体换热后，其中一股流体尚需继续加热，则冷端温差不小于 15℃；采用水或其他冷却剂冷却时，冷端温差不应小于 5℃。

④ 冷却或冷凝工艺物流时，冷却剂的入口温度应高于工艺物流中易结冻组分的冰点，一般高 5℃。

⑤ 当冷凝带有惰性气体的工艺物流时，冷却剂的出口温度应低于工艺物流的露点，一般低 5℃。

（7）拉杆数量的确定

拉杆是用来固定折流板和支持板用的，拉杆所用的数量与换热器壳体直径和拉杆本身的直径有关，不同壳体直径换热器所需的拉杆数见表 5-7。

表 5-7　拉杆数量与壳体直径关系　　　　　　单位：mm

拉杆直径	壳体公称直径								
	159～325	400～700	700～900	900～1300	1300～1500	1500～1800	1800～2000	2000～2300	2300～2600
10（传热管外径为 10）	4	6	10	12	16	18	24	28	32
12（传热管外径为 14 和 19）	4	4	8	10	12	14	18	20	24
16（传热管外径大于等于 25）	4	4	6	6	8	10	12	14	16

拉杆和管板及折流板之间的连接常有两种方式，见图 5-11。图 5-11（a）采用的是定距管结构，适用于换热管外径大于等于 19mm 的管束，图 5-11（b）采用点焊结构，适用于换热管外径小于等于 14mm 的管束。拉杆布置以尽量少占用传热管位置为准则。故对于壳体直径较小的换热器，拉杆一般均匀布置在管束边缘；而对于壳体直径大的换热器，在管束内部及靠近折流板的缺口处应布置适当数量的拉杆，任何折流板应不少于 3 个支承点，即 3 根拉杆。

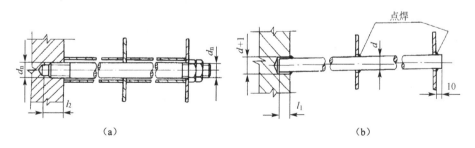

图 5-11　管板-拉杆-折流板连接

（8）适宜的换热器压降

流体在流过换热器时，会产生压力降，压力降应在一个合理的范围之内，否则将会对换热器的经济性能产生影响，见表 5-8。

表 5-8　换热器合理压降　　　　　　　　　　单位：MPa

操 作 情 况	负　压	低　压 1	低　压 2	中　压	高　压
操作压力 p	0～0.1(绝压)	0～0.07(表压)	0.07～1(表压)	1～3(表压)	3～8(表压)
合理压降 Δp	$p/10$	$p/2$	0.035	0.035～0.18	0.07～0.25

5.2.4　列管式热交换器设计实例计算

下面通过一个具体的实例，来说明列管式换热器的设计过程，并如何确定一些关键尺寸。

（1）目标要求

将常压下 1.5kg/s 的纯苯蒸气，冷凝成饱和液体排出换热器。

（2）基本已知条件

常压下纯苯的冷凝温度为 80.1℃；

冷凝潜热为 r=394kJ/kg；

公用工程为 20℃的冷水，要求压降不超过 0.01MPa。

（3）管壳程流体确定

根据前面的一些情况，结合管壳程流体确定的原则，蒸气一般走壳程，故本设计中纯苯蒸气走壳程，出来为饱和冷凝液，其进出口温度均为 80.1℃；冷却水走管程，其进口温度为 25℃。

（4）终极温度及用水量确定

在本换热器设计中，由于两股流体的进出口 4 个温度中，已经有 3 个确定下来，故终极温度的确定主要是确定冷却水的出口温度，根据前面的介绍，冷却水的出口温度一般以 40～45℃以下为宜，本例考虑到纯苯的冷凝温度不高及用水量，选取其出口温度为 35℃。这样水的定性温度为 30℃，此时，水的密度为约为 996kg/m³，比热容为 4.178kJ/(kg·℃)，根据守恒原理可得冷却水量 W 为

$$W = \frac{1.5 \times 394}{4.178 \times (35-25)} = 14.15 (\text{kg}/\text{s})$$

换算成体积流量 V 为

$$V = \frac{14.15}{996} = 0.01421 (\text{m}^3/\text{s})$$

（5）传热面积的确定

由于两股流体的进出口温度已经确定，故其传热推动力 ΔT_m 为

$$\Delta T_m = \frac{(T_2 - t_1) - (T_1 - t_2)}{\ln\left(\dfrac{T_2 - t_1}{T_1 - t_2}\right)} = \frac{(80.1-25) - (80.1-35)}{\ln\left(\dfrac{80.1-25}{80.1-35}\right)} = 49.93 \quad (℃)$$

苯蒸气-水系统冷凝操作的传热系数范围为 300～1000W/(m²·℃)，本设计中取传热系数 K 为 550 W/(m²·℃)，所以传热面积 A 为

$$A = \frac{Q}{K\Delta T_m} = \frac{1.5 \times 394 \times 1000}{550 \times 49.93} = 21.52 \ (\text{m}^2)$$

（6）管径、适宜管速及管子数的确定

从腐蚀性、传热面积和价格等多方面因素考虑，传热管选用 ϕ25mm×2.5mm 的无缝钢管，

此管内径为 d_i=20mm，外径为 d_o=25mm，管壁厚度为 2.5mm。

综合考虑管内流动状态、压力降及单程管子数等因素，选择管内流速 u=1.0m/s，根据式（5-6）可得

$$n = \frac{V}{\frac{\pi}{4}d_i^2 u} = \frac{4 \times 0.01421}{3.14 \times 0.02^2 \times 1} = 45.25$$

将管子数圆整为整数，取单管程管子数为 46 根。

（7）管长、管程、壳体内径的确定

有了前面计算得到的传热面积及管子数，很容易得到管子的长度，根据式（5-1）可得

$$L = A/\pi n d_o = 21.25/(3.14 \times 46 \times 0.025) = 5.88 \text{ (m)}$$

考虑到常用管子的长度有 3m 和 6m，根据现在的计算值，管子长度取为 6m，那么管子长度 6m 是否合理需要通过长径比 L/D 值来判断。本设计冷凝器为卧式，合理的长径比为 6~10，现在，长度已经有了，需要计算壳体直径。根据前面介绍，壳体直径可按下式计算：

$$D_i = t(n_c-1)+2e = 32 \times (1.1 \times \sqrt{46} - 1) + 2 \times 35 = 276.7 \text{ (mm)}$$

式中，t 为管心距，取 32mm；e 为最外层管心距壳体内壁距离 35mm；$n_c = 1.1\sqrt{n}$。

根据常用壳径，实际可取为 300mm，这时该冷凝器的长径比 L/D=6/0.3=20，不符合要求，故应将管子长度缩短，管子数目增加。原管子长度取为 6m，现在取为 3m，双管程。为保证管内流速不变，总管子数增加到 92 根，此时的壳体内径的计算值为 375.6mm，实际可圆整为 400mm，此时的长径比 L/D=3/0.4=7.5，符合实际要求，这时，冷凝器的实际计算面积为

$$A = 92 \times 3.14 \times 0.025 \times 3 = 21.67 \text{ (m}^2\text{)}$$

（8）选择合适换热器

根据前面的各项计算，已经初步得到冷凝换热器的基本数据，管子长度为 3m，管子规格为 ϕ25mm×2.5mm，壳体公称直径（内径）为 400mm，换热面积为 21.67m²。如果将这些数据和现有换热器的标准相对照，就会发现 G400-2-16-22 的换热器基本符合要求，可以选择该型号的换热器作为设计换热器，可省去许多有关机械设计方面的计算，该换热器的主要指标如表 5-9 所示。

表 5-9　G400-2-16-22 换热器主要指标

公称直径/mm	400	公称压力/MPa	1.6
公称传热面积/m²	22	计算传热面积/m²	23.2
管子数	102	管长/m	3
管子规格/mm	ϕ25×2.5	管心距/mm	32
管子排列	正三角形错排	管程数	2

从指标上可知，该换热器共有 102 根管子，双管程，壳体内径为 400mm，那么，在直径为 400mm 的圆内，如何布下 102 根管子请参看图 5-12。

从图 5-12 中可知，管束呈对称布置，每一管程布置 51 根管子，除了按正常的布管外，在管板的弓形部分也布置了一定的管子。共分 6 层，从靠近隔板数起，第一层排 11 根管子，第二层排 10 根管子，第 3 层排 11 根管子，第 4 层排 10 根管子，第 5 层排 7 根管子，第 6 层排 4 根管子，这样共有 53 个根管子可排下，但其中 2 根管子的位置用于安装拉杆，故实际只能排 51 根管子。

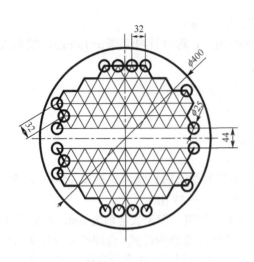

图 5-12　管板上管子布置图

任何一个换热器图纸，管板的开孔情况均需详细绘制出来，图 5-12 的绘制虽说有多种方法，但笔者认为采用下面的方法较简单实用。

① 绘制管板上布管范围的圆（其直径为换热器壳体内径）及其两条互相垂直的中心线。

② 以水平中心线为基线，偏移距离为 22mm，向上作偏移线，和垂直中心线交于 A 点。

③ 以垂直中心线为基线，偏移距离为 32mm，向左右逐次各偏移 5 次，共得到 10 条垂直线，该 10 条垂直线和在前面偏移得到的水平偏移相交，共有 10 个交点，包括前面得到的 A 交点，共有 11 个交点，该 11 个点就是第一管排管心的位置。

④ 过第一管排 11 个管心点，分别作两条直线。直线采用相对极坐标绘制，在选定第一排管心作为直线第一点后，直线的第二点通过输入 "@300<60" 和 "@300<600" 实现，共得到 22 条直线，这些直线的交点就可能是管心位置。

⑤ 根据布管范围圆心和可能管心位置的距离，确定最外层的管心位置，最后确定第一排为 11 根。第二排为 10 根，第三排为 11 根，第 4 排为 10 根，第 5 排为 7 根，第 6 排为 4 根，共 53 根，其中 2 根用于拉杆，实际布管 51 根。在此基础上，利用修剪工具，将多余的线段剪去。

⑥ 利用镜像技术，绘制管板上管子布置图的下半部分，标上必要的尺寸，完成管板上管子布置图的绘制。

总之，在绘制管板上管子布置图的时候，尽量采用偏移、相对坐标、镜像及修剪等工具，加快绘制速度，读者也可以根据自己的水平，选择适合自己的绘制方法。

（9）校核工作

选择了上面型号的换热器以后，还有一些校核工作要做，如传热系数的校核、压力降的校核，传热面积的安全系数计算等工作，这些不是本教材的重点，此处不再讲述，望读者参考本书所列的参考文献。

5.3　无相变热交换器 AutoCAD 绘制

5.3.1　绘制前的一些准备工作

本次要绘制的是和 5.2 节中相仿的换热器，所不同的是实例中是双管程，102 根管子，而本次绘制的是单管程，109 根管子，其他条件均一样。如图 5-13 所示，该换热器主要由以下零件组成，分别是换热器壳体、管箱筒节、封头、管板、法兰、支座、折流板、接管、折流板、拉杆及传热管等，在利用计算机绘制换热器设备图前，必须对每一零件的结构尺寸有所了解，并确定它们的安装位置及表达方式。下面先将主要零件的结构尺寸及表达方式加以确定，以便在绘制过程中将精力集中在计算机绘制方法上而不是在有关化工设备设计的知识上。

（1）壳体

壳体主要确定 3 个尺寸，分别是长度、内直径和厚度。壳体的内直径前面确定为 400mm，厚度采用 8mm，而长度 L_1 需根据传热管的长度 L、管板厚度 b 及其他一些小结构确定。管子和管板的连接方式采用焊接，管子高于管板平面 h_1=3mm，管板厚度为 b=40mm，管板和管子焊接处的凹槽深度也为 3mm，故壳体的长度为 2920mm，L_1=L–2b–2h_1+2h_2。壳体具体尺寸的示意图见图 5-13，在具体绘制中可利用中心线偏移及打断等功能绘制最后的壳体轮廓线。

（2）筒节

筒节和封头一起组成管箱，其内径为 400mm，厚度为 8mm，高度为 50mm，分别和封头及容器法兰采用焊接方法连接。本绘制过程中共有两个相同筒节，其结构尺寸示意图见图 5-14（a）。

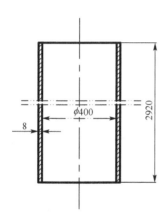

图 5-13　壳体轮廓结构尺寸示意图　　　　图 5-14　筒节、封头结构尺寸示意图

（3）封头

封头采用标准椭圆封头，其内长轴为 400mm，短轴为 200mm，高度为 100mm，折边高度为 25mm，这样，封头总高度为 125mm，厚度为 8mm，分别和筒节及接管进行焊接。本绘制过程中共有两个相同的封头，在具体绘制过程中，只要绘制其中一个，另一个可通过复制、旋转等方法得到。其结构尺寸示意图见图 5-14（b）。

（4）管板

本绘制图中的管板兼法兰，共有两个，其大小结构完全一致，设计数据在参考国家标准的基础上略有修改，管板厚度 40mm，外径 540mm，其他具体尺寸参见图 5-15、图 5-16。绘制好中心线后，主要利用偏移技术进行定位，利用相对坐标确定剩下相关点的位置，然后再配合修剪等工具就可以完成该管板的绘制。

（5）容器法兰

本设计中的容器法兰和管板法兰是配套的，其厚度为 30mm，外径为 540mm，内径为 418mm，其他数据见图 5-15、图 5-16，其绘制方法和第 3 章中介绍的法兰绘制方法一致，需要注意的是法兰基点的确定问题。

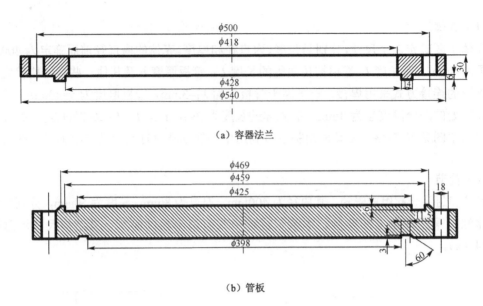

图 5-15　容器法兰、管板全局结构尺寸示意图

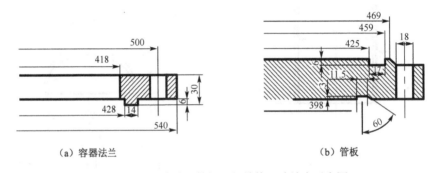

图 5-16　容器法兰、管板局部结构尺寸放大示意图

（6）支座

支座是化工设备中经常用到的重要零件，为了便于读者查找，现将常用的 4 种耳式支座尺寸列于表 5-10 和表 5-11 中，其中 A、AN 为短臂型即筋板较短，而 B、BN 为长臂型即筋板较长。A（AN）型和 B（BN）的差别在于筋板的尺寸有所不同，其他底板和垫板的尺寸均相同。而筋板的尺寸除了表中所示的数据外，还有一个数据即筋板上端的宽度，A（AN）型为 30mm，而 B（BN）型为 100mm，其余均相同。图 5-17 是表 5-10 和表 5-11 中各参数的对应示意图。图 5-18 是本次所用支座型号为 A1 的各参数示意图，其具体绘制方法在第 3 章中已有介绍，此处不再重复。

表 5-10　A 型和 AN 型耳式支座尺寸　　　　　　　　　　　　　单位：mm

支座号	允许载荷 $[Q]$/kN	适用容器公称直径	高度 H	底 板				筋 板			垫 板				螺 栓
				l_1	b_1	δ_1	s_1	l_2	b_2	δ_2	l_3	b_3	δ_3	e	d	螺纹
1	10	300～600	125	100	60	6	30	80	80	4	160	125	6	20	24	M20
2	20	500～1000	160	125	80	8	40	100	100	5	200	160	6	24	24	M20
3	30	700～1400	200	160	105	10	50	125	125	6	250	200	8	30	30	M24
4	60	1000～2000	250	200	140	14	70	160	160	8	315	250	8	40	30	M24

续表

支座号	允许载荷 $[Q]$/kN	适用容器公称直径	高度 H	底板				筋板			垫板				螺栓	
				l_1	b_1	δ_1	s_1	l_2	b_2	δ_2	l_3	b_3	δ_3	e	d	螺纹
5	100	1300~2600	320	250	180	16	90	200	200	10	400	320	10	48	30	M24
6	150	1500~3000	400	315	230	20	115	250	250	12	500	400	12	60	36	M30
7	200	1700~3400	480	375	280	22	130	300	300	14	600	480	14	70	36	M30
8	250	2000~4000	600	480	360	26	145	380	380	16	720	600	16	72	36	M30

表 5-11　B 型和 BN 型耳式支座尺寸　　单位：mm

支座号	允许载荷 $[Q]$/kN	适用容器公称直径	高度 H	底板				筋板			垫板				螺栓	
				l_1	b_1	δ_1	s_1	l_2	b_2	δ_2	l_3	b_3	δ_3	e	d	螺纹
1	10	300~600	125	100	60	6	30	160	80	5	160	125	6	20	24	M20
2	20	500~1000	160	125	80	8	40	180	100	6	200	160	6	24	24	M20
3	30	700~1400	200	160	105	10	50	205	125	8	250	200	8	30	30	M24
4	60	1000~2000	250	200	140	14	70	290	160	10	315	250	8	40	30	M24
5	100	1300~2600	320	250	180	16	90	330	200	12	400	320	10	48	30	M24
6	150	1500~3000	400	315	230	20	115	380	250	14	500	400	12	60	36	M30
7	200	1700~3400	480	375	280	22	130	430	300	16	600	480	14	70	36	M30
8	250	2000~4000	600	480	360	26	145	510	380	18	720	600	16	72	36	M30

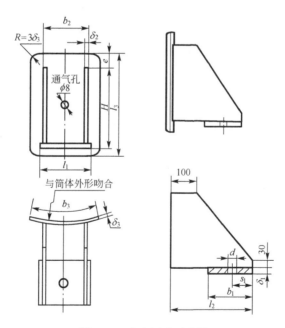

图 5-17　支座尺寸示意图

（7）管板开孔

一块管板上共安排 113 个孔，其中 4 个孔用于安装拉杆，用于安装管子的为 109 个孔；另一块管板无需安装拉杆，故只需开 109 个孔，其开孔情况和开 113 个孔的一样，只不过不用开安装拉杆的 4 个孔。开孔间距为 32mm，孔径为 26mm（安装的管径为 25mm），其中 4 个安装拉杆的开孔直径为 13mm（拉杆的直径为 12mm）。管板开孔具体结构尺寸见图 5-19。

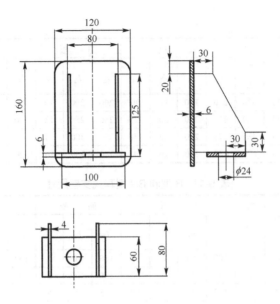

图 5-18　A1 型支座尺寸示意图

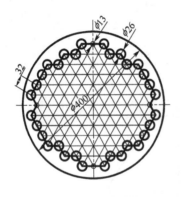

图 5-19　管板开孔结构尺寸图

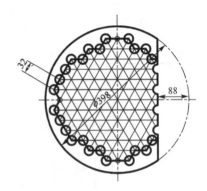

图 5-20　折流板开孔结构尺寸图

（8）折流板安装及开孔

折流板除了需要确定其本身的尺寸外还需确定其安装尺寸。采用单弓形折流板，弓板直径为 398mm（需略小于壳体内径，以便于安装），弓形缺口部分高度为 88mm，厚度为 6mm，底部 90°缺口高度为 20mm，其开孔情况和管板开孔情况对应。共有 8 块折流板，将两管板之间的壳层分成 9 段，而两管板之间的总距离为管子的长度 3000mm 减去两块管板的厚度 80mm 及管子高出管板平面部分 6mm（两端），这样两管板之间的总长度为 2914mm（2914=3000-80-6）。而这 2914mm 中还要扣除 8 块折流板厚度所占的长度 48mm，所以，每块折流板之间实际的空间距离约为 318.4mm（不包括折流板厚度）。实际安排时，为了安装及加工的方便，取以下数据：管板下端平面距第一块折流板距离为 320mm，以后 8 块折流板之间的净间距为 318mm，共有 7 个，最后一块折流板和下面一个管板平面之间的距离也为 320mm。折流板的开孔图结构尺寸见图 5-20，其安装结构尺寸图见图 5-21。

（9）拉杆及传热管

拉杆采用定距管结构，共 4 根拉杆，其中拉杆直径为 12mm、长度为 2634mm 的 3 根，该 3 根从第一块折流板开始，长度为 2310mm 的一根，从第 2 块折流板开始，具体结构情况参见图 5-21。传热管外径为 25mm，厚度 2.5mm，直接焊接在管板上，共 109 根，两端高于管板平面约 3mm。

（10）接管

接管的直径为 89mm，管壁厚度为 4.5mm，管长为 100mm，所用管法兰外径为 200mm，厚度为 20mm，凸台高度为 3mm，螺栓孔圆心直径为 160mm，密封面外端直径为 132mm，共有 4 根接管，规格相同，采用局部剖，法兰采用简略画法，具体结构尺寸图见图 5-22，有了以上的数据，就可以将接管画出来，关键是在整体图上确定基点位置。

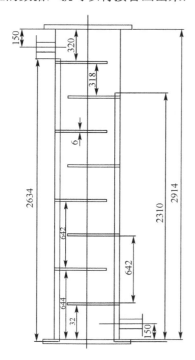

图 5-21　折流板、拉杆及定距管安装结构尺寸示意图

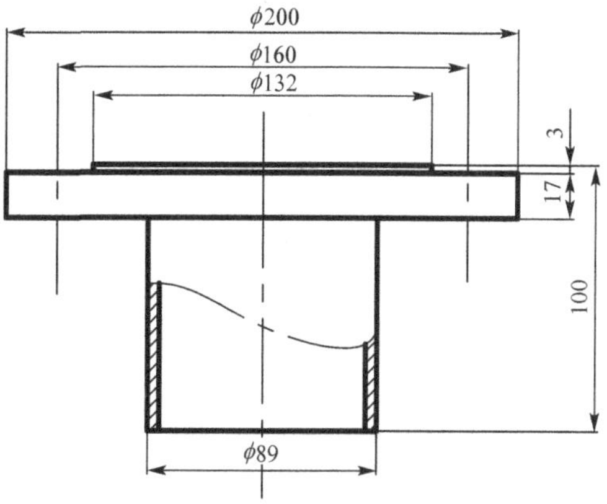

图 5-22　接管结构尺寸示意图

5.3.2　设置图层、比例及图框

（1）设置图层

设置图层是为了后面绘制过程方便，将不同性质的图线放在不同的图层，用不同的颜色区别，使绘图者一目了然，但图层的设置应按需而设，一般设置 10 个左右图层即可，如图层设置过多，反而会引起一些麻烦。本章的换热器装配图绘制和第 4 章的容器装配图绘制相比，多了一个图层，即断开线图层，设置该图层是为了绘制双点画线，以表示设备中间的断开。

利用双点点画线的断开技术，可以使装配图绘制高度或长度缩短，将整个装配图绘制在合理的图纸内，且保持布局合理美观。双点画线断开技术除了应用于换热器中相同折流板区间的断开外，还常常用于精馏塔中相同塔节之间的断开、填料塔中相同填料段区间的断开、反应器中相同催化剂层区间的断开。本图中增加的断开线图层线宽为 0.13mm，线型取为"DIVIDE"，各个图层的具体设置内容见图 5-23。

图 5-23　图层设置结果

（2）设置比例及图纸大小

根据前面的计算及草图绘制，换热器的总高达 3500mm 左右，但本例将通过采用断开技术，在 8 块折流板中只绘出 4 块折流板，可以将总高度控制在 2000mm 左右；换热器总宽在 540mm（管板法兰外径）左右，同时考虑俯视图、其他局部放大图、尺寸标注及各图之间的空隙，其总宽度也需 1500mm 左右，这样绘图范围的总宽度也将达到 2040mm 左右。同时，明细栏的宽度为 180mm 是规定的，根据以上数据，选用 A2 图纸，比例为 1∶5，符合绘图要求，其大小为 594mm×420mm。

（3）绘制图框

根据前面的选定，图框由两个矩形组成，一个为外框，用细实线绘制，大小为 594mm×420mm，线宽为 0.13mm；另一个为内框，大小为 574mm×400mm，用粗实线绘制，粗实线和主结构图层线可在同一图层，因为线宽均为 0.4mm。该图框的绘制方法和第 4 章完全相同，详细的绘制过程不再叙述（以后碰到类似情况，均采用此方法），只介绍绘制的思路、步骤或可采用的其他方法，一般也仅限于思路，因为其具体的绘制方法在前面几章中已有详细的介绍。绘制图 5-24 的 A2 图纸的图框可选用下面的方法：

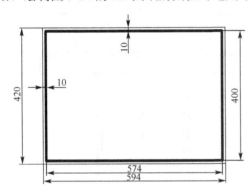

图 5-24 A2 图纸的内外框示意图

① 在主结构线图层中，绘制长度为 574mm、宽度为 400mm 的内框；

② 以 10mm 作为偏移距离，以内框为偏移基准，向外偏移，得到外框，外框大小为 594mm×420mm；

③ 选中外框，将外框的图层转换成细实线图层（关于图层置换的方法在第 4 章中已有介绍），完成全部图框绘制工作。

当然，图框的绘制工作可有多种方法，在第 4 章中也曾介绍过另一种绘制方法。可以将绘制好的图框单独保存起来，在以后的绘制过程中，根据需要调用即可。这一工作希望读者在学习的过程中逐步累计，尤其对化工设计师而言更为重要，可以大大加快绘制速度。

5.3.3 画中心线

中心线绘制的关键是定位，而定位需要根据图幅的大小及具体绘制的图形确定。在本换热器装配图的绘制中，先将主视图中的中心线及俯视图中的中心线确定下来，至于其他中心线，将在以后的绘制过程中逐步添加。要绘制主视图中的中心线，需先确定该中心线的第一点，通过分析图 5-39，可以发现该图在长度方向上大致可以分为长度相当的 3 部分，第一部分为主视图、第二部分为俯视图及局部视图、第三部分为标题栏、技术说明等内容，并且分配给前面两部分的长度各为 200mm。由此可以确定主视图中心线距离内图框左边的距离为 100mm，考虑到绘制的内容在图纸的上边留下一点空白，距离取为 10mm，则中心线上端点 P_1 点相对于内图框左上角的相对坐标为[@100,-10]，在 P_1 点的基础上绘制长度为 380mm 的垂直中心线至 P_2 点，该点对应于 P_1 点的相对坐标为[@0,-380]，这样完成了主视图中垂直中心线的绘制，其具体命令如下。

命令：_line 指定第一点：【左上角点】
指定下一点或 [放弃(U)]：@100,-10【P_1 点】
指定下一点或 [放弃(U)]：@0,-380【P_2 点】

指定下一点或 [闭合(C)/放弃(U)]:【结束】

对于俯视图中的中心定位点 P_3，由前面的数据分析可知其偏移内框左边线为 300mm，而偏移上边线可取为 300mm，即在上边部分，大约留下一些空间用于绘制局部图，这样 P_3 相对于左上角的相对坐标为[@300,-300]，确定 P_3 点后，以 P_3 点为基点，在正交状态下，向上、下、左、右各绘制长度为 64mm 左右的直线，作为俯视图（管口图）的中心线，该绘制过程的部分命令如下：

命令：_line 指定第一点：【左上角点】

指定下一点或 [放弃(U)]：@300,-300【P_3 点】

指定下一点或 [放弃(U)]：@64,0【P_4 点】

在绘制好主俯视图的中心后，顺便为绘制主结构线的起点做好定位工作。本次绘图过程中，先绘制主视图，再绘制俯视图，而主视图准备从上面的封头开始绘制，并且观察图 5-39 可知，主视图的上下部分是对称的，这样可以通过镜像的技术生成下半部分而无需重新绘制，可提高绘制速度。但需要先确定镜像的对称线，取主视图中中心线的中点 P_5 为对称线的其中一点，P_5 点相对于左上角的相对坐标为[@100,-200]，以 P_5 点为基点，向左、右各绘制长度约为 60mm 的线段，则完成对称线的绘制；而封头椭圆中心 P_6 点位置是通过计算该点与 P_1 点的距离确定的。封头高度为 100mm，接管高度为 100mm，留给尺寸标注的距离为 20mm，共为 220mm，按 1：5 的比例缩小后，实际为 44mm，确定 P_6 点后，以 P_6 点为基点，向左、右各绘制长度为 40mm 的直线，完成本阶段的全部工作后，其结果图见图 5-25。本阶段的部分命令如下。

命令：_line 指定第一点：【左上角点】

指定下一点或 [放弃(U)]：@100,-200【P_5 点】

命令：_line 指定第一点：【P_1 点】

指定下一点或 [放弃(U)]：@0,-44【P_6 点】

指定下一点或 [放弃(U)]：@40,0【P_7 点】

命令：_line 指定第一点：【P_6 点】

指定下一点或 [放弃(U)]：@-40,0【P_8 点】

指定下一点或 [放弃(U)]：【结束】

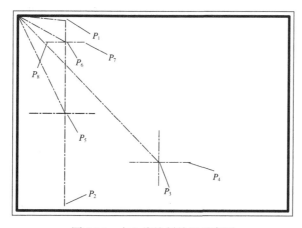

图 5-25 中心线绘制结果示意图

5.3.4 画主体结构

（1）封头、筒节及法兰的绘制

前面已经说过，本次的绘制从主视图的上面部分画起，封头是标准的椭圆形封头，其具体尺寸已在前面介绍过，关键是找到本次绘制中的基准点。在前面中心线的绘制工作中，已经为绘制本次的椭圆封头确定了基准点，图 5-25 中的 P_6 点是椭圆封头的中心，P_7、P_8 两点是椭圆封头的两个长轴点，并且根据标准椭圆封头的规定，长轴与短轴之比为 2：1，则短轴为 200mm，根据 1：5 的比例，在图纸绘制中应为 40mm，而短轴的一半则为 20mm。这样，根据这些条件，可以利用绘制椭圆弧的工具，方便地绘制出椭圆封头内轮廓线（先不要考虑各种接管及其他连接线的问题），该过程是本次绘制图的关键，有了这个内轮廓线作基准，后面的绘制就可以比较方便地展开了。故将该步骤的具体命令列出，并做简单解释，其命令如下。

命令：_ellipse【点击绘制椭圆弧工具，后面两行由电脑自动生成】

指定椭圆的轴端点或 [圆弧(A)/中心点(C)]：_a

指定椭圆弧的轴端点或 [中心点(C)]：c

指定椭圆弧的中心点：【点击图 5-25 中的 P_6】

指定轴的端点：【点击图 5-25 中的 P_7】

指定另一条半轴长度或 [旋转(R)]：20【短半轴长度为 100mm】

指定起始角度或 [参数(P)]：0

指定终止角度或 [参数(P)/包含角度(I)]：180【完成半个椭圆的绘制】

下面是绘制椭圆的直边段和筒节，筒节和直边段先一起画好，在绘制焊缝时再通过修剪、打断等工具加以调整。

命令：_line 指定第一点：【点击图 5-25 中的 P_7 点】

指定下一点或 [放弃(U)]：@0,-15【封头的直边长度为 25mm，筒节的高度为 50mm，两者相加为 75mm，按比例缩小后为 15mm，确定图 5-26 中的 P_1 点】

指定下一点或 [放弃(U)]：@-80,0【确定图 5-26 中的 P_2 点】

指定下一点或 [放弃(U)]：【点击图 5-25 中的 P_8 点】

指定下一点或 [闭合(C)/放弃(U)]：【回车，到此，完成封头、直边、筒节的内轮廓线】

下面通过偏移生成外轮廓线。

命令：_offset

当前设置：删除源=否　图层=源　OFFSETGAPTYPE=0 指定偏移距离或 [通过(T)/删除(E)/图层(L)] <通过>：<通过>：1.6【封头和筒节的厚度均为 8mm】

选择要偏移的对象，或 [退出(E)/放弃(U)] <退出>：【通过重复操作，生成封头、筒节的外轮廓线】

下面的命令是绘制筒节和封头之间的边界线。

命令：_line 指定第一点：【点击图 5-26 中的 P_1】

指定下一点或 [放弃(U)]：@0,10【P_3】

指定下一点或 [放弃(U)]：【捕捉 P_4】

指定下一点或 [闭合(C)/放弃(U)]：【回车】

绘制好封头和筒节的外轮廓线以后，就需要绘制容器法兰。该容器法兰是和筒节及管板配套使用的，其具体细节及尺寸已在前面介绍过，此处不再说明，为了减少多次的按比例缩小的计算，可先按 1：1 绘制好该法兰，然后再利用缩放功能，将其缩小，取缩放因子 0.2 即可，并将其复制到本图中某一空白位置备用（该过程不再详细叙述，在第 3 章中已有介绍）。现在的关键问题是如何确定两个基点，将已经缩小的法兰移到正确的位置上。一个是要移动法兰的基点，选法兰的中心线和下端轮廓线的交点为基准点，该基准点较好确定，只要在目标捕捉状态下即可确定；另一个基准点为插入点，由于移动法兰的基点选在法兰中心线上，而法兰的中心线和筒节的中心线重合，故插入点也在筒节的中心线上，该中心线已经绘制好，关键是确定具体距离。设计筒节前端距法兰下端的水平轮廓线距离为 8mm（用于焊接，不能太小，也不能太大，具体可参考有关焊接的书籍），这样，可以通过作一条筒节下端轮廓线的偏移线，偏移距离为 1.6，和中心线交于 P_6，有了 P_6 点，就可以将法兰通过移动基点插入到 P_6 点，就完成了本阶段的工作，结果示意图见图 5-26。如果前面工作没有错误

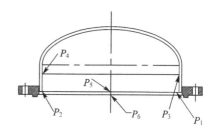

图 5-26　封头、筒节及法兰绘制示意图

的话，会发现法兰和筒节的尺寸配合得很好，并且它们的中心线重合，如果中心线不重合或为确定插入点所作的偏移线（过 P_6 点的水平线）和法兰的下端轮廓线不重合，则表示移动插入工作失败，需重新插入。本阶段工作的关键是对每一步的数据一定要计算正确，否则会出现各种情况，必须十分细心。

（2）管板法兰的绘制

管板法兰的具体尺寸已在前面介绍过，首先根据前面介绍的尺寸，按 1∶1 的比例绘制管板法兰，然后将绘制好的管板法兰按 0.2 的缩放因子进行缩小备用。由于上面的容器法兰和下面的管板法兰是配套使用的，如果没有垫片的话，容器法兰的下端水平轮廓线和管板法兰的上端水平轮廓线是重叠的，现考虑垫片的厚度为 2mm，则该两条轮廓线之间就相距 2mm，则本图中为 0.4 单位，故管板法兰插入点的位置是在中心线上距图 5-26 中的 P_6 点下方 0.4 个单位的点上，即图 5-27 中的 P_1 点，确定 P_1 点有多种方法，一种简单的方法是利用作偏移线的方法确定 P_1 点，有了 P_1 点（即插入点），还需确定移动法兰的基点。根据图 5-28 中的结果，移动基点在管板法兰的中心线和管板法兰上端轮廓线的交点上（即移动基点和插入基点重叠）。这样有了插入点和移动基点，通过捕捉功能，很容易绘制管板法兰。如果一切都正确的话，会发现容器法兰和管板法兰榫槽结构会配合得很好，两者的中心线及螺栓孔中心线完全重合，见图 5-27。

（3）利用镜像绘制下端的封头、筒节、法兰及管板法兰

下端的封头、筒节、法兰及管板法兰和上端的完全一致，无需重复绘制，只要利用镜像技术就可以生成下端的封头、筒节、法兰及管板法兰，关键是需要确定对称线。关于对称线，在绘制中心线时已经做了准备，只要选择图 5-25 中过 P_5 点的水平线作为对称线，就可以完成本阶段的工作，结果见图 5-28，为了节约图纸篇幅，对图 5-28 进行了打断处理，即缩短了中间部分的长度，注意此时尚未对下端部分的剖面线进行调整，拟在最后成图时进行调整。

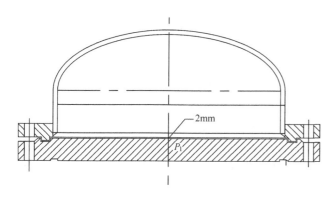

图 5-27　管板法兰绘制示意图

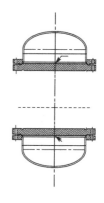

图 5-28　镜像处理后的效果图

（4）壳体及接管的绘制

首先来说一下壳体的绘制，本次所绘制的换热器壳体内径为 400mm，外径为 416mm，厚度为 8mm，长度为 2920mm。但是，在具体绘制过程中壳体的长度不用考虑，由于壳体采用断开画法，其长度已通过前面镜像处理技术确定下来，故只需根据壳体的内径及厚度就可以绘制好壳体。壳体的绘制通过以下几个步骤实现：

① 以主视图中垂直中心线为基线，以 40 为偏移距离（实际为 200mm，壳体内半径），向左右两边各作一条偏移线，此为壳体的内轮廓线。

② 以前面绘制的两条内轮廓线为基线，以 1.6 为偏移距离（实际为 8mm，壳体厚度），向左右两边各作一条偏移线，此为壳体的外轮廓线。

③ 利用同层置换，将通过偏移所得的 4 条壳体轮廓线置换为主结构线图层，并利用修剪技术，除去多余的线段（超过管板凹槽平面部分的线段）。

下面为该过程几个主要的命令。

命令：_offset

当前设置：删除源=否　图层=源　OFFSETGAPTYPE=0 指定偏移距离或 [通过(T)/删除(E)/图层(L)] <通过>：<1.6000>：40【内轮廓线的偏移距离】

选择要偏移的对象，或 [退出(E)/放弃(U)] <退出>：

指定要偏移的那一侧上的点，或 [退出(E)/多个(M)/放弃(U)] <退出>【重复选择过程】

OFFSET

当前设置：删除源=否　图层=源　OFFSETGAPTYPE=0 指定偏移距离或 [通过(T)/删除(E)/图层(L)] <通过>：<40.0000>：1.6【偏移的厚度】

选择要偏移的对象，或 [退出(E)/放弃(U)] <退出>：

指定要偏移的那一侧上的点，或 [退出(E)/多个(M)/放弃(U)] <退出>【重复选择过程】

完成壳体轮廓线后，进行接管轮廓的绘制，本绘制图中共有 4 个接管，4 个接管的大小相等，其主要尺寸如下：接管总长100mm，接管内径80mm，厚度4.5mm，接管法兰外径200mm，螺栓孔圆心直径160mm，总厚度20mm，凸台高3mm，凸台直径为132mm。根据以上数据，先按 1：1 利用简略画法绘制好法兰，详细图见图 5-22。将绘制好的接管图按 0.2 的比例因子缩放，然后将缩放所得的图进行环行列阵，选择列阵数目为 4 个，包含角度为 360°，就可以生成所需的 4 个接管图，将接管移到所需的位置上，就可以完成接管的绘制，效果图见图 5-29。和前面同样的问题是移动的基点和插入的基点的确定。4 个接管移动的基点均取接管下端轮廓线（图 5-30）和接管中心线的交点。4 个插入的基点，其中上、下封头上的插入基点比较容易确定，就是封头中心线和封头外轮廓线的交点，可参见图 5-30。另外两个插入基点为壳体上的点，需要通过辅助线来确定。其方法是以图 5-29 上、下管板轮廓线 L_1 和 L_2 为偏移基准线，以 30 为偏移量（实际距离为 150mm）作偏移线，偏移线和壳体外轮廓线的交点 P_1 和 P_2 作为壳体上接管插入的基点。确定了 4 个插入的基点，通过带基点移动插入，并进行必要的延长、修剪、打断等处理，就可以比较方便快速地绘制好 4 个接管。

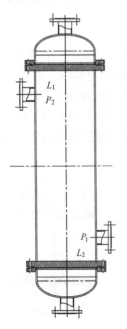

图 5-29　壳体接管绘制后效果图

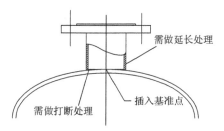

图 5-30　接管绘制

（5）折流板、打断线、拉杆、定距管及管子绘制

本次所绘制的换热器共有 8 块折流板，厚度为 6mm，直径为 398mm，弓形缺口高度为 88mm，具体开孔情况参看前面的图 5-19。尽管换热器实际有 8 块折流板，但本次绘制的装配图中只绘制 4 块折流板，它们分别是（从上数起）第一、第二、第七、第八块折流板。其中第一块折流板距上面管板法兰轮廓线 L_1（图 5-31）的距离为 320mm，不进行打断，故管板轮廓线 L_1 距第一块折流板的轮廓线 L_2 的图中距离为 64，由于管板的距离为 6，第一块管板的第二条水平轮廓 L_3 和第一条水平轮廓线 L_2 图中距离为 1.2。第二块管板的绘制无需精确定位，可利用第一块折流板和前面绘制中心线时所绘的对称线 L_6（图 5-31 已对原线条进行图层

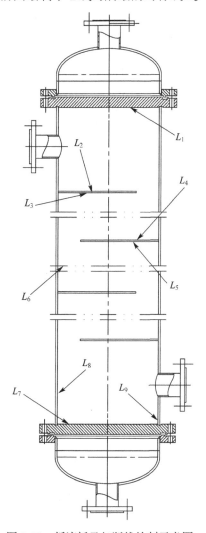

图 5-31　折流板及打断线绘制示意图

置换，将原中心线图层置换成打断线图层）之间的距离进行大致确定，即在第一块折流板和中心线之间距离的 2/3 处，在正交状态下绘制一条穿过整个壳体的水平线 L_3，再通过偏移及修剪的技术就可以绘制好第二块折流板。第八块折流板和第七块折流板采用和第一、第二块折流板相似的方法即可绘制，所不同的是基准线条由前面的 L_1 变成了 L_7。根据前面的分析，绘制折流的步骤如下：

① 以 L_1 为基准线，以 64 为偏移距离，利用偏移绘制 L_2；

② 以 L_2 为基准线，以 1.2 为偏移距离，利用偏移绘制 L_3，完成第一块折流板的水平轮廓线；

③ 在正交状态线，于 L_3 和对称线 L_6 之间的 2/3 处，绘制 L_4；

④ 以 L_4 为基准线，以 1.2 为偏移距离，利用偏移绘制 L_5，完成第二块折流板的水平轮廓线；

⑤ 以 L_7 为基准线，和步骤①~④相仿，完成第八、第七块折流板的水平轮廓线；

⑥ 利用壳体的内轮廓线 L_8、L_9 为基线，以 22.25（实际距离为 89mm，其中缺口高度为 88mm，间隙距离为 1mm）为偏移距离，绘制线内偏移线；

⑦ 在前面工作的基础上，根据图 5-29 所示的效果图进行各种修剪，就可以完成折流板的绘制工作。

绘制好折流板后，应绘制打断线。打断线除了利用原来水平对称线为其中的一组绘制基准外，其他两组基准线分别在第一块折流板和第二块折流板中间、第八块折流板和第七块折流板中间进行绘制，无需精确定位，只要基本处在中间位置即可，其效果图见图 5-31。

绘制好折流板和打断线之后，进行拉杆、定距管及换热管的绘制。本换热器中共有 4 根拉杆，在主视图中只表示 3 根拉杆，因为其中两根拉杆在主视图中是重叠的。所画 3 根拉杆的中心线位置一根和主视图的中心线重合，另外两根的中心线的位置在距主视图中心线左右各 160mm 的位置上，图上距离为 32），有了拉杆中心线的位置，拉杆的绘制就十分容易了。定距管就是拉杆配套使用的管子，其中心线和拉杆的中心线重叠，先绘好拉杆，再通过偏移就可以绘制定距管。109 根管子，在主视图中只绘制其中一根，管子的上下两端采用局部剖，中间部分不剖，管子高于管板平面 3mm，图上距离为 0.6，需将图面进行放大才比较容易确定。管子和管板的焊接方式有局部放大图，而拉杆和折流板及管板采用螺栓结构进行连接。拉杆在管板部分的放大图见图 5-32，图中数据已按 1：5 比例缩小；拉杆在折流板上端部分的放大图见图 5-33，图中数据是实际数据，没有进行缩小。

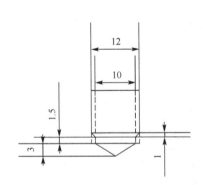

图 5-32　拉杆在管板部分放大图

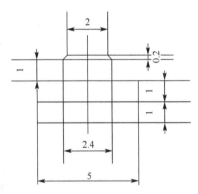

图 5-33　拉杆在折流板上端部分放大图

有了前面的准备工作，整个拉杆、定距管及管子的绘制过程如下。

① 绘制管板水平中心线上 11 根管子的中心线，具体方法是以主视图的中心线 L_1（该线也是其中一根管子的中心线）为基准，以 6.4 为偏移距离（实际距离为 32mm），左右各进行 5 次偏移，得到 10 根管子的中心线，包括 L_1 共 11 根管子。其中左边第一根 L_2 为拉杆中心线，中间 L_1 也为拉杆中心线，右边第一根 L_3 也为拉杆中心线，右边第 4 根 L_4 作为绘制管子的中心线。

② 绘制图 5-32 及图 5-33 零件，并将其复制 3 份备用。

③ 以 L_1 为基准线，以 2.5 的偏移距离分别向左右两边作偏移线，并将其图层置换为主结构线图层，得到 L_5、L_6 两条直线。

④ 以 L_2、L_3 为基准线，分别以 1.2、2、2.5 为偏移距离，向左右两边作偏移线，并将其图层置换为主结构线图层，共得到包括 L_7、L_8 在内的 12 条关于拉杆和定距管的偏移线。

⑤ 以 L_4 为基准线，分别以 2、2.5 的偏移距离，向左右两边作偏移线，并将其图层置换为主结构线图层，得到包括 L_9、L_{10} 在内的 4 根管子的轮廓线。

⑥ 将上面的偏移得到的轮廓线以管板或折流板的轮廓线为基准线进行修剪，将前面图 5-32 和图 5-33 绘制好的零件插入到对应位置上，关于基点的确定方法和前面已经介绍过的相仿，此处不再进行介绍。

⑦ 利用各种修剪技术，将前面所绘的图形进行修剪，最后得到图 5-34。

（6）俯视图的绘制

图 5-35 是已经绘制好的俯视图，该俯视图的右边部分采用剖视图，左边部分不剖。在具体绘制时先不要考虑左边部分没有采用剖面图，而是将其全部按采用剖视图进行绘制。在俯视图中共涉及接管、支座、管板法兰、管法兰、管子、拉杆、螺栓孔等零件，除支座外，其他零件均在主视图的绘制中说明过尺寸，而支座的详细结构尺寸见图 5-36。在进行绘制俯视图之前，先按实际尺寸绘制支座、接管的俯视图，并按 0.2 的缩放因子进行缩小，再进行 4 个数目的环形阵列备用，其中支座的环型列阵需旋转 45°。在此基础上绘制俯视图就可以加快绘制速度，具体的绘制规程如下（前面的准备工作不再介绍）：

① 以前面图 5-25 确定的俯视图中心点 P_3 为圆心，绘制一系列圆，分别是容器法兰外径圆，绘图半径是 54（实际直径 540mm）；容器法兰螺栓孔中心线圆，绘图半径是 50，（需在中心线图层绘制）；壳体外轮廓线圆，绘图半径 41.6；壳体内轮廓线圆，绘图半径 40；管法兰外轮廓线圆，绘图半径 20；管法兰螺栓孔中心线圆，绘图半径是 16；接管外径圆，绘图半径为 8.9，接管内径圆，绘图半径为 8，这样从外至里共绘制了 8 个圆，其中两个需在中心线图层绘制，其他均在主结构线图层绘制。

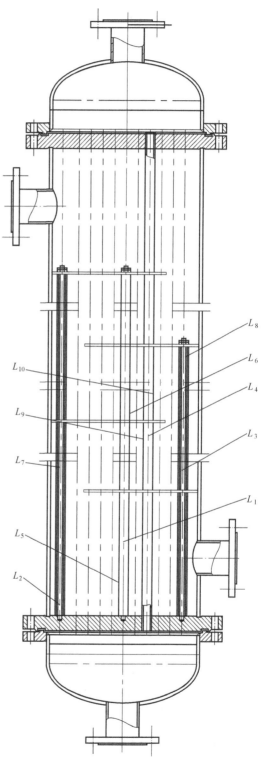

图 5-34　拉杆、折流板绘制示意图

② 绘制管板上的管子及拉杆，利用前面介绍过的关于管板布孔的方法，确定113个圆心的位置，其中水平中心线两端的两个圆心及垂直中心线两端的两个圆心为四根拉杆的圆心，根据确定的圆心位置（按正三角形错排，管心距为32mm），在最外端及垂直中心线上的圆心位置上绘制两个圆，绘制半径分别为2.5和2，同时在确定的拉杆位置上，绘制正六边形。

③ 将前面已经画好的接管零件图，按图5-35所示的位置进行插入。

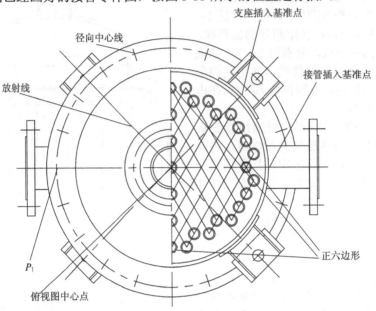

图5-35　俯视图绘制示意图

④ 将前面已经画好的支座零件图，按图5-35所示的位置进行插入，但在插入前应先确定插入点，具体方法是以俯视图的中心为基准点，以60为长度，以45°、135°、235°、315°为角度的相对坐标，绘制4条放射线，该4条放射线和壳体外轮廓线的圆的交点为插入基准点，将支座插入，并顺便将主视图中支座画上。需要注意的是，在主视图中支座上端距管板的距离不是真实的位置，因为真正支座所在的壳体位置部分已被打断，故将支座的垂直位置上移（一般以在打断线之前放下支座为准，不必精确定位）。实际的安装位置以装配图中所标的数据为准。

⑤ 绘制20个容器法兰螺栓孔的径向中心线。其绘制方法是以螺栓孔中心圆和俯视图的水平中心线的交点 P_1（图5-35）为中点，绘制一条螺栓孔径向中心线，然后以这条线为基准，进行环形列阵，见图5-37，选择项目总数为20，填充角度为360°，点击图5-37中箭头所指的图标，然后

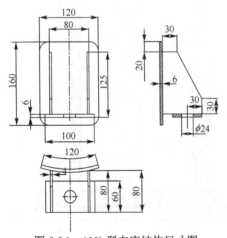

图5-36　AN1型支座结构尺寸图

捕捉俯视图的中心点为环形列阵的中心点，就可以完成20条径向中心线的绘制，至此，完成俯视图中所有轮廓线的绘制工作，最后结果见图5-35。

5.3.5　剖面线、焊缝线的绘制

在第4章中，先绘制局部视图，然后再绘制剖面线和焊缝线。但是，本次绘制图和第4章的不同之处是对壳体厚度等较小尺寸构件的绘制，没有采用夸张的处理，而是完全根据实

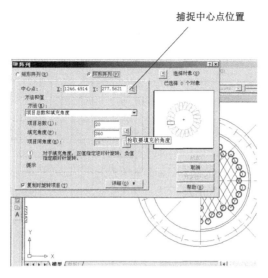

图 5-37 环形列阵绘制示意图

际尺寸按 1 : 5 的比例绘制，故此处先进行剖面线和焊缝线的绘制，然后利用已经绘制好的全局图通过复制、修剪、放大等处理技术，可直接得到局部放大图，可减少部分线条及焊缝和剖面线的绘制，减少绘图工作量，关于剖面线绘制过程中应该注意的问题和第 4 章中相同，应做到相接触的不同构件尽量采用不同方向的剖面线；而同一构件的不同部分，即使在图上没有互相连接，也必须采用相同方向的剖面线。焊缝线的绘制应配合具体的焊接知识，至于其大小或尺寸不一定十分精确，只要基本接近即可。本绘制过程不再单独列图，其效果可参见最后绘制的结果图 5-39。

5.3.6 局部视图的绘制

由于在绘制全局图的时候没有采用夸张的处理技术，所以，可以将全局图中需要放大的部分通过有选择复制、添加分割线、修剪、缩放等处理来达到局部放大图的绘制，充分发挥计算机绘图的优点。以绘制图 5-38（b）的局部视图为例，说明局部视图的绘制过程：

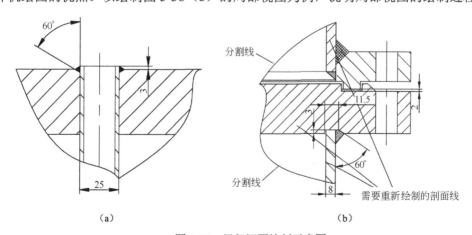

（a）   （b）

图 5-38 局部视图绘制示意图

① 利用从右上向左下拖动的选择技术，在全局图中选择需要放大的部分进行复制粘贴（可能会选中多余的内容，可以通过修剪或剪切将其删除，如果选用从左下到右上的拖动技术

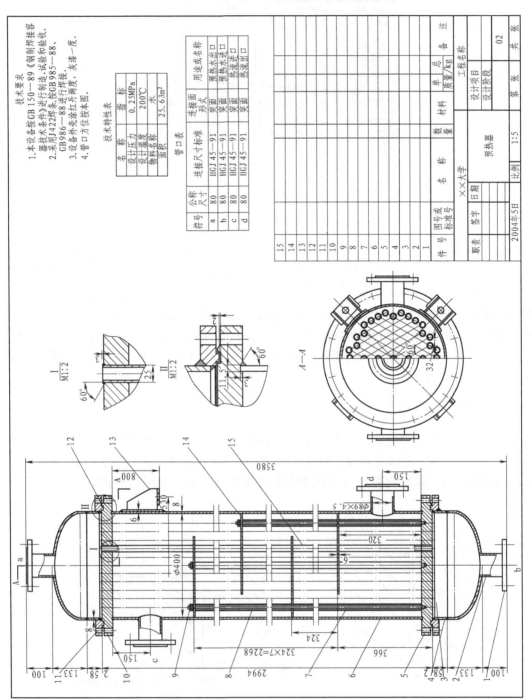

技术要求

1. 本设备按GB 150—89《钢制焊接容器技术条件》进行制造，试验和验收。
2. 采用J422焊条按GB 985—88，GB 986—88进行焊接。
3. 设备外壳涂红丹两度，灰漆一度。
4. 管口方位按本图。

技术特性表

名 称	指 标
设计压力	0.25MPa
设计温度	200℃
物料名称	水
面 积	25.63m²

管口表

符号	公称尺寸	连接尺寸标准	连接面形式	用途或名称
a	80	HGJ 45—91	突面	预热水出口
b	80	HGJ 45—91	突面	预热水进口
c	80	HGJ 45—91	突面	热流进口
d	80	HGJ 45—91	突面	热流出口

图 5-39 某换热器装配图

进行选择，可能会出现不能将所希望的内容完全选中的现象）。

② 利用圆弧及样条线绘制技术，绘制分割线。

③ 以分割线为修剪基线，将分割线左边部分的线条删除。

④ 由于管板、筒节及壳体部分的剖面无法进行修剪，故先将其删除，然后利用分割线所围成的区域重新进行填充。

⑤ 将上面的图进行放大，取缩放因子为 5，由于全局图按 1∶5 的比例绘制，故局部视图最后的比例是 1∶1，具体有关说明见图 5-39。

5.3.7　尺寸标注、指引线的绘制

按照实际的装配尺寸及设备大小，标上各种数据，并将主要构件用指引线引出，具体的方法在第 4 章里已经介绍过，此处不再详细说明，指引线上的数字也不再具体写上，只起到示意作用，具体尺寸见图 5-39。

5.3.8　写技术说明、绘管口表、标题栏、明细栏、技术特性表等

技术说明可利用文字编辑器进行输入，"技术要求" 4 个字采用 5 号字，正文说明采用 3.5 号字。明细栏、标题栏的绘制可通过直线绘制工具及多次利用偏移、修剪、打断等工具快速地进行绘制，栏中或表中的文字可采用 5 号或 2.5 号，同时明细栏中也不再标上一些具体的说明，读者可以仿照第 4 章中介绍方法，自己进行该内容的绘制。最后进行全图的检查工作，修改一些细小的问题，也可调整全图的布置格局，使其更加合理。最后的结果见图 5-39。

5.4　本章重点知识

5.4.1　利用井字形修剪及直接拉伸捕捉缩放进行快速修剪技术

在本章的绘制过程中，用到了设备打断技术，使换热器绘图高度大大下降，但由于打断中间的所有线条必须删除，如果利用常规的修剪技术（只选择一个修剪目标）将无法实现。当然，可利用打断功能，每操作一次，打断一条线条，但这样较麻烦。一种比较简单的处理方法是利用井字打断技术。其步骤是先点击修剪功能，然后点击一条打断线；按住 "Shift"键的同时，点击另一条打断线，回车；然后点击在两条打断线之间的所有线条，将会发现，所有在线条在打断线之间都断开，效果非常好。其修剪过程示意图见图 5-40，图中只有两条线需要打断，其实可以打断更多的线条。图 5-40 操作过程中命令如下。

命令：_trim

当前设置：投影=UCS，边=无

选择剪切边…【点击线条 L_1】

选择对象：找到 1 个【按住 "Shift" 键的同时，点击另一线条 L_2】

选择对象：找到 1 个，总计 2 个【此时效果图见图 5-40（a）】

选择对象：【回车】

选择要修剪的对象，或按住 Shift 键选择要延伸的对象，或[投影(P)/边(E)/放弃(U)]:【点击 L_3 处】

选择要修剪的对象，或按住 Shift 键选择要延伸的对象，或 [投影(P)/边(E)/放弃(U)]:【点击 L_4 处】

选择要修剪的对象，或按住 Shift 键选择要延伸的对象，或 [投影(P)/边(E)/放弃(U)]:【回车，此时的效果图见图 5-40（c）】

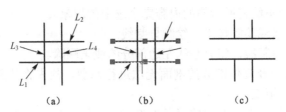

图 5-40　井字形修剪示意图

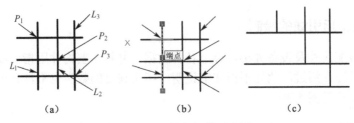

图 5-41　捕捉拉伸示意图

　　捕捉拉伸是一种更加直截了当的修剪方法，尤其是不同的线条其修剪的基准线都不同时，利用该法效果更佳，其操作过程示意图见图 5-41。要求将图 5-41（a）修剪成图 5-41（c）的形状。可以直接选择线条 L_1，点击 L_1 的下端点，使其变成红色，见图 5-41（b），按住鼠标拖动到 P_1 点松开鼠标，就完成 L_1 的修剪工作，其他两条线条 L_2 和 L_3 仿照 L_1 的修剪过程，最后得到图 5-41（c）所示的修剪效果。

5.4.2　比例缩放、基点插入、环形列阵的综合利用

　　在本次绘图过程中，有些构件需要在俯视图中的不同位置重复绘制，并且这些零件的位置是以某一圆的圆心为中心的环形列阵，可以利用下面介绍的方法进行绘制，加快绘制速度，其绘制过程如下。

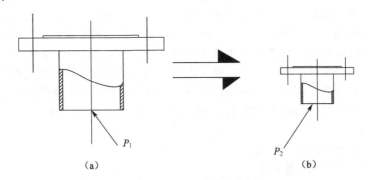

图 5-42　按比例缩放示意图

　　① 按照 1∶1 的比例绘制好构件图，见图 5-42（a）。
　　② 以 P_1 为缩放基点，取 0.5 为缩放因子，进行缩小，即绘图比例为 1∶2，见图 5-42（b），该过程的命令如下。
　　命令：_scale 找到 17 个【选择 1∶1 的构件】
　　指定基点：【点击 P_1】
　　指定比例因子或 [参照(R)]：0.5【输入 0.5，回车，见图 5-42（b）】
　　③ 将缩小的图根据插入的实际角度进行旋转，其命令如下。

命令：_rotate

UCS 当前的正角方向：ANGDIR=逆时针　ANGBASE=0

找到 17 个[选中图 5-42（b）]

指定基点：【指定图 5-42 中的 P_2 点】

指定旋转角度或 [参照(R)]：–45【输入–45，回车，完成旋转，见图 5-43 中的虚线小图】

④ 确定需要插入的基点。基点需要通过辅助线来确定，其确定过程如下。

命令：_line 指定第一点：【环形构件的中心点，在本例中是圆心】

指定下一点或 [放弃(U)]：@200<45（作 45°放射线，该线和圆周线的交点的为插入点）

指定下一点或 [放弃(U)]：*取消*【回车，结束本次操作】

⑤ 带基点移动插入。

命令：指定对角点：【选择需要移动插入的构件，一般利用从右上向左下拖动的技术】

命令：_move 找到 17 个

指定基点或位移：【指定图 5-43 中的 P_1 点】

指定位移的第二点或 <用第一点作位移>：【指定图 5-43 中的交点 P_2】

⑥ 环形列阵，其操作过程如下。

命令：指定对角点：【选择环形列阵的目标构件】

命令：_arrayclassic 找到 17 个

指定阵列中心点：【指定圆心为中心点】

然后在对话框中，选择总数目为 4 个，包含角度为 360°，点击确定，可以得到图 5-44 所示的最后结果。

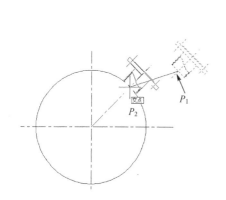

图 5-43　带基点移动插入示意图

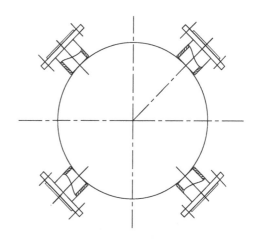

图 5-44　捕捉中心环行列阵示意图

5.4.3　在管板管子布孔的两种快速画法

（1）列阵、复制、粘贴、镜像及修剪的综合应用

① 先以管心距（32）为边长，绘制一个正三角形，其中一边必须是水平的，见图 5-45。

② 以所绘制的第一个三角形为基准，作矩形阵列，行数为 1，列数为 11，行间距为 0，列间距 32（可保证每个正三角形互相连接），详细设置参见图 5-46 所示的对话框。点击确定，得到图 5-45 所示的结果。

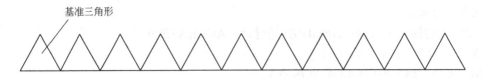

图 5-45 矩形阵列结果图

上述两步的具体操作命令如下。

命令：_polygon 输入边的数目<4>：3

指定正多边形的中心点或[边(E)]：e

指定边的第一个端点：指定边的第二个端

点：@32,0

命令：_arrayclassic

选择对象：指定对角点：找到 1 个

③ 选中图 5-45 中的所有内容，向上进行
6 次带基点复制、粘贴的工作得到图 5-47。

④ 绘制一条通过图 5-47 最底部三角形水
平边的直线，并以该直线为对称线，作图中已
绘制好图形的上下对称图形，结果见图 5-48。

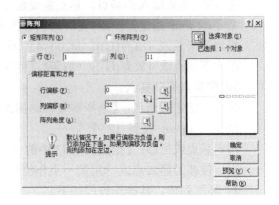

图 5-46 "矩形阵列"对话框

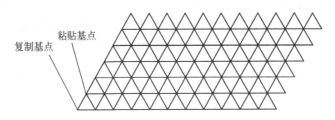

图 5-47 复制、粘贴后的结果图

⑤ 绘制好布孔范围的圆，该圆直径为 410，圆心在从左边数起对称线上第六个三角形底
边的中点，绘制结果见图 5-49。

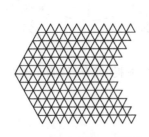

图 5-48 对称成像后示意图

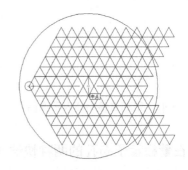

图 5-49 添加好布孔范围圆后示意图

⑥ 根据布管的一些规定，确定最外圈的布管情况，将多余的线条利用各种修剪技术剪
去，得图 5-50。

（2）定距偏移、作方向线、定点偏移及修剪的综合应用

① 在绘制好布孔范围圆的基础上，确定垂直中心线左右两边的第一个管心的位置。以

垂直中心线为基准线，以 16 为偏移距离，分别向左右偏移，偏移线和水平中心线的交点即为两个管心的位置，见图 5-51。

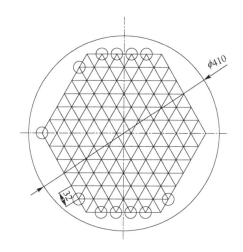

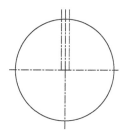

图 5-50　修剪后结果示意图　　　　　图 5-51　确定管板中间线上左右两个管心位置

② 以图 5-51 中绘制的两条偏移线为初始基准线，以 32 为偏移距离，逐次向左右各偏移 5 次，得到 10 条偏移线，和原来的 2 条偏移线相加，共 12 条偏移线，偏移线和水平中心线的交点即为中心线上的管心位置，见图 5-52。

③ 通过中心线上的第一个管心位置和第 12 个管心位置，作图 5-53 所示的方向线，具体命令如下。

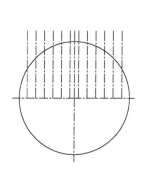

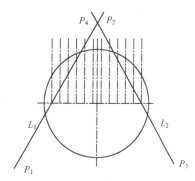

图 5-52　确定管板中间线上所有管心位置　　　　图 5-53　绘制两条方向线示意图

命令：_line 指定第一点：【点击中心线上第一个管心位置】
指定下一点或 [放弃(U)]：@400<60
指定下一点或 [放弃(U)]：*取消*【回车】
命令：_line 指定第一点：【点击中心线上第一个管心位置】
指定下一点或 [放弃(U)]：@400<–120
指定下一点或 [放弃(U)]：*取消*【回车】
命令：_line 指定第一点：【点击已绘好斜线的下端 P_1】
指定下一点或 [放弃(U)]：【点击已绘好斜线的上端 P_2】
指定下一点或 [放弃(U)]：*取消*【回车，绘制好第一条斜线 L_1，为了偏移，需将两线段合为一条】
命令：_line 指定第一点：【点击中心线上第 12 个管心位置】

指定下一点或 [放弃(U)]：@400<120

指定下一点或 [放弃(U)]：*取消*【回车】

命令：_line 指定第一点：【点击中心线上第 12 个管心位置】

指定下一点或 [放弃(U)]：@400<-60

指定下一点或 [放弃(U)]：*取消*【回车】

命令：_line 指定第一点：【点击已绘好斜线的下端 P_3】

指定下一点或 [放弃(U)]：【点击已绘好斜线的上端 P_4】

指定下一点或 [放弃(U)]：*取消*【回车，绘制好第二条斜线 L_2，最后结果见图 5-53】

④ 以步骤③中所作的两条直线 L_1、L_2 为基准线，以通过偏移点的偏移方法，分别通过图 5-52 中所确定的中心线上管心的位置点，得到 22 条偏移线，具体结果见图 5-54。

⑤ 采用和前面所介绍的方法，进行修剪，得到图 5-55。

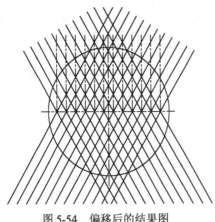

图 5-54　偏移后的结果图

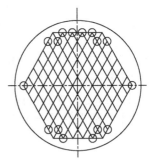

图 5-55　最后结果图

5.5　本章慕课学习建议

列管式换热器是化学化工行业最常见的换热装置，也常常作为化工原理、化工设计等课程作为课程设计的设计内容。本章慕课学习，除了按前面已将提到的学习次序进行学习外，学员必须自己补充有关列管式换热器设计的详细知识，尤其是搞清楚列管式换热器中有关定距管、拉杆、折流板、管板法兰等零件的具体结构，了解用于列管换热器的各种支座、接管、法兰等零件的标准型号及具体数据，注意这些零件的简洁画法，每个学员必须在看完慕课视频及教材的前提下，亲自动手将教材上的换热器自己重新绘制一遍，注意千万不要心急，按书上的步骤一步一步进行绘制，对于新手一般需要 1～3 天的绘制时间（每天按 8 小时计）方可达到较为满意的绘制图形。一定要注意各个细节，如不同零件的剖面是否采用不同的方向、各种焊缝是否绘制、各种必需的尺寸是否标注、零件直线是否对齐、各种文字大小是否合理一致、图形整体布局是否协等调各种细节。

习　题

绘制图 5-56 所示换热器，建议最大限度地利用各种快速绘制技术，并写出本图绘制中 3 种主要 AutoCAD 绘制技术的应用。

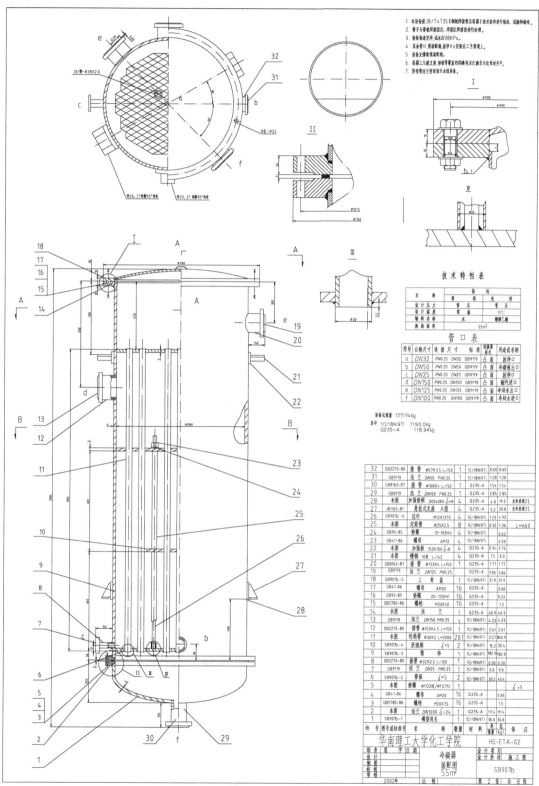

图 5-56 习题图

第6章
塔设备的绘制

6.1 本章导引

塔设备是炼油、化工、轻工、制药等行业中用于原料或产品的浓缩及提纯的重要设备。它可使气、液或液、液两相之间进行充分接触,达到相际传质及传热的目的。主要用于精馏、吸收、解吸、萃取等,此外,塔设备在工业气体的冷却与回收、气体的湿法净制和干燥,以及兼有气、液两相传质和传热的增湿和减湿等单元操作之中也起着重要的作用。由于塔设备主要进行原料预处理(如蒸馏塔将液体原料变成气体以便于后面的气相催化反应)、产品提纯处理(如精馏塔将产品的纯度提高,直接影响最后产品的质量及数量),因此,塔设备的性能的好坏,对于整个化工生产过程的产品产量、质量,生产能力和消耗定额以及三废处理和环境保护等均有很大影响;同时,塔设备的投资和金属用量,在整个生产工艺装置中均占较大比例。因此,对塔设备的研究(包括设计和绘制),始终受到人们极大的重视。

塔设备一般由塔设备本体、塔设备上附属构筑物(如操作平台、栏杆、梯子、管线等)、支承塔设备的基础这三部分组成。塔设备应在满足化工工艺要求的前提下,尽量做到以下几点:

① 生产能力大,即气、液处理量大;
② 流体流动阻力小;
③ 传质效率高;
④ 结构简单,材料耗用量小,制造和安装容易;
⑤ 操作弹性大,即在负荷波动较大时,仍能维持较高的效率;
⑥ 便于操作、控制及检修等。

事实上,在设计任何一台塔设备时,很难全部满足上述各项要求,但应该从符合生产的基本要求、满足经济上的合理性,以及在单位时间内利用最少的能源和空间生产加工最多的产品等方面出发,予以全面考虑,使所设计的塔在满足基本要求的前提下,整体性能达到最优。

本章将通过对塔设备一些基本知识的介绍,具体讲解如何绘制塔设备,大到绘制整体方案的确定,小到主要零配件的尺寸及绘制方法。对于前面几章已经详细介绍过的绘制方法将不再讲解(如封头的绘制、接管的绘制),但会提供本章中有关这些零配件的具体尺寸。

6.2 塔设备设计基本知识

6.2.1 塔设备的分类

为满足各种生产过程的需要,塔设备经过长期发展,形成了多种结构,为便于研究和比较，可以从不同的角度对塔设备进行分类。例如：按单元操作分为精馏塔、吸收塔、解吸塔和萃取塔等；按操作压力分为加压塔、常压塔和减压塔；按塔内件结构分为板式塔和填料塔两大类（但如果将塔内无任何构件也作为一类，则可以分为三类，具体如图6-1所示）。

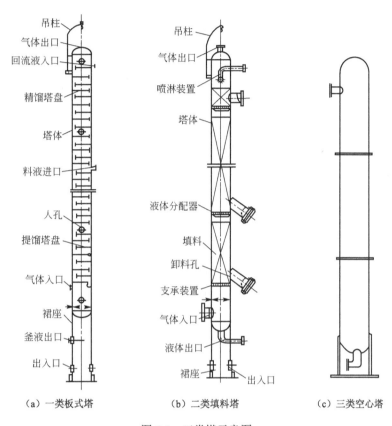

图6-1 三类塔示意图

（a）一类板式塔　　　　（b）二类填料塔　　　　（c）三类空心塔

下面将按塔内构件分类的三类塔设备再进行进一步细分。

（1）板式塔

板式塔以塔板作为气、液接触的基本构件。气体自塔底向上以鼓泡喷射的形式穿过塔盘上的液层，塔内气、液两相呈逐级逆流操作，在塔板传质元件作用下，两相进行接触和分离，同时完成传质（和传热）任务。

板式塔构造，除塔板外，塔的内构件还包括降液管、受液盘、溢流堰、塔板支承件及紧固件等。塔板选型后，应依次进行塔径、塔板及内构件的设计，然后用负荷性能图进行结构设计的调整（或优化），直至满足塔内正常操作（或较佳操作）。

除此之外，人们又按板式塔的塔盘结构的不同，将板式塔细分为多种塔。常见板式塔的类型有浮阀塔、泡罩塔、筛板塔、斜孔塔及穿流式栅板塔等。

① 浮阀塔　浮阀塔是现今应用最广的一种板型。浮阀塔的结构特点是在塔板上开有若干大孔（标准孔径为39mm），每个孔上装有一个可以上下浮动的阀片。操作时，由阀孔上升的气流，经过阀片于塔板的间隙而与板上横流的液体接触。浮阀开度随气体负荷而变化，当气量很小时，气体仍能通过静止开度的缝隙而鼓泡。

浮阀塔的突出特点是操作弹性大，由于压降及雾沫夹带均小，故板间距可缩小。一般浮阀塔在生产能力、塔板效率及结构的简单程度方面优于泡罩塔而不及筛板塔。

② 筛板塔　筛板塔的塔板上开有许多均匀分布的筛孔，孔径一般为 $3\sim8\mathrm{mm}$，筛孔在塔板上呈正三角形排列。塔板上设置溢流堰，使板上能维持一定厚度的液层。操作时，上升气流通过筛孔分散成细小的流股，在板上液层中鼓泡而出，气、液间密切接触而进行传质。在正常的操作气速下，气体通过筛孔上升，应能阻止液体经筛孔向下泄漏。

近年来，筛板塔得到更广泛的应用。筛板塔的主要优点是结构简单；其缺点是易漏液，操作弹性较小。

③ 泡罩塔　泡罩塔的每层塔板上开有若干个孔，孔上焊有短管作为上升气体的通道，称为升气管。升气管上覆以泡罩，泡罩下部周边开有许多齿缝。齿缝一般有矩形、三角形及梯形三种，常用的是矩形。泡罩在塔板上呈正三角形排列。

操作时，液体横向流过塔板，靠溢流堰保持塔板上有一定厚度的流动液层，齿缝浸没于液层之中而形成液封。上升气体通过齿缝进入液层时，被分散成许多细小的气泡或流股，在板上形成了鼓泡层和泡沫层，为气、液两相提供了大量的传质界面。

尽管泡罩塔有操作弹性大、板效率高、处理量大的优点，但由于其结构复杂、造价高以及压降大，使用上受到一定的限制。

④ 舌形塔、浮舌塔和斜孔塔　三者均为喷射型塔。在舌形塔中，气流经舌孔流出时，促进了液体流动，因而大液量时不会产生大的液面落差，同时由于气、液并流，大大减少了雾沫夹带。浮舌塔既有舌形塔处理量大、压降低、夹带小的优点，又有浮阀弹性大、效率高的优点，缺点是舌片易损坏。斜孔塔塔板采用孔口反向交错排列，避免了气、液并流造成的气流不断加速现象，因而液层低而均匀，雾沫夹带小，塔板效率有所提高，但由于开孔固定，操作弹性较小。

⑤ 穿流式栅板塔　穿流式栅板塔属无溢流装置的板式塔。属此类塔的还有穿流式波纹塔、穿流式浮阀塔等。此类塔操作时，气、液两相同时相向通过栅缝或筛孔。栅缝或筛孔的大小，视物料的污垢程度及要求的效率等情况而定。

由于省去了溢流装置，该板塔有生产能力大、结构简单、压降小、不易堵塞的优点，但操作弹性小，塔板效率低。

（2）填料塔

在填料塔中，塔内装有一定高度的填料层。液体自塔顶沿填料表面自上而下呈膜状流动，气体则沿填料层内部通道自下向上流动，气、液两相之间是呈连续逆流接触并进行传质和传热的。显然，两相组分的浓度沿塔高也将呈连续变化。

填料塔以填料作为气、液接触的元件。填料塔由于其填料的不同，又可分为多种。按性能分为通用填料和高效填料；按形状分为颗粒型填料和规整填料；按填料的结构分为实体填料和网状填料等。填料塔的主要构件为液体分布器、填料压板（或床层限制板）、填料、填料支承、液体收集器、液体再分布器等。

填料塔的特点：

① 压力低，可应用于真空蒸馏、吸收等操作。

② 结构简单，可用耐腐蚀材料制成，故可用于处理腐蚀性介质。

③ 安装方便，可用于不宜安装塔板的小直径塔。

④ 由于采用新型高效填料，在许多大直径塔中成功地代替了板式塔，最大直径已达 15m。

⑤ 投资费用较高。

⑥ 填料多易堵塞，故不宜处理悬浮液或易结块的物料。

（3）空心塔

在空心塔内没有装塔盘和填料，有的作为储罐储存催化剂等；有的在塔内将加工后的重油进行冷却结成焦炭、沥青等；有的在塔内安装许多管束，在管外或管内装入催化剂，使参加反应的气体通过静止的催化剂进行反应，作反应塔用。

6.2.2　塔设备关键尺寸的确定

（1）塔高的确定

塔的高度（图 6-2）由主体高度 H_z（塔板或填料所在空间的高度）、顶部空间高度 H_a（第一层塔板或填料以上部分，包括筒节、封头及上面的引出管）、底部空间高度 H_b（最后一层塔盘后或填料下部的筒节，但不包括下封头及引出管高度，因为该高度和裙座高度重合）以及裙座高度 H_s 等部分所组成，所以塔高为

$$H=H_z+H_a+H_b+H_s \tag{6-1}$$

在具体绘制过程中，需要注意底部筒节和裙座之间两者之间并不是刚好对接，如塔的实际总高和按式（6-1）的计算所得会有一些差别，有时是多几毫米，有时是少几毫米。填料塔的高度则包括填料层高度，喷淋装置、再分器、气液进出口所需的高度，底部及顶部高度以及裙座高度等部分。

① 主体高度　由于填料塔和板式塔的结构不同，所以主体高度的含义也不同。板式塔的主体高度是从塔顶第一层塔盘至塔底最后一层塔盘之间的垂直距离；填料塔的主体高度就是填料的高度。蒸馏操作常用理论塔板数来表述塔的高度，求取塔板数的方法很多，可分为解析法、图解法和逐板计算法等几类，目前在实际求取塔板数时常常借助于计算机软件来计算，如 Aspen Plus。

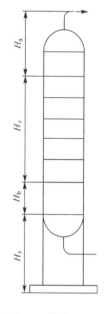

图 6-2　塔高示意图

对于板式塔，应先利用塔效率将理论板层数折算成实际板层数，然后再由实际板层数和板间距来计算主体塔高，即

$$H_z = \frac{N_T H_T}{E_T} \tag{6-2}$$

式中，H_z 为塔高，m；N_T 为塔内所需的理论板层数；E_T 为总板效率；H_T 为塔板间距，m。

塔板间距 H_T 除直接影响塔高外，还与塔的生产能力、操作弹性（即塔板效率）有关。在一定的生产任务下，采用较大的板间距，能允许较高的空塔气速，因而塔径可小些，但塔高要增加；反之，采用较小的板间距，只能允许较小的空塔气速，塔径就要增大，但塔高可以降低。对于塔板数较多的精馏塔，往往采用较小的板间距，适当地加大塔径以降低塔高。板间距与塔径之间的关系，应根据实际情况，结合经济情况权衡，反复调整，以做出最佳选择，也可利用计算机进行优化计算。表 6-1 所列的经验数据可供初选板间距时参考，板间距的数值应按照规定选取整数，如 300mm、350mm、450mm、500mm 等。

表 6-1　浮阀塔塔板间距参考数值

塔径 D/m	0.3~0.5	0.5~0.8	0.8~1.6	1.6~2.0	2.0~2.4	>2.4
板间距 H_T/mm	200~300	300~350	350~450	450~600	500~800	>600

板间距对塔板效率存在较大的影响，在一定的气液负荷和塔径的条件下，增加板间距可

使雾沫夹带量减小，塔板的分离效果增强，塔板效率提高。此外大的板间距，也可以提高操作弹性，以适应生产负荷的波动。同时在决定板间距时还需考虑安装、检修的需要。例如在塔体人孔处，应留有足够高的工作空间，其值不应小于 600mm。

对于填料塔，其高度主要取决于填料层的高度。计算填料层高度常采用以下两种方法。

a．传质单元法　填料层高度 Z=传质单元高度×传质单元数

b．等板高度法　等板高度（HETP）是与一层理论塔板的传质作用相当的填料层高度，也称理论板当量高度。显然，等板高度越小，说明填料层的传质效率越高，则完成一定分离任务所需的填料层的总高度越低。等板高度不仅取决于填料的类型与尺寸，而且受系统物性、操作条件及设备尺寸的影响。等板高度的计算，至今尚无满意的方法，一般通过实验测定，或取生产设备的经验数据。当无实际数据可取时，只能参考有关资料中的经验公式，此时要注意所用公式的适用范围。下面介绍默奇（Murch）的经验公式，即

$$HETP = c_1 Gc_2 Dc_3 Z^{1/3} \frac{\alpha}{\rho_L} \mu_L \tag{6-3}$$

式中，HETP 为等板高度，m；G 为气相的空塔质量速度，kg/（m²·h）；D 为塔径，m；Z 为填料层高度，m；α 为相对挥发度；μ_L 为液相黏度，mPa·s；ρ_L 为液相密度，kg/m³；c_1，c_2，c_3 为常数，取决于填料类型及尺寸（其部分数据见表 6-2）。

表 6-2　默奇公式中的常数值

填料类型	尺　寸	c_1	c_2	c_3
陶瓷拉西环	9	1.36×10^4	-0.37	1.24
	12.5	4.48×10^4	-0.24	1.24
	25	2.39×10^4	-0.10	1.24
	50	1.5×10^4	0	1.24
弧　鞍	12.5	2.55×10^4	-0.45	1.11
	25	2.11×10^4	-0.14	1.11

等板高度的数据或关联结果，一般来自小型实验，故往往不符合工业生产装置的实际情况。估算工业装置所需的填料层高度时，可参考工业设备的等板高度经验数据。譬如，直径为 25mm 的填料，等板高度接近 0.5m；直径为 50mm 的填料，等板高度接近 1m；直径在 0.6m 以下的填料塔，等板高度约与塔径相等；而当塔处于负压操作时，等板高度约等于塔径加上 0.1m。填料层用于吸收操作时的等板高度要大得多，一般可按 1.5～1.8m 估计。此外，不同填料类型的等板高度值不同。普通实体填料的等板高度一般在 400mm 以上。如 25mm 的拉西环 HETP=0.5m，25mm 的鲍尔环 HETP=0.4～0.45m。网体填料具有很大的比表面积和空隙率，为高效填料，其等板高度在 100mm 以下，如 CY 型波纹丝网、Θ 网环填料等。

② 塔的顶部、底部空间、加料板的空间及裙座高度。

a．塔的顶部空间高度（不包括接管高度）　塔的顶部空间高度是指塔顶第一层塔盘到塔顶封头切线的距离。为了减少塔顶出口气体中夹带的液体量，顶部空间一般取 1.2～1.5m。有时为了提高产品质量，必须更多地除去气体中夹带的雾沫，则可在塔顶设置除沫器。如用金属除沫网，则网底到塔盘的距离一般不小于塔板间距。

b．塔的底部空间高度　塔的底部空间高度是指塔顶最末一层塔盘到塔底下封头切线处的距离。当进料系统有 15min 的缓冲容量时，釜液的停留时间可取 3～5min，否则必须取 15min。但对釜液流量大的塔，停留时间一般也可取 3～5min；对于易结焦的物料，在塔底的停留时间应缩短，一般取 1～1.5min。据此，就可由釜液流量求出底部空间，再由已知的塔

径求出底部空间的高度。

c. 加料板的空间高度　加料板的空间高度取决于加料板的结构形式及进料状态。如果是液相进料，其高度可等于板间距或稍大些，如果是气相进料，则取决于进口形式。

d. 裙座高度　塔体通常由裙座支撑。裙座分为圆柱形和圆锥形两种。裙座高度是指从塔底封头切线到基础环之间的高度。以圆柱形裙座为例，裙座高度是由塔底封头切线至出料管中心线的高度 U 和出料管中心线至基础环的高度 V 两部分组成。U 的最小尺寸是由釜液出口管尺寸决定的；V 则应按工艺条件确定，例如考虑与出料管相连接的再沸器高度、出料泵所需的位头等，一般裙座的高度在 2500mm 以上。裙座上的人孔通常用长圆形，其尺寸为 510mm×（1000～1800）mm，以方便进出。

（2）板式塔的塔径计算

① 塔径的初步计算　依据流量公式可计算塔径，即

$$D=\sqrt{\frac{4V_s}{\pi u}} \tag{6-4}$$

空塔速度定义为

$$u=\frac{4V_s}{\pi D^2} \tag{6-5}$$

式中，D 为塔径，m；V_s 为塔内气体流量，m³/s；u 为空塔气速（即按空塔截面积计算的气体线速度），m/s。

由此可见，计算塔径的关键在于确定适宜的空塔气速 u。

为确定适宜气速 u，必须计算有效空塔气速的极限值 u_{max}，可用 Souders-Brown 式计算：

$$u_{max}=C\sqrt{\frac{\rho_L-\rho_V}{\rho_V}} \tag{6-6}$$

式中，ρ_V、ρ_L 分别为气相、液相密度，kg/m³；C 为经验系数，可从 Smith 图（图 6-3）查得。该图是按表面张力 $\sigma=20\times10^{-3}$N/m 时得出的经验数值，当表面张力为其他值时，C 值应按下式进行校正。

$$C=C_{20}\times\left(\frac{20}{\sigma}\right)^{-0.2} \tag{6-7}$$

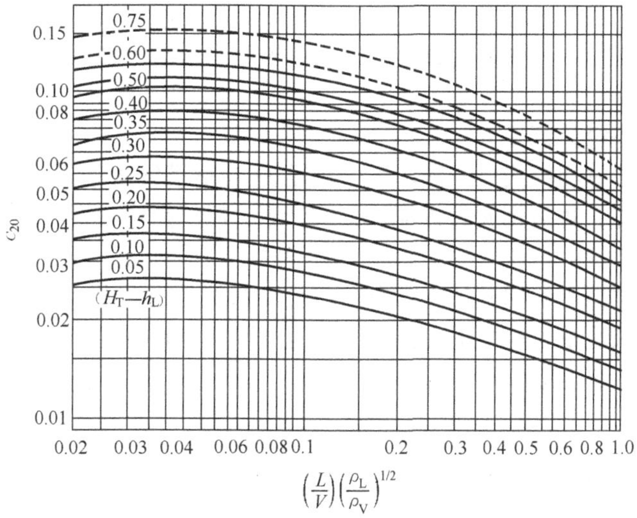

图 6-3　Smith 关联图

应用 smith 图时，需预先拟定塔板间距和板上液层高度。塔板间距依据表 6-1 选用，但应根据塔板流体力学计算的结果予以调整。

按式（6-6）求出 u_{max} 后，按下式确定设计的空塔气速：

$$u=(0.6\sim0.8)u_{max} \tag{6-8}$$

对于喷射型的板式塔，式（6-8）不适用。在计算机计算时，可采用 Smith 图的回归式：

$$C_{20}=\exp[-4.531+1.6562H+5.5496H^2-6.4695H^3+(-0.474675+0.079H-1.39H^2+1.3212H^3)$$
$$\ln L_V+(-0.07291+0.088307H-0.49123H^2+0.43196H^3)(\ln L_V)^2] \tag{6-9}$$

$$H=H_T-h_L$$

$$L_V=\frac{L}{V}\sqrt{\frac{\rho_L}{\rho_V}}$$

式中，H_T 为板间距，m；h_L 为清液层高，m；L，V 分别为液相、汽相流量，m^3/h；ρ_L，ρ_V 分别为液相、汽相密度，kg/m^3。

求 C 时，需预先假定板间距 H_T 和清液层高 h_L，另外，算得初估塔径 D' 后，还需要进行圆整。初选板间距和塔径圆整可参照表 6-1。h_L 的初值在常压操作时取 0.05~0.07 m；在加压操作时取大于 0.06 m；在减压操作时取 0.03～0.04 m。

② 塔径的核算 塔径初算后，先进行圆整，使之到系列值。再验算雾沫夹带量，有必要时需做调整，然后再确定塔盘结构参数，进行其他各项的计算。

当液量较大时，宜用下式先验算液体在降液管中的停留时间 τ，必要时需做相应的调整。

$$\tau=A_f\frac{H_T}{L_s}\geqslant3\sim5\text{（s）} \tag{6-10}$$

式中，A_f 为降液管截面积，m^2；H_T 为塔板间距，m；L_s 为液相流量，m^3/s。

③ 注意问题 首先从塔径的求解式（6-4）可知，要算出塔径还必须知道气相流量，在工艺计算中可求出精馏段和提馏段上升蒸气的流率，并将之转换成流量。这里要指出的是，同一塔段内上升蒸气的流量随塔高而变化，在此应取最大流量。一般精馏段和提馏段的蒸气流量是不相同的，故而两段的塔径应分别计算，但一般为了制造方便，还是采用同一塔径，仅在流速变化较大或用高合金钢制造的场合，才有必要采用不同的塔径。其次，在通常情况下，都是按蒸气流量设计塔径，但是在液量非常大的场合，也有按液体流量确定塔径的；最后除了以上方法，求塔径也可采用间接法，如先给定的是泡罩齿缝或孔隙等的面积，用试差法求出与之相当的塔径。其中较为有效的方法是先定出塔盘各部分的尺寸，再结合其生产能力考虑。

（3）填料塔的塔径计算

填料塔的塔径计算和板式塔一样，可由直径 D 与空塔气速 u 及气体体积流量 V_s 之间的关系按式（6-4）确定，也可用圆管内流量公式表示。但填料塔允许的最大气速和适宜的空塔气速，必须符合气、液两相在填料层内流动的特性。这里对气、液两相在填料层内的流动特性不做详细说明，详情可参照其他参考书。值得注意的是当塔上、下负荷不均匀时，V_s（操作状态下的气体体积流量）应取最大值；空塔速度取 $u=(0.6\sim0.85)u_f$（u_f 为液泛气速），对易发泡体系 u 取低值，甚至取 $(0.4\sim0.6)u_f$。

6.2.3 计算举例

拟建一浮阀塔用以分离苯-甲苯混合物，试根据以下条件计算浮阀塔的塔径：气相流量 $V_s=1.61m^3/s$；液相流量 $L_s=0.0056m^3/s$；气相密度 $\rho_V=2.78kg/m^3$；液相密度 $\rho_L=875kg/m^3$；物

系表面张力 σ =20.3×10⁻³N/m。

解：欲求塔径应先求出空塔气速

$$u=u_{max}×安全系数$$

由式（6-6）知

$$u_{max} = C\sqrt{\frac{\rho_L - \rho_V}{\rho_V}}$$ (6-11)

式中，C 可由图 6-3 查出，横标的数值为

$$\frac{L_s}{V_s}\left(\frac{\rho_L}{\rho_V}\right)^{1/2} = \frac{0.0056}{1.61}\left(\frac{875}{2.78}\right)^{1/2} = 0.0617$$

取板间距 H_T=0.45m，取板上液层高度 h_L=0.07m，则图中参数值为

$$H_T - h_L = 0.45 - 0.07 = 0.38 \ (m)$$

根据以上数值，由图 6-3 查得 C_{20}=0.08（需通过内插计算）。

因物系表面张力 σ=20.3×10⁻³N/m，很接近 20×10⁻³N/m，故无需校正，即 $C=C_{20}$=0.08

则

$$u_{max} = 0.08\sqrt{\frac{875-2.78}{2.78}} = 1.417 \ (m/s)$$

取安全系数为 0.6，则空塔气速为

$$u= 0.6u_{max}=0.6×1.417=0.85 \ (m/s)$$

塔径

$$D = \sqrt{\frac{4V_s}{\pi u}} = \sqrt{\frac{4×1.61}{3.14×0.85}} = 1.553 \ (m)$$

按标准塔径圆整为 1.6m。

6.3 塔总装配图的绘制

现在要绘制的是图 6-4 所示的粗醋酸精馏塔装配图。在绘制塔设备图之前，应该对塔设备图及塔的结构有充分的了解，并详细确定塔的各种关键尺寸，主要有塔板数、塔径、塔体厚度、塔板分布、接管大小及位置、封头结构及大小、塔体支撑结构裙座的形式及大小，并在此基础上确定塔体的总高及总宽，进而确定图纸的大小和比例、所需图层的数目和线条类型，为绘制塔图做好准备工作。

6.3.1 绘制前的一些准备工作

（1）全局数据分析

本次要绘制的精馏塔共设置塔板 26 块，每块塔板间距为 300mm，其中液体进料所在的塔板间距为 500mm。所有塔板分布在 4 个塔节上，从下到上分别是第一塔节，分配 7 块塔板，长 2100mm，塔内径为 600mm，厚度为 4mm（其他塔节的塔径和厚度同此数据）；第二塔节，分配 7 块塔板，长 2100mm；第三塔节，分配 6 块塔板，长 2000mm（其中一块塔板为进料塔板，高 500mm）；第四塔节，分配 6 块塔板，长 1800mm。

塔釜由于要起到液体贮槽及气液分离的作用，其高度为 1485mm，其中封头高度为 120mm，封头为椭圆形。塔顶上面气体出口及回流液进口的塔节出于和塔釜相同的原因，其高度也远大于一般塔板间距，其距离为1120mm,该塔节上气体出口管子的公称直径为80mm，长度为 150mm。塔底下有裙座，裙座底部距塔底封头最低点的距离为 2500mm，根据以上数据，可以得到塔体外观总高为 12135mm。根据塔体的外径（608mm）及两边伸出管子的长度（250mm），可得塔体的宏观广义宽度为 1108mm。在具体的设备绘制中，塔体的宏观宽度将

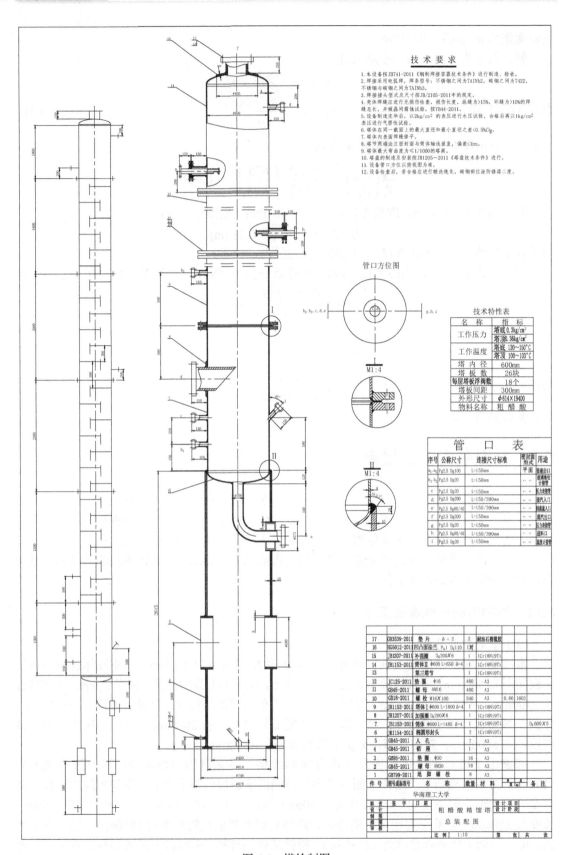

图 6-4　塔绘制图

全面表示出来，而其高度部分只有裙座、塔釜及塔顶部分准备全部体现，三者的总高度为5255mm；另外需将进料管所在上塔节部分表示出来，大约需要1000mm。这样，图上需要显示的宏观总高度将达到6255mm，而宽度方向考虑到尚需表达管口方位图（约800mm）和塔体简图（400mm），共约2300mm，考虑到留白及尺寸标注的空间，采用A1（841mm×594mm）图纸竖放，以1∶10进行绘制，可以满足整个图形的绘制要求。

（2）接管参数分析

本设备的装配图主要由各种接管、封头、筒节、裙座组成。对于筒节内部的详细结构因其不是本图想要表达的内容，故只要表达清楚筒节的高度、厚度及内径即可。所以本图中主要表达各种接管、封头和裙座的结构及相互位置，其中各种接管是关键。本图中共涉及5种公称直径的接管，相应的法兰及管子尺寸如表6-3所示，在具体绘制中拟采用简化画法（见图6-5）。

表 6-3 接管及法兰绘制中用到的主要数据   单位：mm

公称直径	法兰外径 D	螺栓孔中心线圆直径 K	法兰厚度 b	接管外径 d	接管内径 d_0	接管厚度 t	长度 L	螺栓孔直径
200	320	280	22	219	200	9.5	150	18
100	210	170	18	108	100	4	150	18
80	190	150	18	89	80	4.5	150	18
40	120	90	16	45	38	3.5	150	14
20	90	65	14	25	20	2.5	150	11

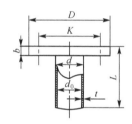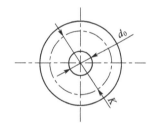

图 6-5 各种接管基本数据示意图

在具体绘制中可以根据具体的剖面情况，绘制螺栓孔。

（3）液体进料管形式及参数分析

前面已经分析了接管的主要参数，常见的进料管形式如图6-6所示，其中图（a）、（b）为直管进料，图（c）、（d）为弯管进料；图（a）、（c）为碳钢；图（b）、（d）为不锈钢。但本图中液体进料管和回流液进料管，采用了公称直径为40mm的内管及公称直径为80mm的外管可拆卸式安装，其形式采用图(b)的形式,管子的尺寸见表6-3。另外，总长度L为390mm，外套管是公称直径为80mm的管子，伸出筒体外壁面长度为150mm，公称直径为40mm的内管外端和套管外端的距离为100mm，而图（a）中该距离为120mm，有所调整。同时，在进料管上所开的缺口尺寸由于管径的不同也有所调整，其中缺口长度为40mm，高度为18mm，其他数据可以采用图（a）中的数据。

（4）气体进料管的形式及参数分析

本设备图中，气体进料管是公称直径为200mm的管子，其长度有两个数据，分别为150mm和390mm。150的含义和常规的管子长度含义相同，但390的含义有点特别，为接管中心线在接管有效长度范围内的长度，具体见示意图6-7。需要注意的是在实际塔体中，由于塔体厚度较小，采用补强圈。该补强圈外径为400mm，厚度6mm，内径成形后和管子外径配套即可。具体形状比较简单，不再单独列出，可在全局图中查看。

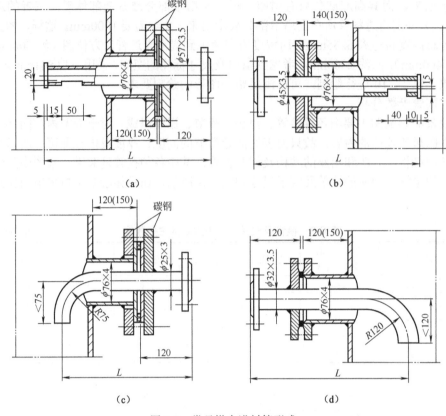

图 6-6 常见塔中进料管形式

（5）塔底液体出料管形式及参数分析

塔底液体出料管的公称直径为 100mm，其具体形式如图 6-8 所示，其中 A =552mm，D_c=614mm（即裙座内径），裙座厚度为 6mm（裙座的其他尺寸见图 6-10 中的详细标注）。塔底引出管中心线的曲率半径 R=185mm。引出孔采用 ϕ273mm×8mm 的无缝钢管，长度为 100mm。

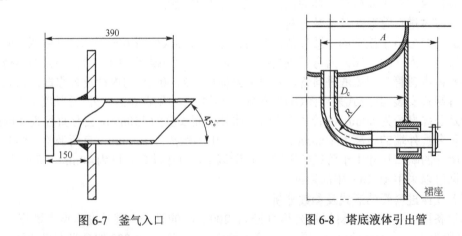

图 6-7 釜气入口   图 6-8 塔底液体引出管

（6）气体出口管参数分析

气体出口管在塔顶，采用公称直径为 200mm 的管子，由于封头厚度较小，故采用补强圈，该补强圈外径为 400mm，厚度 6mm，内径成形后和管子外径配套即可。

（7）封头参数分析

本设备中采用椭圆形封头，但不是标准的椭圆形封头，和标准相比较扁平一点，具体数据是长轴600mm，短轴200mm，折边20mm，厚度4mm，见图6-9。

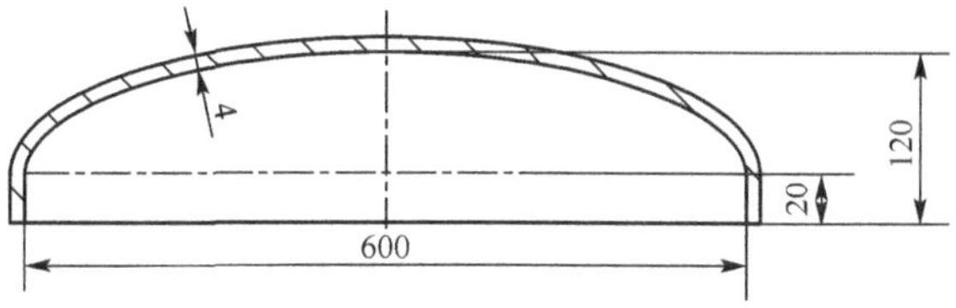

图6-9 封头尺寸示意图

（8）裙座

裙座起到支撑塔体的作用，上面开有人孔、出料引出孔、排污孔，具体尺寸见图6-10。该图可以利用多次偏移定位、镜像及修剪技术快速绘制，绘制好以后确定基准点将其插入全局图中即可。

6.3.2 设置图层、比例及图框

（1）设置图层

本章的图层设置和第5章一致，除设备主结构线和附件图层的线宽为0.3mm以外，其余均为0.13mm，以符合化工制图中对线宽的要求。详细情况请参见第5章图层设置。

（2）设置比例和图纸大小

本图主要以精馏塔的总装配图为主，因为塔的实际高度至少有十多米，选用比例是1：10，这样图纸也要高1m多。所以这里只截取塔顶（包括蒸气出口高150mm和封头120mm）、塔底裙座（封头焊接5mm和裙座2615mm）、第一塔节1365mm、最后塔节1000mm及塔的部分中间塔板层[1200mm（除了中间省略部分）]以表示整座塔的结构，这样需要绘制的塔高就为5455mm。因为比例为1：10，所以在图纸上要绘制的高度为545.5mm，再加上空间布白及尺寸标注，选用A1图纸，其尺寸是841mm×594mm。

（3）绘制图框

根据前面介绍的方法绘制好竖排的A1图纸的图框。绘制图框采用绘制矩形命令及偏移技术即可，见图6-11。

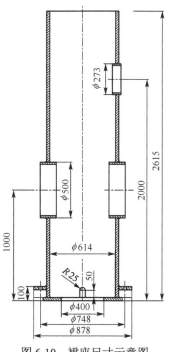

图6-10 裙座尺寸示意图

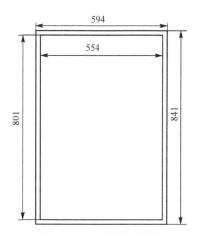

图6-11 A1图幅示意图

6.3.3　绘制塔体简图

　　本章塔设备的绘制在整体思路上采用和前面两章不同的方法，充分发挥计算机绘制方便、快捷、重复利用等优点，将各种构件单独以一定的比例绘制好，通过缩放以符合总图比例的要求，并将插入基点和复制基点重叠，不断重复以上过程，完成塔装配总图的绘制。对于塔简图而言，也无需确定中心线的位置，而是在原来已绘制好图框的外面任意位置绘制两条呈 T 字形的中心线（图 6-12），以 P1 为基准点，以 1:20 的比例绘制线绘制裙座。

　　裙座的简图主要是一些直线和矩形，其数据已按 1:20 进行折算（图 6-13），通过捕捉 P1，利用偏移、相对坐标、修剪、延长、镜像等工具可以方便地进行绘制，具体命令不再演示，读者可以根据图 6-13 中标注的数据进行具体绘制，绘制好的裙座简图见图 6-14。

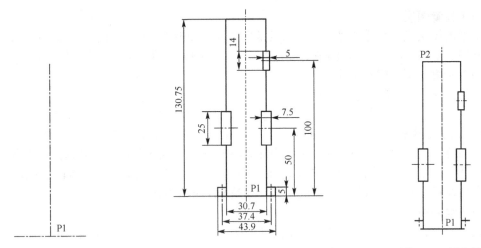

图 6-12　绘制中心线　　　　图 6-13　按 1:20 折算的裙座尺寸　　　　图 6-14　裙座简图

　　塔本体简图的绘制主要想表达清楚 26 块塔板的间距位置及塔本体上各个接管的位置，至于接管的具体形式只用"T"字形来表达，其中横向长度为 80mm，纵向长度为 150mm。26 块塔板分布在 4 个塔节上，从下到上分别是第一塔节，分配 7 块塔板，长 2100mm；第二塔节，分配 7 块塔板，长 2100mm；第三塔节，分配 6 块塔板，长 2000mm（其中一块塔板为进料塔板，高 500mm）；第四塔节，分配 6 块塔板，长 1800mm，塔釜高度为 1485mm，其中封头高度为 120mm，塔顶高度为 1120mm，所有塔节的宽度都按 614mm 绘制，塔板以"卜"形式表示，宽度为 400mm，高度为 200mm 表示，封头数据基本以图 6-9 为准，但将椭圆长轴改为 614mm，将以上数据按 1:20 进行折算，任选位置绘制好塔本体简图。为了加快绘制，先将接管、塔板及法兰示意图按图 6-15 绘制好，图中的数据已按 1:20 折算。

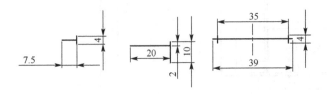

图 6-15　接管、塔板、筒体法兰简图

先按上面的数据，通过绘制椭圆弧、矩形、偏移、复制、粘贴、旋转、基点插入等操作，绘制好图 6-16 所示的塔釜简图，并以塔釜简图中的 P1 点（封头左边直边上端以下 0.25mm，实际距离为 5mm）为基点插入到图 6-14 中，使图 6-16 中的 P1 点和图 6-14 中的 P2 点重叠，重叠后的图见图 6-17。

通过绘制矩形、偏移，并利用前面已绘制好的塔板简图阵列或多次偏移、粘贴等方法绘制好 4 个塔节示意图如图 6-18 所示。阵列过程可分为两步进行，第一步先通过偏移确定塔底最后两块塔板的位置，利用前面绘制好的塔板简图通过复制粘贴，绘制好最后两块塔板，将这两块塔板选中作为阵列对象，选 7 行、1 列，行距为"30"（其实为 600mm，两块塔板间距）；第二步确定从下往上第三塔节最下面一块塔板的位置，注意由于进料的原因，此处两块塔板间距为 500mm，通过复制、粘贴将最后两块塔板粘贴到第三塔节底部位置，通过阵列，选 6 行，其他参数同第一步，绘制好第三塔节、第四塔节的 16 块塔板简图，见图 6-18，将图 6-18 插入到图 6-17 中，注意两图中的 P1 点重合，得图 6-19。

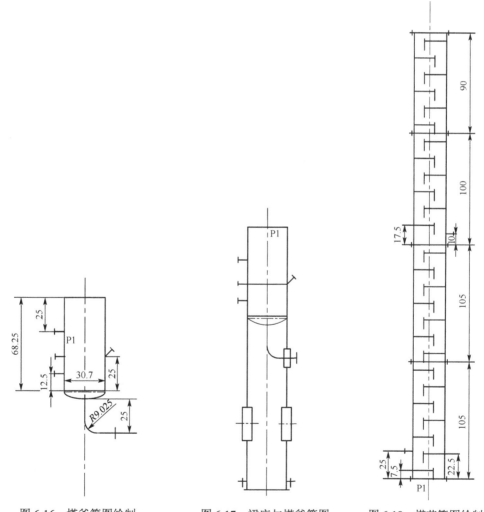

图 6-16　塔釜简图绘制　　　图 6-17　裙座与塔釜简图　　　图 6-18　塔节简图绘制

塔顶部分简图的绘制，主要利用原来已绘制好的塔底部分，通过镜像并缩短矩形部分高度，绘制好接管（图 6-20），将其以下部端线中点 P1 为基点，插入到图 6-19 上部端线中点，使两者重叠，得图 6-21。至此，绘制好塔装配图，并标上相应的尺寸，主要是总结构尺寸及接管相对位置尺寸，将第 5 章中的标题栏及明细栏复制到本次绘制的图中，并将图 6-21 粘贴到 A1 图幅的左下方适当位置，见图 6-22。

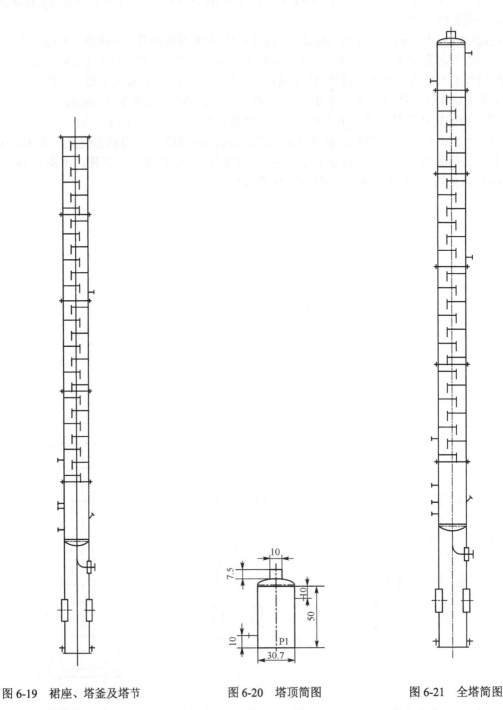

图 6-19　裙座、塔釜及塔节　　　　　图 6-20　塔顶简图　　　　　图 6-21　全塔简图

6.3.4　绘制塔体主视图

有了前面绘制的塔体简图以及确定的空间位置等数据，绘制塔体主视图就比较方便了。

其绘制过程和塔体简图相仿，也是通过逐个构件的绘制，并不断粘贴插入，最后完成主视图的绘制，并将其插入到图 6-22 中，具体步骤如下。

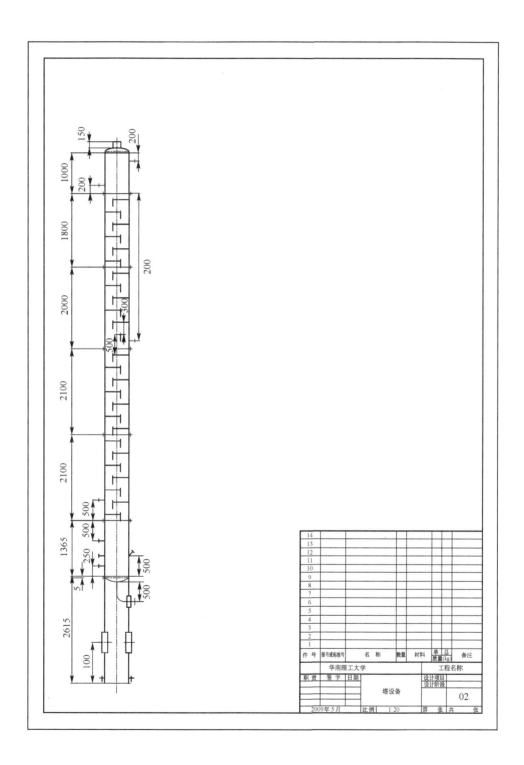

图 6-22 A1 图幅中全塔简图

（1）绘制各种零配件

由于本次采用搭积木式的绘制方法，各种零配件可以重复利用，不仅本次绘制中可以多次利用，也可将其保存为块，在以后的绘制中加以利用。在 6.3.1 中，已绘制好封头、裙座，并确定了各种接管的参数，根据这些参数，现按 1：10 的比例绘制好所有可能用到的接管，见图 6-23（实际按 1：10 绘制，可直接插入使用，无需缩放，其中管子厚度和法兰厚度采用了 1：5 夸张画法），并根据塔体外径，绘制塔节法兰（尺寸见图 6-24，实际按 1：10 绘制，可直接插入使用，无需缩放）简图（图 6-25）。以上这些构件在以后的绘制中可以重复利用，大大加快图样的绘制速度。

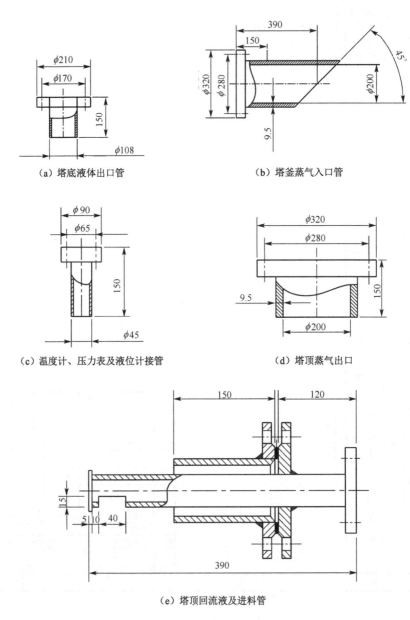

（a）塔底液体出口管   （b）塔釜蒸气入口管

（c）温度计、压力表及液位计接管   （d）塔顶蒸气出口

（e）塔顶回流液及进料管

图 6-23 各种接管绘制及其关键尺寸数据

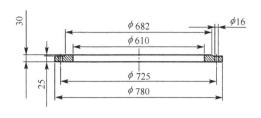 

图 6-24　塔节法兰　　　　　　　　　图 6-25　塔节法兰简图

（2）绘制主视图裙座

裙座是由座圈、基础环和地脚螺栓座组成（具体情况参见图 6-10）。座圈除圆筒形外，还可做成半锥角不超过 15°的圆锥形。裙座上开有人孔、引出管孔、排气孔和排污孔。座圈焊固在基础环上，基础环的作用一是将载荷传给基础，二是在它的上面焊制地脚螺栓座。裙座上的引出管有一定的要求，表 6-4 是引出管的一些标准，本裙座中采用的是 φ273mm×8mm。

表 6-4　裙座引出孔尺寸　　　　　　　　　　　　　　单位：mm

引出管直径	20 25	32 40	50 70	80 100	125 150	200	250	300	350
引出孔　无缝钢管	φ133×4	φ159×4.5	φ219×6	φ273×8	φ325×8	—	—	—	—
卷焊管	—	—	φ200	φ250	φ300	φ350	φ400	φ450	φ500

将前面按 1∶1 绘制好的裙座进行缩放，取缩放因子为 0.1，将其作为绘制塔主视图的基础。注意裙座的厚度通过向外偏移绘制，并作适当夸张，内径 614mm 则仍按 1∶10 绘制，保证和塔釜尺寸匹配，这一点非常重要。

（3）绘制塔釜主视图

在塔釜简图的绘制过程中，已分析了各种塔釜的数据，只要将绘制比例做一调整，其绘制思路基本相同。

① 绘制下封头　参照图 6-9 的数据，按 1∶10 的比例绘制好下封头，其中厚度通过向内偏移绘制，其比例是 1∶5，封头的外径是按 1∶10 绘制，这样可以和裙座的内径配合，见图 6-26，注意暂时不要画剖面线，因为最后需要考虑和裙座的配合问题。

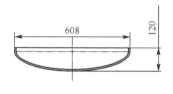

图 6-26　下封头

② 绘制塔釜主要轮廓线　捕捉已绘好下封头上面端线的最左点，以该点为第一点，绘制"60.8×136.5"的矩形，将以此矩形分解，在此基础上，参照图 6-4 中的数据，通过偏移确定塔釜上的压力表、温度计、液位计、气体进料管、塔底液体出料管位置，见图 6-27。

在图 6-27 的基础上，将原来已绘制好的各种接管及法兰下端或者左、右端线的中点作为移动或复制的基点，将其插入到定位线或中心线与图 6-27 中的外轮廓线的交点，并利用"相切、相切、半径"绘制出料管的中心线圆弧，再通过偏移技术，绘制出料管剖面图，结果见图 6-28。将图 6-28 中封头上端线向下偏移 0.5（实际为 5mm）作为定位线，将定位线与垂直中心线的交点作为移动基点，将图 6-28 插入到图 6-10 中，插入基点为图 6-10 中最上端水平线的中点，使移动基点和插入基点重合，进行修剪、定位尺寸标注、填充、焊缝绘制等工作，结果见图 6-29。

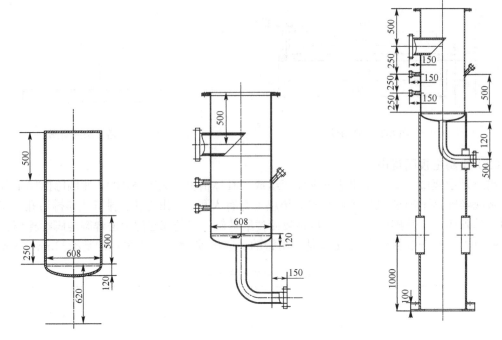

图 6-27　绘制塔釜主要轮廓线（一）　图 6-28　绘制塔釜主要轮廓线（二）　图 6-29　绘制塔釜主要轮廓线（三）

③ 绘制第一塔节部分主视图　目的是反映各塔节之间的连接方式及在该塔节上的玻璃液位计，并利用双点画线进行断开，断开以上部分采用简单画法，只反映外观形状，其绘制方法同简图绘制，只要改变比例即可。具体可按以下方法绘制。

a. 选择图 6-29 的上部，以该图的上端线作为镜像中心线，进行镜像操作，得图 6-30（只显示当前绘制部分）。

b. 在图 6-30 的基础上插入玻璃液位计接管，绘制双点画线，得图 6-31（只显示当前绘制部分）。

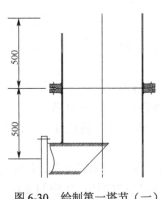

图 6-30　绘制第一塔节（一）

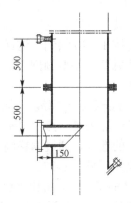

图 6-31　绘制第一塔节（二）

④ 局部绘制第三塔节　由于受到图纸大小的限制，第二塔节不在主视图绘制，第三塔节局部绘制主要想表达液体进料管的结构及位置，其他部分采用简单画法，主要步骤如下。

a. 以图 6-31 双点画线的上方镜像时产生的一小段塔外轮廓线为基础，以垂直中心线为中心线进行镜像操作，然后将已绘制好的塔节法兰简图插入其中，考虑到填料厚度等因素作适当修剪及调整后将该法兰简图进行镜像操作，得图 6-32。

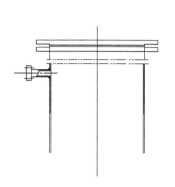
图 6-32 绘制第三塔节（一）

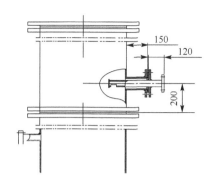
图 6-33 绘制第三塔节（二）

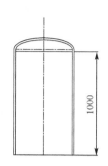
图 6-34 绘制塔顶（一）

b. 利用图 6-31 绘制的双点画线及塔节法兰简图，通过辅助水平线，进行镜像操作，并将先前已绘制好的液体进料管插入其中，添加其他所缺线条，得图 6-33。

⑤ 绘制塔顶 塔顶部分的塔本体轮廓线和塔底部分相仿，故可以先利用原先绘制的塔底部分，进行镜像操作，通过偏移和修剪得到图 6-34，再在此基础上通过偏移定位插入不同的接管，修剪补充所缺线条后得图 6-35，然后通过和前面相仿的技术，和图 6-33 对接，得图 6-36。

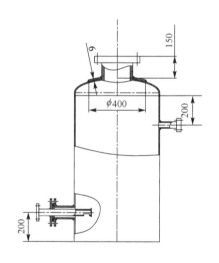
图 6-35 绘制塔顶（二）

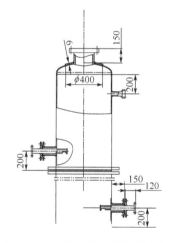
图 6-36 塔顶与第三节塔节对接

⑥ 全局标注、填充及整体协调 补充所缺的必要标注及所有剖面的填充，并对全图的文字、线条、箭头等大小进行协调，力求取得最佳效果。

⑦ 绘制管口方位图 接管方位图主要表示接管的方位关系，因为有些接管可能在主视图中进行了旋转处理，故真实的位置需要通过管口方位图来表达（图 6-4 左下方），管口方位图的绘制比较简单，主要是示意作用，和简图的绘制原理相同。

⑧ 绘制局部放大图 由于是电脑绘制，如果需要局部放大，其实非常简单，只要把需要放大的部分通过选取、复制及缩放处理就可以，这里不再赘述。

关于指引线、文字说明、技术说明表、管口表等和第 5 章相仿，不再说明，图中所有内容仅是示意，具体情况需要根据设计不同的塔进行修改。

6.4 本章重点

    裙座是大型塔设备的主要支撑件，是一种圆筒状的，底部具有和裙子褶皱相仿的轴向筋板和径向圆盘加强的支座。鉴于其特殊的结构，将其绘制方法作为本章的重点知识加以介绍。分析图 6-39，我们可以发现，裙座的主视图基本上具有左右对称的结构，所以首先确定利用镜像生成技术，减少绘图工作；其次，其图像主要是由水平线和垂直线组成，故可以通过偏移技术确定它们的位置，再利用各种修剪技术完成裙座的绘制工作。本次举例中，裙座的有关数据如下：排污孔顶部半圆的半径 R=25mm（以后单位均为 mm，不再表示），排污孔矩形高度 H_1=50；除人孔接管及引出孔接管外，裙座上其余构件的厚度均取 10；裙座地基圆盘内径 D_0=400，外径 D_2=718；裙座圆筒体内径 D_1=614；裙座固定螺栓孔中心直径 K=748，螺栓孔直径为 30；和地基上固定的另一紧固圆盘距地基上圆盘的距离 H_2=100，外径 D_3=878；人孔距地面 H_3=1000，外径 d_1=500，厚度 S_1=8，长度 S_R=120；引出孔距地面 H_4=2000，外径 d_2=273，厚度 S_2=4，长度 S_Y=100；裙座总高 H_T 为 2615。在下面的绘制过程中，将根据前面定义的符号及数据加以讲解，其绘制过程分成以下几步。

    ① 绘制裙座垂直中心线及垂直的各种定位线，绘制好后见效果图 6-37，其主要命令过程及解释如下。

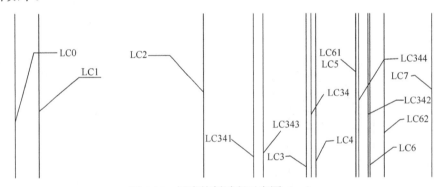

图 6-37　裙座绘制过程示意图（一）

命令: _offset
指定偏移距离或 [通过(T)] <1.0000>: 2.5【采用 1∶10 的比例绘制】
选择要偏移的对象或 <退出>:【点击 LC0】
指定点以确定偏移所在一侧:
选择要偏移的对象或 <退出>:【绘制好 LC1】
命令:
OFFSET
指定偏移距离或 [通过(T)] <2.5000>: 20
选择要偏移的对象或 <退出>:【点击 LC0】
指定点以确定偏移所在一侧:
选择要偏移的对象或 <退出>:【绘制好 LC2】
命令:
OFFSET
指定偏移距离或 [通过(T)] <20.0000>: 30.7

选择要偏移的对象或 <退出>:【点击 LC0】
指定点以确定偏移所在一侧:
选择要偏移的对象或 <退出>:【绘制好 LC3】
命令:
OFFSET
指定偏移距离或 [通过(T)] <30.7000>: 1
选择要偏移的对象或 <退出>:【点击 LC3】
指定点以确定偏移所在一侧:
选择要偏移的对象或 <退出>:【绘制好 LC4】
命令:
OFFSET
指定偏移距离或 [通过(T)] <1.0000>: 35.9
选择要偏移的对象或 <退出>:【点击 LC0】
指定点以确定偏移所在一侧:
选择要偏移的对象或 <退出>:【绘制好 LC5】
命令:
OFFSET
指定偏移距离或 [通过(T)] <35.9000>: 37.4
选择要偏移的对象或 <退出>:【点击 LC0】
指定点以确定偏移所在一侧:
选择要偏移的对象或 <退出>:【绘制好 LC6】
命令:
OFFSET
指定偏移距离或 [通过(T)] <37.4000>: 43.9
选择要偏移的对象或 <退出>:【点击 LC0】
指定点以确定偏移所在一侧:
选择要偏移的对象或 <退出>:【绘制好 LC7】
命令:
OFFSET
指定偏移距离或 [通过(T)] <43.9000>: 0.5
选择要偏移的对象或 <退出>:【点击 LC3】
指定点以确定偏移所在一侧:
选择要偏移的对象或 <退出>:【绘制好 LC34】
命令:
OFFSET
指定偏移距离或 [通过(T)] <0.5000>: 6
选择要偏移的对象或 <退出>:【点击 LC34】
指定点以确定偏移所在一侧:【左侧，绘制好 LC341】
选择要偏移的对象或 <退出>:【点击 LC34】
指定点以确定偏移所在一侧:【右侧，绘制好 LC342】
选择要偏移的对象或 <退出>:

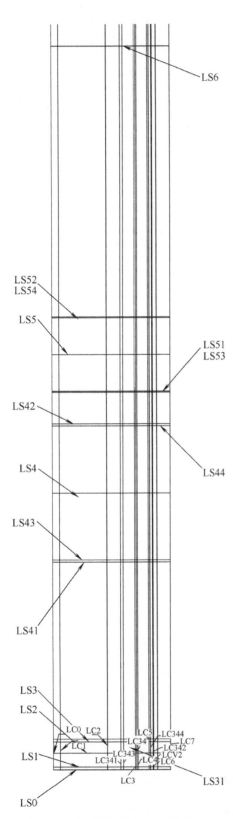

图 6-38　裙座绘制过程示意图（二）

命令:

OFFSET

指定偏移距离或 [通过(T)] <6.0000>: 5

选择要偏移的对象或 <退出>:【点击 LC34】

指定点以确定偏移所在一侧:【左侧，绘制好 LC343】

选择要偏移的对象或 <退出>:【点击 LC34】

指定点以确定偏移所在一侧:【右侧，绘制好 LC344】

选择要偏移的对象或 <退出>:

命令: _offset

指定偏移距离或 [通过(T)] <5.0000>: 1.5

选择要偏移的对象或 <退出>:【点击 LC6】

指定点以确定偏移所在一侧:【左侧，绘制好 LC61】

选择要偏移的对象或 <退出>:【点击 LC6】

指定点以确定偏移所在一侧:【右侧，绘制好 LC62】

选择要偏移的对象或 <退出>:【回车，完成本轮任务】

② 绘制各种水平定位线，并确定筒体的总高度，见图 6-38。

命令: _offset

指定偏移距离或 [通过(T)] <1.5000>: 1

选择要偏移的对象或 <退出>:【点击 LS0】

指定点以确定偏移所在一侧:

选择要偏移的对象或 <退出>:【绘制好 LS1】

命令:

OFFSET

指定偏移距离或 [通过(T)] <1.0000>: 6

选择要偏移的对象或 <退出>:【点击 LS0】

指定点以确定偏移所在一侧:

选择要偏移的对象或 <退出>:【绘制好 LS2】

命令:

OFFSET

指定偏移距离或 [通过(T)] <6.0000>: 11

选择要偏移的对象或 <退出>:【点击 LS0】

指定点以确定偏移所在一侧:

选择要偏移的对象或 <退出>:【绘制好 LS3】

命令:

OFFSET

指定偏移距离或 [通过(T)] <11.0000>: 1

选择要偏移的对象或 <退出>:【点击 LS3】

指定点以确定偏移所在一侧:

选择要偏移的对象或 <退出>:【绘制好 LS31】

命令:

OFFSET

指定偏移距离或 [通过(T)] <1.0000>: 100
选择要偏移的对象或 <退出>:【点击 LS0】
指定点以确定偏移所在一侧:
选择要偏移的对象或 <退出>:【绘制好 LS4】
命令:
OFFSET
指定偏移距离或 [通过(T)] <100.0000>: 200
选择要偏移的对象或 <退出>:【点击 LS0】
指定点以确定偏移所在一侧:
选择要偏移的对象或 <退出>:【点击 LS5】
以下是绘制人孔接管 LS41~LS44 命令。
命令:
OFFSET
指定偏移距离或 [通过(T)] <150.0000>: 25
选择要偏移的对象或 <退出>:
指定点以确定偏移所在一侧:
选择要偏移的对象或 <退出>:
指定点以确定偏移所在一侧:
选择要偏移的对象或 <退出>:
指定点以确定偏移所在一侧: *取消*
命令:
OFFSET
指定偏移距离或 [通过(T)] <25.0000>: 0.8
选择要偏移的对象或 <退出>:
指定点以确定偏移所在一侧:
选择要偏移的对象或 <退出>:
指定点以确定偏移所在一侧:
选择要偏移的对象或 <退出>:
以下是绘制引出孔接管 LS51~LS54 命令。
命令:
OFFSET
指定偏移距离或 [通过(T)] <0.8000>: 13.65
选择要偏移的对象或 <退出>:
指定点以确定偏移所在一侧:
选择要偏移的对象或 <退出>:
指定点以确定偏移所在一侧:
选择要偏移的对象或 <退出>:
命令:
OFFSET
指定偏移距离或 [通过(T)] <13.6500>: 0.4
选择要偏移的对象或 <退出>:

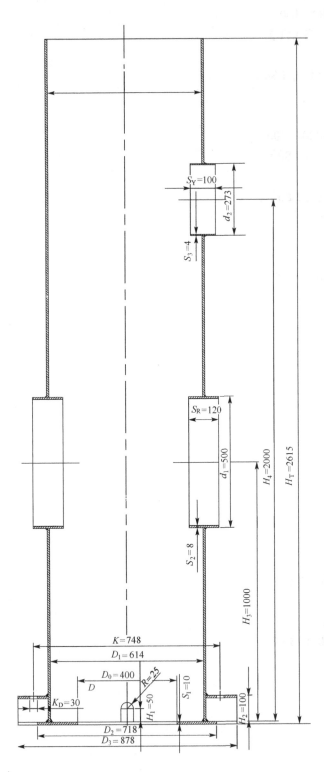

图 6-39　裙座绘制过程示意图（三）

指定点以确定偏移所在一侧：
选择要偏移的对象或 <退出>：
指定点以确定偏移所在一侧：
选择要偏移的对象或 <退出>：
以下是绘制 LS6 命令。
命令：
OFFSET
指定偏移距离或 ［通过(T)］<0.4000>：261.5
选择要偏移的对象或 <退出>：
指定点以确定偏移所在一侧：
选择要偏移的对象或 <退出>：
【回车，结束】

③ 进行修剪工作，得到裙座的右边主轮廓线。

④ 打剖面线并绘制焊缝。

⑤ 利用镜像生成左边部分，并将多余的引出孔删除，将图恢复无引出孔状态。

⑥ 进行尺寸标注，完成全部工作，见图 6-39。

6.5　本章慕课学习建议

本章的慕课视频中介绍了有关精馏塔绘制过程中的各个零件的具体数据及绘制方法，没有演示整个精馏塔的绘制过程，只展示了已经绘制好的精馏塔。建议学员在认真学习慕课知识的前提下，先利用前 2 章已经设置好的图层、明细栏、管口表等通用部件，以搭积木的形式快速绘制好这些部件；然后再将本章精馏塔中的各个零件按慕课介绍的数据及方法先绘制好，在此基础上，通过复制、修剪、旋转等一系列方法，快速绘制好精馏塔装配图的主要内容；然后再全面检查各个细节，从下到上，从左到右，一步一步补充好剖面、焊缝、指引线、尺寸标注、中心线等细节，缺少部分，建议学员通过查找资料，尽量补充图中的各种细节，整个精馏塔装配图的绘制大概需要 6~8h，希望学员一定要认真绘制一遍，并在此基础上，通过查找有关精馏塔的资料，再绘制一个其他数据的精馏塔装配图，这样并将对本章的内容有较好的掌握。

习　　题

请读者自己重新绘制本章中介绍的塔装配图，并提出两种以上加快本装配图绘制的方法。

第7章
反应器绘制

7.1 本章导引

反应器是化学工业中的重要设备，为反应过程提供场所，在这里形成产物并决定反应过程的选择性，它广泛应用于化工、炼油、冶金、轻工等工业部门。化学反应工程以工业反应器中进行的反应过程为研究对象，运用数学模型方法建立反应器数学模型，研究反应器传递过程对化学反应的影响以及反应器动态特性和反应器参数敏感性，以实现工业反应器的可靠设计和操作控制。

反应器设计的一般流程如下：

① 收集与所需反应和副反应相关的所有热力学和动力学数据。反应器设计所需的动力学数据一般是从实验室和中试现场研究获得，如反应速率、反应操作条件中的压力、温度、流速和催化剂浓度范围值都是需要知道的。

② 收集涉及反应过程所有物质的物理与化学性质数据，如比热容、黏度、热导率、扩散系数、饱和蒸气压、化学位、生成焓等数据，这些数据可从文献查阅，如果必要，则通过实验进行测定。

③ 确定反应究竟是由动力学、传质或传热哪种占优势速度，并由此选择合适的反应器类型。

④ 初步选择获得所需转化率和产率的反应器条件。

⑤ 筛选反应器形状并估计其性能。

⑥ 选择合适的结构建材。

⑦ 对反应器做初步的机械设计：容器设计，传热表面，内部构件和总布局图。

⑧ 对计划的设计、投资和运营进行成本核算，如果必要，重复④～⑧步，优化设计。

在选择反应器条件时，特别是转化率以及优化设计时的反应器设计与其他过程操作的相互关系是不能忽视的。反应器中原料转化率将会决定反应器的大小和成本，包括任何设备需要分离和再循环未反应原料的成本。在这些情况下，反应器及其相关设备必须优化成一个单元。

反应器设备一般由反应器本体、反应器设备上附属构筑物（如操作平台、栏杆、梯子、管线等）、支承反应器设备的基础这三部分组成。反应器设备应在满足化工工艺要求的前提下，尽量做到以下几点：

① 反应器性能稳定，操作灵敏，便于操作、控制及检修；

② 单位操作时间的产物量最大或单位产物量的总费用最小；

③ 有副反应时保证目标产物量为最大；

④ 反应器中的催化剂能顺利装卸；

⑤ 结构简单、材料耗用量小、制造和安装容易。

事实上，在任何反应器设计时，很难全部满足上述各项要求，但应该从符合生产的基本要求、满足经济上的合理性以及在单位时间内利用最少的能源和空间、反应生成最多的产品等方面出发，予以全面考虑，使所设计的反应器在满足基本要求的前提下，整体性能达到最优。

本章将介绍反应器设备的一些基本知识，并选择夹套反应器装配图作为本章的具体绘制对象，讲解如何绘制反应器装配图，重点在绘制策略及前面没有介绍过的表格输入法绘制标题栏、明细表、管口表及设计数据表，至于一些具体结构的细节不再进行详细介绍。

7.2 反应器基本知识

7.2.1 反应器类型

有关反应器的分类有许多种方法。按照生产过程的连续性，反应器可分为连续反应器、间歇反应器和半连续反应器。

按照反应物的相态可以分为均相反应器和非均相反应。均相反应器又可以分为气相均相反应器和液相均相反应。非均相反应器的类型较多，有液/液、气/固、液/固、气/液、气/液/固。非均相反应中常见的是气/固催化反应，固相常常是催化剂。

反应器的类型还可以从反应器的具体结构来分，可分为管式反应器、釜式反应器、塔式反应器、床层反应器。其中床层反应器又可分为固定床反应器、流化床反应器、移动床反应器、涓流床反应器等，图 7-1 是四种固定床反应器结构示意图。

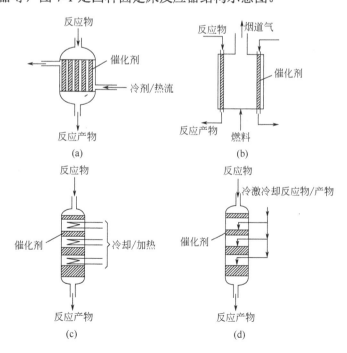

图 7-1 四种不同类型的固定床反应器

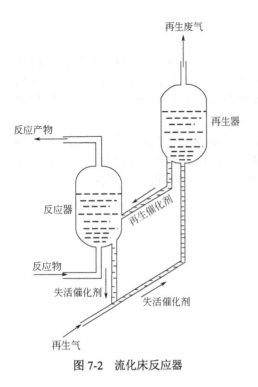

图 7-2 流化床反应器

图 7-2 是流化床反应器，在流化床反应器中，固体催化剂像流体一样流动，故取名为流化床反应器。在流化床反应器中，催化剂通过反应流体向上吹，使细颗粒固体处于悬浮流态化状态。颗粒快速运动的效果是传热好、温度均匀，并可避免固定床反应器中出现的热点。流化床反应器的行为既不接近 CSTR 理想模型也不接近 PER 理想模型，其固相趋于理想混合，而由气泡引起的气相行为比理想混合更差。总体上，流化床反应器的行为介于 CSTR 和 PER 模型之间。

流化床反应器除了有较高传热速率的优点外，还可以用于催化剂颗粒需要频繁再生的场合。在这种情况下，颗粒可以从流化床中连续移出、再生，然后再循环回到流化床中。对放热反应，催化剂循环可以从反应器移走热量；对吸热反应；它也可以补充热量。流化床反应器的主要缺点之一是催化剂的磨损，产生催化剂细粉后，从流化床中吹走而损失掉。由于催化剂细粉的存在会污染常规的换热器，有时需要通过用一股冷流体在反应器出口直接换热来冷却反应器尾气。

反应工程教材中，为了便于分析计算反应进程，常常建立两种理想的反应器；一种是理想连续搅拌槽式反应器（CSTR）， 对于理想连续搅拌槽式反应器，一般认为体系达到稳态，反应器内所有位置的温度、浓度均一致，并且和反应器出口时的温度、浓度相等；另一种是理想连续活塞流式反应器（PFR），反应物流均匀流动，在物流方向上无任何混合，它可以看成是许多 CSTR 的串联组合，实际结构中的管式反应器其特性近似于理想连续活塞流式反应器。

反应过程合成中除了确定单个反应器类型外，有时还需要确定各个反应器之间的关系，人们称之为反应器系统结构，其含义和化工系统结构相似，主要表达了每个反应器之间的连接关系，而并不是具体反应器的内部结构。在具体的工业反应中，常常需要将多个反应器串联、并联或循环连接起来，以达到特殊的目的。如可以将一个大的 CSTR 反应器分解成多个小的 CSTR 反应器。如此分解的目的是加热或冷却物料，同时提高原料的浓度，获得较高的产品收率，串联反应器见图 7-3。当然，随着技术的进步，可以将三个串联的 CSTR 反应器简化为一个绝热涡街混合反应器，见图 7-4。

有些工业反应过程需要采用并联操作以提高处理量，如图 7-5 所示是三个相同的 CSTR 反应器并联作业。

如想达到和图 7-5 三个并联 CSTR 反应器同样的性能，也可以考虑采用一种新型的反应器结构，见图 7-6。该反应器系统将反应器和冷凝器构成循环结构连接，反应后产生的气相物质进入冷凝器冷凝成液体，冷凝后的液体又回流到反应器起到搅拌与混合的作用，这种巧妙的结构，省去了 CSTR 反应器中的搅拌器。当然，图 7-6 的系统也有一定的限制条件，首先是液相进料，其次是反应过程一般应为放热反应，利用反应热将其中一些物料汽化，如果反应体系中的物料均难以汽化，则图 7-6 所示的系统无法使用。对于循环结构的反应器系统如图 7-7 所示，该反应系统中，进料在六个管式反应器中循环并发生反应，在第 3 个反应器出口处引出一部分作为产品，另一部分继续循环反应。对于图 7-7 的循环反应器，如果从简单和稳健设计的理念出发，可以简化为图 7-8 所示的沸腾反应器，该沸腾反应器具有和图 7-7 所示基本一致的性能。

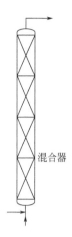

混合器

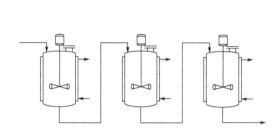

图 7-3　三个等温串联的 CSTR

图 7-4　绝热涡街混合反应器

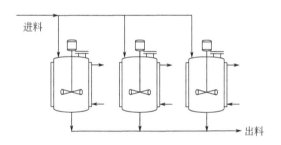

图 7-5　三个并联 CSTR 反应器

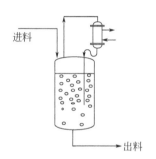

图 7-6　带回流冷凝器的大型沸腾反应器

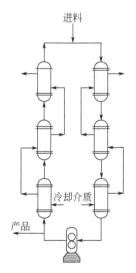

图 7-7　循环管式反应器

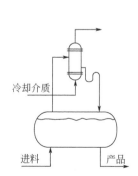

图 7-8　沸腾反应器

有许多反应过程是放热反应，但反应物进料是冷物料，需要加热。一般的反应系统结构如图 7-9 所示，将反应进料和离开反应器的产品通过换热器进行换热。图 7-10 是和图 7-9 具有等价效能的流向变换反应器，该反应器开车时，先将上段换热器加热到预定温度（一般采用热氮气），然后沿实线进料操作，从反应器上端进料，利用上段的填料换热器预热进料，同时上段的填料温度会逐渐下降；同时，从反应段出来的热的产品，进入下段填料换热。下段填料换热器原来是冷的，随着反应的进行，下段填料的温度逐渐升高。反应一定时间后，上段的填料温度下降，下段的填料温度上升，达到一定程度后，切换进料方向。原料从下段进料，从上段出料，如此循环往复，达到了回收反应热及加热物料的目的。

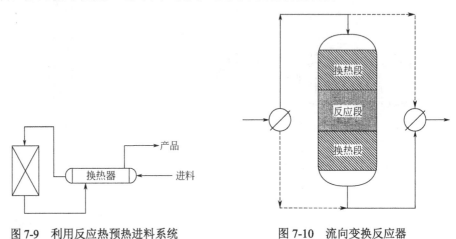

图 7-9　利用反应热预热进料系统　　　　　图 7-10　流向变换反应器

7.2.2　搅拌器类型

搅拌器的作用是促进液相物料运动，通过维持搅拌过程所需的流体流动状态，从而达到搅拌的目的。搅拌器的型式主要有：桨式、推进式、框式、涡轮式、螺杆式和螺带式等。具体对上面型式进行分析：推进式和涡轮式搅拌器型式适用于调和操作，主要受到容积循环速率的影响；涡轮式主要用来分散非均匀相的液体，主要受液滴大小、容积循环速率的影响；对于气体吸收的时候，可以选用涡轮式搅拌器，主要收到剪切作用、容积循环速率和高速度的影响；针对传热用途，桨式、推进式、涡轮式都能很好地适用，主要受到循环速率和湍流的影响。而框式、涡轮式、螺杆式、螺带式或者桨式适合搅拌高黏度流体，主要受到容积循环速率和低速度的影响；作为结晶用途时，可以选用涡轮式、桨式和桨式变种，主要受到容积循环速率、剪切作用低速度的影响。

搅拌器的核心部件是桨叶，桨叶的几何形状、尺寸、数量和转速都对搅拌器的功能和搅拌效果有重要影响。而桨叶有平直叶和折叶两种：平直叶面与旋转方向垂直，作用为促使物料产生切向的流动；而折叶式桨叶一般更多用于促使物料轴向流动。

7.2.3　反应釜关键尺寸的计算

本节介绍的反应器关键尺寸以化工生产中常见的搅拌式夹套反应器为例。搅拌式夹套反应器基本是由釜体部分（搅拌罐）、夹套、传动装置部分、搅拌装置部分、密封部分这几个部分组成。釜体是反应物反应的地方，主要包括筒体和上下封头。夹套是传热部分装置，为釜体送去或带走热量，从而使反应器能够适用于不同的热效应反应。夹套传热是目前应用最广泛、最经济直接的外部传热方式。它是一个套在罐体外面形成密闭空间的容器，具有简单方便的优点。搅拌装置部分主要的功能是搅拌反应物，主要包括两部分，一是搅拌器，二是搅拌轴。传动装置主要为搅拌轴提供动力支持，其间用联轴器进行连接。密封装置部分，顾名思义，是对反应器起一个密封的作用，以免物料外泄。密封装置主要有两种，一是静密封，二是动密封，静密封主要利用法兰进行密封，动密封指传动装置的机械密封、填料密封。最后还涉及一些人孔、视镜、温度计、工艺接管等部分的设计。要想准确绘制搅拌式夹套反应器的装配图，就必须首先计算或者选择上述各种部件的尺寸大小，下面对一下主要尺寸的计算做一个大致的介绍，更为详细的内容请读者参考有关反应器设计的专著。

（1）反应器釜体结构计算

反应器釜体结构的确定其实和立式容器结构确定的方法基本类似，首先必须确定反应器釜体中反应物料的体积 V，这个体积 V 可以利用反应工程的知识结合物料的性质、反应速度等参数加以计算确定。有了这个体积 V，再结合充装系数 η，长径比 β，考虑不同的封头结构，就可以计算出釜体的高度和直径。反应釜一般充装系数 η 可取 0.6~0.85，长径比 β 根据不同的情况选取不同的值，常见长径比 β 的取值范围见表 7-1。

表 7-1　β 取值

种类	设备内物料类型	β
一般反应釜	固液或液液相物料	1～1.3
	气液物料	1～2
发酵罐类		1.7～2.5
聚合釜	乳化液	2.08～3.85

标准型椭圆封头是最常见的封头，标准型椭圆封头的高度等于该封头内径的四分之一。假设反应釜的上下封头均采用标准型椭圆封头，容器的长径比 $\dfrac{h}{D_i}$ 为 β，则 $h = \beta D_i$（此 h 已包括了封头的直边高度），封头的长轴和筒体的直径相同，封头的短轴为长轴的一半，则整个容器的计算体积为：

$$V_C = \frac{\pi + 3\pi\,\beta}{12} D_i^3 \tag{7-1}$$

由充装系数可知：

$$V = \eta V_C \tag{7-2}$$

结合式（7-1）和式（7-2），可得反应釜的直径（内径）D_i 和高度 h

$$D_i = \sqrt[3]{\frac{12V}{\pi(1+3\beta)\eta}} \qquad h = \sqrt[3]{\frac{12\beta^3 V}{\pi(1+3\beta)\eta}} \tag{7-3}$$

反应釜筒体的壁厚 t 可以利用薄壳理论按下式进行计算。

$$t = \frac{pD_i}{2[\sigma]^t\varphi - p} + C_1 + C_2 \tag{7-4}$$

式中，p 为设计内压力，MPa；D_i 为圆筒内直径，mm；t 为计算厚度，mm；φ 为焊缝系数 $\varphi \leqslant 1.0$；C_1 为钢板负偏差；C_2 为腐蚀裕度，mm；$[\sigma]^t$ 为设计温度下材料的许用应力，MPa。

反应釜封头采用标准椭圆封头，其长轴的大小就反应釜筒体的直径，短轴是长轴的一半，一般封头还有一个直边段。封头的厚度 t_1 一般可取筒体的厚度，如果非要计算的话就用式（7-5），当设计内压力不是很大时，式（7-5）和式（7-4）的计算结果非常接近。

$$t_1 = \frac{pD_i}{2[\sigma]^t\varphi - 0.5p} + C_1 + C_2 \tag{7-5}$$

（2）夹套计算

夹套作为反应釜的传热装置，一般为整体夹套，夹套的内径可以根据表 7-2 确定。

表 7-2　夹套内径的确定

反应釜内径 D_1/mm	500～600	700～1800	2000～3000
夹套内径 D_2/mm	D_1+50	D_1+100	D_1+200

夹套的壁厚可参照反应釜筒体壁厚的计算公式进行计算。

（3）其他装置计算

反应釜中各种接管及接管上法兰的大小可仿照第 4 章容器上接管的计算方法，至于其他装置如密封装置、人孔、手孔、搅拌装置等的具体计算请参见有关搅拌式反应釜设计的专著。

7.3　搅拌式反应釜装配图绘制

7.3.1　总图阅读

本次绘制的反应釜装配图见图 7-11，全图由 52 种零部件组成，其中法兰、封头、耳式支座、机械密封、联轴器、搅拌器、人孔、垫片等均为标准件，绘制时主要表达清楚它们的安装尺寸及外观尺寸为主，具体的细节尺寸需要通过明细栏中这些零件的具体说明，通过查找标准资料获得。筒体、夹套等非标准件在装配图中必须标明它们的各种空间尺寸，如壁厚、直径、高度等数据。

本次反应釜装配图具体绘制采用一个全剖的主视图、俯视图及 5 个局部放大图来表达。其中主视图表达了反应釜体与夹套的结构及连接方式、零部件结构及装配关系，俯视图表达了接管及支座的布置情况。5 个局部放大图用来表达基本视图中没有表达清楚的压料管 g 的固定夹和 b、d、e、f 接管的装配结构和具体尺寸。

确定图幅及绘制比例是一件十分重要的事情，必须在装配图具体绘制前确定。要确定本次装配图的图幅与比例，必须先绘制本次装配图的草图，确定需要的各种表格，因为表格必须按 1：1 的比例绘制，本次绘制中的表格有标题栏、明细表、管口表、设计表。由于本次零件数较多，因此明细栏不能在标题栏上方全部放下，需要在标题栏左边再放一个，这样在宽度方向就需要 360mm。通过绘制草图及大致尺寸标注，主视图高度达 3600mm，俯视图宽度和高度大约为 2000mm，这样要放下两个视图，在高度方向需要 5600mm，横向方向需要 2000mm 以上，如果考虑全局装配图采用 1：10 的比例绘制，则两个主视图高度方向需要 560mm 以上，宽度方向需要（360+200）mm 以上，如果考虑还需要绘制局部放大图，宽度方向还需要增加，这样可选图幅就只有 A1 图幅。A1 图幅的大小是 841×594，考虑到图框部分，A1 图幅的内框实际大小 806×574，基本满足本次装配图绘制的空间要求，具体绘制过程中，有些细节问题可以进一步调整。

7.3.2　表格绘制

本次装配图绘制中，共有 4 种表格，分别是管口表、标题栏、明细表、设计表。由于这些表格中的文字繁多，并且需要按 1：1 绘制，为了更好地对齐文字及对文字修改，本章中表格的绘制采用和前几章完全不同的方法，直接调用 AutoCAD 中的表格功能，通过单元格特

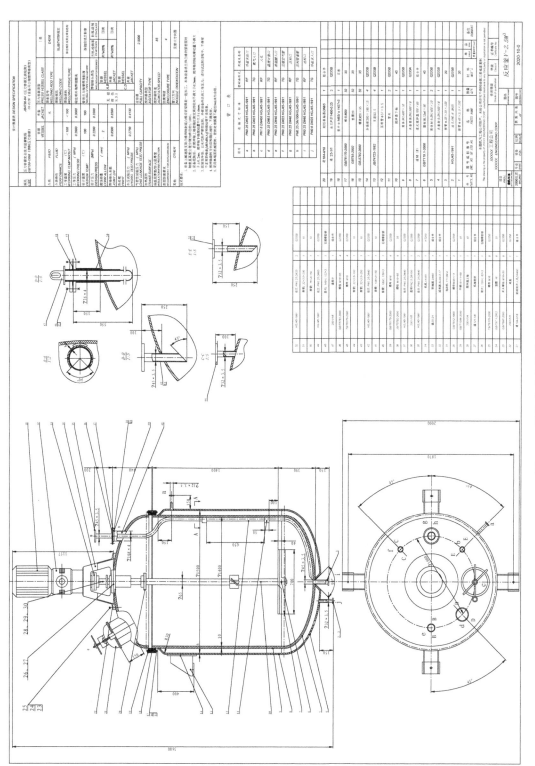

图 7-11　搅拌式反应釜装配图

性对表格的高度和宽度进行调整，绘制出符合条件的各种表格，进而可以方便地像 Excel 表格那样输入各种文字、数字及符号。

（1）管口表

本次绘图中的管口表由于取消了公称尺寸一列，但总宽度仍保留为 120，每行的高度均为 8，列的宽度进行了调整，分别为 18,57,20,25。在 AutoCAD 中，文字的输入最大的问题是对齐，如果沿用第 2 章介绍的方法，通过 line 命令及偏移和阵列等修改工具确实可以方便地绘制管口表的线条部分，但文字的输入就比较麻烦，本次介绍利用 AutoCAD 中自带的表格也精确地绘制出符合要求的管口表，由于是 AutoCAD 自带的表格，文字的输入就如同 Excel 表格中的文字输入，非常方便。

先通过"格式"菜单中的"表格样式"工具，通过修改功能，将表格的文字高度设置为 2.5，数据的四周边框的线宽为 0.30mm，以减少后续对文字大小及表格边框线宽问题的处理，见见图 7-12。

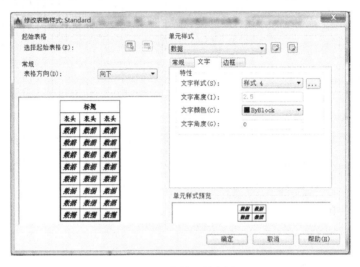

图 7-12　修改表格样式

点击表格工具，按图 7-13 设置数据，插入 4 列 11 行的表格，其中列宽设置为 30，行高暂定 1 行，设置单元样式中全部选择为数据，否则行数会多于 11 行。

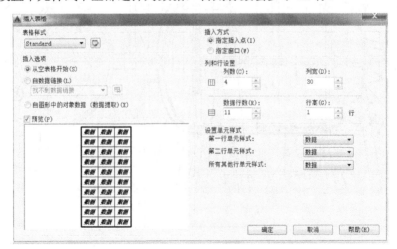

图 7-13　插入 4×9 表格

按表格内容输入表头部分内容得图 7-14。

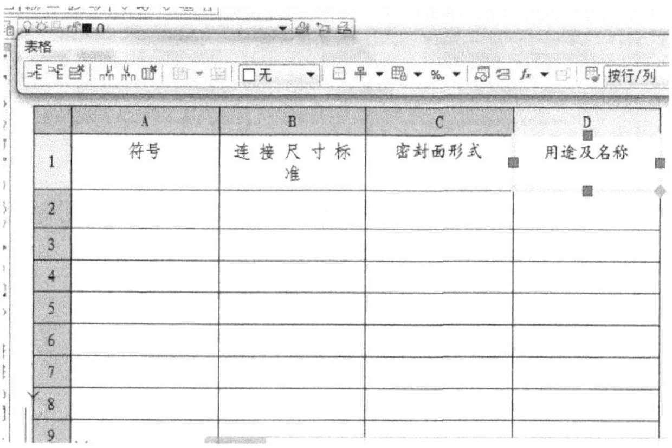

图 7-14　输入表头内容

　　选中某行的单元格，点击鼠标右键，见图 7-15，再在弹出的菜单中选择特性，再次弹出新的菜单，见图 7-16。调整个表的各列列宽设置分别为 15，60，20，25，选按列对齐，得到列宽符合要求的表格见图 7-17。

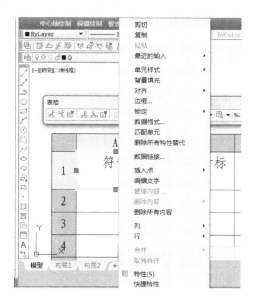

图 7-15　鼠标右键点击

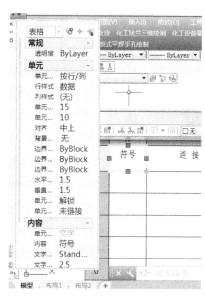

图 7-16　单元格特性设置

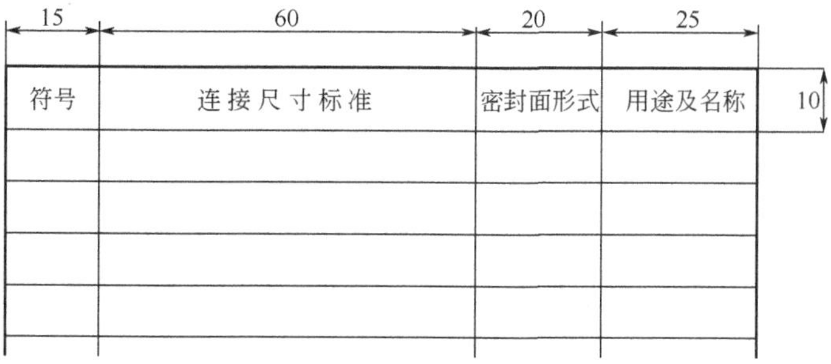

图 7-17　符合要求的管口表

通过"特性"功能，将第一行行高设置为12，其他各行高度设置为8，见图7-18。

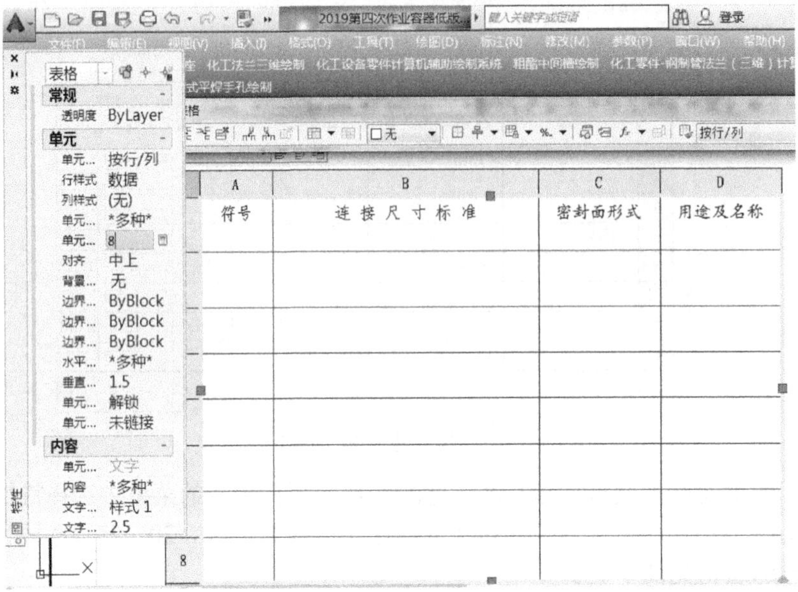

图7-18　表格中单元格高度设置

利用图7-18构建的表格，可以像 Excel 中的表格一样，可以方便地输入文本，并进行各种调整和编辑，全面输入各种数据后得到管口表见图7-19。

图7-19　管口表

如果得到的表格四周框不是粗线，则可以通过修改表格样式，将四周边框设置为 0.30mm 的线宽，得到符合条件的管口表，见图7-20，其他表格也可按此思路方便地制作。

（2）标题栏绘制

本次图中的标题栏取消了会签的内容，会签单独设表，标题栏的大小为 180×52，可以利用前面所述的表格法，通过改变行高、行宽、合并等方法，快速地制作标题栏。

① 先插入一个 5 行 11 列的表格，见图7-21。

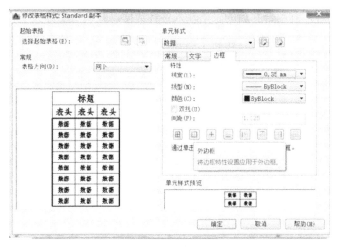

图 7-20 表格边框线宽设置

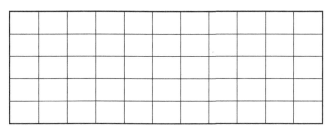

图 7-21 5×11 空表格

② 利用单元格"特性"工具，从左到右，从上到下分别调整列宽和行高，调整好后的表格见图 7-22。

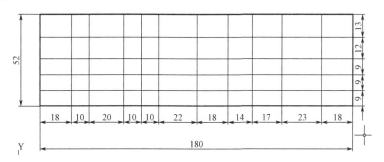

图 7-22 调整表格中的行高及列宽

③ 根据标题栏的具体规格，合并处理单元格，得到符合要求的空标题栏，见图 7-23。

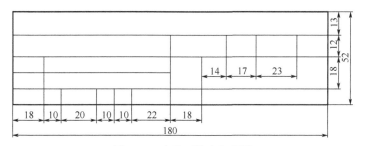

图 7-23 合并后的空标题栏

④ 按标题栏内容，利用合并后的表格输入各种数据，并调节字体大小和类型，得到图 7-24。

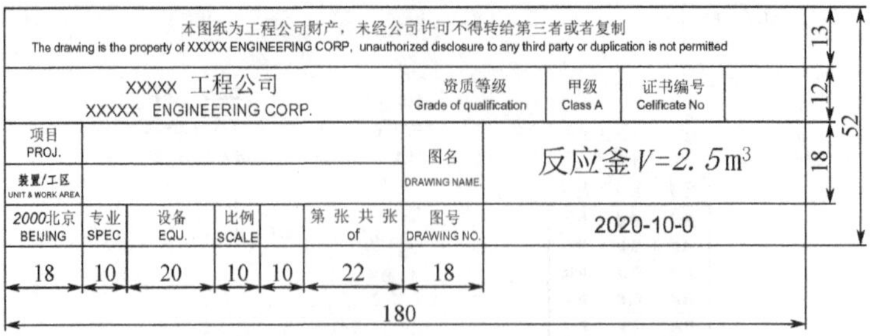

本图纸为工程公司财产，未经公司许可不得转给第三者或者复制
The drawing is the property of XXXXX ENGINEERING CORP, unauthorized disclosure to any third party or duplication is not permitted
XXXXX 工程公司
XXXXX ENGINEERING CORP.
资质等级
Grade of qualification
甲级
Class A
证书编号
Celificate No
项目
PROJ.
装置/工区
UNIT & WORK AREA
图名
DRAWING NAME
反应釜V=2.5m³
2000北京
BEIJING
专业
SPEC
设备
EQU.
比例
SCALE
第 张 共 张
of
图号
DRAWING NO.
2020-10-0
18
10
20
10
10
22
18
180
13
12
18
52

图 7-24 标题栏

（3）明细表

本次要绘制的明细表总长度为 180，表头行高 15mm，其他内容行高 8mm，可以先绘制表头和若干行，然后再根据内容多少，可以像 Excel 表格一样插入行。插入行的操作需要先选中某个单元格，再点击鼠标右键，在弹出的菜单中，选择“行▸ ”→“在上方插入”即可。

① 绘制 8 列 8 行表格　点击表格工具或在命令行输入“TABLE”回车，选择 8 列，列宽 20；行数 8 行，行高 1；选择第 1 行和第 2 行单元样式全部为数据，得到图 7-25 所示的空表。

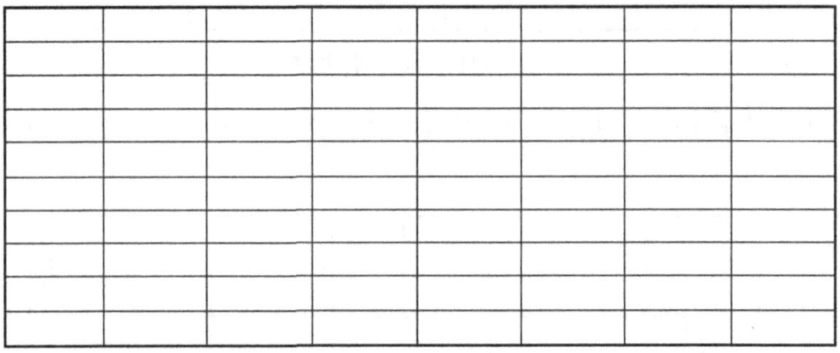

图 7-25　8×8 空表

② 调整列宽和行高　利用单元格的“特性”工具，调整列宽及行高并进行适当合并，得到符合要求的空明细表，见图 7-26。

15
40
45
10
30
10
10
20
180
n×8
8
15
6

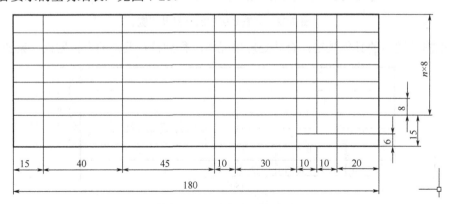

图 7-26　符合要求的空明细表

③ 添加表头及部分内容 按明细表具体内容输入，记得英文采用斜体，得到图 7-27。

④ 插入行 利用行插入及复制粘贴技术，完成全部零件号内容的输入，见图 7-28。

件号 PARTS. NO.	图号或标准号 DWG. NO. OR STD. NO.	名称 PARTS NAME	数量 QTY.	材料 MAT'L	单 SINGLE / 总 TOTAL 质量 MASS(kg)		备注 REMARKS
6	GB/T119.1-2000	圆柱销 12m6×90	1	45			
5		筒体封头 DN1400×10	2	Q235B			
4		夹套封头 DN1500×6	1	Q235B			
3		接管 φ32×35×150	1	20			
2	HGJ45-1991	法兰 PN0.6 DN25	1	Q235B			
1		接管 φ45×3.5×150	1	20			

图 7-27 部分明细表

件号 PARTS. NO.	图号或标准号 DWG. NO. OR STD. NO.	名称 PARTS NAME	数量 QTY.	材料 MAT'L	单 SINGLE	总 TOTAL 质量 MASS(kg)	备注 REMARKS
52	HGJ45-1991	法兰 PN0.25 DN25	2	Q235B			
51		接管 φ32×3.5×250	1	10			
50		接管 φ76×4×150	1	10			
49	HGJ45-1991	法兰 PN0.25 DN65	1	Q235B			
48		垫片 φ145/φ122×3	1	石蜡橡胶板			
47	2001/1/6	温度计	1	组合件			
46	GB/T5782-2000	螺栓 M16×65	4	Q235B			
45	TB/T6170-2000	螺母 M16	4	Q235B			
44		接管 φ32×3.5×100	1	10			
43		接管 φ32×3.5×250	1	10			
42	HGJ45-1991	法兰 PN0.25 DN40	1	Q235B			
41		接管 φ108×4×150	1	10			
40		接管 φ180/φ158×3	1	石蜡橡胶板			
39	GB/T6170-2000	螺母 M16	4	Q235B			
38	JB/T5782-2000	螺栓 M16×65	4	35			
37	HGJ45-1991	法兰 PN0.25 DN40	1	Q235B			
36	2001/1/5	盖板 PN2.5 DN100	1	Q235B			
35	HGJ45-1991	法兰 PN0.25 DN40	2	Q235B			
34		机座 J-A-65	1	HT200			
33	通 25-2/1	联轴器 DN60	1	组合件			
32		减速器 BLD4-3-17	1	组合件			
31		电动机 Y112M-4	1				
30	GB/T812-1988	螺母 M45×1.5	2	Q235B			
29	GB/T1096-2000	平键 18×11×68	1	45			
28	2001/1/4	搅拌器上轴	1	45			
27	通 121-1/8	机械密封	1	组合件			
26		垫片 φ130/φ63×3	1	石蜡橡胶板			
25	TB/T6170-2000	螺母 M16	8	Q235B			
24	GB/T97.1-2002	垫圈 16	8	35			

件号 PARTS. NO.	图号或标准号 DWG. NO.OR STD.NO.	名称 PARTS NAME	数量 QTY.	材料 MAT'L	单 SINGLE	总 TOTAL 质量 MASS(kg)	备注 REMARKS
23	GB/T897-2000	双头螺柱 M16×50	8	Q235B			
22	2001/1/3	底座	1	Q235B			
21	通 104-3/18	旋柄快开人孔 DN400	1	组合件			
20	通 104-4/18	刚性联轴器 DN65	1	组合件			
19	通 25-1/1	法兰 PⅡ1400-0.25	2	Q235B			
18		垫片 φ1465/φ1427×3	1	石板			
17	GB/T6170-2000	螺母 M20	52	35			
16	GBT95-2002	垫圈 20	52	35			
15	GB-5782-2000	螺旋 M20×95	52	35			
14		加强板 280×180×10	4	Q235B			
13	JB/T4725-1992	支座 B2.5	4	Q235B			
12		压料管 φ57×3.5	1				
11		管夹	2	Q235B			
10		搅拌器下轴	1	45			
9		筒体 DN1400×10	1	Q235B			
8		夹套筒体 DN1500×6	1	Q235A			
7	通 16(8)	浆式搅拌器 700×65	1	组合件			
6	GB/T119.1-2000	圆柱销 12m6×90	1	45			
5		筒体封头 DN1400×10	2	Q235B			
4		夹套封头 DN1500×6	1	Q235B			
3		接管 φ32×35×150	1	20			
2	HGJ45-1991	法兰 PN0.6 DN25	1	Q235B			
1		接管 φ45×3.5×150	1	20			

图 7-28 明细表

（4）设计数据表

本次绘制反应器装配图中的设计数据表在前面几章中并没有出现，但其绘制并不困难，利用前面介绍的方法，先插入一个 19 行 9 列的表格，再通过设定单元格的高度和宽度以及单元格的合并，可以方便地绘制出空的设计数据表，见图 7-29，有了该空表，就可以比较方便地将设计数据表的内容输入，最后的设计表见图 7-30。

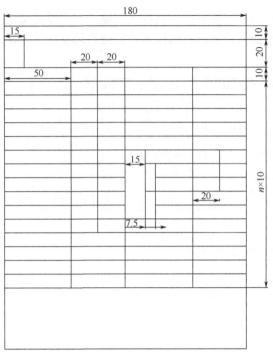

图 7-29　空设计表

设计数据表 DESIGN SPECIFICATION							
规范 CODE	压力容器安全技术监察教程　　JB4730-94《压力容器无损检测》 GB150-1998《钢制压力容器》　　04-0106《设备开口接管焊接类型》						
	容器 VESSEL	夹套 JACKET	压力容器类型 PRESS VESSEL CLASS		Ⅰ类		
介质 FIUIO		水	焊条型号 WELDING ROD TYPE		E4316		
介质特性 FLUID PERFOMANCE			焊接规范 WELDING CODE		按 JB/T4709 规定		
工作温度(℃) WORKING TEMPIN/OUT	<100	<100	焊造结构 WELDING STRUCTURE		除注明外采用全焊造结构		
工作压力(MPa) WORKING PRESS	0.2000	0.3000	除注明外角焊缝腰高 THICKNESS OF FILLET WELD EXCEPT NOTED				
设计温度(℃) DESIGN TEMP.	100	100	管法兰与接管焊接标准 WELDING OF PIPE FLANG AND PIPE		按相应法兰标准		
设计压力(MPa) DESIGN PRESS	0.2200	0.3300		焊接接头类型 WELDEDJOINTCA TEGORIES	方法-检测率 EX. METHOD%	标准-级别 STD-CLASS	
腐蚀裕量(mm) CORR ALLOW	2		无损 探伤 H.D.E	A,B	容器 VESSEL	RT≥20%	Ⅲ类
焊接接头系数 JOINT EFF	0.8500	0.8500			夹套 JACKET	RT≥20%	Ⅲ类
热处理 PWHT				C,D	容器 VESSEL		
水压试验压力(MPa) HYDRO. TEST PRESS	0.2750	0.4130			夹套 JACKET		
气密性试验压力(MPa) GAS LEAKAGE TEST PRESS			全容器 FULL CAPACITY		2.5000		
加热面积 TRANS SURFACE			搅拌器类型 AGITATOR TYPE				
保温层厚度/防火层厚度 INSULA TION/FIRE PRO TECTION			搅拌器转速 AG/NTATOR SPEED		85		
表面防腐要求 REQUIREMENT FOR ANTI-CORROSION			防腐等级 ENCLOSURE TYPE		4		
其它 OTHER			管口方向 NOZZLE ORIENTATION		见管口方向图		
技术要求： 　1. 设备上减速段支架凸缘和轴封底凸缘应在铝焊后一起加工，本体设备法兰和凸缘的紧密面对轴垂直高度公差分别为终径的 l/1000。 　2. 设备组装后，在搅拌轴上端密缝处测定周的径向不得大于 0.5mm；搅拌轴的轴向移动量不得大于±0.2mm，搅拌轴下端搅动量不大于 1.0mm。 　3. 组装完毕后，以水代料严禁空转，并使设备内达到工作压力；进行试运转过程中，不得有不正常的噪音［<85dB (A)］和振动等不良现象。 　4. 搅拌轴旋转方向应和图示相符，不得反转。 　5. 采用单端面机械密封，密封处泄漏量不超过 5mL/h 为合格。							

图 7-30　设计表

7.3.3 图框绘制

先利用绘制矩形工具，点击任意一点，输入"@841,594"绘制一个 841×594 的矩形作为外图框，再从该矩形的左下角点出发，利用直线绘制命令，通过输入"@25,10"确定绘制内框的定位点，再利用矩形绘制命令输入"@806,574"就可以方便地绘制好内框，注意内框在粗线图层，见图 7-31。将前面已经绘制好的各种表格复制粘贴到图 7-31，并对明细栏做一定调整，得到绘制好图框和各种表格，见图 7-32。

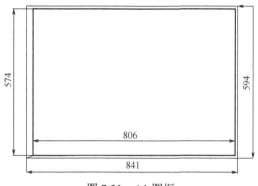

图 7-31　A1 图框

图 7-32　反应釜装配图图框及表格

7.3.4 主视图绘制

主视图采用全剖视图，用于表达反应釜釜体与夹套的结构及连接方式、零部件结构及装配关系。尽管是全剖视图，但是各种接管的法兰部分、电机及搅拌装置不采用剖视图，只画出它们的轮廓线部分。同时对于反应釜釜体及夹套的壁厚需要采用夸张画法，不采用 1∶10 的比例绘制，在不影响人们读图及理解的基础上，主视图上各种接管和筒体的焊接、法兰和筒体的焊接没有绘制，各种接管、支座、人孔等零件的详细尺寸需要通过明细栏中的零件标准号进行查取，装配图中的主视图只表明这些零件的空间安装尺寸，具体见图 7-33。

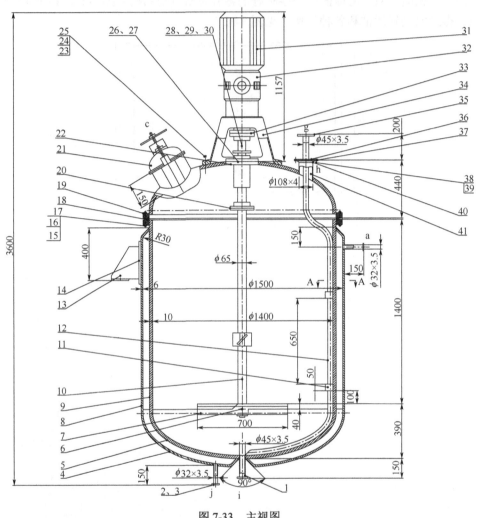

图 7-33　主视图

7.3.5　俯视图绘制

　　俯视图主要是为了表达主视图中无法表达清楚的各种接管及支座圆周方向上的分布情况。各种接管的俯视图采用简化画法，一般用两个同心圆表达，大的同心圆直径取与接管连接的法兰外径，小的同心圆直径取法兰凸台的直径，具体数据需根据接管的公称压力和公称直径通过查取标准获得，法兰上的螺栓孔等细节不必绘制。用两个虚圆代表上封头和釜体法兰连接的螺栓孔位置及安装在上封头上部电机的螺栓孔位置。具体俯视图见图 7-34。

7.3.6　局部放大图绘制

　　局部放大图是为了更好地表达在前面两个视图中无法完整表达的 5 个部分，注意局部放大图中的比例和整体的比例不同，有些局部放大图可以不按比例绘制，但各个零件相互之间的大小关系必须符合逻辑，也就是大的还是大，小的还是小。如 DN25 的管子必须比 DN40 管子小，局部放大图见图 7-35。

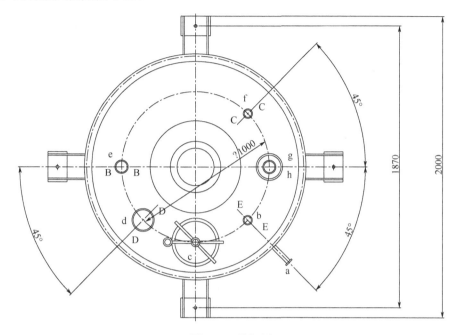

图 7-34　俯视图

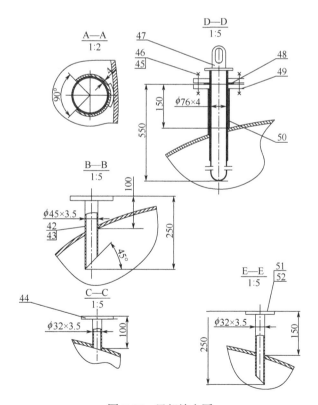

图 7-35　局部放大图

7.3.7 全局图集成

将前面分开绘制的图样，全部放入 A1 图幅的图 7-11 中，并适当移动和调整图样位置，使全部需要的图样均放入该图幅中，同时保证不和各类表格发生交叉，最后集成图样见图 7-11。

7.4 本章慕课学习建议

夹套搅拌反应器装配图绘制比前面换热器装配及容器装配图的绘制复杂了许多，同时课程中也没有像前面章节那样提供各种零件的详细数据及具体绘制方法，读者必须充分发挥学习的主动性，利用管口表及明细栏提供的信息，查找各种标准，获取各种零件的具体尺寸，再模仿前面几章有关接管、法兰、支座、人孔及壁厚夸张等画法，通过逐步集成的方法，最后绘制好本次的反应器装配图。

习　题

请尽可能查阅本章绘制的反应器装配图中 52 个零件的各种标准数据，重新绘制该反应器装配图，并写出绘制心得及查到的各种标准数据，同时提供各种零件的标准绘制图样。

第8章
二次开发及 AutoLISP

8.1 AutoCAD 二次开发在化工制图中的应用

8.1.1 二次开发的目的及必要性

AutoCAD 软件作为 CAD 工业的旗帜产品以其强大的功能得到广大用户的青睐。它具有精确的坐标系，能够完成各种图形的精确绘制、任意缩放和修改，支持数字化仪的精确输入。尽管如此，由于各行各业都有行业和专业标准，许多单位也有自己的技术规格和企业标准，化工行业也不例外，有着大量的各种图纸设计标准，因而，作为一个通用的绘图软件而设计开发的 AutoCAD 不可能完全满足每一用户的具体应用要求。但是，AutoCAD 具有开放的体系结构，允许用户和开发者在几乎所有方面对其进行扩充和修改，同时可以利用多种开发语言，开发可以自动完成某一绘制任务的软件，可大大提高绘制速度，改善工作效率。以上工作可称之为 AutoCAD 的二次开发技术。也就是说 AutoCAD 二次开发技术主要包括两个方面，一方面是对它的功能进行扩充和修改，如修改或增加菜单，进行各种定制工作；另一方面，是利用开发工具，编写能够完成特殊任务的自动绘制软件，如通过人机交互界面输入必要的数据后，系统就自动完成某一化工零件或设备的绘制，就属于这一类型。在化工图样绘制中，需要的也是有关这一方面的开发软件，它能最大限度地满足用户的特殊需要，通过调用各种已经开发好的专用零件图绘制软件，加快绘制速度，提高工作效率。尤其重要的是，可以将大量的计算工作交于计算机去完成，这样，不仅提高了绘图速度，同时也提高了绘制精度，避免了人为的计算错误。

目前很多的化工技术人员对 AutoCAD 的使用一般还仅限于它自身的各种绘图功能，使用鼠标手工绘制各种图件，对其强大的二次开发功能还没有进行深入使用。如果能使用 AutoCAD 的二次开发技术开发出一套软件，让 AutoCAD 自动绘制目前使用的各种图件，就可以大大提高作图的效率，发挥出 AutoCAD 的强大图形编辑、修改功能，对图件中的各种元素进行任意修改，满足各种不同的图件格式和绘图标准，由此可见，对于一个化工技术人员来说，学会自己开发 AutoCAD 二次应用软件，显得十分必要。因为这将大大减少化工技术人员的具体绘制工作，使其将主要精力集中到设备的设计中去，加快化工技术的开发速度。

近几年来，计算机软、硬件技术的飞速发展及其应用的普及，带动着化工领域使用计算机的浪潮。首先是各课程教学使用了 CAI 课件，学生们可以清楚地看到各种物质的具体颜色，并可以看到动画反应，让学生们能够形象生动地上课。然后是各种实验仿真软件的出现，让学生们可以不用亲自下到工厂，也不用浪费任何原料，在没有危险的情况下就可以完成对实验过程或者是生产流程的学习和实习。同时计算机可以对反应进行模拟，对实验数据的拟合都大大地方便了化工工作者。随之诞生了各种化工专用的软件，给化工工业的发展注入了新鲜的血液，使化工工业的发展如虎添翼。

目前，随着化工工业的进一步发展，人们设计和制造出各种新的机械设备，而绘制这些设备的工程图都是一件很大的工程。比如一个完整热交换器图纸，就需要一个专业人员花费1～2天才能完成。利用 AutoCAD 的二次开发技术，就可以编出对热交换器的图进行批处理的程序，只需通过简单的人机会话，计算机就能自动绘制出图纸，这也是化工技术人员学习掌握 AutoCAD 二次开发技术的目的之所在。随着化工工业的不断发展，对设备图纸绘制的速度要求也将越来越快，利用 AutoCAD 二次开发技术开发而成的软件直接绘制各种设备的技术将在化工工业中得到更加广泛的应用，其开发技术必将伴着化工工业一起发展。

8.1.2　几种主要的二次开发语言简介

AutoCAD 提供了完整的、高性能的、面向对象的 CAD 程序开发环境，为用户和开发者提供了多种新的选择，使得对 AutoCAD 二次开发和定制变得轻松而容易。通过下面几种开发工具的介绍，帮助大家在二次开发时根据自己所掌握的基本语言，选择适合自己的开发工具，可提高工效，达到事半功倍的目的。

（1）AutoLISP

LISP 是在 1960 年由美国麻省理工学院的 Joho McCarth 设计实现的，它是一种计算机的表处理的语言，主要应用于人工智能领域，至今仍在广泛使用。

AutoLISP 语言是 AutoCAD 所支持的一种内嵌式语言，它由美国 Autodesk 公司开发。用户可十分方便地利用 AutoLISP 编程语言对 AutoCAD 进行二次开发，它采用了与 LISP 语言中的 Common LISP 最近的语法和习惯约定，同时又针对 AutoCAD 增加了许多新的功能，使用户可以直接调用几乎全部的 AutoCAD 命令，因此它既具有一般高级语言的基本结构和功能，又具有 AutoCAD 强大的图形处理能力，是目前计算机辅助设计和绘图中较广泛采用的语言之一。用户可借助于 AutoLISP 的编程语言将 AutoCAD 软件改装成能满足特殊需要的专业绘图设计软件，尤其在化学化工领域，可开发成各种专门用途的化学化工设计软件，有关AutoLISP 基本语言将在 8.2 节里加以详细介绍。

（2）Visual LISP

Visual LISP（简称 VLISP）是为加速 AutoLISP 程序开发而设计的强有力的工具。它提供了一个完整的集成开发环境（包括编译器、调试器及其他工具，可以显著地提高自定义AutoCAD 的效率）。Visual LISP 提供的主要工具有：文本编辑器、格式编排器、语法检查器、源代码调试器、检验和监视工具、文件编译器、工程管理系统/快捷相关帮助与自动匹配功能和智能化控制台等。

Visual LISP 克服了 AutoLISP 一直以来开发中所存在的诸多不便和某些局限性。例如，再不用像以前那样必须用其他系统的文本编辑器来录入和编辑源代码；在 AutoLISP 中，当使用一个文本编辑器编写程序时，想要查找和检查圆括号、AutoLISP 函数或变量是较为困难的；调试是另一个重要的问题，因为如果没有调试工具，将很难发现程序在干什么及引起程序中错误的原因，为此通常不得不在程序中增加一些语句以在程序的不同运行状态中检查变量的值，当程序最终完成后，再删除这些附加的语句；括号是否成对以及代码的语法也是传统的 AutoLISP 编程中经常引起错误的地方。在 Visual LISP 的集成环境下，以上诸多问题都得到了圆满的解决。利用 Visual LISP 可以便捷、高效地开发 AutoLISP 程序，可以得到运行效率更高、代码更为紧凑、源代码受到保护的应用程序。

从语言方面看，Visual LISP 对 AutoLISP 语言进行了扩展，可以通过 Microsoft ActiveX Automation 接口与对象交互。同时，通过实现事件反应器函数，还扩展了 AutoLISP 响应事件的能力。Visual LISP 已经被完整地集成到 AutoCAD 中，为开发者提供了崭新的、增强的集成开发环境，一改过去在 AutoCAD 中内嵌 AutuoLISP 运行引擎的机制，这样开发者可以直接使用 AutoCAD 中的对象和反应器，进行更底层的开发。其特点为自身是 AutoCAD 中默认的代码编辑工具；用它开发 AutoLISP 程序的时间被大大地缩短，原始代码能被保密，以防盗版和被更改；能帮助大家使用 ActiveX 对象及其事件；使用了流行的有色代码编辑器和完善的调试工具，使大家很容易创建和分析 LISP 程序的运行情况。在 Visual LISP 中新增了一些函数：如基于 AutoLISP 的 ActiveX/COM 自动化操作接口；用于执行基于 AutoCAD 内部事件的 LISP 程序的对象反应器；新增了能够对操作系统文件进行操作的函数，关于 Visual LISP 的启动、编辑及调试将在 8.3 节里加以介绍。

（3）VBA

VBA（Visual Basic for Application）最早是建立在 Office 97 中的标准宏语言，由于它在开发方面的易用性且功能强大，许多软件开发商都将其嵌入自己的应用程序中，作为一种开发工具提供给用户使用。而 AutoCAD VBA 就是集成在 AutoCAD 中的 Visual Basic 开发环境，与 VB 的主要区别是 VBA 在与 AutoCAD 相同的进程空间中运行，提供了与 AutoCAD 关联的快捷的编程环境，程序设计直观快捷。它还具有与其他可使用 VBA 应用程序集成的能力，可以作为其他应用程序如 Word 或 Excel 的自动化控制器。可以看出，VBA 编程快捷方便，对于非计算机专业更多熟悉 VB 编程语言的人来说，可以很快就掌握它。

AutoCAD VBA 工程与 Visual Basic 工程在二进制结构上是不兼容的，然而，其中的窗体、模块和类可以通过在 VBA IDE 环境中使用输入和输出 VBA 命令在工程之间进行转换。VBA 用的是 ActiveX 接口。AutoCAD ActiveX 使用户能够从 AutoCAD 的内部或外部以编程方式来操作 AutoCAD。它是通过将 AutoCAD 对象显示到"外部世界"来做到这一点的。一旦这些对象被显示，许多不同的编程语言和环境以及其他应用程序（例如 Microsoft® Word VBA 或 Excel VBA）就可以访问它们。

（4）ADS

ADS 的全名是 AutoCAD Development System，它是 AutoCAD 的 C 语言开发系统，ADS 本质上是一组可以用 C 语言编写 AutoCAD 应用程序的头文件和目标库，它直接利用用户熟悉的各种流行的 C 语言编译器，将应用程序编译成可执行的文件在 AutoCAD 环境下运行，这种可以在 AutoCAD 环境中直接运行的可执行文件叫作 ADS 应用程序。ADS 由于其速度快，又采用结构化的编程体系，因而很适合于高强度的数据处理，如二次开发的机械设计 CAD、工程分析 CAD、建筑结构 CAD、土木工程 CAD、化学工程 CAD、电气工程 CAD 等。

（5）ObjectARX

ObjectARX 是一种崭新的开发 AutoCAD 应用程序的工具，以 C++为编程语言，采用先进的面向对象的编程原理，提供可与 AutoCAD 直接交互的开发环境，能使用户方便快捷地开发出高效简洁的 AutoCAD 应用程序。ObjectARX 并没有包含在 AutoCAD 中，可在 AutoDesk 公司网站中下载，其最新版本是 ObjectARX for AutoCAD 2010，它能够对 AutoCAD 的所有事务进行完整的、先进的、面向对象的设计与开发，并且开发的应用程序速度更快、集成度更高、稳定性更强。ObjectARX 从本质上讲，是一种特定的 C++编程环境，包括一组动态链接库（DLL），这些库与 AutoCAD 在同一地址空间运行并能直接利用 AutoCAD 核心数据结构和代码，库中包含一组通用工具，使得二次开发者可以充分利用 AutoCAD 的开放结构，直接访问 AutoCAD 数据库结构、图形系统以及 CAD 几何造型核心，以便能在运行期间实时扩展 AutoCAD 的功能，创建能全面享受 AutoCAD 固有命令的新命令。ObjectARX 的核心是两组关键的 API，即 ACDB（AutoCAD 数据库）和 ACED（AutoCAD 编译器），另外还有其他的一些重要库组件，如 ACRX（AutoCAD 实时扩展）、ACGI（AutoCAD 图形接口）、ACGE（AutoCAD 几何库）、ADSRX（AutoCAD 开发系统实时扩展）。ObjectARX 还可以按需要加载应用程序；使用 ObjectARX 进行应用开发还可以在同一水平上与 Windows 系统集成，并与其他 Windows 应用程序实现交互操作。

（6）ActiveX Automation

ActiveX 技术来源于 OLE（Object Linking and Embedding）技术。OLE 最初是对象链接与嵌入，后来发展成为复合文档技术，包括文字、图片、声音、动画片和视频等媒体可以共同存在于一个文档中。它们可以由不同的应用程序产生，同时也可以在该文档中编辑。如果应用程序支持 OLE 文档，则在不同应用程序之间的切换由 OLE 自动完成。OLE 技术和其他技术共同作用，从而实现不同应用程序之间的无缝链接。

自动化技术（Automation）允许一个应用程序驱动另外一个程序，驱动程序被称为自动化客户，另一个为自动化服务器。自动化技术后来发展成为 ActiveX Automation。

1996 年 3 月 Microsoft 公司提出了 ActiveX。ActiveX 是指宽松定义的、基于 COM 的技术集合，而 OLE 仍然仅指复合文档。当然，最重要的核心还是 COM。ActiveX 与 OLE 都是基于构件对象模型（COM）的。COM 是一种客户/服务器方式的对象模型，这种模型使得各构件与应用程序之间能以一种统一的方式进行交互。OLE 利用 COM 提供了一种基于对象的、可定制和可扩展的服务，用于解决不同系统之间的交互操作问题。OLE 自动化技术扩充和发展为 ActiveX Automation，它适用于 OLE 对象与 ActiveX 对象。

ActiveX Automation 由客户程序和服务器程序组成，客户程序是操纵者与控制者，服务器程序是被控制者，它包含了一系列的暴露对象。只要服务器程序提供一定的接口可以使任何对象实现自动化。对象包含了一些外部接口，它们被称为方法与属性。方法是自动化对象的一些函数，是提供给客户程序的外部公共成员函数。属性是一个对象的一些命名特征，即对象的一些公有数据域。

通过利用 ActiveX Automation 技术，可以方便地利用应用编程软件如 Visual Basic 来操控 AutoCAD，从而将 Visual Basic 和 AutoCAD 结合起来。Activex Automation 一方面利用 Visual Basic 窗体设置的方便性及编程计算的简单性，同时利用 AutoCAD 内部的强大的绘图功能，可快速而方便地开发出化工制图应用软件。然而，该技术虽从原理上来说比较简单，但在实际应用中也会碰到诸如版本不配套等问题。

（7）Visual Java

Java 是最早由 Sun 公司创建的一种颇具魅力的程序设计语言，是针对嵌入系统而设计的。像许多开发语言一样，Java 是一组实时库的集合，可为软件开发者提供多种工具来创建软件，管理用户接口，进行网络通信、发布应用程序等。对 AutoCAD 用户和开发者而言，Java 代表着新一代的编程语言，主要用于开发出全新的优秀产品。

8.1.3 化工 AutoCAD 二次软件的开发思路及步骤

化工 AutoCAD 二次软件的开发和其他软件的开发一样，均需遵循一定的规律。一般来说，一个完善的 AutoCAD 二次软件开发过程可以分成以下 4 个阶段的内容：系统规划、系统开发、系统运行与维护、系统更新。而系统规划又可以分成 3 个方面的内容，分别是战略规划、需求分析、资源分配。在这个阶段，主要任务是确定所需要开发软件的目的、使用对象、使用者的要求、开发者目前的能力及拥有的资源。其实，开发者的能力也是一种资源，只不过这是一种软资源罢了。通过该阶段的工作，开发者应该把软件开发的内容、界面形式、所使用开发平台等基本要素确定下来。由于所开发的是 AutoCAD 二次软件，所以，开发的操作系统一般首选 Windows 系统，开发平台可根据开发者自己的实际情况及开发界面的形式，选择前面所介绍的几种 AutoCAD 二次开发工具。例如，开发者对 Visual Basic 比较熟悉，则可以选择 VBA 或 ActiveX Automation 作为开发工具。软件开发的第二阶段是系统开发，包括系统分析、系统设计、系统实施。这时的主要任务是在第一阶段已经做的工作基础上，提出所开发软件的逻辑方案，确定系统开发中每一步的内容和任务，在此基础上，再进行系统总体结构设计，提出系统总体布局的方案。至此，软件开发工作还停留在逻辑开发状态，尚未进入具体的编码工作。

软件开发完成第二阶段的系统设计后，就进入了实质性的编码工作，也就是说进入了系统的实施阶段，这时要完成各种编码工作，完善系统各个接口之间的联络，改善界面的友好程度，对整个软件进行组装及调试，最后完成交付使用前的各项工作。如该保密的部分需要进行封装；可以公开的部分需要做好友善的人机界面。

软件开发的第三阶段是运行和维护阶段，一般对于规模较小的软件，对这方面的考虑就比较少。比如开发一些小软件来解决一些实际问题，就较少考虑以后的维护，一般只要满足目前的应用就可以了。但对于一个完善的软件来说，就需要考虑实际运行过程中出现的各种情况，并有解决方案及维护方法。这样，就会使得一个看上去较小的软件，也为变得复杂起来，但这种复杂为使用和维护带来了方便，提高了软件应对外来情况的能力，提高了软件的使用寿命，实际上是节约了软件使用成本。

任何一个软件总有更新的时候，此时，进入了软件开发的第四阶段，系统更新阶段，针对新的情况，对原有的系统进行更新开发。

8.2 AutoLISP 语言基础

AutoLISP 属于解释型语言，用户编写的程序源代码直接由解释器解释并执行。而在编译型语言中，源代码首先要编译为一种中间格式（目标文件）然后再与所需库文件链接，生成机器码的可执行文件。AutoCAD 本身就是用编译型语言写成的。

解释型语言的主要优点是在执行这种语言编写的程序之前不需要中间步骤，用户可以交互、独立于其他部分试验或验证程序段或程序语句，而不需像编译型语言那样，每当试验程序时，要全部编译、链接整个程序。

AutoLISP 语言的另一个优点是可移植性。AutoLISP 程序可以在运行于多种支持平台（如 Windows、DOS、UNIX、Macintosh 等）上的 AutoCAD 中执行，与 CPU 或操作系统无关，也基本上与 AutoCAD 的版本无关。AutoLISP 程序除平台和操作系统独立外，它的设计还考虑了向后的兼容性，这样，为任一版本 AutoCAD 编写的 AutoLISP 程序一般不加修改就可以在以后版本的 AutoCAD 中运行。

AutoLISP 与主流编程语言相比，存在较大的差别，这一点在学习该语言之前必须引起高度重视，否则，常常会犯一些低级的错误。其主要差别如变量没有明确的类型，无需预先声明变量，变量的类型在赋值时动态确定；没有数组、联合、结构及记录，所有复杂的数据集均由表来表示和处理；没有语句、关键词以及运算符，是函数定位的语言，其所有运算都由函数调用完成。

表是 AutoLISP 中一个重要的概念，所谓表是指在一对相匹配的左、右圆括号之间元素的有序集合。表中的每一项称为表的元素，表中的元素可以是整数、实数、字符串、符号，也可以是另一个表。元素和元素之间要用空格隔开，元素和括号之间可以不用空格隔开。例如用（2 5）表示二维点，其中 2 和 5 分别代表 x、y 坐标的两个实数；用（3 4 5）的形式表示三维点，其中 3、4 和 5 分别代表 x、y、z 坐标的三个实数。所构成的表以（$x\,y\,z$）的形式表示。上面所举例的两个表称为引用表，引用表的第一个元素不是函数，常用作数据处理，它相当于其他高级语言中的数组。而表的另外一种形式是标准表，如（+ 2 3），该表的第一个元素必须是系统内部函数或用户定义的函数，表中的其他元素为该函数的参数。如上表中共有 3 个元素，第一个元素为+，是系统的内部函数，表示进行加法运算；后面的两个元素 2 和 3 是加法运算的参数，表示 2 加上 3，返回结果值为 5。又如（setq b 8.8），它也是一个标准表，表中有三个元素，第一个元素 setq 为一函数名，是赋值函数，表示将表中第三个元素的值赋给第二个元素；第二个元素 b 为一变量；第三个元素 8.8 为一实数，该表相当于高级语言中"b=8.8"这个语句功能。

　　表中的元素有多有少，表的大小就用表中的元素个数来表达，而表中元素个数就是表的长度，用来度量表的大小。需要说明的是，这里所说的表的元素个数是指表中顶层元素的个数。而顶层元素也就是将表中从外往里的首层元素，一般称为 0 层，又叫顶层，例如表：（B（C D）（1 2 4）（+ 2 3）），该表的顶层元素共 4 个，即该表的长度为 4，4 个顶层元素分别为 A、（C D）、（1 2 3）、（+ 2 3），而后面的 3 个元素都由表组成，它们里面的元素称为 1 层的元素，如 C、D、1、2、3 等，但不能将其个数计入表的长度之中，表的长度仅为顶层元素的个数。为了便于计算机记忆存储，表中的每一个元素都有一个序号，第一个元素的序号为 0，依次类推，第 n 个元素的序号为 $n-1$。空表是没有任何元素的表，用（）或 nil 表示，在 AutoLISP 中，nil 是一个特殊的符号原子，它既是表又是原子。

8.2.1 基本运算

① 加法

格式：(+ ﹤数﹥ ﹤数﹥…)

功能：求出所列数的总和，可以是正数或负数

实例：

    (+ 70 30)　　　　结果为 100

    (+ 15 –10 50)　　结果为 55

    (+ –25 –20 90)　结果为 45

② 减法

格式：(– ﹤数﹥ ﹤数﹥…)

功能：求出第一个数逐次减去后面数的差

实例：

    (– 120 30 50)　　结果为 40

    (– 15 –10)　　　结果为 25

    (– 15 –10 30)　　结果为–5

③ 乘法

格式：(* ﹤数﹥ ﹤数﹥…)

功能：求出所列数的乘积

实例：

    (* 20 30)　　　　结果为 600

    (* 1.5 –10 2)　　结果为–30

    (* 2.5 20 –4)　　结果为–200

④ 除法

格式：(/ ﹤数﹥ ﹤数﹥…)

功能：求出第一个数逐次除以后面数的商

实例：(/　10)　　　　　结果为 10

　　　(/　　110　2)　　结果为 55

　　　(/　5　50)　　　由于表中的两个元素均为整型数，结果也为整型数，故结果为 0

　　　(/　5.0　50)　　　结果为 0.1

　　　(/　40 (/ 7 10))　系统显示被 0 除，原因在于表（/ 7 10）的值为 0

⑤　自然数求幂

格式：(exp　<数>)

功能：求 e 的<数>次幂值，e=2.71828

实例：(exp 2.0)　　　结果为 7.3890561

　　　(exp 0)　　　　结果为 1

⑥　普通数求幂

格式：(expt　<底数>　<幂>)

功能：求<底数>的 <幂>次方值

实例：（expt 3 3）　　结果为 27

　　　（expt 5 2）　　结果为 25

　　　（expt 2 4）　　结果为 16

⑦　求自然对数

格式：(log　<数>)

功能：求<数>的自然对数，要求<数>必须大于零

实例：（log 10.0）　　结果为 2.3025851

　　　(log 9)　　　　结果为 2.19722

　　　(log 12)　　　结果为 2.48491

⑧　求平方根

格式：(sqrt　<数>)

功能：求<数>的平方根，要求<数>必须大于零

实例：（sqrt 4.0）　　结果为 2.0

　　　(sqrt 12)　　　结果为 3.4641

　　　(sqrt 15.0)　　结果为 3.87298

⑨　求绝对值

格式：(abs　<数>)

功能：求<数>的绝对值

实例：（abs −3）　　　结果为 3

　　　(abs 5)　　　　结果为 5

　　　（abs −6.7）　　结果为 6.7

⑩　求最大值

格式：(max　<数 1>　<数 2>　……)

功能：求<数 1>，<数 2> ……的最大值

实例：（max 2 3 4 10）　　结果为 10

（max 5 2 3.6 6.9）　　结果为 6.9

（max –2 3 4 –10）　　结果为 4

⑪ 求最小值

格式：（min　<数 1>　<数 2>　……）

功能：求<数 1>，<数 2>……的最小值

实例：（min 2 3 4 10）　　结果为 2

（min 5 1.2 3.6 6.9）　结果为 1.2

（min –2 3 4 –10）　　结果为–10

⑫ 求余数

格式：（rem　<数 1>　<数 2>　……）

功能：求<数 1>整除<数 2>的余数，若参数多于两个，则将<数 1>整除<数 2>后的余数再整除<数 3>，求出余数，依此类推

实例：（rem 50 9 4）　　结果为 1

（rem 55 7 5 3）　　结果为 1

（rem 103 12 8 4）　结果为 3

⑬ 综合运算

格式：（运算符 1　（运算符 2 <数 1>）（运算符 3　<数 2>　<数 2>)　<数 4>　……）

功能：利用括号达到各种数据混合运算的目的，要求先进行括号内的运算，数据和括号嵌套可增加

实例：(+ (/ 100 10) (– 20 8 (sqrt 4))) 结果为 20.0

(* (/ 100 10) (max 20 8 (sqrt 4)) 5) 结果为 1000.0

(* (/ 100 10) (max 20 8 (log 4)) 5 (– 65 (sin (/ pi 2)))) 结果为 64000.0

8.2.2　基本函数

① 正弦函数 SIN

格式：（sin　<角度>），其中 <角度>用弧度表示

功能：求<角度>正弦值

实例：(sin　(/ pi 2))　　结果为 1

② 余弦函数 COS

格式：（cos　<角度>），其中 <角度>用弧度表示

功能：求<角度>余弦值

实例：(cos　(/ pi 2))　　结果为 0

③ 反正切函数 ATAN

格式：（atan <数>），其中<角度>用弧度表示，为[$-\pi/2$, $\pi/2$]

功能：求<数>反正切值

实例：(atan　1)　　　　结果为 0.785398 ，　即($\pi/4$)

(atan –1)　　　　结果为–0.785398 ，　即($-\pi/4$)

(atan 0)　　　　　结果为 0

(atan 100000000000) 结果为 1.5708，接近 $\pi/2$

④ 取整函数 FIX

格式：（fix　<数>）

功能：求<数>的整数部分，相当于高级语言中的"INT(数)"这个语句

实例：(fix 8.8)   结果为 8

        (fix –8.8)   结果为–8

        (fix 19)   结果为 19

⑤ 实型化函数 FLOAT

格式：(float <数>)

功能：求<数>转化为实型数，不考虑该数原来的类型

实例：(float 13)   结果为 13.0

        (float 13.3)   结果为 13.3

        (float –23.3)   结果为–23.3

⑥ 赋值函数 SETQ

格式：(setq   <变量 1>   <表达式 1>   [<变量 2>   <表达式 2>]…)

功能：将表达式的值赋给变量，变量和表达式需成对出现

实例：(setq   a   10)   结果为 a=10

(setq   s   "it")   结果为 s="it"

(setq   b   123   c 10   d   45)   结果为 b=123   c=10   d=45

(setq   t   (+   34   45))   结果为 t=79

(setq   P1   '(34 45))   结果是 P1 点 x 轴的坐标为 34，y 轴的坐标为 45，其中在表（34 45）前面加了单引号"'"号，是为了禁止对表（34 45）求值，需要注意的是所有的单引号和双引号必须在英文状态下输入，否则就会出现错误。如果不用"'"，也可以用 quote 表示，例如用下面的小程序就可以绘制一条从（130，140）到（200，400）的直线

     (setq p1 '(130 140))   //确定点 P1 的坐标

     (setq p2 '(200 400))   //确定点 P2 的坐标

     (command "line" p1 p2 "")   //绘制从 P1 点到 P2 点的直线

该函数是 AutoLISP 程序中应用程度较高的一个函数，希望读者引起注意。

⑦ 取表中第一元素 CAR 函数

格式： (car   <表>)，表必须为引用表而非标准表，但可以是简单表，也可以是嵌套表

功能：提取<表>的顶层第一个元素

实例：(car   '(1 3 5))   结果为 1

        (car   '(（1 3）6 5))   结果为（1 3）

⑧ 取表中除第一元素外其他元素的 CDR 函数

格式： (cdr   <表>)，表必须为引用表而非标准表，但可以是简单表，也可以是嵌套表

功能：提取<表>的除顶层第一个元素外的其他元素

实例：(cdr   '(1 3 5))   结果为（3 5）

        (cdr   '(（1 3）6 5))   结果为（6 5）

⑨ CAR 和 CDR 的组合函数

CAR 和 CDR 可以任意组合，其组合深度可达 4 层，其执行顺序从右到左依此执行，若搞错次序，其结果必然出错。4 个层次的组合形式为：CAR、CXXR、CXXXR、CXXXXR，其中 X 既可以是 A 也可以是 D。

实例：(cadr '(2 (1 2 3) 34))　　　结果为（1 2 3）

　　　(caadr '(2 ((11 6) 2 3) 34))　　　结果为（11 6）

　　　(caaadr '(2 ((11 6) 2 3) 34))　　　结果为 11

　　　(caaddr '(2 ((11 6) 2 3) (3 4)))　　结果 3

⑩ LAST 函数

格式：　(last　<表>)，表必须为引用表而非标准表，但可以是简单表，也可以是嵌套表

功能：提取<表>的顶层中最后一个元素

实例：(last '(1 2 3))　　　　　　　结果为 3

　　　(last '(12 3 (4 5)))　　　　　　结果为（4 5）

⑪ NTH 函数

格式：　(nth <序号> <表>)，表必须为引用表而非标准表，但可以是简单表，也可以是嵌套表

功能：提取<表>中第<序号>个元素，注意第一个元素的序号为 0 号，依次类推

实例：(nth 2 '(2 3 (4 5) 5))　　　　　结果为（4 5）

　　　(nth 3 '(2 3 (4 5) 5))　　　　　结果为 5

⑫ LIST 函数

格式：　(list <表达式 1> <表达式 2>…)

功能：将所有的<表达式>按原位置构成新表，可用于确定点的坐标位置

实例：(list 2 3 '(5 6))　　　　　　　结果为（2 3　（5 6））

　　　(list 2 3)　　　　　　　　　　结果为（2 3）

下面是一个利用 list 确定点的位置，绘制圆的小程序：

(setq p1 (list 222 33))

(setq p2 (list 200 300))

(command "circle" p2 160)

(command "circle" p1 160)

⑬ ATOF 函数

格式：　(atof　<数字串>)

功能：将<数字串>转换成实型数，返回实型数

实例：(atof　"23")　　　　　　　　结果为 23.0

⑭ RTOS 函数

格式：　(rtos　<数字>　<模式数>　<精度>)

功能：将<数字>转换成按模式数及精度要求的字符串。模式数为 1～5，1 代表科学计数；2 代表十进制；3 代表工程计数即整数英尺和十进制英寸；4 代表建筑计数格式即整数英尺和分数英寸；5 代表分数单位格式

实例：(rtos 12.5 1 3)　　　　　　　结果为 "1.250E+01"

　　　(rtos 12.5 2 3)　　　　　　　结果为"12.5"

　　　(rtos 12.5 3 3)　　　　　　　结果为 "1'–0.5\""

　　　(rtos 12.5 4 3)　　　　　　　结果为 "1'–0 1/2\""

　　　(rtos 12.5 5 3)　　　　　　　结果为 "12 1/2"

⑮ ASCII 函数

格式：　(ascii　<字符串>)

功能：将<字符串>中第一个字符转换成 ASCII 码，并返回该值

实例：　(ascii "b c")　　　　　　结果为 98

　　　　　(ascii "a")　　　　　　　结果为 97

　　　　　(ascii "c")　　　　　　　结果为 99

　　　　　(ascii "+")　　　　　　　结果为 43

　　　　　(ascii "y")　　　　　　　结果为 121

　　　　　(ascii "*")　　　　　　　结果为 42

⑯　CHR 函数

格式：　(chr　<整数>)

功能：将 ASCII 码为<整数>的转换成相应字符，并返回该字符

实例：(chr 69)　　　　　　　结果为"E"

　　　　(chr 80)　　　　　　　结果为"P"

　　　　(chr 42)　　　　　　　结果为"*"

⑰　ITOA 函数

格式：　(itoa　<整数>)

功能：将<整数>转换成整数字符串

实例：　(itoa 5)　　　　　　　结果为"5"

　　　　　(itoa 6)　　　　　　　结果为"6"

　　　　　(itoa 7)　　　　　　　结果为"7"

⑱　ATOI 函数

格式：　(atoi　<数字串>)

功能：将<数字串>转换成整数，返回值截去小数部分

实例：(atoi "45.4")　　　　　结果为 45

　　　　(atoi "–5.6")　　　　　结果为–5

　　　　(atoi "7")　　　　　　　结果为 7

　　　　(atoi "34.6ac")　　　　结果为 34

　　　　(atoi "df43")　　　　　结果为 0

说明：当数字串中有非数字字符时，则转换到第一个非数字原子时终止。

⑲　STRCAT 函数

格式：　(strcat <字符串 1>　<字符串 2>…)

功能：将<字符串>按先后顺序头尾相连起来，组成一个新的字符串

实例：　(strcat　"bc" "etr" "ty")　　　返回结果为"bcetrty"

⑳　SUBSTR 函数

格式：　(substr　<字符串>　<起点>[<长度>])

功能：从<字符串>中提取一个子串，该子串从起点的字符位置开始，由连续<长度>个字
　　　符组成，若<长度>缺省，则到字符串结束

实例：　(substr　"b212c" 2 3)　　　结果为"212"

　　　　　(substr　"b2er12c" 2)　　　结果为"2er12c"

㉑　READ 函数

格式：　(read <字符串>)

功能：将<字符串>转化成表或原子，文件处理时经常使用

实例：(read "ad")　　　　　结果为 AD

　　　　(read "b")　　　　　　结果为 B

(read "(a b)")　　　结果为(A B)
(read "(3 4)")　　　结果为(3 4)
　　注意：返回结果英文字母成了大写。

8.2.3　编程中常用的分支及条件判断函数

　　程序编写中经常会用到一些条件判断函数及循环函数，没有这些函数，难以完成一个理想的程序，下面介绍一些在编程中使用程度较高的这类函数。

（1）关系运算函数

　　关系运算函数是编程中分支及条件判断函数的基础，它对数值型表达式的大小进行比较，表达式可以是两个或两个以上，其返回值是逻辑变量。比较运算成立，则返回 T；不成立则返回 nil，常作为条件用于条件判断语句和循环判断语句，这一点将在下面讲解中提到。AutoLISP 共有 6 种关系运算函数，分别是 "=" 等于、"/=" 不等于、"<" 小于、">" 大于、"<=" 小于等于、">=" 大于等于。其中对于等于的关系函数，表达式只能有两个，下面是 6 种关系函数的实际例子：

(< 2 4 5 6)　　　　返回结果 T
(< 2 4 5 3)　　　　返回结果 nil，全程比较
(> 8 7 3 9)　　　　返回结果 nil，全程比较
(> 8 7 3 1)　　　　返回结果 T
(= 2 2)　　　　　　返回结果 T
(= "s" "b")　　　　返回结果 nil
(/= 1 2 3)　　　　 返回结果 T
(/= 1 1 3)　　　　 返回结果 nil，只比较前面两个表达式
(<= 3 3 5)　　　　 返回结果 T
(>= 5 5 1)　　　　 返回结果 T

（2）逻辑运算函数

　　AutoLISP 共有 3 种逻辑运算函数，分别是逻辑和（AND）、逻辑或（OR）、逻辑非（NOT），下面通过实例说明其应用。

(and a d c 3)　　　　　返回结果 nil，只要有一个表达式为假，则返回 nil
(and d c)　　　　　　　返回结果 nil
(setq a 3 b 4)　　　　 返回结果 4，返回最后一个赋值
(and a b)　　　　　　　返回结果 T，由于前面给 a、b 赋了值
(and (< 2 3) (+ 1 3) (> 3 5))　返回结果 nil
(or 1 2 a b)　　　　　 返回结果 T，只要有一个表达式为真，则返回 T
(or (> 4 2) (< 4 2))　返回结果 T
(not 2)　　　　　　　　返回结果 nil
(not (> 6 9))　　　　　返回结果 T

（3）二分支条件函数 IF

　　格式：(if <测试表达式> <成立表达式> <非表达式>)
　　功能：对<测试表达式>进行运算，若<测试表达式>成立，则执行<成立表达式>，否则，执行<非表达式>，两者必其一，所以称之为二分支条件函数，是在编程中经常用到的条件判断函数。下面是几个实际例子：

(if (= 1 3) 3 5)　　　　测试式不成立，执行第二个表达式，第二个表达式为原子，返回 5
(if (< 1 3) (setq a 2) (setq a 9))　测试式成立，执行第一个表达式，返回 2
(if (= 1 3) "yes")　　　测试式不成立，但无第二个表达式，返回 nil
(if 1 "yes" "no")　　　测试表达式为 1，虽然不为 T，但也不为 nil，仍执行第一表达式，
　　　　　　　　　　　　　　　　返回"yes"

（4）多分支条件函数 COND

前面二分支条件函数只能解决两种结果中选一种的条件判断，若从多个条件中选一，则需用 COND 函数。

格式：　(cond　　(<测试表达式 1>　<结果表达 1>　)
　　　　　　　　　(<测试表达式 2>　<结果表达 2>　)
　　　　　　　　　　：
　　　　　　　　　　：
　　　　　　　　　(<测试表达式 n>　<结果表达 n>　)
　　　　　　　　　)

该函数的参数为任意数目的表，每个表有两个元素，第一个元素为测试式，第二个元素为结果。

功能：对每一个支表中的<测试表达式>依次进行运算，若<测试表达式>成立，则执行该支表对应的<结果表达式>，停止后面的测试工作；否则，继续执行<非表达式>，直到最后一个分支条件。下面是几个实例。

实例 1：
(cond　　((< 2 1) (setq x 3))　　//不成立，转下一分支条件
　　　　　((< 4 5) (setq x 6))　　//成立，将 6 赋值给 x
　　　　　((< 8 9) (setq x 9))　　//虽然成立，但前面分支已成立，故不再测试该分支
　)
返回结果为 6

实例 2：
(setq x (getreal "x="))　　//输入实型数 x
(setq f (cond　　((< x 0) x)
　　　　　((and (>= x 0) (< x 1)) (* x x))
　　　　　((>= x 1) (* x x x))
　　　)　//结束 COND
　　)　//结束 SETQ

输入-1，执行第一个分支条件，返回-1；输入 0.3，执行第二个分支条件，返回 0.09；输入 5，执行第三个分支条件，返回 125.0

实例 3：
(cond　　((< 2 1) (setq x 3))
　　　　　((> 4 5) (setq x 6))
　)　//两个分支条件都不成立，返回 nil。

（5）顺序控制函数 PROGN

常和 IF 函数一起使用，使其在某一条件下，顺序执行多个表达式。

格式：　　(progn
　　　　　　　<表达式 1>

```
<表达式 2>
     :
     :
     )
```

功能：按顺序执行多个表达式，并返回最后表达式求值结果，表达式需为标准表。下面是两个实例。

实例 1：

```
(progn
  (setq x 4)
  (setq y (* x x))
  (list x y)
 )
```

返回结果为表（4 16）

实例 2：(setq x (getreal "x="))

```
(if x (> x 0)
(progn
(setq z 4)
(setq y (* z z))
)　//结束 PROGN
)　//结束 IF
(print (list z y))
```

输入 3，屏幕打印（4 16）并返回（4 16）；输入–4，返回 nil。

（6）常见测试函数

ZEROP 函数，用于判断测试项是否为零，若为零，则返回 T，否则返回 nil，如（zerop 3）则返回 nil；（zerop 0）则返回 T。MINUSP 函数用于判断测试项是否为负，若为负，则返回 T，否则返回 nil，如（minusp 3）则返回 nil；（minusp –1）则返回 T。NUMBERP 函数，用于判断测试项是否为数，若为数，则返回 T，否则返回 nil，如（numberp（6 3））则返回 nil；（numberp 1）则返回 T。ATOM 函数，用于判断测试项是否为原子，若为原子数，则返回 T，否则返回 nil，如（atom '（3 4）））则返回 nil；（atom'a）则返回 T。LISTP 函数，用于判断测试项是否为表，若为表，则返回 T，否则返回 nil，如（listp 3）则返回 nil；（listp（1 2））则返回 T。其中较为奇怪的是（listp a），返回 nil，而（listp w）则返回 T。

（7）循环函数

在各种程序编写中，循环语句是不可缺少的，AutoLISP 的两种主要循环函数是 WHILE 函数和 REPET 函数，下面分别介绍。

① WHILE 函数

```
格式　（while <测试表达式 >
             [标准表 1]
             [标准表 2]
              :
              :
              )
```

功能：先对测试表达式进行测试，若其值不为 nil，则依次执行下面的各个 [标准表]，执行完各[标准表]后，再返回来对测试表达式进行测试，直至测试表达式为 nil，停止循环执行。

下面是一个用 WHILE 编写的求 1～10 的平方的一个程序。

```
(setq a 0)
(setq n 1)
(while (<= n 10)
   (setq a (+ a (* n n)))
   (setq n (+ 1 n))
)
(print a)    //打印结果为 385
```

② REPEAT 函数

格式　（repeat <次数＞
　　　　　　　　[标准表 1]
　　　　　　　　[标准表 2]
　　　　　　　　　:
　　　　　　　　　:
　　　　　　　　　)

功能：按该定的次数进行循环计算，如上面用 while 语句编写的程序，用 repeat 语句编写，则变为：

```
(setq a 0)
(setq n 1)
(repeat 10
   (setq a (+ a (* n n)))
   (setq n (+ 1 n))
)
(print a)    //打印结果仍为 385
```

8.2.4　常用的绘图命令

（1）常用的交互命令

在程序编写中，经常要用到一些交互式命令，通过交互命令，提高程序的人机对话能力，AutoLISP 也提供了一些常见的交互命令，下面介绍几个较常用的交互命令。

① 输入整型数 GETINT

格式：（getint[提示]）

功能：该函数提示用户输入一个整型数，并返回该数，常和赋值函数 SETQ 合用。

实例：（setq n （getint "n="））　//等待用户输入一个整型数，并将该数赋值给 n

② 输入实型数 GETREAL

格式：（getreal[提示]）

功能：该函数提示用户输入一个整型数，并返回该数，常和赋值函数 SETQ 合用。

实例：（setq a （getreal "a="））　//等待用户输入一个实型数，并将该数赋值给 a

③ 输入字符串 GETSTRING

格式：（getstring[提示]）

功能：该函数提示用户输入一个字符串，并返回该数，常和赋值函数 SETQ 合用。

实例：（setq m （getstring "your name"））　　//等待用户输入一个字符串，并将该字符串赋值给 m，若输入 xiaodong，返回 "xiaodong"。

需要注意的是输入字符串时，千万不能用空格键，否则只将把空格键以前的内容作为输入的字符串。

④ 输入点 GETPOINT

格式：（getpoint[基点] [提示]）

功能：该函数提示用户输入一个点，若有基点，这将从基点到输入的点之间画一条直线拖动直线，但命令执行过后消失。

实例：(setq P1 (getpoint　'(40 50) "第二点")) 　//等待用户从键盘输入点或用光标选点

⑤ 输入距离值 GETDIST

格式：（getdist [提示]）

功能：该函数提示用户输入一个距离值。

实例：(setq tspac 　(getdist "输入距离")) 　//等待用户从键盘输入某一数值

（2）点的确定

确定点的位置，是进行各种绘制工作的基础，除了前面介绍的用 getpoint 函数外，还可以用下面几种方法确定点（通过绘制直线的小程序加以说明）。

实例 1：

(setq p1 '(30 40))　//用禁止求值表，确定 P1 点的位置

(setq p2 '(300 400))

(command "line" p1 p2 "")

实例 2：

(setq p1 (list 3 40))　//用 list 函数确定点的坐标

(setq p2 (list 30 400))

(command "line" p1 p2 "")

实例 3：

setq p1 '(30 40))

(setq p2 (polar p1 (/ pi 4) 600)) //利用相对极坐标确定点，polar 后面第一项是基点，第二项是方位角，第三项是线条长度

(command "line" p1 p2 "")

（3）直线的绘制

格式：（command "line" P1 P2 P3……[条件]）

功能：将点 P1、P2、P3……用直线连接起来，其中[条件]可缺省，若条件中输入 "c"，则绘制的将是封闭曲线。下面是一个用直线命令绘制矩形的程序：

(setq p0 '(100 100))　　　//确定 P0 点，坐标为（100，100）
(setq p1 (polar p0 0 200))　//确定 P1 点，坐标为（300，100）
(setq p2 (polar p0 (/ pi 2) 100))　//确定 P2 点，坐标为（100，200）
(setq p4 (polar p2 0 200))　//确定 P4 点，坐标为（300，200）
(command "line" p0 p1 p4 p2 "c" "")　//绘制矩形

（4）多义线绘制

格式：（command 　"pline" <起点> 　"w" 　<起点线宽> 　<末点线宽> 　<第二点>……<

末点>[条件])

功能：将点 P1、P2、P3……用各种曲线连接起来，其中[条件]可缺省，若条件中输入"c"，则绘制的将是封闭曲线。下面是一个用多义线绘制矩形的程序：

```
(setq p0 '(200 200))                //确定 P0 点，坐标为（200，200）
(setq p1 (polar p0 0 200))          //确定 P1 点，坐标为（400，200）
(setq p2 (polar p0 (/ pi 2) 100))   //确定 P2 点，坐标为（200，300）
(setq p4 (polar p2 0 200))          //确定 P4 点，坐标为（400，300）
(command "pline" p0 "w" 5 5 p1 p4 p2 "c" "")
```

（5）矩形绘制

格式：（command "rectang" [倒角(C)/标高(E)/圆角(F)/厚度(T)/宽度(W)] < 指定另一个角点> [尺寸(D)]< 指定另一个角点> ）

功能：绘制符合格式中定义的矩形，各项格式指标可以根据需要选择，下面是几个绘矩形实例，所绘矩形如图 8-1 所示。

实例 1：绘制一倒角矩距离为 20 的矩形

```
                            (setq p0 '(0 0))
                              (setq p1 (polar p0 (/ pi 4) 100))
                         (command "rectang" "c" 20 20 p0 p1 "" "")
```

实例 2：绘制一圆角矩形，圆角半径为 30

```
                          (setq p0 '(0 0))
                            (setq p1 (polar p0 (/ pi 4) 100))
                            (setq p3 (polar p0 (/ pi 4) 200))
                          (command "rectang" "f" 30   p1 p3 "" "")
```

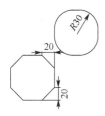

图 8-1　矩形绘制图

（6）圆的绘制

格式：（command "circle" [三点(3P)/两点(2P)/相切、相切、半径(T)]<圆心> < 半径 > ）

功能：绘制符合格式中定义的圆，默认的输入方式是圆心、半径，其他输入方式需根据具体选定的形式而定。下面是绘制几个圆的实例程序，所绘圆见图 8-2。

```
(setq p0 '(0 0))
 (setq p1 (polar p0 0 100))
 (setq p2 (polar p0 0 200))
 (setq p3 (polar p0 (/ pi 2) 200))
 (setq p4 (polar p1 0 100))
 (setq p5 (polar p1 0 200))
 (command "circle" p0 100 "") //默认方式
 (command "circle" "2p" p1 p3 "") //两点方式
(command "circle"   "3p" p1 p2 p3 "")//三点方式
```

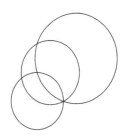

图 8-2　圆的绘制图

（7）圆弧绘制

格式：（command   "arc"   < 圆弧的起点 P1>   "e"   <圆弧的终点 P2>   "r"   <圆弧半径 R>   ""）

功能：绘制从 P1 点逆时针到 P2 点，半径为 R 的圆弧。

实例 1：

```
(setq p1 '(100 100) p2 '(200 200) d 150)
(command "arc" p1 "e" p2 "r" d "")//见图 8-3（a）
```

实例 2：

    (setq p1 '(100 100) p2 '(200 200) d 150)

     (command "arc" p2 "e" p1   "r" d "")   //见图 8-3（b）

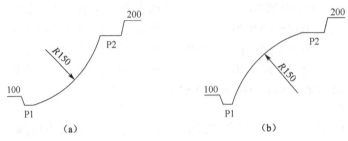

图 8-3 圆弧绘制图

（8）交点的确定

格式：（inters <端点 1> <端点 2> <端点 3> <端点 4> [<任选项>]）

功能：求<端点 1>和<端点 2>所确定的直线和<端点 3>和<端点 4>所确定的直线的交点，若存在则返回交点，若不存在，则返回 nil。如果有任选项，且该项为 nil，则可求延长线的交点。

实例：

(inters '(0 0) '(100 100) '(100 0) '(60 40) "")   返回 nil

(inters '(0 0) '(100 100) '(100 0) '(0 100) "")   返回（50.0 50.0）

(inters '(0 0) '(100 100) '(100 0) '(60 40) nil)   返回（50.0 50.0）

（9）图层的设置

格式：（command "layer" "m"<图层名> "c"<图层颜色> "l"<图层线型> "lw"   <图层线宽>   "" ）

功能：设置和格式中描述相符合的图层，除图层名为不可缺省外，其他均可采用默认值，当调用图层时，可只采用格式中的前 4 项，具体实例参看下面实例开发中的应用。

（10）剖面线绘制

格式：（command "hatch" <填充图案模式>   [<比例>]   [<角度>]   <填充对象>）

功能：将<填充对象> 按格式中定义的要求进行填充，其中[<比例>]和[<角度>]可默认，<填充对象>有多种获取方法，如果是填充刚绘制好的实体，则可用 entlast 命令，下面是一组填充实例程序。

```
(setq p1 '(0 0))
(setq p2 '(100 0))
(setq p3 '(100 100))
(setq p4 '(0 100))
  (command "pline" p1 "w" 1 1 p2 p3 p4 "c" "")
  (command "hatch" "ansi31" 5 0 (entlast) "")
  (command "circle" '(50 300) 100 "")
  (command "hatch" "ansi31" 5 90 (entlast) "") //见图 8-4
(setq p1 '(0 0))
(setq p2 '(100 100))
(setq p3 '(200 200))
(command "rectang" p1 p2 "")
```

(command "hatch" "ansi31" 1 0　(entlast) "")
(command "rectang" '(0 100) '(150 150) "")
(command "hatch" "brick" 1 90 (entlast) "")　//见图 8-5

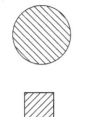

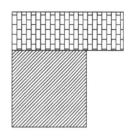

图 8-4　填充效果图（一）　　　　　图 8-5　填充效果图（二）

（11）尺寸标注

格式：（command "dim" <标注模式>　<标注起点> <标注终点> <标注线位置中点>　[<标注内容>]）

功能：<标注起点>和 <标注终点>之间按标注模式标注尺寸，若标注内容缺省，则按默认方式标注。

(setq p1 '(0 0))
(setq p2 '(100 0))
(setq p3 '(100 100))
(setq p4 '(0 100))
(command "rectang" "c" 0 0　p1 p3 "")

(setq p5 '(50 –20))
(setq p6 '(–20 50))

(command "dim" "ver" p1 p4 p6 "")
(command "dim" "hor" p1 p2 p5 "")
(command)//结果见图 8-6（a）
如果需要标注直径符号，则可以采用以下命令，结果见图 8-6（a）。

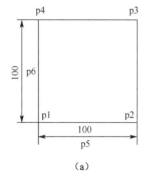

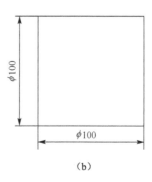

（a）　　　　　　　　　　　　　（b）

图 8-6　尺寸标注效果图

如果需要标注直径符号，则可以采用以下命令，结果见图 8-6（b）
(command "dim" "ver" p1 p4 "t" "%%c<>" p6 "")

(command)

(command "dim" "hor" p1 p2 "t" "%%c<>" p5 "")

(command)

注意尺寸标注时用(command "dim" "ver" p1 p4 p6 "")在 AutoCAD2008 中是可以通过的，但在 AutoCAD2016 中可能出现问题，建议在 AutoCAD2016 及以上版本中采用(command "dim" "ver" p1 p4 "t" "<>" p6 "")完整的模式进行标注，并在标注命令后连加 2 个 command 命令。

（12）文本书写

格式：（command "text"[<起点类型>] <起点> <字高> <字旋转角度><文字内容>）

功能：将文字内容按格式中的定义，书写出来，如缺省[<起点类型>]则以左下角为起点。

实例：

(setq p0 '(110 110))

(setq stra "华南理工大学")

(command "text" "c" p0 10 0 stra)　//起点作为下线的中点，需要注意将 AutoCAD 中的文字格式设为仿宋体，否则可能无法显示正确的文字。

（13）直线夹角标注

格式：(command "dimangular" "" pt1 pt2 pt3 "t" "<>" pt4)

功能：以 pt1 为角度夹角点，pt2 为起始角度点，pt3 为结束角度点，pt4 为标注文字放置点，标注角度，若要更改标注文字，可修改 "<>" 即可，具体符号位置见图 8-7。

实例

(setq　p1 '(100 100))

(setq　p2 '(200 100))

(setq　p3 '(100 200))

(setq p4 '(150 150))

(command "line" p1 p3 "")；绘制 p1p3 线段

(command "line" p1 p2 "")；绘制 p1 p2 线段

(command "dimangular" "" p1　p2 p3 "t" "<>"　p4)

运行上述命令后，得到图 8-8 所示的图。其中 P1～P4 是后标注上去。

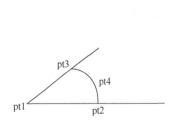

图 8-7　直线角度标注点示意图　　　　图 8-8　角度标注

（14）半径与直径标注

格式：(command "dimradius" pt1 "t" "<>" pt2)　　//半径标注

　　　(command "dimdiameter" pt1 "t" "<>" pt2)　　//直径标注

功能：以 pt1 为圆对象上的一个点，以 pt2 为标注文字放置点，标注半径或直径，若要更改标注文字，修改"◇"即可。需要注意的是经过 pt1 点的对象必须为圆或圆弧。

实例 1：圆的标注

(setq p1 '(30 30))

(command "circle" p1 10)

(setq p2 (polar p1 0 10))

(command "dimdiameter"　p2　"t" "◇" p1　)

(setq p1 '(130 30))

(command "circle" p1 10)

(setq p2 (polar p1 0 10))

(command "dimradius"　p2　"t" "◇" p1　)

运行上述程序后，标注图如图 8-9 所示。

实例 2：圆弧标注

(setq pt1 '(120 120))

(setq pt2 '(140 140))

(setq p1 '(100 100) p2 '(150 150) d 80)；　//设置参数

 (command "arc" p1 "e" p2 "r" d "") ；　//绘制圆弧

 (command "dimradius" p1 "t" "◇" pt1)

(command "dimdiameter" p1 "t" "◇" pt2)

运行上述程序后，得到图 8-10。

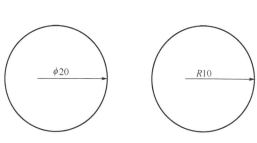

图 8-9　圆半径和直径标注

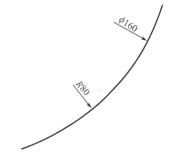

图 8-10　圆弧半径和直径标注

（15）椭圆弧的绘制

格式：(command "ellipse" "_a" p1 p2　length　θ_1　θ_2)

功能：绘制以线段 p1p2 为一轴，以 length 为另一轴的半轴长度，并且以长轴下端点或左端点为 0°，逆时针旋转，绘制 θ_1 为起始角度，θ_2 为终止角度的椭圆弧。

实例：

(setq p1 '(100 100))；拾取椭圆轴起点

(setq p2 '(200 100))；拾取椭圆轴另一端点，绘制一轴，该轴长度为 100

(command "osmode" 16575)；关掉捕捉以免在绘图时受到影响

 (command "ellipse" "_a" p1 p2 120 0 60)；以长轴端点为 0°，120 为另一轴的半轴长度，0° 为起始角度，60° 为终止角度

(command "osmode" 191)；开捕捉，恢复原状。

加载运行上述代码后，得到其图 8-11（a）。

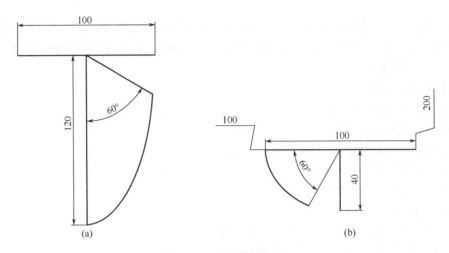

图 8-11　椭圆弧的绘制

若改变另一半轴的长度，改为以下命令

(command "ellipse" "_a" p1 p2 40 0 60)

则绘制成图 8-11（b）。椭圆弧绘制时必须注意长短轴的问题，角度的零点在长轴的下端（当垂直轴为长轴）或左端（当水平轴为长轴）。

如要绘制任意位置的椭圆弧，需要再确定椭圆中心，长短轴，0°绘制点的基础上，算出起始角度和终止角度，就可以绘制。如在原来定义点的命令基础上，运行下面命令，则绘制出图 8-12 的椭圆弧。

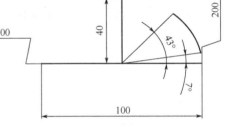

(command "ellipse" "_a" p1 p2 40 187 230)

读者需要注意的是绘制命令中起始角度 187°，结束角度为 223°，这个角度的算法是从长度为 100 的水平长轴左端为 0°算起，逆时针旋转，故实际绘制的图形就如图 8-12 所示。

图 8-12　任意位置椭圆弧绘制

（16）坐标标注

格式：(command "dimordinate" pt1 "t" "◇" pt2)

功能：在 pt2 处标注点 pt1 的坐标，若要更改标注文字，修改"◇"即可。

注意 pt1 为要标注的点，pt2 为放置标注内容的点，若 pt2 相对 pt1 横向(x)的偏移量小于纵向(y)时，则标注的为 x 坐标；反之则标注的为 y 坐标，也可以在 pt1 后输入"x"或"y"来强行确定标注的是 x 或 y 坐标。

实例：

(setq　p1 '(120 100))

(setq　p2 '(200 100))

图 8-13　坐标标注

(setq　pt1 '(140 150))

(setq　pt2 '(230 110)。

(command "line" p1 p2 "")；绘制 p1 p2 线段

(command "dimordinate" p1 "t" "< >" pt1)

(command "dimordinate" p2 "t" "< >" pt2)

运行上述代码后，得到图 8-13。

（17）圆柱体的绘制

格式：(command "cylinder" p0 R H "")

功能：绘制以 p0 为圆柱体底部圆中心， R 为圆半径，H 为圆柱体高度的圆柱体

说明：注意在立体图绘制中，点的坐标必须是 3 维的，绘制前必须先通过命令进入 3 维绘制模式。另外在 lisp 命令中，大小写代表的变量是一样的

实例：

(command "vscurrent" "c")；确定当前为概念模式

(command "view" "swiso")；确定为西南等测视图

(setq p0 (list 0 0 0))；确定圆柱体底部中心点

(setq R 50 H 200) ；确定半径和高度

(command "cylinder" p0 R H "")；绘制圆柱体

运行上述代码后，得到图 8-14。

（18）球的绘制

格式：(command "sphere" p0   r   "")

功能：以 p0 为球心，绘制半径为 r 的球体。

说明：同样需要设置 3 维模式及 3 维坐标，关于 3 维模式的设置命令，在后面的立体图像绘制中不再重复列出，请读者注意。

实例：

(command "vscurrent" "c")；确定当前为概念模式

(command "view" "swiso")；确定为西南等测视图

(setq p0 (list 0 0 0))；确定圆柱体底部中心点

(setq R 50) ；确定球半径

(command "sphere" p0   r   "")；绘制球，字母大小写不影响结果

运行上述代码后，得到图 8-14。

图 8-14　圆柱体的绘制

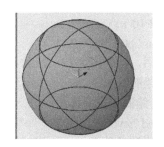

图 8-15　球的绘制

（19）圆锥体及圆台的绘制

格式：(command "cone" p0   R1 "t" R2 H "")

功能：绘制以 p0 为底部圆中心， R1 为底部圆半径，R2 为上部圆半径，H 为高度的圆锥体（R2=0）或圆台（R2≠0）。

说明：注意 R1 和 R2 的大小可以任意改变，只要两个不同时为零即可，当其中一个为零时，就绘制出圆锥体，命令行中的"t"不可省略，否则无法绘制圆台，只能绘制圆锥体。

实例 1：

(setq R1 50 R2 30 H 100)

(setq p0 (list 200 200 200))

(command "cone" p0　R1 "t" R2 H "")

运行上述代码后，得到图 8-16（a）。

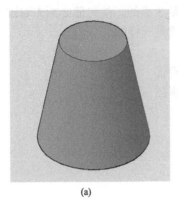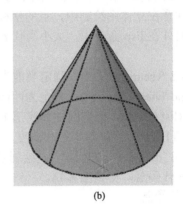

(a)　　　　　　　　　　　　　　　　(b)

图 8-16　圆锥体积圆台的绘制

实例 2：

(setq R1 50 R2 0 H 100)

(setq p0 (list 200 200 200))

(command "cone" p0　R1 "t" R2 H "")

运行上述代码后，得到图 8-16（b）。

（20）圆环的绘制

格式：(command "torus" p0　R1　R2 "")

功能：绘制以 p0 为圆环中心，R1 为圆环半径，R2 为圆环上圆管半径的立体圆环。

说明：其他要求同上。

实例：

(setq p0 (list 200 200 200))

(setq R1 150 R2 10)

(command "torus" p0　R1　R2 "")

运行上述代码后，得到图 8-17。注意该图是在原圆锥体的基础上绘制。

（21）曲线旋转绘制任意立体图

格式：(command "revolve"　S1 ""　"o"　S2　"")

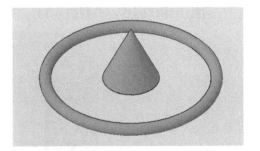

图 8-17　圆环的绘制

功能：以 S1 为旋转对象，以 S2 为旋转轴，360°旋转后所形成的立体图像。

说明：旋转对象必须先绘制好，旋转轴即可自己绘制，也可直接选用 x、y、z 轴。如直接选用 x、y、z 轴，则命令中""o"　S2　"")"部分可省略为""x"　"")"即可，也可在"x"后面增加旋转的角度，默认为 360°。

实例 1：

(setq p1 (list 100 0 0))

(setq p2 (list 130 0 0))

(setq p3 (list 150 20 0))

(setq p4 (list 80 20 0))

```
(setq p5 (list 0 0 0))
(setq p6 (list 0 50 0))
(command "pline" p1 p2 p3 p4 p1 "")；旋转对象
(setq S1 (entlast))
(command "line" p5 p6 "")；旋转轴
(setq s2 (entlast))
(command "revolve" s1 ""　"o"　s2　"")；360°旋转成立体图像
```

运行上述代码后，得到图 8-18（a）。

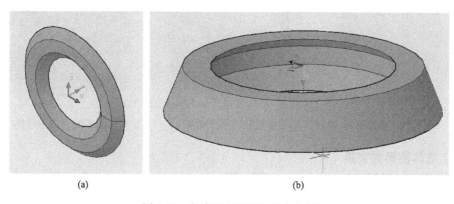

(a)　　　　　　　　　　　　(b)

图 8-18　任意对象旋转绘制立体图

实例 2：

```
(setq p1 (list 100 0 0))
(setq p2 (list 130 0 0))
(setq p3 (list 150 50 0))
(setq p4 (list 80 50 0))
(setq p5 (list 110 30 0))
(setq p6 (list 110 10 0))
(command "pline" p1 p2 p3 p4 p5 p6 p1 "")
(setq S1 (entlast))
(command "revolve" s1 ""　"y"　"")
```

运行上述代码后，得到图 8-18（b）

（22）立体图形的合并

格式：　(command"union" S1 S2 "")

功能：将图形 S1 和图形 S2 合并为整体。

说明：注意合并前需先定义各个图形，可多个图形直接合并，尽管不进行合并也可以将两个图形直接叠加，但合并后，原来分散的图形将作为一个整体出现，有利于后期编程处理。

实例：球和圆柱体的合并

```
(setq p0 '(0 0 0))
(setq p1 '(0 0 100))
(command "cylinder" p0 50 200 "")
(setq s1　(entlast))
```

```
(command "sphere" p1 80   "")
 (setq s2   (entlast))
(command"union" s1 s2 "")
```

运行上述代码后，得到图 8-19。

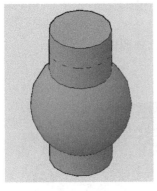
图 8-19 图形合并

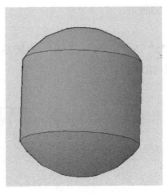
图 8-20 图形交集

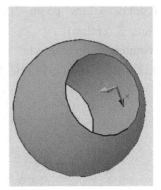
图 8-21 图形差集

（23）立体图形的交集

格式：(command " intersect "　S1　S2　"")

功能：求图形 S1 和 S2 的公共部分。

说明：要求图形 S1 和 S2 有重叠部分。

实例：球和圆柱体的交集

```
(setq p0 '(0 0 0))
(setq p1 '(0 0 100))
(command "cylinder" p0 50 200 "")
(setq s1   (entlast))
(command "sphere" p1 60   "")
(setq s2   (entlast))
(command " intersect " s1 s2 "")
```

运行上述代码后，得到图 8-20。

（24）立体图形的差集

格式：(command   "subtract" S2   ""   S1 "")

功能：将图形 S1 从 S2 中删除

说明：图形 S2 并不要求比 S1 大，没有负图形。

实例：球和圆柱体的差集

```
(setq p0 '(0 0 0))
(setq p1 '(0 0 100))
(command "cylinder" p0 50 200 "")
(setq s1   (entlast))
(command "sphere" p1 80   "")
(setq s2   (entlast))
(command   "subtract"  s2 "" s1 "")
```

运行上述代码后，得到图 8-21。

图 8-22　综合应用图

（25）综合应用

利用立体图形的并集、插集、交集的操作，并结合各种任意立体图形的绘制及移动，通过程序代码机会可以绘制你所想得到的所有立体图形，下面的代码是绘制茶杯形状的图形，见图 8-22。

```
(command "pline" p1 p2 p3 p4 p1 "")
(setq s1    (entlast))
(command "revolve" s1 ""    "y"    "")
(setq s2    (entlast))
(command "move" s2 "" '(0 100 0) '(0 0 100))
(setq s3    (entlast))
(command "cone" p0    50 "t" 70 200 "")
```

```
(setq s4    (entlast))
(command"union" s3 s4 "")
(setq s5    (entlast))
(command "cone" '(0 0 0) 45 "t" 65 220 "")
(setq s6    (entlast))
(command"subtract" s5 "" s6    "")
(command "cone" p0    50 "t" 51 5 "")
```

（26）其他常见命令

AutoLISP 中尚有更多的命令，读者可以参照在绘图过程中 AutoCAD 的提示，利用 Command 命令直接编写，也可利用计算机提供的帮助，学习其他命令，同时在实例开发中遇到新的命令，还会做具体的介绍。

8.2.5　AutoLISP 命令调用过程

首先将 AutoLISP 的程序用任何一种 ASCII 码文本编辑器来编辑，在 DOS 环境下可采用 EDIT 编辑，在 WINDOWS 环境下可用附件中的记事本编辑，并注意在保存时以.LSP 后缀，一般的调用过程如下：

① 用编辑器编写好，以**.LSP 存盘；
② 在 AutoCAD 中的命令中输入：(Load "盘符/子目录/文件名")，回车；
③ 输入：(文件名、参数 1、参数 2……)[注意参数和参数之间不要加逗号]，回车；
④ 在 AutoCAD 的界面上自动生成图。

下面是画一个简单图形的程序代码：

```
(defun ta1(x0 y0 a b b1 )
   (setq p1 (polar (list x0 y0) 0 0))
   (setq p2 (polar p1 0 a))
   (setq p3 (polar p2 (* 0.5 pi) b))
   (setq p4 (polar p3 pi    a))
   (setq p5 (polar (list (+ x0 (/ a 2)) (+ y0 b b1)) 0 0))
   (command "pline" p1 "w" 2 2 p2 p3 p4 "c")
   (command "pline" p3 "w" 2 2 p5 p4 "")
   )
```

其调用过程如下：

命令：(load "g:/TA1")

TA1

命令：(ta1 20 30 40 100 200)　//计算机将自动绘出图 8-23，参数更多的图形，需要通过 DCL 对话框输入数据，并通过加载菜单来绘制图形，关于这方面的内容将在下面介绍

8.3 Visual LISP 开发基础

8.3.1 安装

Visual LISP 无需单独安装，我们在安装 AutoCAD2016～2020 时已经和 AutoCAD2016～2020 捆绑安装在一起，我们只要在使用时调用它即可，这为我们省了不少安装软件过程中的麻烦，同时也使得该软件和 AutoCAD 软件之间的关系更加紧密。尤其 Visual LISP 中的部分 Auto LISP 程序几乎可以移植到任何版本的 AutoCAD 中，而不受版本先后的影响。

8.3.2 启动

启动 Visual LISP 有两种方法，但都需首先启动 AutoCAD 软件。第一种方法是从 AutoCAD 菜单中选择"工

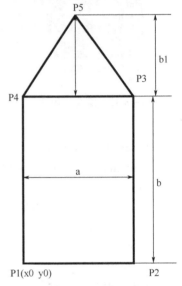

图 8-23　自动绘制示意图

具" >> "AutoLISP" >> "Visual LISP 编辑器"，见图 8-24；第二种方法是在 AutoCAD 命令行中输入"vlisp"，启动 Visual LISP 编辑器，见图 8-25 的窗体。

图 8-24　AutoCAD 2008 及 AutoCAD 2016 Visual LISP 启动示意图

图 8-25 是 Visual LISP 启动后经典的 3 个窗口，其中第一个窗口为编辑窗口，用户可在此编辑各种程序；第二个窗口为控制台，它会将程序的运行结果或调试过程中的各种问题显示，供用户参考；第三个窗口为跟踪窗口，显示目前系统运行状态。一般应用较多的是前两个窗口，用户在编程调试时经常要用到它们，应将两个窗体调整好，使其能同时在屏幕上显示，这样可以减少程序在调试过程中的窗体切换。

8.3.3 编辑

Visual LISP 的程序在编辑窗口进行编辑，编辑时，系统自动会进行一些识别，并将其显

示成不同的颜色。如括号是红色；函数是蓝色，如果你想输的是各种函数，一般为表中第一项，但输完后系统没有自动变成蓝色，则说明你输错了；双引号内的绘图命令为粉红色，包括双引号本身；各种变量是黑色；数字是绿色。掌握这些规律对减少编程中的错误很有帮助。在编程过程中，如果遇到一些较为生疏的函数，可以通过系统的帮助功能加以解决。点击图 8-25 通用菜单中的帮助菜单，选择第一项帮助主题，系统弹出图 8-26 的帮助文档，里面有各种详细的解释文档，用户可根据自己的实际情况，选择自己所需要的主题进行查找。作者通过使用 AutoCAD 2016 及 AutoCAD 2017 版本，均可出现和图 8-25 以及图 8-26 基本一致的界面，后面的代码编程工作完全一致。

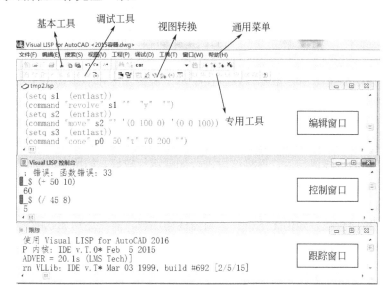

图 8-25 Visual LISP 各种窗口

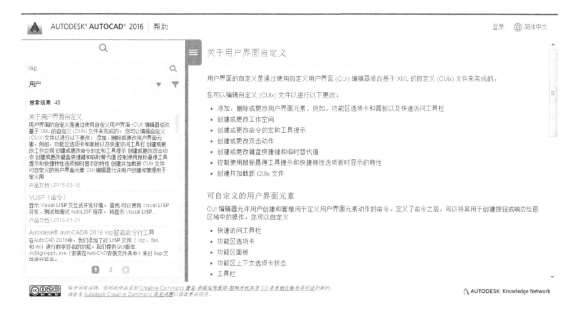

图 8-26 帮助文档界面图

8.3.4 调试

调试是编程工作中一项十分重要又非常繁重的工作。在没有 Visual LISP 之前，Auto LISP 程序的调试是十分困难的，常常找不到问题之所在。幸好有了 Visual LISP，使调试工作有了质的飞跃。利用其提供的调试工具和专用工具，一般可以较快地找到问题。系统调试中最常见的错误是缺少括号或有多余括号；其次是错误函数或命令，常常是绘图命令输错，因为若函数错误，在编写中可以根据颜色判断；还有列表缺陷，被零除及函数被取消。函数被取消这种现象有点特殊，因为它并不是当前所编的程序有问题，而是在上一次调试过程中，所编程序存在缺陷，使得 AutoCAD 处于命令等待状态。这时，需要通过视图转换，激活 AutoCAD，取消命令等待状态，就可以了。根据作者开发程序的经验，调试工作需和整个软件的开发工作结合起来。在程序开发的步骤上考虑到调试工作问题，以采用从下到上的程序编程工作为佳，结合该方法，作者推荐如下的编程调试步骤。

① 将整个软件分解成功能相对独立的功能块，再将功能块分解成若干个小程序。

② 将小程序中的每一个语句，按照先后次序进行编辑。在编辑过程中首先利用颜色的改变，纠正一些明显的错误，如果对某一语句把握不大，可直接加载该语句，判断系统能否通过。关于加载运行可通过选中需要加载的语句，点击专用工具中栏中的第二个工具，一般情况下，以编完相对较完整的一段语句后，再将这段进行加载运行较好，如所有的赋值语句。一段语句编写完成，加载运行结果正确，则进入下一段语句的编写。如正确，但根据错误提示可明显找到问题的，则修改后再加载运行；如无法根据错误提示找到问题的，则可以采用调试工具栏中的各种方法进行错误查找，如仍无法查到，则需逐句加载，但在逐句加载中，需要补充对加载语句中所需变量值的设定工作。通过以上工作，将小程序全局调通，并进行封装。

③ 将同一功能的小程序进行组装，并进行调试，调试完成，将功能程序进行封装。

④ 将不同功能的功能程序进行组装，并进行全局调试，调试通过，完成软件基本开发工作。

⑤ 根据客户应用的各种情况，对软件进行各种测试，对发现问题进行修改，最后得到完善软件，并将其封装。

⑥ 在调试过程中切记关闭对象捕捉功能，否则，尽管调试通过，但绘制的结果与原设想不符。

8.4 DCL 基础

8.4.1 定义

对话框是人机交互的主要界面之一，它具有良好的视觉效果，操作方便、直观，输入数据与顺序无关。当我们编写好程序，需要通过外界输入数据时，对话框是一种首选的交互工具。对话框可以用 DCL 即对话框控制语言（Dialog Control Language，简称 DCL）来编写。DCL 本身可直接在 Visual LISP 的编辑框中按 DCL 的规律编写，并进行调试和预览工作，编辑完成后，将其后缀取为".dcl"保存，然后在主程序中再用 Visual LISP 语句调用即可。DCL 文件由 ASCII 码组成，后缀为".dcl"。

8.4.2 控件

控件是 DCL 中的主要组成部分，编写对话框主要就是编写各种控件，对各种控件的属性进行定义，常见的控件主要有以下几种，分别是 Button（按钮）、Edit_box（编辑框）、Image_button（图像按钮）、List_box（列表框）、Popup_list（可下拉列表框）、Radio_button（单选按钮）、Slider（滑动条）、Toggle（复选框）、Text_part（文本控件的一部分）。而每一个控件又具有不同的属性，其中控件的典型属性有以下几种：

Label：指定显示在控件中的文字，该属性为一带引号的字符串；

Edit_limit：指定在编辑框中允许输入的最大字符数个数，缺省值为 132；

Edit_width：以平均字符宽度为单位指定 Edit_box 控件中编辑或输入框的文本宽度，该属性值可以是一个整型或实型数值；

Fixed_height：布尔型数值，制定控件的高度是否可以占据整个可用空间。缺省值为 False，如果属性值为 True，则控件的高度保持固定，不会占据由于布局或对齐操作而留出的可用空间；

Fixed_width：布尔型数值，制定控件的宽度是否可以占据整个可用空间。缺省值为 False，如果属性值为 True，则控件的宽度保持固定，不会占据由于布局或对齐操作而留出的可用空间；

Key：指定一个 ASCII 码名称，应用程序可以通过该属性引用指定的控件，该属性为一带引号的字符串，没有缺省值。对话框中各控件的 Key 值必须是唯一的。注意：Key 值区分大小写；

Value：指定控件的初始值。该属性值为一个带引号的字符串，无缺省值。其中编辑框的 Value 值为缺省时的数值，可以不用加引号；

Aspect_ratio：指定图像的宽高比。如果属性值为 0.0，则图像大小占据整个控件；

column：控件按钮纵向排列，注意需从整体上观察；

row：控件水平排列，同样需从整体上观察。

8.4.3 程序编辑

下面通过一个较典型的对话框，来说明对话框的程序编写过程。首先来观察一下这个对话框的结构，从大范围来看，是一个大列，列中共有 5 大行组成，其中第二行又是一个框型列，而第三行是一个框型行，需要进行重新定义。另外在第一大行和第二大行之间留一个空白。编辑框各控件之间的逻辑示意图和具体对话框见图 8-27。

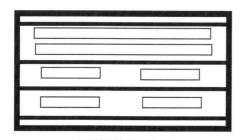

(a) 对话框逻辑位置示意图

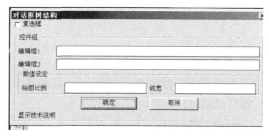

(b) 具体对话框示意图

图 8-27 对话框及逻辑位置示意图

下面是图 8-27（a）对话框的程序：

```
对话框:dialog{
  label="对话框树结构 ";
  :column{
    :toggle{
      label="复选框";
      }
```

```
    :spacer{width=2;}
    :boxed_column{                    //框中列
      label="控件组";
      :edit_box{
          label="编辑框 1";
          key="xx";
        }
:edit_box{
          label="编辑框 2";
          key="yy";
        }
}                        //框中列结束
:boxed_row{              //框中行
      label="数值设定";
      :edit_box{
          label="绘图比例";
          key="rr";
        }
:edit_box{
          label="线宽";
          key="dd";
          }
    }   //框中列结束
    ok_cancel;          //控件引用的另一种方法，将控件属性全部引用
   :text{
          label="显示技术说明";
        }
} //全列结束
} //全局结束
```

下面是某螺钉绘制对话框程序，其图见 8-28。

```
螺钉:dialog{
    label="螺钉";
:row{                    //全局行
  :boxed_column{              // 框中列
    label="螺钉参数";
  :edit_box{
    label="螺钉头厚度 K:";
    key="k";
    edit_limit=15;
    edit_width=10;
    value=7;
  }
```

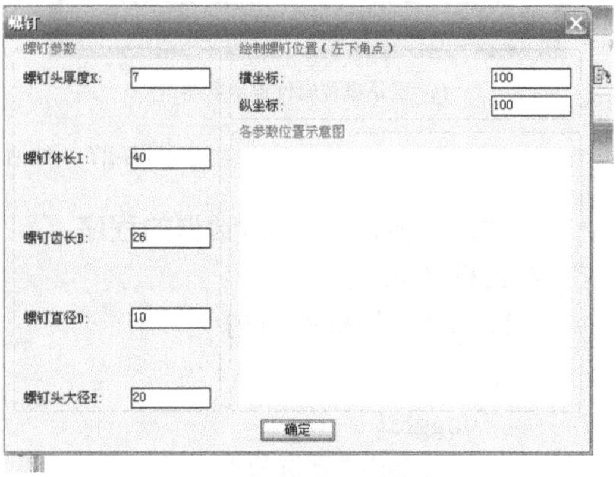

图 8-28　螺钉绘制对话框

```
:edit_box{
  label="螺钉体长 I:";
  key="i";
  edit_limit=15;
  edit_width=10;
  value=40;
}
:edit_box{
  label="螺钉齿长 B:";
  key="b";
  edit_limit=15;
  edit_width=10;
  value=26;
}
:edit_box{
  label="螺钉直径 D:";
  key="d";
  edit_limit=15;
  edit_width=10;
  value=10;
}
:edit_box{
  label="螺钉头大径 E:";
  key="e";
  edit_limit=15;
  edit_width=10;
  value=20;
}
}    // 框中列结束

:column{        右边列
:boxed_column{      // 框中列
  label="绘制螺钉位置（左下角点）";
  :edit_box{
  label="横坐标:";
  key="xxx";
  edit_limit=15;
  edit_width=10;
  value=100;
  }
 :edit_box{
  label="纵坐标:";
```

```
        key="yyy";
        edit_limit=15;
        edit_width=10;
        value=100;
        }
        }


:boxed_column{          // 框中列
    label="各参数位置示意图";
    :image{
      key="ld_image";
      aspect_ratio=0.75;
      width=50;
      color=-2;
   }   // 图像结束
   }   // 框中列结束
   }   //右边列结束
   }   // 全行结束
ok_only;
   }   // 对话框结束
```

8.4.4　软件调试及加载

　　软件编写好后，先将文件以后缀为".dcl"保存，将会发现除了程序中最前面的对话框名称"对话框"是黑色以外，其他都是有颜色的。如果还发现有黑色的字符在控件名称或属性说明中出现，请先检查修改之，等程序满足颜色要求后，点击菜单栏中的"工具"，选择其中的"界面工具"，再点击"预览编辑器中的 DCL"，见图 8-29。如果所编程序正确的话，系统就会弹出正确的对话框；反之，系统会弹出出错信息，并说明错误在第几行。用户需根据系统提示的问题进行修改，直至在预览中获取正确的对话框。对话框程序编写好后，在具体应用时，尚需编写调用程序，下面是一个典型的调用程序：

```
(defun c:diaoyong()          //定义文件名
  (setq dcl_id(load_dialog "jxfl.dcl")); //加载对话框窗体
    (if (< dcl_id 0)          //判断所加载的对话框是否存在，如果不存在则退出
      (exit)
      )
(if (not (new_dialog "jxfl" dcl_id)) (exit))
          //判断窗体文件是否存在，如果不存在则退出
  (action_tile "accept" "(done_dialog)")
      //当按下确定键时，执行"done_dialog"将控制权交给应用程序
  (start_dialog)          //用户与对话框开始对话
  (unload_dialog dcl_id)      //卸载窗体
其中"jxfl.dcl"是预先开发好的对话框程序。
```

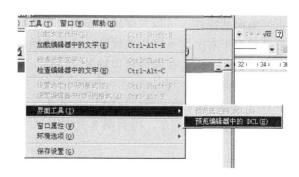

图 8-29 对话框预览调试示意图

8.5 3D 绘制实战基础

8.5.1 3D 绘制基础知识

(1) 三维坐标系

绘制 3D 图形, 必须首先了解 AutoCAD 的三维坐标系统。AutoCAD 的坐标系统采用笛卡儿坐标系统, 在二维图纸的绘制中, 已经知道在模型空间中, 屏幕的右下角会有图 8-30 (a) 所示的坐标系图标, 其中图 8-30 (a) 中 X 轴和 Y 的交点处其坐标为 (0,0), X 轴的方向为水平向右, Y 轴的方向为垂直向上, 这是模型空间中的默认世界坐标系 (WCS), 用户可以利用该坐标系, 精确定位每一个点的坐标, 方便图形的绘制及参数化绘制软件开发。

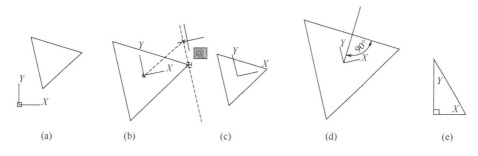

图 8-30 二维坐标系坐标图标

但是有时为了方便, 在某些图形上进一步的利用坐标点进行绘制, 如果仍然采用世界坐标系的话, 需要进行复杂的计算。这时用户坐标系就可以方便地解决这个问题。例如要在图 8-30 (a) 的基础上, 绘制通过该图上正三角形中心并垂直于右上这条底边的线段, 见图 8-30 (d), 可以先建立用户坐标系 (UCS), 具体操作如下。

命令: UCS【输入 "UCS", 回车】

当前 UCS 名称: *世界*

指定 UCS 的原点或 [面(F)/命名(NA)/对象(OB)/上一个(P)/视图(V)/世界(W)/X/Y/Z/Z 轴(ZA)] <世界>:【鼠标捕捉 8-30 (a) 中正三角形的中心点, 点击】

指定 X 轴上的点或<接受>:【鼠标捕捉 8-30 (a) 中正三角形的右上点, 点击】

指定 XY 平面上的点或<接受>:【鼠标拉向右上方向, 见图 8-30 (b), 点击, 得到图 8-30 (c) 所示的用户坐标系】

由于用户坐标系中的坐标原点就是该正三角形的中心点, X 轴就是中心点和该正三角形右上点的连线上，利用正三角形的特性，可以方便地在新的用户坐标系中利用相对极坐标方便地绘制过正三角形中心并垂直于右上这条底边的线段。具体的操作命令如下。

命令：_line【点击直线绘制命令或者在命令窗口输入"Line"，回车】

指定第一个点：【鼠标捕捉新坐标原点】

指定下一点或 [放弃(U)]：@3<60【输入"@3<60"，回车】

指定下一点或 [放弃(U)]：*取消*【回车，得到图 8-30（d）。注意 90°角度标注是另外标注的】

同时在布局空间中，坐标系的图标如图见图 8-30（e）所示。AutoCAD 的三维坐标系同样具有用户坐标系（UCS）和世界坐标系（WCS）。三维坐标的显示需要用户通过菜单栏的"视图"→"三维视图"→"西南等轴测"得到三维坐标系图标。用户要想得到三维坐标系图标可以选择图 8-31（a）中的任何一种等轴测视图，其中图 8-31（b）～8-31（e）分别为图 8-31（a）从上到下顺序对应的等轴测视图的坐标系标记，也是在对应视图下的世界坐标系及默认用户坐标系。在某一等轴测视图下，如果用户对坐标系不做修改，就是图 8-31（b）～8-31（e）中某一对应坐标系。

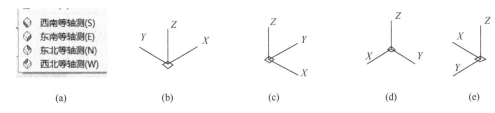

图 8-31　三维坐标系坐标图标

三维坐标系中某一点的坐标有三种表示方法，分别为直角坐标、柱面坐标和球面坐标，而每一种表示方法又有两种表示形式，分别为绝对坐标和相对坐标。在直角坐标系中，坐标的两种表示形式如下。

绝对坐标格式：X，Y，Z。

相对坐标格式：@X，Y，Z。

其中绝对坐标格式中的 X，Y，Z 分别表示某点在 X 轴，Y 轴，Z 轴的投影点距原点的距离，如图 8-32 中的 A 点，在直角坐标系中的绝对坐标为（10，$5\sqrt{3}$，20）。

在柱面坐标系中，坐标的两种表示形式如下。

绝对坐标格式：XY 距离<角度，Z 距离。

相对坐标格式：@XY 距离<角度，Z 距离。

其中 XY 距离表示该点在 XY 平面的投影点到原点的距离，角度表示该点和原点的连线在 XY 平面的投影线与 X 轴的夹角，Z 轴距离表示该点沿 Z 轴的距离。如图 8-32 中的 A 点，在柱面坐标系中绝对坐标为（20<60，20）。

在球面面坐标系中，坐标的两种表示形式如下。

绝对坐标格式：XYZ 距离<XY 平面内的投影角度<与 XY 平面夹角。

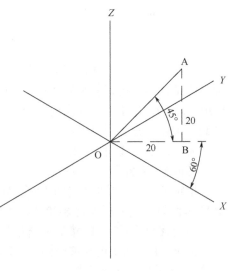

图 8-32　三维坐标系三种坐标表示方法

相对坐标格式：@ *X YZ* 距离<*XY* 平面内的投影角度<与 *XY* 平面夹角。

其中 *XYZ* 距离表示该点到原点的距离，*XY* 平面内的投影角度表示该点和原点的连线在 *XY* 平面的投影线与 *X* 轴的夹角，与 *XY* 平面夹角表示该点和原点的连线与 *XY* 平面的夹角。如图 8-32 中的 A 点，在球面面坐标系中绝对坐标为（$20\sqrt{2}$ <60<45）。

三维图形的绘制除了利用软件提供的各种视图的坐标体系外，有时常常需要引入用户坐标系，可以更加方便地绘制各种立体图形。例如用户在东南等轴测视图下已绘制一个和坐标轴方向不一致的长方体，见图 8-33（a）。该长方体长度为 100，宽度为 50，高度为 200。现在需要进一步在长方体面向用户的正面的中心、左侧面的中心、底面的中心绘制 3 个半径为 15，长度为其对应方向厚度的 3 个圆柱体，由于原长方体不和坐标轴平行，这三个圆柱体的中心点具体坐标通过需要比较复杂的计算得到，而此时采用用户坐标系，将新的用户坐标系建立在图 8-33（b）的绘制上，就可以方便地绘制底面中心的这个圆柱体，为下一步在长方体上打孔提供准备。用户坐标系具体设置命令如下。

命令：UCS【输入 "UCS"，回车】

当前 UCS 名称：*没有名称*

指定 UCS 的原点或 [面(F)/命名(NA)/对象(OB)/上一个(P)/视图(V)/世界(W)/X/Y/Z/Z 轴(ZA)] <世界>:【鼠标移动到长方体底部平面左下端点 A 点击】

指定 X 轴上的点或 <接受>:【鼠标移动到长方体底部平面右下下端点 B 点击】

指定 XY 平面上的点或 <接受>:【鼠标移动到长方体底部平面左上端点 C 点击，建立好如图 8-33（b）的用户坐标系】

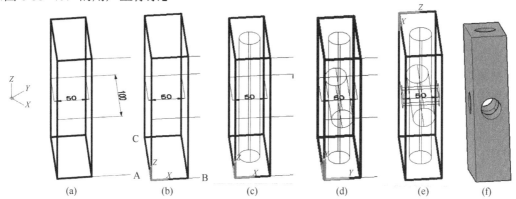

图 8-33　三维坐标系坐标图标

命令: _cylinder【点击圆柱体绘制命令】

指定底面的中心点或 [三点(3P)/两点(2P)/切点、切点、半径(T)/椭圆(E)]: 25,50,0【输入 "25，50，0"，回车】

指定底面半径或 [直径(D)] <15.0000>: 15【输入 "15" 回车】

指定高度或 [两点(2P)/轴端点(A)] <-100.0000>: 200【输入 200，回车，得到图 8-33（c）】

重新设置用户坐标系，在新的坐标系中绘制圆柱体，圆柱体具体绘制命令如下。

命令: _cylinder【点击圆柱体绘制命令】

指定底面的中心点或 [三点(3P)/两点(2P)/切点、切点、半径(T)/椭圆(E)]: 100,25,0

【输入 "100，25，0"，回车】

指定底面半径或 [直径(D)] <15.0000>: 15【输入 "15" 回车】

指定高度或 [两点(2P)/轴端点(A)] <200.0000>: 100【输入 "100" 回车，得到图 8-33（d）】

再次调整用户坐标系，在新的坐标系中绘制圆柱体，得到图 8-33（e），利用差集操作，得到开了 3 个孔的长方体，见图 8-33（f）。

（2）三维动态观察模式

已经绘制好的 3D 图形，如果在平面视图下是没有 3D 效果图的，和普通二维图形没有区别，必须通过菜单栏的"视图"→"三维视图"→"某某等轴测"得到三维图形的效果，用户要想得到三维图形效果可以选择图 8-31（a）中的任意一种等轴测视图。在等轴测视图中，用户可以通过菜单栏的"视图"→"动态观察"→"受约束的动态观测"等三种形式，见图 8-34（a），观测 3D 图形的效果。也可以通过"工具"→"工具栏"→"AutoCAD"→"动态观测"，见图 8-34（b）将三种形式的动态观察工具直接拉至绘图区域上方的工具栏中，方便用户使用。

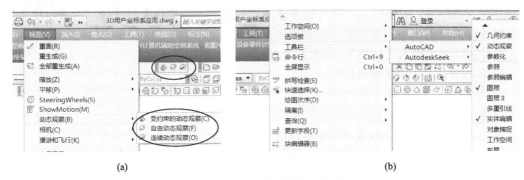

(a)   (b)

图 8-34　3D 图形观察模式设置

（3）三维视觉样式

AutoCAD 提供了多种模式的三维视觉模式，当然三维视觉模式的效果图首先需要进入能够观测到三维效果的"某某等轴测视图"，然后通过菜单栏的"视图"→"视觉样式"→"概念"等得到具体效果的三维图形，见图 8-35（a）。用户也可以通过"工具"→"工具栏"→"AutoCAD"→"视觉样式"，见图 8-35（b），将不同的视觉样式工具直接拉至绘图区域上方的工具栏中，方便用户使用。图 8-35（c）~（e）是三种不同视觉样式下的三维效果图。多数情况下，选择图 8-35（e）所示的概念视觉样式。

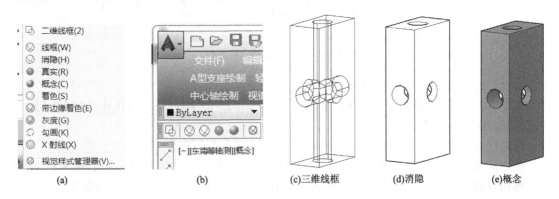

(a)   (b)   (c)三维线框   (d)消隐   (e)概念

图 8-35　3D 视觉样式设置及三种视觉样式图

8.5.2　3D 绘制基本工具

AutoCAD 的 3D 绘制工具用户既可以通过改变工作空间，让系统自己默认提供。如用户可以选择"三维基础"或"三维建模"工作空间,见图 8-36(a),系统就会自动显示三维绘制工具栏,见图 8-36(b);用户也可以在其他工作空间通过"工具"→"工具栏"→"AutoCAD"→"建模"("实体编辑""视觉样式")等跟三维绘制有关的工具拉至绘图区上方的工具栏,具体见图 8-36(c)。也可以通过菜单栏"绘图"→"建模"得到各种三维绘制工具,见图 8-36(d)。三维修改工具可以通过"修改"→"三维操作(实体编辑)"等得到各种有关三维的修改工具,如三维阵列、三维对齐等,见图 8-36(e)。

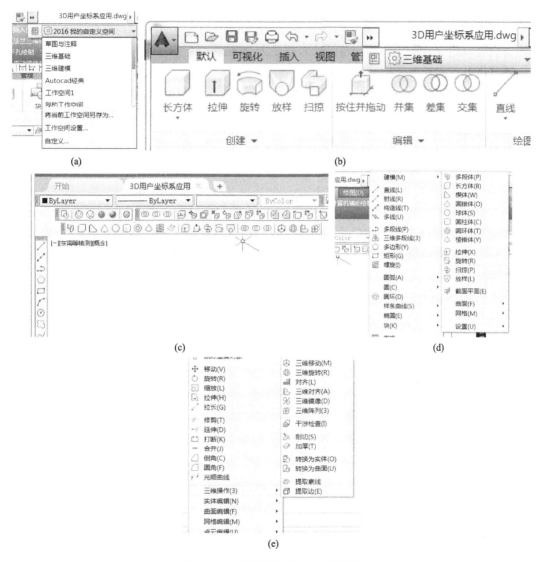

图 8-36 三维绘制及修改工具设置

(1)长方体绘制

执行方式

命令行:输入"BOX",回车。

菜单栏:"绘图"→"建模"→"长方体"。

工具栏:直接点击工具栏中的"□"图标。

操作步骤

在东南等轴测视图下绘制一个长 200,宽 300,高 400 的长方体,具体操作如下。

命令: BOX【输入"BOX"，回车】

指定第一个角点或 [中心(C)]: 0,0,0【输入"0,0,0"，回车】

指定其他角点或 [立方体(C)/长度(L)]:200,300,0【输入"200,300,0"，回车】

指定高度或 [两点(2P)] <428.9684>: 300【输入"400"，回车，其中"400"为高度，见图 8-37（a）】

说明事项

AutoCAD 软件绘制长方体时，第一个角点的坐标可以随意输入，但第二角点的 Z 坐标必须和第一角点的 Z 坐标一致，从而保证长方体的底面和所在当前用户坐标系的 X-Y 平面平行，高度方向可以沿 Z 轴上下移动，可以输入高度为–400。

难度提升

如何在图 8-37（a）面对用户的右侧面，以左边下端点及右边上端点的连线为一底边，另一底边长度为 180 作为底面，在原长方体基础上向右前方绘制长度为 300 的长方体。

解决方案

利用多次 UCS 命令，通过选择面积 X 轴端点、原点位置、XY 平面上的点等方法，将用户坐标系设置成如图 8-37（b）所示，再按以下命令操作即可。

命令: _box【输入"BOX"，回车】

指定第一个角点或 [中心(C)]:【点击图 8-37（b）坐标原点，也可以输入"0,0,0"，回车】

指定其他角点或 [立方体(C)/长度(L)]: 500,–180,0【注意"500"是利用勾股定理算出的原长方体右侧面对角线的长度，"–180"表示另一条底边长度为 180，但方向和用户坐标中的 Y 轴相反】

指定高度或 [两点(2P)] <400.0000>: 300【输入"300"，回车就可以得到图 8-37（c）所示的图形】//后续命令操作中，为了节约篇幅，比较简单明白的命令不再进行具体操作说明，但会在最后一条命令后说明绘制的图形

  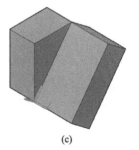

(a)　　　　　　　　(b)　　　　　　　　(c)

图 8-37　长方体绘制

（2）圆柱体绘制

执行方式

命令行：输入"CYLINDER"，或输入"CYL"，回车。

菜单栏："绘图"→"建模"→"圆柱体"。

工具栏：直接点击工具栏中的"⬚"图标。

操作步骤

在东南等轴测视图下绘制一个长半径 100，高 200 的圆柱体，具体操作如下。

命令: _cylinder

指定底面的中心点或 [三点(3P)/两点(2P)/切点、切点、半径(T)/椭圆(E)]: 100,100,0

指定底面半径或 [直径(D)]: 100

指定高度或 [两点(2P)/轴端点(A)]: 200【输入"200"后回车，见图 8-38（a）】

说明事项

AutoCAD 软件绘制圆柱体时，先绘制圆柱体底部的圆，这个圆的绘制方法可以参照二维视图中圆的绘制方法，有多种绘制方法，有"3P""2P""切点、切点、半径"等方法。圆柱体绘制和长方体绘制不同的地方是圆柱体的底部圆所在的平面不需要和所在当前用户坐标系的 X-Y 平面平行，这样方便了任意方向圆柱体的绘制。如果在绘制底部圆时选择椭圆，则最后绘制得到的是椭圆柱体，见图 8-38（b）。由于圆柱体底面可以不平行于当前用户坐标系的 X-Y 平面，这样可以利用"3P"命令绘制底部圆进而绘制任意方向的圆柱体，见图 8-38（c），但不能绘制任意方向的椭圆柱体，见图 8-38（d）。任意方向的圆柱体绘制具体操作如下。

命令: _cylinder

指定底面的中心点或 [三点(3P)/两点(2P)/切点、切点、半径(T)/椭圆(E)]: 3p

指定第一点: 0,0,0

指定第二点: 50,50,50

指定第三点: 40,60,50

指定高度或 [两点(2P)/轴端点(A)] <376.3514>: 100【绘制好图 8-38（c）的倾斜圆柱体】

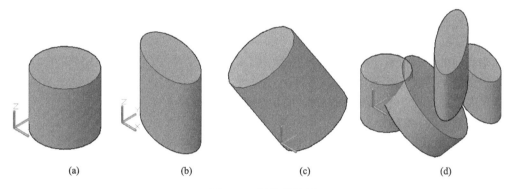

| (a) | (b) | (c) | (d) |

图 8-38　圆柱体绘制

思考探索

如何绘制柱体方向和当前用户坐标轴不一致的椭圆柱体见图 8-39。

（3）圆锥体绘制

执行方式

命令行：输入"CONE"，回车。

菜单栏："绘图"→"建模"→"圆锥体"。

工具栏：直接点击工具栏中的"△"图标。

操作步骤

在东南等轴测视图下绘制一个底半径为 50，高 100 的长方体，具体操作如下。

命令: _cone

指定底面的中心点或 [三点(3P)/两点(2P)/切点、切点、半径(T)/椭圆(E)]: 50,50,0

指定底面半径或 [直径(D)] <40.6573>: 50

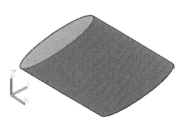

图 8-39　倾斜椭圆柱体

指定高度或 [两点(2P)/轴端点(A)/顶面半径(T)] <100.0000>: 100【输入"100"后回车，见图 8-40（a）】

说明事项

AutoCAD 软件绘制圆锥体时，先绘制圆锥体底部的圆，这个圆的绘制方法可以参照二维视图中圆的绘制方法，有多种绘制方法，有"3P""2P""切点、切点、半径"等方法。圆锥体绘制和圆柱体绘制方法基本相同，也可以绘制倾斜的圆锥体，见图 8-40（b）；如果在绘制底部圆时选择椭圆，则最后绘制得到的是椭圆锥体，见图 8-40（c），但不能绘制任意方向的椭圆锥体。任意方向的圆锥体绘制具体操作如下。

命令: _cone
指定底面的中心点或 [三点(3P)/两点(2P)/切点、切点、半径(T)/椭圆(E)]: 3p
指定第一点: 0,0,0
指定第二点: 50,30,50
指定第三点: 40,60,0【完成圆锥体底面圆的绘制，该底面圆和当前用户坐标系的 XY 平面不平行】
指定高度或 [两点(2P)/轴端点(A)/顶面半径(T)] <8.5842>:100【输入"100"，回车，见图 8-40（b）】

如果在指定高度输入命令时选择"顶面半径(T)"，则可以绘制如图 8-40（d）所示的圆台体，圆台体绘制的具体命令如下。

命令: _cone
指定底面的中心点或 [三点(3P)/两点(2P)/切点、切点、半径(T)/椭圆(E)]: 0,0,0
指定底面半径或 [直径(D)] <417.8542>: 100
指定高度或 [两点(2P)/轴端点(A)/顶面半径(T)] <660.2846>: t
指定顶面半径 <274.2485>: 50
指定高度或 [两点(2P)/轴端点(A)] <660.2846>: 100【输入高度"100"，回车，绘制好如图 8-40（d）所示的圆台体】

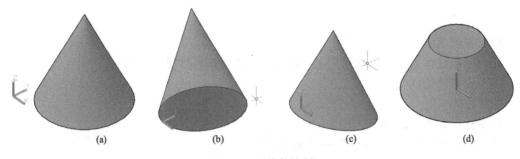

(a)　　　　　(b)　　　　　(c)　　　　　(d)

图 8-40　圆锥体绘制

（4）球体绘制

执行方式

命令行： 输入"SPHERE"，回车。

菜单栏："绘图"→"建模"→"球体"。

工具栏：直接点击工具栏中的"⬤"图标。

操作步骤

在东南等轴测视图下绘制一个半径为 100 的球体，具体操作如下。

命令: _sphere

指定中心点或 [三点(3P)/两点(2P)/切点、切点、半径(T)]: 0,0,0

指定半径或 [直径(D)] <120.0000>: 100【输入 "100"，回车，见图 8-41（a）】

说明事项

AutoCAD 软件绘制球体时，如果通过 "3P" 方法给定 3 个点就直接绘制出球体，该球体是以 3 点绘制的圆作为球的最大截面圆而绘制的。其他方法绘制的球体也有类似特性。

难度提升

如何在图 8-41（a）的球体基础上，在水平方向以 X 轴为中心线，挖出一个圆柱体，该圆柱体的直径为 50。

解决方案

利用圆柱体可以任意方向绘制的特性，通过空间计算，确定出圆柱体底面圆的坐标位置，先绘制一个圆柱体，见图 8-41（b），再通过差集操作，得到符合条件的图 8-41（c），具体命令操作如下。

命令: _cylinder

指定底面的中心点或 [三点(3P)/两点(2P)/切点、切点、半径(T)/椭圆(E)]: 3p

指定第一点: −100,−50,0

指定第二点: −100,50,0

指定第三点: −100,0,50【确定圆柱体的底部与 X 轴垂直】

指定高度或 [两点(2P)/轴端点(A)] <200.0000>: −200【绘制好图 8-41（b）】

命令: _subtract 选择要从中减去的实体、曲面和面域…

选择对象: 找到 1 个【点击图 8-41（b）中的球体】

选择对象:【回车】

选择要减去的实体、曲面和面域…

选择对象: 找到 1 个【点击图 8-41（b）中的圆柱体】

选择对象:【回车，得到图 8-41（c），球体被挖了一个洞】

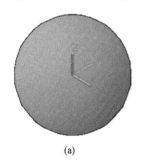　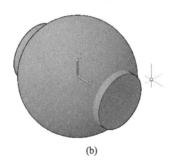　

(a)　　　　　　　　　　(b)　　　　　　　　　　(c)

图 8-41　球体绘制

（5）棱锥体绘制

执行方式

命令行: 输入 "PYRAMID"，回车。

菜单栏: "绘图" → "建模" → "棱锥体"。

工具栏: 直接点击工具栏中的 "◇" 图标。

操作步骤

在东南等轴测视图下绘制一个半径为 50，高度为 100 的棱锥体，具体操作如下。

命令: _pyramid

4 个侧面　外切

指定底面的中心点或 [边(E)/侧面(S)]: 0,0,0

指定底面半径或 [内接(I)] <100.0000>: 50

指定高度或 [两点(2P)/轴端点(A)/顶面半径(T)] <100.0000>: 100【输入 "100"，回车，见图 8-42（a）】

说明事项

AutoCAD 软件绘制棱锥体时，其实绘制的是正四棱锥体，底部是正方向形，默认情况下该正方形外切于输入底面半径的圆，如图 8-42（a）所绘制的棱锥体，底部是边长为 100 的正方形，内部和正方形四条边相切的圆的半径刚好为 50。当然也可以通过输入 "I"，转变成内接圆的形式，这时如果仍输入半径为 50，得到的棱锥体的底部的正四边形其边长为 70.71，对角线长度为 100。AutoCAD 软件绘制的棱锥体底部和所在用户坐标系的 XY 平面平行，如果想绘制底部和当前用户坐标系 XY 平面不平行的棱锥体，必须通过改变用户坐标系的办法来实现。

棱台体

如果绘制棱锥体在指定高度输入命令时选择 "顶面半径（T）"，则可以绘制如图 8-42（b）所示的棱台体，棱台体绘制的具体命令如下。

命令: _pyramid

4 个侧面　内接

指定底面的中心点或 [边(E)/侧面(S)]: 0,0,0

指定底面半径或 [外切(C)] <141.4214>: 50

指定高度或 [两点(2P)/轴端点(A)/顶面半径(T)] <60.0000>: t

指定顶面半径 <50.0000>: 25

指定高度或 [两点(2P)/轴端点(A)] <60.0000>: 100【输入高度 "100"，绘制好棱台体 8-42（b）】

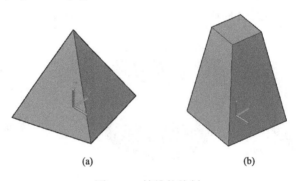

(a)　　　　　　　　　　(b)

图 8-42　棱锥体绘制

（6）楔体绘制

执行方式

命令行: 输入 "WEDGE"，回车。

菜单栏: "绘图" → "建模" → "楔体"。

工具栏: 直接点击工具栏中的 "⬠" 图标。

操作步骤

在东南等轴测视图下绘制一个长 100，宽 80，高度为 100 的楔体，具体操作如下。

命令: _wedge

指定第一个角点或 [中心(C)]: 0,0,0

指定其他角点或 [立方体(C)/长度(L)]: 100,80,0

指定高度或 [两点(2P)] <100.0000>: 100【输入"100"，回车，见图 8-43（a）】

说明事项

AutoCAD 软件绘制楔体时，楔体的底面必须和所在用户坐标的 XY 平面平行，楔体的倾斜方向为 X 轴方向，如果输入的两个角度不在 XY 平面或与 XY 平面平行的平面上，系统会自动默认第二个角点的 Z 坐标个第一个角点的一致，如下面操作，绘制出图 8-43（b）。圆柱体的直径为 50。

命令: _wedge

指定第一个角点或 [中心(C)]: 100,100,100

指定其他角点或 [立方体(C)/长度(L)]: 0,0,0【该角点输入的坐标和第一个角点不在与 XY 平面平行的平面上，系统默认为"0，0，100"，同时将 Z 坐标轴的坐标 0 作为计算高度的坐标，最后绘制得到图 8-43（b）】

如果输入以下命令，则得到图 8-43（c）

命令: _wedge

指定第一个角点或 [中心(C)]: 100,100,100

指定其他角点或 [立方体(C)/长度(L)]: 50,50,100

指定高度或 [两点(2P)] <−100.0000>: −200

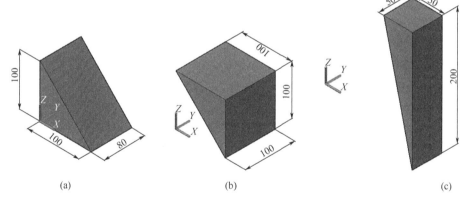

(a)　　　　　　　　　　　　(b)　　　　　　　　　　　　(c)

图 8-43　楔体绘制

（7）圆环体绘制

执行方式

命令行：输入"TOTUS"，回车。

菜单栏："绘图"→"建模"→"楔体"。

工具栏：直接点击工具栏中的"◎"图标。

操作步骤

在东南等轴测视图下绘制一个整体半径为 50，圆管半径为 5 的圆环，具体操作如下。

命令: _torus

指定中心点或 [三点(3P)/两点(2P)/切点、切点、半径(T)]: 0,0,0

指定半径或 [直径(D)] <79.0569>: 50

指定圆管半径或 [两点(2P)/直径(D)] <10.0000>: 5【输入"5"，回车，见图8-44（a）】
说明事项

AutoCAD 软件绘制圆环时，指定半径指的是圆环中间圆的半径。圆环绘制时也可以利用"3P"等其他方法绘制，通过输入不同的三点坐标，可以绘制和用户坐标系所在 *XY* 平面不平行的圆环，见图8-44（b），具体操作如下。

命令: _torus
指定中心点或 [三点(3P)/两点(2P)/切点、切点、半径(T)]: 3p
指定第一点: 0,0,0
指定第二点: 0,100,50
指定第三点: 50,50,50
指定圆管半径或 [两点(2P)/直径(D)] <5.0000>:【绘制好图8-44（b）】
输入其他不同的坐标，可以绘制任意方向的圆环，见图8-44（c）。

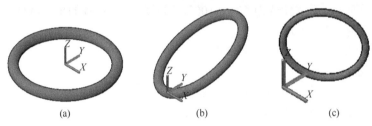

(a)　　　　　　(b)　　　　　　(c)

图8-44　圆环绘制

（8）多段体绘制
执行方式
命令行：输入"POLYSOLID"，回车。
菜单栏："绘图"→"建模"→"多段体"。
工具栏：直接点击工具栏中的" "图标。
操作步骤
在东南等轴测视图下绘制一个高度100、宽度28的多段体，具体操作如下。
命令: _Polysolid 高度 = 100.0000, 宽度 = 18.0000, 对正 = 左对齐
指定起点或 [对象(O)/高度(H)/宽度(W)/对正(J)] <对象>: h
指定高度 <100.0000>: 100
高度 = 100.0000, 宽度 = 18.0000, 对正 = 左对齐
指定起点或 [对象(O)/高度(H)/宽度(W)/对正(J)] <对象>: w
指定宽度 <18.0000>: 28
高度 = 100.0000, 宽度 = 28.0000, 对正 = 左对齐
指定起点或 [对象(O)/高度(H)/宽度(W)/对正(J)] <对象>: 0,0【在多段体绘制时，由于高度数据已经确定，只要求输入二维数据点】
指定下一个点或 [圆弧(A)/放弃(U)]: 0,100
指定下一个点或 [圆弧(A)/放弃(U)]: a【表示绘制圆弧多段体】
指定圆弧的端点或 [闭合(C)/方向(D)/直线(L)/第二个点(S)/放弃(U)]: 200,100【表明圆弧的半径为100】
指定下一个点或 [圆弧(A)/闭合(C)/放弃(U)]: 指定圆弧的端点或 [闭合(C)/方向(D)/直线(L)/第二个点(S)/放弃(U)]: c【输入"C",回车，表明将多段体封闭起来，具体见图8-45】

说明事项

AutoCAD 软件绘制多段体时和在二维视图中绘制多义线相仿。在多段体绘制时，用户定义了多段体的宽度和高度后，后面的绘制工作基本上和二维空间多义线的绘制一致，点的坐标也只能输入二维坐标。

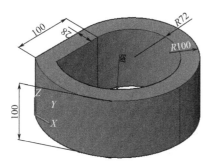

图 8-45   多段体绘制

图 8-46   螺旋绘制

（9）螺旋绘制

执行方式

命令行：输入"HELIX"，回车。

菜单栏："绘图"→"螺旋"。

工具栏：直接点击工具栏中的"▤"图标。

操作步骤

在东南等轴测视图下绘制一个底面半径 18、顶面半径 18、圈数 10、圈高 5 的螺旋线。高度为 100 的楔体，具体操作如下。

命令: _Helix

圈数 = 10.0000　　　扭曲=CCW

指定底面的中心点: 0,0,0

指定底面半径或 [直径(D)] <18.0000>: 18

指定顶面半径或 [直径(D)] <18.0000>: 18

指定螺旋高度或 [轴端点(A)/圈数(T)/圈高(H)/扭曲(W)] <80.0000>: T

输入圈数 <10.0000>: 10

指定螺旋高度或 [轴端点(A)/圈数(T)/圈高(H)/扭曲(W)] <80.0000>: H

指定圈间距 <8.0000>: 5【输入"5"，回车，见图 8-46】

说明事项

在指定底面半径时，鼠标的方向确定了螺旋线的起始位置，有时鼠标的方向需要和 *Y* 轴的方向一致，以便螺纹的绘制。

（10）拉伸

执行方式

命令行：输入"EXTRUDE"，回车。

菜单栏："绘图"→"建模"→"拉伸"。

工具栏：直接点击工具栏中的"▣"图标。

操作步骤

在东南等轴测视图下绘制一个底面边长为 50 的正六边形、柱体高度 120 的六棱柱体，具体操作如下。

命令: _polygon 输入侧面数 <4>: 6

指定正多边形的中心点或 [边(E)]: 0,0,0

输入选项 [内接于圆(I)/外切于圆(C)] <I>:

指定圆的半径: 50【输入"50"，回车，绘制好边长为 50 的正六边形】

命令: _extrude

当前线框密度: ISOLINES=400，闭合轮廓创建模式 = 实体

选择要拉伸的对象或 [模式(MO)]: _MO 闭合轮廓创建模式 [实体(SO)/曲面(SU)] <实体>: _SO

选择要拉伸的对象或 [模式(MO)]: mo【输入"MO"回车】

闭合轮廓创建模式 [实体(SO)/曲面(SU)] <实体>: so【选择进行实体拉伸】

选择要拉伸的对象或 [模式(MO)]: 指定对角点: 找到 1 个

选择要拉伸的对象或 [模式(MO)]:【选择前面绘制的正六边形，回车】

指定拉伸的高度或 [方向(D)/路径(P)/倾斜角(T)/表达式(E)] <-14863.2794>: 120【输入"120"，回车，具体见图 8-47（a）】

说明事项

利用拉伸工具进行拉伸时，必须先在 *XY* 平面绘制好需要拉伸的图形，拉伸有两种模式，分别是实体拉伸和曲面拉伸。图 8-47（b）就是选择的曲面（SU）拉伸。图 8-47（c）则是在曲面拉伸的基础上，再选择倾斜角（T）为 20 的拉伸；而图 8-47（d）则是在实体拉伸的基础上，再选择倾斜角（T）为 20 的拉伸。利用拉伸工具，通过不同底面图形及不同高度和倾斜角的选择，可以绘制许多图形，见图 8-47（e）～图 8-47（h）。

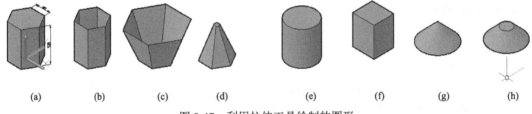

| (a) | (b) | (c) | (d) | (e) | (f) | (g) | (h) |

图 8-47　利用拉伸工具绘制的图形

（11）旋转

执行方式

命令行：输入"REVOLVE"，回车。

菜单栏："绘图"→"建模"→"旋转"。

工具栏：直接点击工具栏中的"🗇"图标。

操作步骤

在东南等轴测视图下绘制一个以图 8-48（a）为旋转对象，以该图的左边直线为旋转轴的旋转体。

命令: _revolve

当前线框密度: ISOLINES=400，闭合轮廓创建模式 = 实体

选择要旋转的对象或 [模式(MO)]: _MO 闭合轮廓创建模式 [实体(SO)/曲面(SU)] <实体>: _SO

选择要旋转的对象或 [模式(MO)]: 指定对角点: 找到 1 个

选择要旋转的对象或 [模式(MO)]:【选择图 8-48（a）中的右边曲线，回车】

指定轴起点或根据以下选项之一定义轴 [对象(O)/X/Y/Z] <对象>:【鼠标点击图 8-48（a）中左边直线的上端】

指定轴端点:【鼠标点击图 8-48（a）中左边直线的下端】

指定旋转角度或 [起点角度(ST)/反转(R)/表达式(EX)] <360>:【回车，默认 360°旋转角，绘制好图 8-48（b）】

说明事项

旋转工具和拉伸工具一样也有两种模式，分别是实体旋转和曲面旋转。利用旋转工具可以绘制许多立体图形。例如在平面内绘制一个直角三角形见图 8-48（c），旋转后变成圆锥体见图 8-48（d）；绘制一个半圆见图 8-48（e），旋转后变成球体见图 8-48（f）。

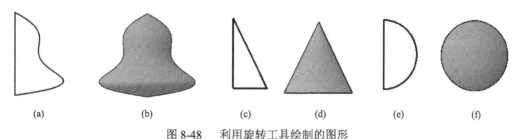

(a)   (b)   (c)   (d)   (e)   (f)

图 8-48   利用旋转工具绘制的图形

（12）扫掠

执行方式

命令行：输入"SWEEP"，回车。

菜单栏："绘图"→"建模"→"扫掠"。

工具栏：直接点击工具栏中的"⏚"图标。

操作步骤

在东南等轴测视图，绘制图以 8-49（a）中的小圆为扫掠对象，一段圆弧为扫掠路径，在两种扫掠模式下的图形，具体操作如下。

命令: _sweep【输入"SWEEP"，回车】

当前线框密度: ISOLINES=400，闭合轮廓创建模式 = 曲面

选择要扫掠的对象或 [模式(MO)]: _MO 闭合轮廓创建模式 [实体(SO)/曲面(SU)] <实体>: _SO

选择要扫掠的对象或 [模式(MO)]: MO【输入"MO"，回车】

闭合轮廓创建模式 [实体(SO)/曲面(SU)] <实体>: SO【输入"SO"，回车】

选择要扫掠的对象或 [模式(MO)]: 找到 1 个【点击图 8-49（a）中的小圆】

选择要扫掠的对象或 [模式(MO)]:【回车】

选择扫掠路径或 [对齐(A)/基点(B)/比例(S)/扭曲(T)]:【点击 8-49（a）中的圆弧，得到图 8-49（b），如果在创建模式中选择"SU",则得到图 8-49（c）】

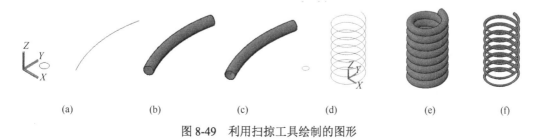

(a)   (b)   (c)   (d)   (e)   (f)

图 8-49   利用扫掠工具绘制的图形

说明事项

扫掠时对象既有实体扫掠也有曲面扫掠，有时由于路径和扫掠对象设置不当，可能出现无法完成扫掠的情况。图8-49（e）是利用图8-49（d）中小圆扫掠该图中右边的三维螺旋线得到的；如果扫掠的对象是三角形，则得到图8-49（f）所示的图形。

有关并集、差集、交集等更多的操作方法请读者自己练习，在下面的实体绘制中也会做一定的介绍。

8.5.3 3D 绘制实例

（1）螺栓绘制

本次要绘制的螺栓如图8-50所示，其主要数据已在图上标注。该螺栓总高度为46，其中螺纹圆柱体部分高度为15，中间圆柱体高度为25，过渡部分圆柱体高度为1，六角螺头高度5，其他数据见图8-50。图8-50的绘制可以分成螺纹圆柱体、中间圆柱体、过渡圆柱体、六角螺头四部分进行绘制，然后再将这四部分通过并集操作合并成一个整体即可，下面介绍该螺栓具体绘制过程。

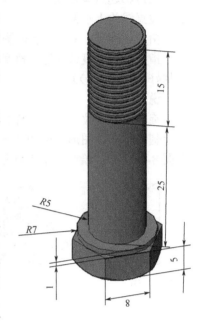

图 8-50 螺栓示意图

① 螺纹圆柱体绘制　螺纹圆柱体绘制看似只有一个部件，但在具体绘制过程中需要多个部件的绘制及差集操作方能绘制出符合要求的螺纹圆柱体。具体绘制过程如下。

a. 绘制一个半径为5，圈高为1，共17圈的螺旋线，为绘制螺纹做准备。

命令：_Helix【在东南等轴测视图下绘制】↙

圈数 = 3.0000 扭曲=CCW

指定底面的中心点：0,0,-1【注意选择 Z 轴坐标为"-1"，其目的是保证在差集操作时能够在同轴圆柱体上开出完整的螺纹】

指定底面半径或 [直径(D)] <1.0000>: 5↙【注意输入"5"回车前鼠标要拉至和 Y 轴一致的方向上，否则会导致后面扫掠操作无法实施】

指定顶面半径或 [直径(D)] <5.0000>:↙

指定螺旋高度或 [轴端点(A)/圈数(T)/圈高(H)/扭曲(W)] <1.0000>: t↙

输入圈数 <3.0000>: 17↙

指定螺旋高度或 [轴端点(A)/圈数(T)/圈高(H)/扭曲(W)] <1.0000>: h↙

指定圈间距 <0.2500>: 1↙【见图8-51（a）】

b. 绘制一个边长为0.99的正三角形　将视图转到右视图，绘制一个如图8-51（b）所示的正三角形，并通过面域工具将正三角形转变成一个面域对象，复制该面域对象到图8-51（c）的左上端点。注意理论上该正三角形的边长可以为1，但考虑到计算误差问题，选择其边长为0.99。

c. 扫掠绘制螺纹　利用扫掠工具，选择图 8-51（c）的左上端面域三角形为扫掠对象，螺旋线为扫掠路径，扫掠成功后再通过"UCS"命令，利用世界坐标系恢复到东南等轴测视图，见图8-51（d）。

d. 圆柱体绘制　绘制一个和螺纹同轴的高位15，底面半径为5圆柱体。

命令: _cylinder↙

指定底面的中心点或 [三点(3P)/两点(2P)/切点、切点、半径(T)/椭圆(E)]: 0,0,0✓
指定底面半径或 [直径(D)] <5.0000>:5✓
指定高度或 [两点(2P)/轴端点(A)] <15.0000>:15✓

e. 绘制上端切削圆柱体 在高为 15 的圆柱体上端绘制一个高为 2、半径为 6 的圆柱体，用于切削多余的上部螺纹。

命令: _cylinder✓
指定底面的中心点或 [三点(3P)/两点(2P)/切点、切点、半径(T)/椭圆(E)]: 0,0,15✓
指定底面半径或 [直径(D)] <5.0000>: 6✓
指定高度或 [两点(2P)/轴端点(A)] <15.0000>: 2✓

f. 绘制下端切削圆柱体 在高为 15 的圆柱体下端绘制一个高为 2、半径为 6 的圆柱体，用于切削多余的下部螺纹。

命令: _cylinder✓
指定底面的中心点或 [三点(3P)/两点(2P)/切点、切点、半径(T)/椭圆(E)]: 0,0,0✓
指定底面半径或 [直径(D)] <6.0000>: 6✓
指定高度或 [两点(2P)/轴端点(A)] <-3.0000>: -2✓【转三维线框视觉样式，见图 8-51（e）】

g. 差集操作 通过采集操作从高为 15 的圆柱体中减去前述绘制的螺纹、上端圆柱体、下端圆柱体并适当旋转视图得到图 8-51（f）所示的螺纹圆柱体。

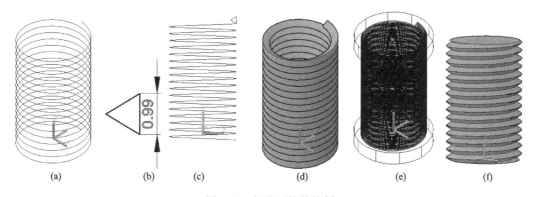

图 8-51 螺纹圆柱体绘制

② 中间圆柱体绘制
命令: _cylinder✓
指定底面的中心点或 [三点(3P)/两点(2P)/切点、切点、半径(T)/椭圆(E)]: 0,0,0✓
指定底面半径或 [直径(D)] <6.0000>: 5✓
指定高度或 [两点(2P)/轴端点(A)] <-2.0000>: -25✓【见图 8-52】

③ 绘制过渡圆柱体
命令: _cylinder✓
指定底面的中心点或 [三点(3P)/两点(2P)/切点、切点、半径(T)/椭圆(E)]: 0,0,-25✓
指定底面半径或 [直径(D)] <5.0000>: 7✓
指定高度或 [两点(2P)/轴端点(A)] <-25.0000>: -1✓【见图 8-53】

④ 六角螺头绘制
a. 绘制边长为 8 的正六边形
命令: _polygon 输入侧面数 <4>: 6✓

指定正多边形的中心点或 [边(E)]: 0,0,–26✓

输入选项 [内接于圆(I)/外切于圆(C)] <I>:✓

指定圆的半径: 8✓

b. 向下拉伸成六棱体

命令: _extrude✓

当前线框密度: ISOLINES=10，闭合轮廓创建模式 = 实体

选择要拉伸的对象或 [模式(MO)]: _MO ✓

闭合轮廓创建模式 [实体(SO)/曲面(SU)] <实体>: _SO✓

选择要拉伸的对象或 [模式(MO)]: 找到 1 个【选择前面绘制的正六边形】

选择要拉伸的对象或 [模式(MO)]: ✓

指定拉伸的高度或 [方向(D)/路径(P)/倾斜角(T)/表达式(E)] <5.0000>: –5【输入"–5"表示向下拉伸，绘制好图 8-54】

c. 绘制等腰直角三角形　一般螺头需要进行一些倒角处理，将视图转到前视图，绘制直边长度为 1 的等腰三角形。

命令: _line✓

指定第一个点: 【点击图 8-55 中的左下角端点】

指定下一点或 [放弃(U)]: @0,1,0✓

指定下一点或 [放弃(U)]: *取消* ✓

命令: _line✓

指定第一个点: 【点击图 8-55 中的左下角端点】

指定下一点或 [放弃(U)]: @1,0,0✓

指定下一点或 [放弃(U)]:【点击前面所绘长度为 1 的直线的上端点】

指定下一点或 [闭合(C)/放弃(U)]: *取消*✓【回车，绘制好图 8-55 中左下角的三角形】

命令: _region【选中绘制好的三角形，构建成一个面域，如果提示无法构建面域，需要改变视图模式进行重新绘制等腰三角形】

d. 旋转三角形　利用旋转工具将前面绘制好的等腰三角形沿 Y 轴旋转，得到图 8-56。

e. 差集操作　进行差集操作，在六棱体中减去前面旋转三角形得到的旋转体，得到图 8-57。

⑤ 并集操作　将前面所绘制的四部分实体通过并集操作合并成一个实体，在东南轴测视图下做适当旋转得到图 8-58。

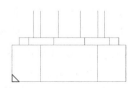

图 8-52　中间圆柱体　　图 8-53　过渡圆柱体　　图 8-54　六棱体　　图 8-55　三角形绘制

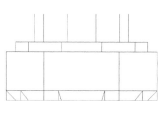

图 8-56　旋转处理

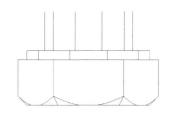

图 8-57　差集操作

图 8-58　并集操作

（2）填料压盖绘制

本次要绘制的填料压盖在第 3 章中曾经介绍过其二维图形的绘制,其二维图形见图 8-59。下面要介绍的绘制过程在二维图 8-59 的基础上通过拉伸、圆柱体绘制、差集操作、并集操作、圆角等方法,快速绘制出填料压盖立体图。

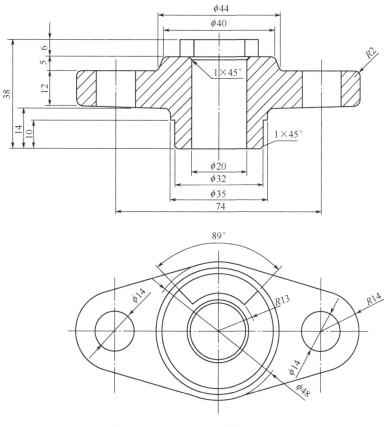

图 8-59　填料压盖二维视图

① 自定义用户坐标系　在图 8-59 二维视图的基础上,先进入东南等轴测视图,在利用"UCS"命令,将坐标系的原点定义图 8-59 俯视图的中心点上,自定义用户坐标系的最后操作结果见图 8-60。当然也可以用其他方法建立如图 8-60 所示的坐标系。

② 进行面域操作　将图 8-60 中的外部轮廓线、两个直径为 14 的圆及中间直径为 20 的圆进行面域操作,共构建 4 个面域,见图 8-61。

③ 拉伸操作　将图 8-61 中的 4 个面域进行拉伸操作,注意拉伸的高度为–13,表示向下拉伸,拉伸后效果图见图 8-62。注意这是在三维线框视觉模式下的图形。

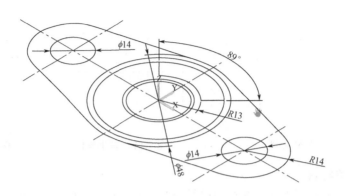

图 8-60　用户坐标系操作

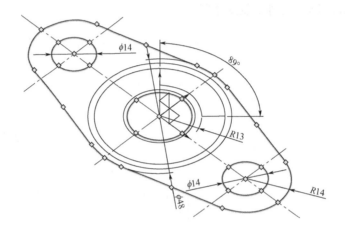

图 8-61　面域操作

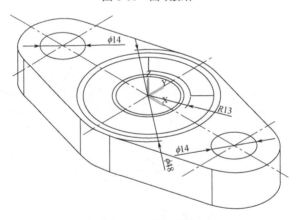

图 8-62　拉伸操作

④ 差集操作　利用差集操作工具，从外轮廓线拉伸得到的实体中，减去前面拉伸 3 个圆域得到的 3 个圆柱体，最后操作结果见图 8-63。

⑤ 圆台绘制　在图 8-63 的基础上，利用圆锥体绘制命令绘制圆台，圆台高度为 5，底面圆半径为 22，顶面圆半径为 20，具体操作如下。

命令: _cone↙

指定底面的中心点或 [三点(3P)/两点(2P)/切点、切点、半径(T)/椭圆(E)]: ↙【捕捉坐标系原点】

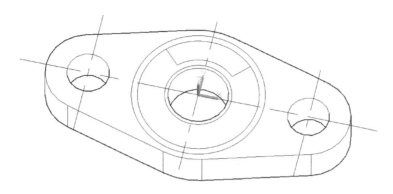

图 8-63　差集操作

指定底面半径或 [直径(D)] <22.0000>:✓

指定高度或 [两点(2P)/轴端点(A)/顶面半径(T)] <5.0000>: t✓

指定顶面半径 <0.0000>: 20✓

指定高度或 [两点(2P)/轴端点(A)] <5.0000>: 5✓【得到图 8-64】

⑥ 中间圆柱体差集操作　先在图 8-64 的基础上绘制一个和坐标轴 Z 轴同轴半径为 10 圆柱体，再进行差集操作。

命令: _cylinder✓

指定底面的中心点或 [三点(3P)/两点(2P)/切点、切点、半径(T)/椭圆(E)]:【鼠标捕捉坐标原点】

指定底面半径或 [直径(D)]: 10✓

指定高度或 [两点(2P)/轴端点(A)]:–12✓【绘制一个高度为 12、半径为 10 的圆柱体】

命令: _subtract 选择要从中减去的实体、曲面和面域... ✓

选择对象: 找到 1 个【鼠标点击圆台】

选择对象: ✓

选择要减去的实体、曲面和面域…【鼠标点击刚绘制好的圆柱体】

选择对象: 找到 1 个

选择对象: ✓【做适当旋转得到图 8-65】

⑦ 绘制扇形凸台　先将图 8-65 转成三维线框图，通过打断操作得到图 8-66（a）所示的图，使扇形凸台的线条图单独分离开来并将其合并成一个面域，在此基础上，拉伸该面域，拉伸高度为 11（5+6）得到图 8-66（b）。

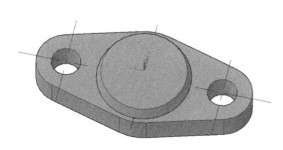

图 8-64　圆台绘制

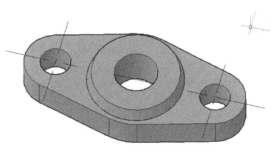

图 8-65　中间圆柱体差集操作

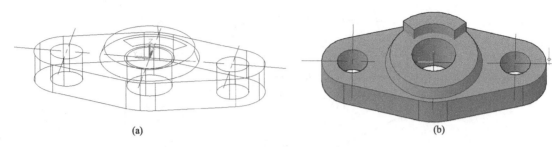

图 8-66　扇形凸台绘制

⑧ 绘制下端圆柱体　下端的圆柱体分为两部分，一部分是直径为 35，高为 4 的圆柱体，接着是直径为 32，高为 10 的圆柱体，这两个圆柱体中间均有直径为 10 的部分是空心的，具体的操作命令如下。

命令：_circle↙

指定圆的圆心或 [三点(3P)/两点(2P)/切点、切点、半径(T)]: 0,0,−13↙【注意坐标原点圆台底部的中心点】

指定圆的半径或 [直径(D)] <10.0000>: 10↙

命令：_circle↙

指定圆的圆心或 [三点(3P)/两点(2P)/切点、切点、半径(T)]: 0,0,−13↙【注意坐标原点圆台底部的中心点】

指定圆的半径或 [直径(D)] <10.0000>: 17.5↙

命令：_circle↙

指定圆的圆心或 [三点(3P)/两点(2P)/切点、切点、半径(T)]: 0,0,−17↙

指定圆的半径或 [直径(D)] <16.0000>: 16↙

在上述三个圆绘制的基础上，通过拉伸及差集操作，并适当旋转视图，可以得到图 8-67。

⑨ 倒角处理　在图 8-67 的基础上进行各种倒角处理（倒角处理命令直接用二维视图中的倒直角和倒圆角，最后选择环或链），可进一步完善填料压盖的立体的图形，倒角处理后删除多余的辅助线，适当旋转视图，得到图 8-68。其实根据二维视图，填料压盖的长圆形板下端从中心到两边有高度为 1 的倾斜，本次绘制未对其进行处理，这方面的工作请读者自行研究。

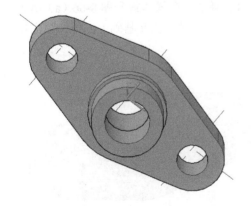

图 8-67　下端圆柱体绘制

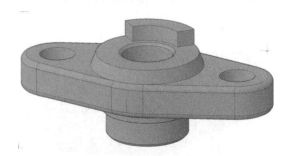

图 8-68　倒角处理后的效果图

（3）弯管接头绘制

本次要绘制的弯管接头如图 8-69 所示，所需主要数据已标注在图上。

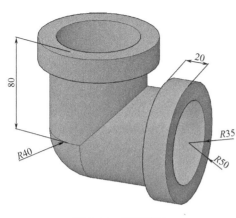

图 8-69　弯管接头

由图 8-69 可知，弯管接头其实是由空心的圆柱体及球体组成，可以通过先绘制实心的弯管接头，再绘制空心的部分实体，通过差集操作将实心弯管减去空心实体就可以得到本次绘制的弯管。在绘制前先将视图转到东南等轴测视图的三维线框视觉样式，在具体绘制过程会根据需要变换视觉样式。具体绘制过程如下。

① 绘制实体弯管接头　实体弯管接头的绘制需要绘制 4 个圆柱体，一个球体。4 个圆柱体分别是垂直方向高度 80、半径 40 的圆柱体；垂直方向高度 20、半径 50 的圆柱体；水平方向长度 80、半径 40 的圆柱体；水平方向高度 20、半径 50 的圆柱体；半径为 40 的球体。这些实体互相之间存在几何关系，在具体操作过程中需要注意中心点的坐标选取。

a. 垂直方向高度 80 圆柱体绘制

命令: _cylinder✓

指定底面的中心点或 [三点(3P)/两点(2P)/切点、切点、半径(T)/椭圆(E)]: 0,0,0✓

指定底面半径或 [直径(D)]: 40✓

指定高度或 [两点(2P)/轴端点(A)]: 80✓【见图 8-70（a）】

b. 垂直方向高度 20 圆柱体绘制

命令: _cylinder✓

指定底面的中心点或 [三点(3P)/两点(2P)/切点、切点、半径(T)/椭圆(E)]: 0,0,60✓

指定底面半径或 [直径(D)] <40.0000>: 50✓

指定高度或 [两点(2P)/轴端点(A)] <80.0000>: 20✓【见图 8-70（b）】

c. 半径为 40 的球体绘制

命令: _sphere✓

指定中心点或 [三点(3P)/两点(2P)/切点、切点、半径(T)]: 0,0,0✓

指定半径或 [直径(D)] <50.0000>: 40✓【见图 8-70（c）】

d. 水平方向长度 80 圆柱体绘制

命令: _cylinder✓

指定底面的中心点或 [三点(3P)/两点(2P)/切点、切点、半径(T)/椭圆(E)]: 0,0,0✓

指定底面半径或 [直径(D)] <40.0000>:✓

指定高度或 [两点(2P)/轴端点(A)] <20.0000>: a✓

指定轴端点: 80,0,0✓【见图 8-70（d）】

e. 水平方向长度 20 圆柱体绘制

命令: _cylinder✓

指定底面的中心点或 [三点(3P)/两点(2P)/切点、切点、半径(T)/椭圆(E)]: 60,0,0✓

指定底面半径或 [直径(D)] <40.0000>: 50✓

指定高度或 [两点(2P)/轴端点(A)] <80.0000>: a✓

指定轴端点: 80,0,0✓【见图 8-70（e）】

f. 并集操作

命令: _union✓

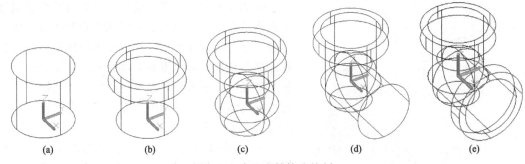

图 8-70　实心弯管接头绘制

选择对象: 指定对角点: 找到 5 个【选中已绘制的 5 个实体】

选择对象: ✓

② 绘制空心实体

空心实体有两个圆柱体和一个球体组成，两个圆柱体大小相等，一个垂直方向，一个水平方向，半径为 35，高度（长度）为 80；一个球体半径为 35。

a. 垂直圆柱体绘制

命令: _cylinder✓

指定底面的中心点或 [三点(3P)/两点(2P)/切点、切点、半径(T)/椭圆(E)]: 0,0,0✓

指定底面半径或 [直径(D)] <50.0000>: 35✓

指定高度或 [两点(2P)/轴端点(A)] <20.0000>: 80✓【见图 8-71（a）】

b. 水平圆柱体绘制

命令: _cylinder✓

指定底面的中心点或 [三点(3P)/两点(2P)/切点、切点、半径(T)/椭圆(E)]: 0,0,0✓

指定底面半径或 [直径(D)] <35.0000>:✓

指定高度或 [两点(2P)/轴端点(A)] <80.0000>: a✓

指定轴端点: 80,0,0✓【见图 8-70（b）】

c. 球体绘制

命令: _sphere✓

指定中心点或 [三点(3P)/两点(2P)/切点、切点、半径(T)]: 0,0,0✓

指定半径或 [直径(D)] <35.0000>: 35✓【见图 8-70（c）】

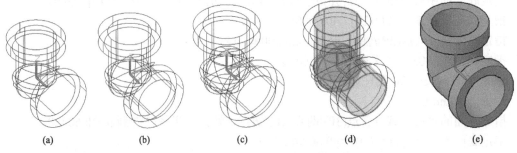

图 8-71　空心部分绘制及差集操作

③ 差集操作得到真实弯管接头

命令: _subtract 选择要从中减去的实体、曲面和面域...

选择对象: 找到 1 个【选择实心弯管接头】

选择对象: ↙

选择要减去的实体、曲面和面域...

选择对象: 找到 1 个

选择对象: 找到 1 个, 总计 2 个

选择对象: 找到 1 个, 总计 3 个【见图 8-71（d）】

选择对象: ↙【将视觉样式转为概念模式, 得到图 8-71（e）】

图 8-72 带颈法兰

（4）法兰绘制

法兰是化工设备中的基础零件之一, 它有多种形式规格。大部分法兰都是轴对称的旋转体图形, 立体法兰绘制可利用这个特性, 通过面域旋转和螺旋孔的差集操作就可以快速完成绘制, 下面介绍图 8-72 长颈立体法兰的绘制过程。

① 在前视图中绘制法兰剖视图的右边部分 这部分的绘制工作和二维视图的绘制一样, 不再介绍。其中螺栓孔不要具体绘制, 只绘制一条中心线作为在后续绘制时的定位线, 另外也不要打剖面线, 具体见图 8-73（a）。

② 构建面域 利用面域工具, 将图 8-73（a）的粗线部分构建成面域, 效果图见图 8-73（b）。

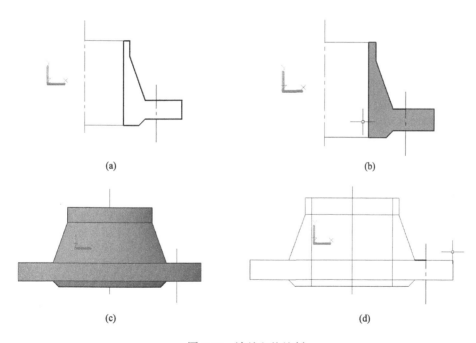

(a)

(b)

(c)

(d)

图 8-73 法兰主体绘制

③ 旋转面域 利用旋转（REVOLVE）工具, 以图 8-73（b）中左边的中心线为旋转轴, 以构建的面域为旋转对象, 进行 360°旋转操作, 生成图 8-73（c）, 再将视觉样式转到三维线框样式, 见图 8-73（d）。

④ 螺栓孔绘制 点击图 8-73（d）左中部的坐标系, 将鼠标移到坐标系原点, 选择"仅移动原点"将原点移到图 8-74（a）所示的位置。在此基础上, 点击圆柱体绘制工具, 点击螺栓孔中心线与法兰下部水平线的交点作为圆柱体底面中心, 拉动鼠标到法兰下部水平线和凸台底部的交点处（也可直接输入螺栓孔的半径 11 作为圆柱体的底面半径）, 输入"A", 再

选择点击螺栓孔中心线与法兰上部水平线的交点作为轴端点，绘制好一个螺栓孔，见图 8-74
（b）。在此基础上，在命令行输入"3DARRAY"，回车，进行 3D 阵列操作，选择 P 进行环
形阵列，旋转角度为 360°，项目数为 4 个，中心点就是坐标原点，旋转轴的第二点选择在
法兰主体的中心线上，绘制好全部 4 个螺旋孔的实体图，见图 8-74（c）。

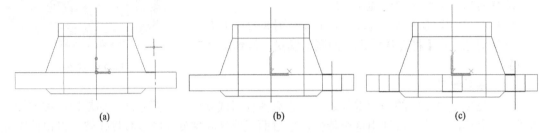

(a)　　　　　　　　　　(b)　　　　　　　　　　(c)

图 8-74　螺旋孔绘制

　　⑤ 差集操作　利用差集操作，从法兰主体中减去 4 个螺栓孔实体，并适当旋转，得到
不同效果的法兰立体图，见图 8-75。

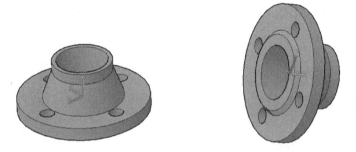

图 8-75　不同角度的法兰效果图

8.6　Auto CAD 参数化绘制软件实例开发

8.6.1　平面法兰参数化绘制

8.6.1.1　开发目标

　　本次软件的开发目标是用计算机自动绘制一个常用的甲型平焊法兰，法兰的标准号为 JB
4701-92，该法兰的基本形状及绘图中需要用到的点见图 8-76。要求所开发的软件在图形绘制
时要完成 3 个功能：一是绘制好法兰所有轮廓线及中心线；二是绘制剖面线；三是标上所必
需的数据。以上三点是软件需要自动完成的任务。考虑到软件的使用对象是化工类技术人员
或化工设备加工人员，已具有一定的化工设备知识，但法兰具体数据的输入还是需要一个简
单的人机对话窗体，通过对话窗体将法兰的数据传输给计算机。这样，计算机就能通过该窗
体绘制出所有的该类型的法兰。为此，在软件开发中，除了具体绘制的核心程序外，尚需窗
体开发程序及将窗体的数据传输到主程序的程序。通过以上分析，要达到上述开发目标需完
成 3 个主要任务，分别是数据输入窗体的开发、数据的传输、具体图形的绘制。

8.6.1.2　开发规划

　　根据前面的分析，所开发的软件需要完成 3 种功能，这 3 种功能需要通过 3 个子程序来
完成。首先，我们根据开发要求及自己对软件的熟悉程度，选择 WindowsXP 为操作系统，

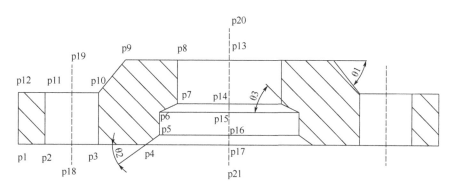

图 8-76　开发的法兰示意图

AutoCAD2106 为绘图平台、VisualLISP 为开发语言、DCL 为对话框设计语言。选择从下而上的开发原则。先开发绘制法兰核心子程序，在调试过程中先将需要通过窗体输入的数据预先定义某一确定的值，调试通过后，再将该语句删除；其次根据输入数据的需要，开发数据输入窗体，窗体需先预览达到要求后，再开发窗体调用及数据获取程序，通过打印语句判断窗体输入的数据能否被正确地获取。完成以上所有工作后，编写主程序，调用前面几个子程序，进行全局调试，最后完成整个软件的开发工作。

8.6.1.3　代码编写

（1）法兰绘制子程序（在实际调试过程中，需要将该子程序中所有用到的变量加以暂时赋值）

　　(defun draw_jxfl(); //法兰绘制程序，取程序名为 draw_jxfl，读者可自己选定

　　(command "layer" "n" "jxfl" "c" "1" "jxfl" "lw" "0.5" "jxfl" "s" "jxfl" "");

//新建图层画法兰，"n" 为新建图层，"jxfl" 为新建图层名；"c" 为设置图层颜色，"1" 表示图层颜色为 "1" 号色；"lw" 为设置图层线宽，"0.5" 表示线宽为 0.5，"s"，表示设置为当前图层，图层名为 "jxfl"，以下所具有该图层性质，直至有新图层设置为止。以后碰到类似情况不在解释

　　　(command "pline" p1 p2 p11 p12 p1 ""); //绘制左边矩形

　　　(command "mirror" (entlast) "" p20 p21 "")　// 通过镜像生成右边矩形

　　　(command "layer" "n" "tc" "c" "7" "tc" "lw" "0.15" "tc" "s" "tc" ""); //新建填充图层

　　　(command "layer" "m" "tc" "");

　　　(command "hatch" "ansi31" "" 0 "all"　"") //填充左右两个矩形

　　　(command "layer" "m" "jxfl" "");

　　　(command "pline" p3 p4 p5 p6 p7 p8 p9 p10 p3 "") //绘制由命令中各点所构成的图形

　　　(command "mirror" (entlast) "" p20 p21 "")// 通过镜像在右边生成刚才所谓的图形

　　　(command "layer" "n" "tc" "c" "7" "tc" "lw" "0.15" "tc" "s" "tc" "");新建填充图层

　　　(command "layer" "m" "tc" "");(2)

　　　(command "hatch" "ansi31" "" 0 "all"　"") //填充最后所绘的所有图形

　　　(setq ss (ssadd))　// 设置 ss 为空实体集

　　　(command "layer" "m" "jxfl" "");(1)

　　　(command "line" p11 p10 "")

　　(ssadd (entlast) ss) //将刚所绘内容加入 ss

　　　(command "line" p2 p3 "")

```
    (ssadd (entlast) ss) //将刚所绘内容加入 ss
      (command "line" p8 p13 "")
    (ssadd (entlast) ss)
      (command "line" p7 p14 "")
    (ssadd (entlast) ss)
      (command "line" p6 p15 "")
    (ssadd (entlast) ss)
      (command "line" p5 p16 "")
    (ssadd (entlast) ss)
      (command "line" p4 p17 "")
    (ssadd (entlast) ss)
      (command "layer" "n" "zz" "c" "6" "zz" "l" "ACAD_ISO04w100" "zz" "lw" "0.15" "zz" "s"
"zz" "");新建中轴线绘制图层
      (command "line" p18 p19 "")    //绘制螺孔中心线
    (ssadd (entlast) ss)
      (command "line" p20 p21 "")    //绘制法兰中心线
      (ssadd (entlast) ss) //将刚所绘内容加入 ss
      (command "mirror" ss "" p20 p21 "");镜像实体 ss 图像
      (command "layer" "n" "bz" "c" "5" "bz" "lw" "0.15" "bz" "s" "bz" "");新建标注图层
      (command "dimangular"    "" p4 p5 p17 "t" "<>"    jb2) ;角度标注
(command "dimangular"    "" p6 p7 p15 "t" "<>"    jb3) ；角度标注
  (command "dim" "ver" p1 p12 "t" "<>" bz1 "") ;垂直标注，采用完整形式
(command);取消命令,相当于 ESC
  (command)
 (command "dim" "ver" p12 p9 "t" "<>" bz11 "") ;垂直标注
  (command);取消命令,相当于 ESC
  (command)
 (command "dim" "ver" p16 p17 "t" "<>"    bz22 "")
 (command);取消命令,相当于 ESC
  (command)
 (command "dim" "ver" p15 p14 "t" "<>" bz21 "") ;垂直标注
  (command);取消命令,相当于 ESC
  (command)
 (command "dim" "ver" p15 p17 "t" "<>" bz2 "") ;垂直标注
  (command);取消命令,相当于 ESC
  (command)
 (command "dim" "hor" p2 p3    "t" "%%c<>" (list (+ x (/ (− d da) 2)) (− y 20)) "");水平标注
 (command "dim" "hor" p12 bz6 "t"    "%%c<>" (list (+ x (/ d 2)) (+ y b 65)) "")
 (command "dim" "hor" p19 bz3    "t" "%%c<>" (list (+ x (/ d 2)) (+ y b 50)) "")
 (command "dim" "hor" p9 bz4    "t" "%%c<>" (list (+ x (/ d 2)) (+ y b 35)) "")
 (command "dim" "hor" p8 bz5    "t" "%%c<>" (list (+ x (/ d 2)) (+ y b 20)) "")
  (command);取消命令,相当于 ESC
```

```
(command)
(command "zoom" "all" "");显示全部绘制内容
)
```

将以上程序调试通过，并将暂时设定值删除，并保存为 draw_jxfl.lsp 备用。

（2）窗体代码开发

本开发窗体根据实际需要设计成如图 8-77 所示，窗体上编辑框内的数据是程序默认的数据，是一个典型的吸收塔用的甲型平焊法兰。该窗体的逻辑关系图见图 8-78。我们可以根据逻辑关系图及具体的控件，开发出对话框程序的代码。

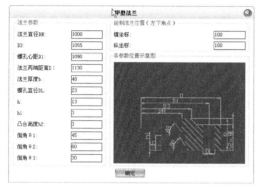

图 8-77 输入窗体图

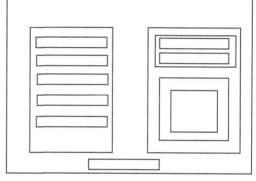

图 8-78 输入窗体图控件逻辑关系图

结合图 8-77 和图 8-78 分析，可知窗体中控件从全局来看为一大行，大行中有两列，第一列由框中列组成；第二列由两个大元素组成，该两个元素成列排列，并且都是框中列。有了以上的逻辑分析，在结合具体控件的内容，我们就可以得到以下代码：

```
jxfl:dialog{                //创建新窗体，代号为jxfl
  label="甲型法兰";         //窗体名称
:row{                       //全局横向排列
  :boxed_column{            //框中列，既纵向边框为全局大行中的第一列
  label="法兰参数";         //边框名称
  :edit_box{                //编辑框，以下所有的编辑框为全局大行中的第一列中的框
                            //中列元素
    label="法兰直径 DN:";   //编辑框名称
    key="dn";               //编辑框 key 值
    edit_limit=15;          //字符数限定
    edit_width=10;          //编辑框宽度
    value=1000;             //缺省值
  }
  :edit_box{
    label="D3:";
    key="db";
    edit_limit=15;
    edit_width=10;
    value=1055;
```

```
        }
       :edit_box{
         label="螺孔心距 D1:";
         key="da";
         edit_limit=15;
         edit_width=10;
         value=1090;
       }
       :edit_box{
         label="法兰两端距离 D：";
         key="ddd";
         edit_limit=15;
         edit_width=10;
         value=1130;
       }
       :edit_box{
         label="法兰厚度 b:";
         key="bbb";
         edit_limit=15;
         edit_width=10;
         value=48;
       }
       :edit_box{
         label="螺孔直径 DL:";
         key="dl";
         edit_limit=15;
         edit_width=10;
         value=23;
       }
      :edit_box{
         label="h:";
         key="hhh";
         edit_limit=15;
         edit_width=10;
         value=13;
       }
      :edit_box{
         label="h1:";
         key="ha";
         edit_limit=15;
         edit_width=10;
         value=3;
```

```
      }
   :edit_box{
      label="凸台高度 h2:";
      key="hb";
      edit_limit=15;
      edit_width=10;
      value=3;
   }
   :edit_box{
      label="倒角 θ1:";
      key="ja";
      edit_limit=15;
      edit_width=10;
      value=45;
   }
   :edit_box{
      label="倒角 θ2:";
      key="jb";
      edit_limit=15;
      edit_width=10;
      value=60;
   }
   :edit_box{
      label="倒角 θ3:";
      key="jc";
      edit_limit=15;
      edit_width=10;
      value=30;
   }
   }
:column{         //纵向排列，为全局大行中的第二列

   :boxed_column{     //框中列，为全局大行第二列中的第一个元素
   label="绘制法兰位置（左下角点）";
   :edit_box{   //为框中列中的各元素。
   label="横坐标:";
   key="xxx";
   edit_limit=15;
   edit_width=10;
   value=100;
   }
   :edit_box{
```

```
   label="纵坐标:";
   key="yyy";
   edit_limit=15;
   edit_width=10;
   value=100;
   }
}
   :boxed_column{   框中列，为全局大行第二列中的第二个元素
   label="各参数位置示意图";
   :image{
    key="jxfl_image";
    aspect_ratio=0.75;
    width=50;
    color=-2;
   }
   }
   }
   }
ok_only;    //确定按钮
   }
```

将该代码文件保存为 <AutoCAD 目录> AutoCAD 2016\Support\jxfl.dcl，并预览调试通过。在窗体开发过程中，窗体最好事先进行布局设置，并且可以边开发边进行对窗体的预览，以确定最佳效果。通过熟练运用 row 和 column 等，使窗体紧凑和整洁。

（3）窗体数据的获取

以下为数据处理子程序，实现数据交互和处理

```
(defun data_set()    //数据从窗体传入和处理，程序取名为 data_set
(setq dn (atof (get_tile "dn")))    //从窗体获取数据实现交互，其中 get_tile 为获取窗体中
 (setq db (atof (get_tile "db"))) //控件关键字 Key 为"dn"当前值，atof 是将字符串转化为
  (setq da (atof (get_tile "da"))) //数值的函数，通过 setq 将数值赋值给 dn，其他语句道理
                                      相同
   (setq d (atof (get_tile "ddd")))
   (setq b (atof (get_tile "bbb")))
   (setq dl (atof (get_tile "dl")))
   (setq h (atof (get_tile "hhh")))
   (setq ha (atof (get_tile "ha")))
   (setq hb (atof (get_tile "hb")))
   (setq ja (atof (get_tile "ja")))
   (setq jb (atof (get_tile "jb")))
   (setq jc (atof (get_tile "jc")))
   (setq x (atof (get_tile "xxx")))
   (setq y (atof (get_tile "yyy")))
   (setq fa (* pi (/ ja 180)))         //角度和弧度的转换
```

```
(setq fb (* pi (/ jb 180)))
(setq fc (* pi (/ jc 180)))
//以下定义点为标注尺寸用，为标注尺寸文字的起点坐标
(setq bz1 (list (− x 10) y));定义点为标注尺寸用
(setq bz11 (list (− x 10) (+ y b 2)));
(setq bz2 (list (+ x (/ d   2.0) −10) (+ y h)))
(setq bz21 (list (+ x (/ d 2.0) −10) (+ y h 3)))
(setq bz22 (list (+ x (/ d 2.0) −20) (+ y h)))
(setq bz3 (list (+ x (/ (− d da) 2.0) da) (+ y (− b hb) 10)))
(setq bz4 (list (+ x (/ (− d db) 2.0) db) (+ y b)))
(setq bz5 (list (+ x (/ (− d dn) 2.0) dn) (+ y b)))
(setq bz6 (list (+ x d) (− (+ y b) hb)))
(setq jb2 (polar p4 (/ pi 8) 10) )
(setq jb3 (polar p6 (/ pi 8) 20))
//定义图 8-76 中的各关键点，为作图程序做好准备
(setq p1 (list x y))
(setq p2 (list (+ x (/ (− d da dl) 2)) y))
(setq p3 (list (+ x (/ (+ (− d da) dl) 2)) y))
(setq p4 (list (+ x (− (/ (− d dn) 2) (* ha (+ (/ (sin fb) (cos fb)) (/ (cos fc) (sin fc)))))) y))
(setq p5 (list (+ x (− (/ (− d dn) 2) (* ha (/ (cos fc) (sin fc))))) (+ y ha)))
(setq p6 (list (+ x (− (/ (− d dn) 2) (* ha (/ (cos fc) (sin fc))))) (+ y h)))
(setq p7 (list (+ x (/ (− d dn) 2)) (+ y h ha)))
(setq p8 (list (+ x (/ (− d dn) 2)) (+ y b)))
(setq p9 (list (+ x (/ (− d db) 2)) (+ y b)))
(setq p10 (list (+ x (/ (+ (− d da) dl) 2)) (− (+ y b) hb)))
(setq p11 (list (+ x (/ (− d da dl) 2)) (− (+ y b) hb)))
(setq p12 (list x (− (+ y b) hb)))
(setq p13 (list (+ x (/ d 2)) (+ y b)))
(setq p14 (list (+ x (/ d 2)) (+ y h ha)))
(setq p15 (list (+ x (/ d 2)) (+ y h)))
(setq p16 (list (+ x (/ d 2)) (+ y ha)))
(setq p17 (list (+ x (/ d 2)) y))
(setq p18 (list (+ x (/ (− d da) 2)) (− y 20)))
(setq p19 (list (+ x (/ (− d da) 2)) (+ y (− b hb) 20)))
(setq p20 (list (+ x (/ d 2)) (+ y b 20)))
(setq p21 (list (+ x (/ d 2)) (− y 20)))
)
```

（4）全局调用程序

```
(defun c:jxflhz();定义全局程序名称为 jxflhz
//以下语句用于窗体调用和程序处理
(setq dcl_id(load_dialog "jxfl.dcl")) //其中 load_dialog 表示加载窗体,"jxfl.dcl"为窗体文件,
```
获取加载窗体文件的句柄，用于下面的判断。

```
      (if (< dcl_id 0) (exit) )
      (if (not (new_dialog "jxfl" dcl_id)) (exit))  //以上两句为判断窗体文件是否存在,若不存在
                                                              即退出
      (image1 "jxfl_image" "jxflsl")   //定义图形函数,其中"jxfl_image"为前面图像控件中的
                                                   Key 值,jxflsl 为幻灯片名称,在程序调用中用到,并
                                                   已在相同目录下存盘

      (action_tile "accept" "(data_set)")
  //当按下确定键时,执行数据处理子程序 data_set,将该子程序直接添加到本主程序后面,
     减少调用麻烦
      (start_dialog)   //加载窗体,对话框中开始输入数据
      (unload_dialog dcl_id) //卸载窗体
      (draw_jxfl)   //执行绘图子程序,将前面调用的子程序直接添加到本主程序后面
  )
  //以下语句是对图像框的处理子程序
  (defun image1(key image_name / x x);//加载图形,其中 key 为前面图像控件中的 Key 值,
                                              所调用的 image_name 为前面幻灯片名称,这里是
                                              形参,无需具体名称

      (start_image key)   //开始图像
      (setq x (dimx_tile key)   //获取图形控件宽度
            y (dimy_tile key) //获取图形控件长度
              )
      (fill_image 0 0 x y 250)   //图向从（0，0）点开始,到（x，y）结束,以 250 号颜色即
                                        黑色为背景填充图形控件
      (slide_image 0 0 x y image_name)   //加载图形,为完全布满
      (end_image)     //结束图像
  )
```

添加数据处理及绘图子程序和前面主程序合并成一个程序文件,取名为 jxflhz.lsp 保存在以下目录：　<AutoCAD 目录> AutoCAD 2016\Support\。

8.6.1.4　加载菜单

本次开发的菜单加载以后将集成于 AutoCAD 菜单栏上面,与 AutoCAD 常用菜单同样使用,当鼠标移动菜单栏区域内,它就会被激活。源代码以及相关解释如下：

```
***menugroup=menu1
//菜单组名称,这里名称为“menu1”,它将在菜单加载时作为菜单的代号,如有多个菜
   单,可分别另取名为“menu2”“menu3”等
***POP1
//第一个下拉菜单的区域标签。三个星号(***)是区域标签的开头,这是个惯例,AutoCAD
   菜单中的所有区域标签都是以三个星号开头的
[甲型法兰绘制]
//菜单栏标题
[绘制法兰]*^C(load "jxflhz");jxflhz
//加载并运行法兰绘制程序
[保存]^C^CSAVE
```

//保存文件

[打印]^C^CPLOT

//打印文件

[-----]

//菜单项目区分线

[取消]^C

//取消命令，相当于 ESC 键或者 Ctrl+C 组合键

将代码文件保存为 <AutoCAD 目录> AutoCAD 2016\Support\fl.mnu

注意：菜单项目第一项是用一个星号（*）开始命令的定义。星号前面的命令标题将写在屏幕上，它可以单击。受到单击后将执行星号以后的命令定义。星号的意义是允许命令重复，直到按 ESC 键、Ctrl+C 组合键或者选择其他菜单命令才取消。^C^C 表示取消正在执行的命令两次。很多命令只要一次就可以取消，但是有些命令则需要取消两次，如绘制样条曲线的命令。

在 AutoCAD 命令行中输入 menuload 弹出如图 8-79（a）所示的对话框：

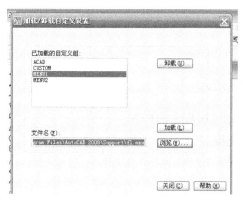

(a) 加载菜单对话框之一   (b) 加载菜单对话框之二

图 8-79　加载菜单对话框

通过浏览，找到 fl.mnu 文件，打开并点击加载，就会在 AutoCAD 菜单将会多出一项甲型法兰绘制，鼠标移上去后弹出选项，如图 8-79（b）所示，选择"绘制法兰"，弹出对话框窗体，输入数据，点击确定，系统就自动绘制下面的法兰，见图 8-80。

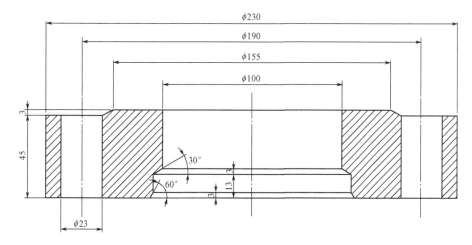

图 8-80　自动绘制的法兰图

8.6.2 某零件三维视图绘制

现需要绘制的零件三维视图见图 8-81，开发的窗体见图 8-82，则其窗体程序为：

```
ljsw:dialog{
  label="绘制零件三视图";
  :row{//引用行
    :image{//引用图像控件
      width=130;//图像的宽
      height=30;//图像的高
      key="image_ljsw";//图像的关键字为 image_ljsw
      color=-2;//图像的背景色为 AutoCAD 的背景色
    }//图像的引用结束

    :column{//引用列
      :boxed_column{//引用加框列
        label="几何数据";//加框列的标签
        :boxed_column{//引用加框列
          label="宽度数据";//加框列的标签
          :edit_box{//引用编辑框 1
            label="底座宽度 W1(mm):";//编辑框 1 的标签
            edit_width=8;//编辑框 1 的宽度
            key="W1";//编辑框 1 的热键
          }//编辑框 1 引用结束
        }//加框列引用结束

      :boxed_column{
        label="长度数据";
        :edit_box{
          label="底座长度 L1(mm):";
          edit_width=8;
          key="L1";
        }
        :edit_box{
          label="半圆定位 L2(mm):";
          edit_width=8;
          key="L2";
        }
        :edit_box{
          label="第 4 直径定位 L3(mm):";
          edit_width=8;
          key="L3";
        }
```

```
:edit_box{
    label="第 1、2、3 直径定位 L4(mm):";
    edit_width=8;
    key="L4";
  }
:edit_box{
    label="上槽长度 L5(mm):";
    edit_width=8;
    key="L5";
  }
:edit_box{
    label="下槽长度 L6(mm):";
    edit_width=8;
    key="L6";
  }
}

:boxed_column{
  label="高度数据";
  :edit_box{
    label="总高度 H1(mm):";
    edit_width=8;
    key="H1";
  }
  :edit_box{
    label="底座高度 H2(mm):";
    edit_width=8;
    key="H2";
  }
  :edit_box{
    label="槽座高度 H3(mm):";
    edit_width=8;
    key="H3";
  }
  :edit_box{
    label="上圆高度 H4(mm):";
    edit_width=8;
    key="H4";
  }
}

:boxed_column{
```

```
        label="直径数据";
        :edit_box{
          label="第 1 直径 D1(mm):";
          edit_width=8;
          key="D1";
        }
        :edit_box{
          label="第 2 直径 D2(mm):";
          edit_width=8;
          key="D2";
        }
        :edit_box{
          label="第 3 直径 D3(mm):";
          edit_width=8;
          key="D3";
        }
        :edit_box{
          label="第 4 直径 D4(mm):";
          edit_width=8;
          key="D4";
        }
        :edit_box{
          label="第 5 直径 D5(mm):";
          edit_width=8;
          key="D5";
        }
      }
    }//加框列引用结束

    :boxed_column{//列的控件是加框列
      label="定位点";//加框列的标签是定位点
      :button{//加框列的第 1 个控件是屏幕取点按钮
        label="屏幕取点<";
        key="pick";
      }
      :edit_box{//加框列的第 2 个控件是编辑框
        label="&X(mm):";
        width=12;
        key="X_box";
      }
      :edit_box{//加框列的第 2 个控件是编辑框
        label="&Y(mm):";
```

```
                width=12;
                key="Y_box";
            }
        }//加框列结束
      }//列结束
    }//行引用结束
ok_cancel;//引用 ok_cancel 组合控件
}
```

图像绘制主程序为:

```
(defun c:ljsw();定义命令
(defun getdata();定义从编辑框获取 h d b bd ld x y 数据的函数
  (setq w1 (atof (get_tile "W1")))
  (setq l1 (atof (get_tile "L1")))
  (setq l2 (atof (get_tile "L2")))
  (setq l3 (atof (get_tile "L3")))
  (setq l4 (atof (get_tile "L4")))
  (setq l5 (atof (get_tile "L5")))
  (setq l6 (atof (get_tile "L6")))
  (setq h1 (atof (get_tile "H1")))
  (setq h2 (atof (get_tile "H2")))
  (setq h3 (atof (get_tile "H3")))
  (setq h4 (atof (get_tile "H4")))
  (setq d1 (atof (get_tile "D1")))
  (setq d2 (atof (get_tile "D2")))
  (setq d3 (atof (get_tile "D3")))
  (setq d4 (atof (get_tile "D4")))
  (setq d5 (atof (get_tile "D5")))
  (setq p1100 (list x0 y0))
  (setq p1101 (list (+ x0 (- l1 l4)) (+ y0 (/ w1 2))))
  (setq p1102 (list (+ x0 (- l1 l4)) (- y0 (/ w1 2))))
  (setq p1103 (list (- x0 l4) (+ y0 (/ w1 2))))
  (setq p1104 (list (- x0 l4) (- y0 (/ w1 2))))
  (setq p1105 (list (- x0 l4) (+ y0 (/ d5 2))))
  (setq p1106 (list (- x0 l4) (- y0 (/ d5 2))))
  (setq p1107 (list (+ (- x0 l4) l2) (+ y0 (/ d5 2))))
  (setq p1108 (list (+ (- x0 l4) l2) (- y0 (/ d5 2))))
  (setq x1 x0)
  (setq y1 (+ y0 w1))
  (setq p1200 (list x1 y1))
  (setq x2 x1)
  (setq y2 (+ y1 h1))
  (setq p1210 (list x2 y2))
```

```
(setq p1211 (list (- x2 (/ d2 2)) y2))
(setq p1212 (list (+ x2 (/ d2 2)) y2))
(setq p1213 (list (- x2 (/ d1 2)) y2))
(setq p1214 (list (+ x2 (/ d1 2)) y2))
(setq p1215 (list (- x2 (/ d1 2)) (+ y1 h2)))
(setq p1216 (list (+ x2 (/ d1 2)) (+ y1 h2)))
(setq p1217 (list (- x2 (/ d2 2)) (- y2 h4)))
(setq p1218 (list (+ x2 (/ d2 2)) (- y2 h4)))
(setq p1219 (list (- x2 (/ d3 2)) (- y2 h4)))
(setq p1220 (list (+ x2 (/ d3 2)) (- y2 h4)))
(setq p1221 (list (- x2 (/ d3 2)) (+ (- y2 h1) h3)))
(setq p1222 (list (+ x2 (/ d3 2)) (+ (- y2 h1) h3)))
(setq x3 (+ (- x1 l4) l3))
(setq y3 y1)
(setq p1233 (list (- x3 (/ d4 2)) (+ y3 h2)))
(setq p1234 (list (+ x3 (/ d4 2)) (+ y3 h2)))
(setq p1235 (list (- x3 (/ d4 2)) (+ y3 h3)))
(setq p1236 (list (+ x3 (/ d4 2)) (+ y3 h3)))
(setq p1237 (list (+ (- x3 l3) l2 (/ d5 2)) (+ y3 h2)))
(setq p1238 (list (+ (- x3 l3) l2 (/ d5 2)) (+ y3 h3)))
(setq p1240 (list (- x3 l3) y3))
(setq p1241 (list (- x3 l3) (+ y3 h3)))
(setq p1242 (list (- x3 l3) (+ y3 h2)))
(setq p1243 (list (+ (- x3 l3) l1) (+ y3 h2)))
(setq p1244 (list (+ (- x3 l3) l1) (+ y3 h3)))
(setq p1245 (list (+ (- x3 l3) l1) y3))
(setq x4 (+ x1 (* w1 2)))
(setq y4 y1)
(setq p1301 (list (- x4 (/ l6 2)) y4))
(setq p1302 (list (+ x4 (/ l6 2)) y4))
(setq p1303 (list (- x4 (/ w1 2)) y4))
(setq p1304 (list (+ x4 (/ w1 2)) y4))
(setq p1305 (list (- x4 (/ w1 2)) (+ y4 h2)))
(setq p1306 (list (+ x4 (/ w1 2)) (+ y4 h2)))
(setq p1307 (list (- x4 (/ d1 2)) (+ y4 h2)))
(setq p1308 (list (+ x4 (/ d1 2)) (+ y4 h2)))
(setq p1309 (list (- x4 (/ d1 2)) (+ y4 h1)))
(setq p1310 (list (+ x4 (/ d1 2)) (+ y4 h1)))
(setq p1311 (list (- x4 (/ d5 2)) (+ y4 h2)))
(setq p1312 (list (+ x4 (/ d5 2)) (+ y4 h2)))
(setq p1313 (list (- x4 (/ d5 2)) (+ y4 h3)))
(setq p1314 (list (+ x4 (/ d5 2)) (+ y4 h3)))
```

```
(setq p1315 (list (- x4 (/ l5 2)) (+ y4 h3)))
(setq p1316 (list (+ x4 (/ l5 2)) (+ y4 h3)))
(setq p1401 (list (- x0 l4 20) y0))
(setq p1402 (list (+ (- x0 l4) l1 20) y0))
(setq p1403 (list x0 (- y0 (/ d1 2) 10)))
(setq p1404 (list x0 (+ y0 (/ d1 2) 10)))
(setq p1405 (list (+ (- x0 l4) l3) (- y0 (/ d4 2) 10)))
(setq p1406 (list (+ (- x0 l4) l3) (+ y0 (/ d4 2) 10)))
(setq p1407 (list (+ (- x0 l4) l2) (- y0 (/ d5 2) 10)))
(setq p1408 (list (+ (- x0 l4) l2) (+ y0 (/ d5 2) 10)))
(setq p1409 (list x1 (- (+ y1 h3) 10)))
(setq p1410 (list x2 (+ y2 10)))
(setq p1411 (list (+ (- x1 l4) l3) (- (+ y1 h3) 10)))
(setq p1412 (list (+ (- x1 l4) l3) (+ y1 h2 10)))
(setq p1413 (list (+ (- x1 l4) l2) (- (+ y1 h3) 10)))
(setq p1414 (list (+ (- x1 l4) l2) (+ y1 h2 10)))
(setq p1415 (list x4 (- y4 10)))
(setq p1416 (list x4 (+ y4 h1 10)))
);getdata 函数定义结束

(setvar"cmdecho" 0)    //设置系统变量
(setq dcl_id(load_dialog "ljsw.dcl"))
 (if (< dcl_id 0)(exit))
 (setq w1 100
    l1 200
    l2 30
    l3 80
    l4 150
    l5 85
    l6 70
    h1 100
    h2 40
    h3 15
    h4 10
    d1 80
    d2 60
    d3 40
    d4 30
    d5 30
    x0 0
    y0 0
       sdt 2
```

```
        p1000 (list 0 0)
)
(while (> sdt 1);while 循环开始
    (if (not (new_dialog "ljsw" dcl_id))(exit));初始化对话框 ljsw
    (setq xl (dimx_tile "image_ljsw"));获取图像宽度赋给变量 xl
    (setq yl (dimy_tile "image_ljsw"));获取图像宽度赋给变量 yl
    (start_image "image_ljsw");开始建立图像
    (slide_image 0 0 xl yl "ljsw.sld");图像的左上角、右下角、幻灯片文件为 ljsw
    (end_image);图像建立完毕
    (set_tile "W1" (rtos w1 2 2))
    (set_tile "L1" (rtos l1 2 2))
    (set_tile "L2" (rtos l2 2 2))
    (set_tile "L3" (rtos l3 2 2))
    (set_tile "L4" (rtos l4 2 2))
    (set_tile "L5" (rtos l5 2 2))
    (set_tile "L6" (rtos l6 2 2))
    (set_tile "H1" (rtos h1 2 2))
    (set_tile "H2" (rtos h2 2 2))
    (set_tile "H3" (rtos h3 2 2))
    (set_tile "H4" (rtos h4 2 2))
    (set_tile "D1" (rtos d1 2 2))
    (set_tile "D2" (rtos d2 2 2))
    (set_tile "D3" (rtos d3 2 2))
    (set_tile "D4" (rtos d4 2 2))
    (set_tile "D5" (rtos d5 2 2))

    (set_tile "X_box" (rtos x0 2 2))   // 数据转换成十进制，两位小数点的字符串
    (set_tile "Y_box" (rtos y0 2 2))
    (action_tile "pick" "(getdata) (done_dialog 2)");设置屏幕取点按钮的活动
    (action_tile "accept" "(getdata) (done_dialog 1)");设置 OK 按钮的活动
    (action_tile "cancel" "(done_dialog 0)");设置 Cancel 按钮的活动
    (setq sdt (start_dialog))
    (if (= sdt 2);同于单击了屏幕取点按钮，注意：该表达式在 while 内部
        (progn
            (initget 1);禁止空输入
            (setq p1000 (getpoint "定位点"));在屏幕上获取 p 点
        (setq x0 (car p1000) y0 (cadr p1000));将 p 点的 X、Y 坐标分别赋给变量 x、y
        );取点之后，重新开始循环
    )
);while 循环结束

(if (= sdt 1);由于单出了 OK 按钮，绘制轴段
```

```
(progn
  (progn;定义图层
    (command "layer" "n" "粗实线" "c" "7" "粗实线" "lw" 0.50 "粗实线" "s" "粗实线" "")
    (command "layer" "n" "细实线" "c" "7" "细实线" "lw" 0.18 "细实线" "s" "细实线" "")
    (command "layer" "n" "点画线" "c" "1" "点画线" "l" "ACAD_ISO04W100" "点画线"
"lw" 0.18 "点画线" "s" "点画线" "")
    (command "layer" "n" "尺寸线" "c" "5" "尺寸线" "lw" 0.18 "尺寸线" "s" "尺寸线" "")
    (command "layer" "n" "文本线" "c" "212" "文本线" "lw" 0.18 "文本线" "s" "文本线" "")
    (command "layer" "n" "剖面线" "c" "142" "剖面线" "lw" 0.18 "剖面线" "s" "剖面线" "")
    (command "layer" "n" "隐藏线" "c" "6" "隐藏线" "l" "ACAD_ISO02W100" "隐藏线"
"lw" 0.18 "隐藏线" "s" "隐藏线" "")
    (command "layer" "n" "双点画线" "c" "3" "双点画线" "l" "ACAD_ISO09W100" "双
点画线" "lw" 0.18 "双点画线" "s" "双点画线" "")
    (command "layer" "n" "波浪线" "c" "7" "波浪线" "lw" 0.18 "波浪线" "s" "波浪线" "")
  )
  (progn;俯视图
    (command "layer" "m" "粗实线" "")
    (command "pline" p1107 p1105 p1103 p1101 p1102 p1104 p1106 p1108 "" "")
    (command "circle" p1100 (/ d1 2))
    (command "circle" p1100 (/ d2 2))
    (command "circle" p1100 (/ d3 2))
    (command "circle" (list (+ (− x0 l4) l3) y0) (/ d4 2))
    (command "circle" (list (+ (− x0 l4) l2) y0) (/ d5 2))
    ;(command "arc" "c" (list (+ (− x0 l4) l2) y0) p1108 p1107)
    (command "layer" "m" "点画线" "")
    (command "line" p1401 p1402 "")
    (command "line" p1403 p1404 "")
    (command "line" p1405 p1406 "")
    (command "line" p1407 p1408 "")
  )
  (progn;主视图
    (command "layer" "m" "粗实线" "")
    (command "pline" p1237 p1238 p1235 p1233 "c" "")
    (command "layer" "m" "剖面线" "")
    (command "hatch" "ansi31" "" 0 (entlast) "")
    (command "layer" "m" "粗实线" "")
    (command "pline" p1234 p1215 p1213 p1211 p1217 p1219 p1221 p1236 "c" "")
    (command "layer" "m" "剖面线" "")
    (command "hatch" "ansi31" "" 0 (entlast) "")
    (command "layer" "m" "粗实线" "")
    (command "pline" p1222 p1220 p1218 p1212 p1214 p1216 p1243 p1244 "c" "")
    (command "layer" "m" "剖面线" "")
```

```
          (command "hatch" "ansi31" "" 0 (entlast) "")
          (command "layer" "m" "粗实线" "")
          (command "pline" p1244 p1245 p1240 p1241 "c" "")
          (command "pline" p1241 p1242 p1237 "")
          (command "line" p1233 p1234 "")
          (command "line" p1211 p1212 "")
          (command "line" p1219 p1220 "")
          (command "layer" "m" "点画线" "")
          (command "line" p1409 p1410 "")
          (command "line" p1411 p1412 "")
          (command "line" p1413 p1414 "")
        )
      (progn;左视图
          (command "layer" "m" "粗实线" "")
          (command "pline" p1301 p1303 p1305 p1307 p1309 p1310 p1308 p1306 p1304 p1302
p1316 p1315 "c" "")
          (command "line" p1307 p1308 "")
          (command "line" p1315 p1316 "")
          (command "line" p1311 p1313 "")
          (command "line" p1312 p1314 "")
          (command "layer" "m" "点画线" "")
          (command "line" p1415 p1416 "")
        )
      (progn;标注
          (command "layer" "m" "尺寸线" "")
          (command "dimlinear" p1101 p1102 "v" (polar p1102 (* (/ pi 2) 0) 20))
          (command "dimlinear" p1105 p1106 "v" "t" "%%c<>" (polar p1105 (* (/ pi 2) 2) 20))
          (command "dimlinear" p1104 p1102 "h" (polar p1102 (* (/ pi 2) 3) 20))
          (command "dimlinear" p1233 p1234 "h" "t" "%%c<>" (polar p1233 (* (/ pi 2) 1) 20))
          (command "dimlinear" p1219 p1220 "h" "t" "%%c<>" (polar p1213 (* (/ pi 2) 1) 20))
          (command "dimlinear" p1211 p1212 "h" "t" "%%c<>" (polar p1213 (* (/ pi 2) 1) 30))
          (command "dimlinear" p1213 p1214 "h" "t" "%%c<>" (polar p1213 (* (/ pi 2) 1) 40))
          (command "dimlinear" p1245 p1244 "v" (polar p1244 (* (/ pi 2) 0) 20))
          (command "dimlinear" p1245 p1216 "v" (polar p1244 (* (/ pi 2) 0) 30))
          (command "dimlinear" p1245 p1214 "v" (polar p1244 (* (/ pi 2) 0) 40))
          (command "dimlinear" p1301 p1302 "h" (polar p1301 (* (/ pi 2) 3) 20))
          (command "dimlinear" p1315 p1316 "h" (polar p1301 (* (/ pi 2) 3) 30))
        )
    )
);if 结束
(unload_dialog id);卸载对话框文件
  (princ);静默退出
)
```

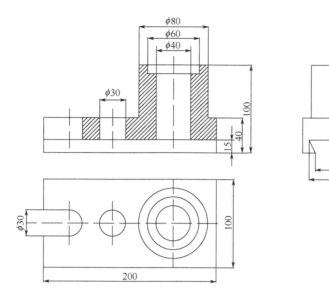

图 8-81 零件三维视图

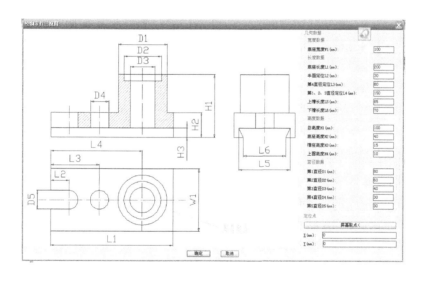

图 8-82 零件三维视图绘制对话框

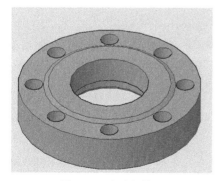

图 8-83 法兰立体图

8.6.3 立体法兰参数化绘制

（1）开发目标

本次要开发的目标就是 8.6.1 中的平面法兰绘制成立体图形，并输出生成便于 3D 打印机打印的文件，绘制的立体法兰见图 8-83，其全部参数类同与 8.6.1 中的平面法兰。

（2）开发规划

要通过输入参数直接绘制图 8-83 所示的立体法兰，首先需要输入各项参数，其次开发绘制立体图的主程序，然后再编写菜单程序。由于参数输入及菜单代码和 8.6.1 中相仿，故不再重复阐述。立体法兰参数化绘制的重点是主程序代码的编写。

（3）代码编写

首先是数据输入界面代码的编写，由于和 8.6.1 中基本相仿，具体代码不再列出，但 DCL 的界面做了一些改变，具体见图 8-84。

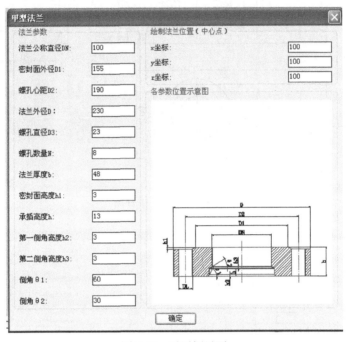

图 8-84　对话框界面

法兰立体图绘制的主程序代码反而比二维图绘制的简单，所需要的点的计算相对较少。主要通过圆台的合并及差集，其主程序代码如下。

```
(defun c:D3jxflhz();定义命令
    (setvar "cmdecho" 0);关闭回显提示和输入
    (setvar "osmode" 0);对象捕捉
  (setq dcl_id(load_dialog "D3jxfl.dcl"));加载窗体
  (if (< dcl_id 0)
    (exit)
    )
  (if (not (new_dialog "D3jxfl" dcl_id)) (exit))
  (image1 "jxfl_image" "jxflsl");加载图形
  (action_tile "accept" "(data_set)")
  (start_dialog)
  (unload_dialog dcl_id)
  (draw_D3jxfl);执行绘图程序
)
(defun image1(key image_name / x x); 定义图形函数
    (start_image key)
```

```
    (setq x (dimx_tile key)
          y (dimy_tile key)
          )
    (fill_image 0 0 x y 0)
    (slide_image 0 0 x y image_name)
    (end_image)
    )
(defun data_set();数据从窗体传入和处理
    (setq dn (atof (get_tile "dn")))
    (setq d1 (atof (get_tile "D1")))
    (setq d2 (atof (get_tile "D2")))
    (setq d (atof (get_tile "D")))
    (setq d3 (atof (get_tile "D3")))
    (setq b (atof (get_tile "b")))
    (setq hh (atof (get_tile "hh")))
    (setq h1 (atof (get_tile "h1")))
    (setq h2 (atof (get_tile "h2")))
    (setq h3 (atof (get_tile "h3")))
    (setq n (atof (get_tile "N")))
    (setq ja (atof (get_tile "ja")))
    (setq jb (atof (get_tile "jb")))
    (setq x (atof (get_tile "xxx")))
    (setq y (atof (get_tile "yyy")))
    (setq z (atof (get_tile "zzz")))
    )
(defun draw_D3jxfl();法兰绘制程序
(command "vscurrent" "c")
(command "view" "swiso")
(setq p0 (list 0 0 0))
(setq ja (* (/ pi 180) ja))
(setq jb (* (/ pi 180) jb))
(setq R (/ d 2) H (- b h1))
(command "cylinder" p0 R H "");  绘制圆柱体
 (setq S1 (entlast))
 (setq R1 (- (/ d2 2) (/ d3 2))   R2 (/ d1 2) H h1)
 (setq p0 (list 0 0 (- b h1)))
 (command "cone" p0   R1 "t" R2 H "");  绘制圆台
 (setq S2 (entlast))
 (command"union" S1 S2 "")
(setq S3 (entlast))
(setq R (/ dn 2) H   b)
(setq p0 (list 0 0 0))
```

```
(command "cylinder" p0 R H "");  绘制圆柱体
(setq S4 (entlast))
(command "subtract" S3 "" S4    "")
(setq S5 (entlast))
(setq m 0);  通过循环绘制 8 个螺栓孔
   (while (<= m n)
    (setq pp (polar p0 (* m (/ (* 2 pi) n)) (/ d2 2)))
    (command "cylinder" pp (/ d3 2) (- b h1) "")
    (command "subtract" S5 "" (entlast) "")
    (setq S5 (entlast))
    (setq m (+ m 1))
    )
(setq R1 (+ (/ dn 2) (* h3 (/ (cos jb) (sin jb))) (* h2 (/ (cos ja) (sin ja)))));  倒角 1 圆台
(setq R2 (+ (/ dn 2) (* h3 (/ (cos jb) (sin jb)))))
(setq H h2)
(setq p0 (list 0 0 0))
(command "cone" p0    R1 "t" R2 H "")
(setq S6 (entlast))
(setq R2 (+ (/ dn 2) (* h3 (/ (cos jb) (sin jb)))))
(setq p0 (list 0 0 h2));  倒角 1～2 之间圆柱体
(command "cylinder" p0 R2 (- hh h2) "")
(setq S7 (entlast))
 ;倒角 2 圆台
 (setq R1 (+ (/ dn 2) (* h3 (/ (cos jb) (sin jb)))))
 (setq R2    (/ dn 2))
 (setq H h3)
 (setq p0 (list 0 0 hh));  圆台底部中心抬高
 (command "cone" p0    R1 "t" R2 H "")
(setq S8 (entlast))
(command "subtract" S5 "" S6 S7 S8    "")
 (command "move" S5 "" (list 0 0 0) (list x y z))
   (command)
 )
```

其中用于 3D 打印的输出文件代码如下（注意需要先绘制好 3D 图形，再按命令提示操作）。

```
(defun c: D3jxflhzstl ()
(command "FACETERSMOOTHLEV" 4 "")//设定网面平滑度
(command "STLOUT" wzfl "" "y" )//输出 STL 文件
 )
```

（4）菜单加载

菜单代码如下，比 8.6.1 多了文件输出语句，具体的加载方法和前面一致，不再赘述。加载成功后，AutoCAD 绘图界面上方出现图 8-85 所示的菜单界面。

```
   ***menugroup=menu2017
   ***POP1
```

[3D 甲型法兰绘制]

[绘制法兰]*^C(load "D3jxflhz");D3jxflhz

[保存]^C^CSAVE

[打印]^C^CPLOT

[输出 STL]*^C(load "D3jxflhzstl");D3jxflhzstl；用于输出 3D 打印文件

[-----]

[取消]^C

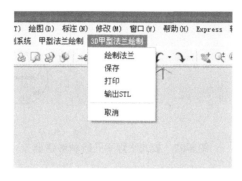

图 8-85 3D 甲型法兰绘制菜单

8.6.4 板式平焊手孔参数化绘制

本次开发的任务是通过输入参数直接绘制板式平焊手孔的二维剖视图和立体图，见图 8-86。考虑到输入的参数基本相同，二维视图和立体图的绘制共用一个对话框，见图 8-87。

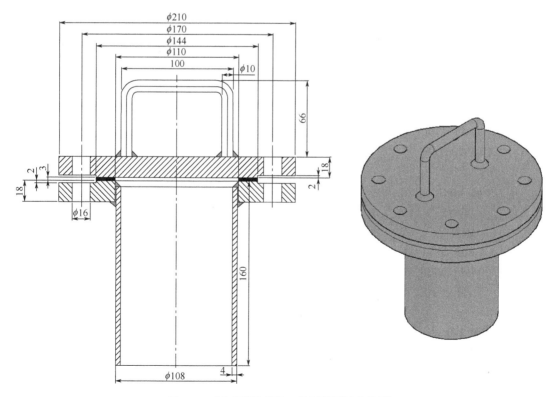

图 8-86 板式平焊手孔二维剖视图及立体图

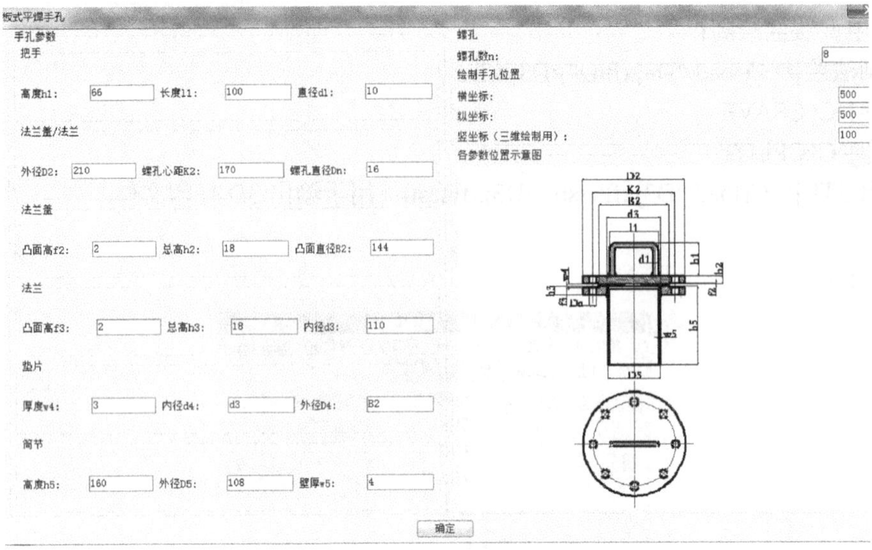

图 8-87　板式平焊手孔绘制对话框

（1）共用对话框代码

```
bsphsk:dialog{
  label="板式平焊手孔";
:row{
 :boxed_column{
  label="手孔参数";
 :boxed_row{
   label="把手";
   :edit_box{
     label="高度 h1:";
     key="h1";
     edit_limit=15;
     edit_width=10;
     value=66;
   }
   :edit_box{
     label="长度 l1:";
     key="l1";
     edit_limit=15;
     edit_width=10;
     value=100;
   }
   :edit_box{
     label="直径 d1:";
     key="d1";
     edit_limit=15;
```

```
            edit_width=10;
            value=10;
        }
    }
:boxed_row{
    label="法兰盖/法兰";
    :edit_box{
        label="外径 D2:";
        key="D2";
        edit_limit=15;
        edit_width=10;
        value=210;
    }
    :edit_box{
        label="螺孔心距 K2:";
        key="K2";
        edit_limit=15;
        edit_width=10;
        value=170;
    }
    :edit_box{
        label="螺孔直径 Dn:";
        key="Dn";
        edit_limit=15;
        edit_width=10;
        value=16;
    }
}
:boxed_row{
    label="法兰盖";
    :edit_box{
        label="凸面高 f2:";
        key="f2";
        edit_limit=15;
        edit_width=10;
        value=2;

    }
    :edit_box{
        label="总高 h2:";
        key="h2";
        edit_limit=15;
```

```
                edit_width=10;
                value=18;
            }
            :edit_box{
                label="凸面直径 B2:";
                key="B2";
                edit_limit=15;
                edit_limit=10;
                value=144;
            }
        }
    :boxed_row{
        label="法兰";
        :edit_box{
            label="凸面高 f3:";
            key="f3";
            edit_limit=15;
            edit_width=10;
            value=2;
        }
        :edit_box{
            label="总高 h3:";
            key="h3";
            edit_limit=15;
            edit_width=10;
            value=18;
        }
        :edit_box{
            label="内径 d3:";
            key="d3";
            edit_limit=15;
            edit_width=10;
            value=110;
        }
    }

    :boxed_row{
        label="垫片";
        :edit_box{
            label="厚度 w4:";
            key="w4";
            edit_limit=15;
```

```
            edit_width=10;
            value=3;
        }
        :edit_box{
            label="内径 d4:";
            key="d4";
            edit_limit=15;
            edit_width=10;
            value=d3;
        }
        :edit_box{
            label="外径 D4:";
            key="D4";
            edit_limit=15;
            edit_width=10;
            value=B2;
        }
    }
    :boxed_row{
        label="筒节";
        :edit_box{
            label="高度 h5:";
            key="h5";
            edit_limit=15;
            edit_width=10;
            value=160;
        }
        :edit_box{
            label="外径 D5:";
            key="D5";
            edit_limit=15;
            edit_width=10;
            value=108;
        }
        :edit_box{
            label="壁厚 w5:";
            key="w5";
            edit_limit=15;
            edit_width=10;
            value=4;
        }
    }
```

```
        }
    :column{
      :boxed_column{
      label="螺孔";
          :edit_box{
              label="螺孔数 n:";
              key="n";
              edit_limit=15;
              edit_width=8;
              value=8;
          }
          }
      :boxed_column{
          label="绘制手孔位置";
          :edit_box{
              label="横坐标:";
              key="xxx";
              edit_limit=15;
              edit_width=5;
              value=500;
          }
          :edit_box{
              label="纵坐标:";
              key="yyy";
              edit_limit=15;
              edit_width=5;
              value=500;
          }
           :edit_box{
              label="竖坐标（三维绘制用）:";
              key="zzz";
              edit_limit=15;
              edit_width=5;
              value=100;
          }
        }
        :boxed_column{
          label="各参数位置示意图";
          :image{
            key="bsphsk_image";
            aspect_ratio=0.8;
            width=75;
```

```
                color=-2;
            }
        }
    }
}

ok_only;
}
```

（2）二维视图代码

```
(defun c:bsphskhz();定义命令
    (setvar "cmdecho" 0);关闭回显提示和输入
    (setvar "osmode" 0);对象捕捉

   (setq dcl_id(load_dialog "bsphsk.dcl"));加载窗体
    (if (< dcl_id 0)
      (exit)
      )
    (if (not (new_dialog "bsphsk" dcl_id)) (exit))
    (image1 "bsphsk_image" "bsphsksl");定义图形函数
    (action_tile "accept" "(data_set)")
    (start_dialog)
    (unload_dialog dcl_id)
    (draw_bsphsk);执行绘图程序
)

(defun image1(key image_name / x x);加载图形
    (start_image key)
    (setq m (dimx_tile key)
          n (dimy_tile key)
          )
    (fill_image 0 0 m n 0)
    (slide_image 0 0 m n image_name)
    (end_image)
    )
(defun data_set()
    (setq h1 (atof (get_tile "h1")))
    (setq l1 (atof (get_tile "l1")))
    (setq d1 (atof (get_tile "d1")))
    (setq D2 (atof (get_tile "D2")))
    (setq K2 (atof (get_tile "K2")))
    (setq Dn (atof (get_tile "Dn")))
    (setq f2 (atof (get_tile "f2")))
```

```
    (setq h2 (atof (get_tile "h2")))
    (setq B2 (atof (get_tile "B2")))
    (setq f3 (atof (get_tile "f3")))
    (setq h3 (atof (get_tile "h3")))
    (setq d3 (atof (get_tile "d3")))
    (setq w4 (atof (get_tile "w4")))
    (setq h5 (atof (get_tile "h5")))
    (setq D5 (atof (get_tile "D5")))
    (setq w5 (atof (get_tile "w5")))
    (setq x (atof (get_tile "xxx")))
    (setq y (atof (get_tile "yyy")))
    (setq n (atof (get_tile "n")))
  )

  (defun draw_bsphsk()
    (command "vscurrent" "w")
    (command "plan" "w" "")
    ;(setq h1 66 l1 100 d1 10 d3 110 B2 144 K2 170 D2 210 w4 3 Dn 16 f3 2 h3 18 D5 108 w5
4 h5 160 f2 2 h2 18 x 100 y 100 n 8)// 调试时用
    (setq p1 (list x (+ y (- h1 d1))))
    (setq p2 (list x (+ y (- h1 (/ d1 2.0)))))
    (setq p3 (list x (+ y h1)))
    (setq p4 (list (+ x (- (/ l1 2.0) d1 5)) (+ y (- h1 d1))))
    (setq p5 (list (+ x (- (/ l1 2.0) d1 5)) (+ y (- h1 (/ d1 2.0)))))
    (setq p6 (list (+ x (— (/ l1 2.0) d1 5)) (+ y h1)))
    (setq p7 (list (+ x (- (/ l1 2.0) d1)) (+ y (- h1 d1 5))))
    (setq p8 (list (+ x (- (/ l1 2.0) (/ d1 2.0))) (+ y (- h1 d1 5))))
    (setq p9 (list (+ x (/ l1 2.0)) (+ y (- h1 d1 5))))
    (setq p10 (list (+ x (- (/ l1 2.0) d1)) y))
    (setq p11 (list (+ x (- (/ l1 2.0) (/ d1 2.0))) y))
    (setq p12 (list (+ x (/ l1 2.0)) y))
    (setq p13 (list x y))
    (setq p14 (list (+ x (/ D2 2.0)) y))
    (setq p15 (list (+ x (/ D2 2.0)) (- y (- h2 f2))))
    (setq p16 (list (+ x (/ K2 2.0) (/ Dn 2.0)) (- y (- h2 f2))))
    (setq p17 (list (+ x (/ K2 2.0) (/ Dn 2.0)) y))
    (setq p18 (list (+ x (- (/ K2 2.0) (/ Dn 2.0))) y))
    (setq p19 (list (+ x (- (/ K2 2.0) (/ Dn 2.0))) (- y (- h2 f2))))
    (setq p20 (list (+ x (/ B2 2.0)) (- y (- h2 f2))))
    (setq p21 (list (+ x (/ B2 2.0)) (- y h2)))
    (setq p22 (list (- x (/ B2 2.0)) (- y h2)))
    (setq p23 (list (+ x (/ B2 2.0)) (- y h2 w4)))
```

```
(setq p24 (list (+ x (/ d3 2.0)) (- y h2)))
(setq p25 (list (+ x (/ d3 2.0)) (- y h2 w4)))
(setq p26 (list x (- y h2 w4)))
(setq p27 (list x (- y h2 w4 5)))
(setq p28 (list (+ x (- (/ D5 2.0) w5)) (- y h2 w4 5)))
(setq p29 (list (+ x (/ d3 2.0)) (- y h2 w4 5)))
(setq p30 (list (+ x (/ B2 2.0)) (- y h2 w4 f3)))
(setq p31 (list (+ x (- (/ K2 2.0) (/ Dn 2.0))) (- y h2 w4 f3)))
(setq p32 (list (+ x (/ K2 2.0) (/ Dn 2.0)) (- y h2 w4 f3)))
(setq p33 (list (+ x (/ D2 2.0)) (- y h2 w4 f3)))
(setq p34 (list (+ x (/ D2 2.0)) (- y h2 w4 h3)))
(setq p35 (list (+ x (/ K2 2.0) (/ Dn 2.0)) (- y h2 w4 h3)))
(setq p36 (list (+ x (- (/ K2 2.0) (/ Dn 2.0))) (- y h2 w4 h3)))
(setq p37 (list (+ x (/ d3 2.0)) (- y h2 w4 h3)))
(setq p38 (list (+ x (/ D5 2.0)) (- y h2 w4 h5)))
(setq p39 (list (+ x (- (/ D5 2.0) w5)) (- y h2 w4 h5)))
(setq p40 (list x (- y h2 w4 h5)))
(setq p41 (list x (+ y h1 5)))
(setq p42 (list x (- y h2 w4 h5 5)))
(setq p43 (list (+ x (/ K2 2.0)) (+ y 5)))
(setq p44 (list (+ x (/ K2 2.0)) (- y h2 w4 h3 5)))
(setq p45 (list (+ x (/ D5 2.0)) (- y h2 w4 5)))
(setq p46 (list (- x (- (/ K2 2.0) (/ Dn 2.0))) y))
(setq p47 (list (- x (- (/ K2 2.0) (/ Dn 2.0))) (- y (- h2 f2))))
(setq p48 (list (- x (/ B2 2.0)) (- y (- h2 f2))))
(setq p49 (list (+ x (/ l1 2.0)) (+ y 5)))
(setq p50 (list (+ x (/ l1 2.0) 5) y))
(setq p51 (list (+ x (- (/ l1 2.0) d1)) (+ y 5)))
(setq p52 (list (+ x (- (/ l1 2.0) d1 5)) y))

(setq x0 x y0 (- y h2 w4 h5 30 (/ D2 2.0)))
(setq p53 (list x0 y0))
(setq p54 (list x0 (+ y0 (/ D2 2.0) 10)))
(setq p55 (list x0 (- y0 (/ D2 2.0) 10)))
(setq p56 (list (+ x0 (/ D2 2.0) 10) y0))
(setq p57 (list (- x0 (/ D2 2.0) 10) y0))
(setq p58 (list (- x0 (/ l1 2.0) (/ d1 2.0)) (+ y0 (/ d1 2.0))))
(setq p59 (list (+ x0 (/ l1 2.0) (/ d1 2.0)) (+ y0 (/ d1 2.0))))
(setq p60 (list (- x0 (/ l1 2.0) (/ d1 2.0)) (- y0 (/ d1 2.0))))
(setq p61 (list (+ x0 (/ l1 2.0) (/ d1 2.0)) (- y0 (/ d1 2.0))))

(setq p63 (list (+ x (/ D5 2.0)) (- y h2 w4 h3 )))
```

```
(setq p64 (list (+ x (/ D5 2.0)) (– y h2 w4 h3 5)))
(setq p65 (list (+ x (/ d3 2.0) 5) (– y h2 w4 h3)))

(setq bz1 (list (+ x (– (/ l1 2.0) (/ d1 2.0))) (+ y h1 5)))
(setq bz2 (list (+ x (/ D2 2.0) 10) (+ y (/ h1 2.0))))
(setq bz3 (list x (+ y h1 10)))
(setq bz4 (list x (+ y h1 20)))
(setq bz5 (list x (+ y h1 30)))
(setq bz6 (list x (+ y h1 40)))
(setq bz7 (list x (+ y h1 50)))
(setq bz8 (list (– x (/ D2 2.0) 10) y))
(setq bz9 (list (– x (/ D2 2.0) 10) (– y h2 w4 h3 10)))
(setq bz10 (list (– x (/ D2 2.0) 20) (– y h2 w4 h3 10)))
(setq bz11 (list (– x (/ D2 2.0) 30) (– y h2 w4 (/ h3 2.0))))
(setq bz12 (list x (– y h2 w4 h5 10)))
(setq bz14 (list (+ x (/ D5 2.0) 10) (– y h2 w4 (/ h5 2.0))))
(setq bz13 (list (+ x (– (/ D5 2.0) (/ w5 2.0))) (– y h2 w4 h5 5)))
(setq bz15 (list (+ x (/ D2 2.0) 20) (– y h2 10)))
(setq bz16 (list (+ x (/ D2 2.0) 30) y))
(command "layer" "n" "bsphsk" "c" "250" "bsphsk" "lw" "0.4" "bsphsk" "s" "bsphsk" "")
(setq ss (ssadd))
(command "line" p1 p4 "")
(ssadd (entlast) ss)
(command "line" p7 p10 "")
(ssadd (entlast) ss)
(command "line" p3 p6 "")
(ssadd (entlast) ss)
(command "line" p9 p12 "")
(ssadd (entlast) ss)
(setq d 5 dd 10  ddd 15)
(command "arc" p7 "e" p4 "r" d "")
(ssadd (entlast) ss)
(command "arc" p9 "e" p6 "r" ddd "")
(ssadd (entlast) ss)
(command "mirror" ss "" p41 p42 "")
(command "layer" "n" "zz" "c" "10" "zz" "l" "ACAD_ISO04w100" "zz" "lw" "0.15" "zz" "s" "zz" "")
(setq ss (ssadd))
(command "line" p2 p5 "")
(ssadd (entlast) ss)
(command "line" p8 p11 "")
(ssadd (entlast) ss)
```

```
(command "arc" p8 "e" p5 "r" dd "")
(ssadd (entlast) ss)
(command "mirror" ss "" p41 p42 "")
(command "layer" "m" "bsphsk" "")
(setq ss (ssadd))
(command "pline" p16 p15 p14 p17 p16 "")
(ssadd (entlast) ss)
(command "mirror" (entlast) "" p41 p42 "")
(ssadd (entlast) ss)
(command "layer" "n" "tc" "c" "7" "tc" "lw" "0.15" "tc" "s" "tc" "")
(command "layer" "m" "tc" "")
(command "hatch" "ansi31" 1.0 0 ss "")
(command "layer" "m" "bsphsk" "")
(setq ss (ssadd))
(command "pline" p46 p18 p19 p20 p21 p22 p48 p47 p46 "")
(ssadd (entlast) ss)
(command "layer" "m" "tc" "")
(command "hatch" "ansi31" 1.0 0 ss "")
(command "layer" "m" "bsphsk" "")
(setq ss (ssadd))
(command "pline" p25 p23 p21 p24 p25 "")
(ssadd (entlast) ss)
(command "mirror" (entlast) "" p41 p42 "")
(ssadd (entlast) ss)
(command "layer" "m" "tc" "")
(command "hatch" "ansi37" 0.1 0 ss "")
(command "layer" "m" "bsphsk" "")
(setq ss (ssadd))
(command "pline" p35 p34 p33 p32 p35 "")
(ssadd (entlast) ss)
(command "mirror" (entlast) "" p41 p42 "")
(ssadd (entlast) ss)
(command "layer" "m" "tc" "")
(command "hatch" "ansi31" 1.0 90 ss "")
(command "layer" "m" "bsphsk" "")
(setq ss (ssadd))
(command "pline" p37 p36 p31 p30 p23 p25 p37 "")
(ssadd (entlast) ss)
(command "mirror" (entlast) "" p41 p42 "")
(ssadd (entlast) ss)
(command "layer" "m" "tc" "")
(command "hatch" "ansi31" 1.0 90 ss "")
```

```
(command "layer" "m" "bsphsk" "")
(setq ss (ssadd))
(command "pline" p25 p28 p29 p25 "")
(ssadd (entlast) ss)
(command "mirror" (entlast) "" p41 p42 "")
(ssadd (entlast) ss)
(command "layer" "m" "tc" "")
(command "hatch" "ansi37" 0.25 90 ss "")
(command "layer" "m" "bsphsk" "")
(setq ss (ssadd))
(command "pline" p28 p39 p38 p45 p28 "")
(ssadd (entlast) ss)
(command "mirror" (entlast) "" p41 p42 "")
(ssadd (entlast) ss)
(command "layer" "m" "tc" "")
(command "hatch" "ansi31" 1.0 0 ss "")

(command "layer" "m" "bsphsk" "")
(setq ss (ssadd))
(command "pline" p49 p50 p12 p49 "")
(ssadd (entlast) ss)
(command "mirror" (entlast) "" p41 p42 "")
(ssadd (entlast) ss)
(command "pline" p51 p52 p10 p51 "")
(ssadd (entlast) ss)
(command "mirror" (entlast) "" p41 p42 "")
(ssadd (entlast) ss)
(command "layer" "m" "tc" "")
(command "hatch" "ansi37" 0.25 90 ss "")

(setq ss3 (ssadd))
(command "layer" "m" "bsphsk" "")
(command "line" p18 p17 "")
(ssadd (entlast) ss3)
(command "line" p19 p16 "")
(ssadd (entlast) ss3)
(command "line" p31 p32 "")
(ssadd (entlast) ss3)
(command "line" p36 p35 "")
(ssadd (entlast) ss3)
(command "line" p26 p25 "")
(ssadd (entlast) ss3)
```

```
(command "line" p27 p28 "")
(ssadd (entlast) ss3)
(command "line" p40 p39 "")
(ssadd (entlast) ss3)
(command "layer" "m" "zz" "")
(command "line" p43 p44 "")
(ssadd (entlast) ss3)
(command "line" p41 p42 "")
(ssadd (entlast) ss3)
(command "mirror" ss3 "" p41 p42 "")

(command "layer" "m" "bsphsk" "");俯视图
(command "circle" p53 (/ D2 2.0) "")
(command "layer" "m" "zz" "")
(command "line" p54 p55 "")
   (command "line" p56 p57 "")
(command "circle" p53 (/ K2 2.0) "")

(setq m 0)
(while (<= m n)
   (setq pp1 (polar p53 (* m (/ (* 2 pi) n)) (/ K2 2.0)))
   (setq pp2 (polar p53 (* m (/ (* 2 pi) n)) (- (/ K2 2.0) (/ Dn 2.0) 4 )))
   (setq pp3 (polar p53 (* m (/ (* 2 pi) n)) (+ (/ K2 2.0) (/ Dn 2.0) 4 )))
   (command "layer" "m" "bsphsk" "")
   (command "circle" pp1 (/ Dn 2.0) "")
   (command "layer" "m" "zz" "")
   (command "line" pp2 pp3 "")
   (setq m (+ m 1))
   )
   (command)
   (command)
(command "layer" "m" "bsphsk" "")
   (command "line" p58 p59 "")
   (command "line" p60 p61 "")
   (command "arc" p58 "e" p60 "r" (/ d1 2.0) "")
   (command "arc" p61 "e" p59 "r" (/ d1 2.0) "")
   (command)
   (command)
(command "layer" "m" "bsphsk" "")
   (setq ss (ssadd))
(command "pline" p63 p64 p65 p63"")
   (ssadd (entlast) ss)
```

```
(command "mirror" (entlast) "" p41 p42 "")
(ssadd (entlast) ss)
(command "layer" "m" "tc" "")
(command "hatch" "ansi37" 0.25 90 ss "")

(command "layer" "n" "bz" "c" "170" "bz" "lw" "0.15" "bz" "s" "bz" "")
(command "dim" "ver" p13 p3 "t" "<>" bz2 "")
(command "dim" "ver" p14 p21 "t" "<>" bz16 "")
(command "dim" "ver" p20 p21 "t" "<>" bz15 "")
(command "dim" "ver" p25 p38 "t" "<>" bz14 "")
(command "dim" "ver" (list (– x (/ D2 2.0)) (– y h2 w4 h3)) (list (– x (/ B2 2.0)) (– y h2 w4))
"t" "<>" bz11 "")
(command "dim" "ver" (list (– x (/ B2 2.0)) (– y h2 w4 f3)) (list (– x (/ B2 2.0)) (– y h2 w4))
"t" "<>" bz10 "")
(command "dim" "ver" (list (– x (/ B2 2.0)) (– y h2 w4)) (list (– x (/ B2 2.0)) (– y h2)) "t"
"<>" bz8 "")
(command)
(command)
(command "dim" "hor" (list (– x (/ l1 2.0)) y) p12 "t" "<>" bz3 "")
(command "dim" "hor" (list (– x (/ d3 2.0)) (– y h2 w4)) p25 "t" "%%c<>" bz4 "")
(command "dim" "hor" (list (– x (/ B2 2.0)) (– y h2)) p21 "t" "%%c<>" bz5 "")
(command "dim" "hor" (list (– x (/ K2 2.0)) y) (list (+ x (/ K2 2.0)) y) "t" "%%c<>" bz6 "")
(command "dim" "hor" (list (– x (/ D2 2.0)) y) p14 "t" "%%c<>" bz7 "")
(command "dim" "hor" (list (– x (/ D5 2.0)) (– y h2 w4 h5)) p38 "t" "%%c<>" bz12 "")
(command "dim" "hor" p38 p39 "t" "<>" bz13 "")
(command "dim" "hor" (list (– x (– (/ K2 2.0) (/ Dn 2.0))) (– y h2 w4 h3)) (list (– x (/ K2 2.0)
(/ Dn 2.0)) (– y h2 w4 h3)) "t" "%%c<>" bz9 "")
(command "dim" "hor" p7 p9 "t" "%%c<>" bz1 "")
(command)
(command)
)
```

（3）立体图绘制代码

```
(defun c:d3bsphskhz();定义命令
  (setvar "cmdecho" 0);关闭回显提示和输入
  (setvar "osmode" 0);对象捕捉
 (setq dcl_id(load_dialog "bsphsk.dcl"));加载窗体
  (if (< dcl_id 0)
    (exit)
    )
  (if (not (new_dialog "bsphsk" dcl_id)) (exit))
  (image1 "bsphsk_image" "bsphsksl");加载图形
  (action_tile "accept" "(data_set1)")
```

```
    (start_dialog)
    (unload_dialog dcl_id)
    (draw_d3bsphsk);执行绘图程序
  )
(defun image1(key image_name / x x);  定义图形函数
    (start_image key)
    (setq x (dimx_tile key)
            y (dimy_tile key)
            )
    (fill_image 0 0 x y 0)
    (slide_image 0 0 x y image_name)
    (end_image)
    )

(defun data_set1();数据从窗体传入和处理
  (setq h1 (atof (get_tile "h1")));把手
    (setq l1 (atof (get_tile "l1")))
    (setq d1 (atof (get_tile "d1")))
    (setq D2 (atof (get_tile "D2")));法兰盖/法兰
    (setq K2 (atof (get_tile "K2")))
    (setq Dn (atof (get_tile "Dn")))
    (setq f2 (atof (get_tile "f2")));法兰盖
    (setq h2 (atof (get_tile "h2")))
    (setq B2 (atof (get_tile "B2")))
    (setq f3 (atof (get_tile "f3")));法兰
    (setq h3 (atof (get_tile "h3")))
    (setq d3 (atof (get_tile "d3")))
    (setq w4 (atof (get_tile "w4")));垫片
    (setq h5 (atof (get_tile "h5")));筒体
    (setq D5 (atof (get_tile "D5")))
    (setq w5 (atof (get_tile "w5")))
    (setq x (atof (get_tile "xxx")))
    (setq y (atof (get_tile "yyy")))
    (setq z (atof (get_tile "zzz")))
    (setq n (atof (get_tile "n")))
      )
  (defun draw_d3bsphsk()
  (command "vscurrent" "c")
  (command "view" "swiso")
    ;(setq h1 66 l1 100 d1 10 d3 110 B2 144 K2 170 D2 210 w4 3 Dn 16 f3 2 h3 18 D5 108 w5 4
h5 160 f2 2 h2 18 x 100 y 100 z 100 n 8)//调试时用
    (setq p0 (list x y z))
```

```
(setq R (/ D5 2.0) H h5)
(command "cylinder" p0 R H "")
(setq S1 (entlast))
(setq p0 (list x y z))
(setq R (- (/ D5 2.0) w5) H h5)
(command "cylinder" p0 R H "")
(setq S2 (entlast))
(command "subtract" S1 "" S2 "")
(setq S3 (entlast))
   (setq p0 (list x y (+ z (- h5 h3))))
   (setq R (/ D2 2.0) H (- h3 f3))
   (command "cylinder" p0 R H "")
   (setq S4 (entlast))
   (setq p0 (list x y (+ z (- h5 f3))))
   (setq R (/ B2 2.0) H f3)
   (command "cylinder" p0 R H "")
   (setq S5 (entlast))
   (command "union" S4 S5 "")
   (setq S6 (entlast))
   (setq p0 (list x y (+ z (- h5 h3))))
   (setq R (/ d3 2.0) H h3)
   (command "cylinder" p0 R H "")
   (setq S7 (entlast))
   (command "subtract" S6 "" S7 "")
   (setq S8 (entlast))
  (setq m 0)
   (setq p0 (list x y (+ z (- h5 h3))))
   (while (<= m n)
     (setq pp ( polar p0 (* m (/ (* 2 pi) n)) (/ K2 2.0)))
     (command "cylinder" pp (/ Dn 2.0) (- h3 f3) "")
     (command "subtract" S8 "" (entlast) "")
     (setq S8 (entlast))
     (setq m (+ m 1))
     )
   (setq R1 (/ d3 2.0))
   (setq R2 (/ d5 2.0))
   (setq H 5)
   (setq p0 (list x y (+ z (- h5 5))))
   (command "cone" p0 R2 "t" R1 5 "")
   (setq S9 (entlast))
   (command "cylinder" p0 R2 5 "")
   (setq S10 (entlast))
```

```
(command "subtract" S9 "" S10 "")
(setq S11 (entlast))
(setq R1 (+ (/ d3 2.0) 5))
(setq R2 (/ d5 2.0))
(setq p0 (list x y (+ z (− h5 h3 5))))
(command "cone" p0 R2 "t" R1 5 "")
(setq S12 (entlast))
(command "cylinder" p0 R2 5 "")
(setq S13 (entlast))
(command "subtract" S12 "" S13 "")
(setq S14 (entlast))
(setq p0 (list x y (+ z h5)))
(setq R3 (/ B2 2.0) R4 (/ d3 2.0) H w4)
(command "cylinder" p0 R3 w4 "")
(setq S15 (entlast))
(command "cylinder" p0 R4 w4 "")
(setq S16 (entlast))
(command "subtract" S15 "" S16 "")
(setq S17 (entlast))
(setq p0 (list x y (+ z h5 w4)))
(setq p1 (list x y (+ z h5 w4 f2)))
(setq RR (/ B2 2.0) RRR (/ D2 2.0) HH f2 HHH (− h2 f2))
(command "cylinder" p0 RR HH "")
(setq S18 (entlast))
(command "cylinder" p1 RRR HHH "")
(setq S19 (entlast))
(command "union" S18 S19 "")
(setq S20 (entlast))
(setq m 0)
(setq p1 (list x y (+ z h5 w4 f2)))
(while (<= m n)
    (setq pp ( polar p1 (* m (/ (* 2 pi) n)) (/ K2 2.0)))
    (command "cylinder" pp (/ Dn 2.0) (− h2 f2) "")
    (command "subtract" S20 "" (entlast) "")
    (setq S20 (entlast))
    (setq m (+ m 1))
    )//循环绘制

(setq p0 (list (+ x (− (/ l1 2.0) (/ d1 2.0))) y (+ z h5 w4 h2)))
(command "cylinder" p0 (/ d1 2.0) (− h1 d1 5) "")
(setq S21 (entlast))
(setq p1 (list (+ x (− (/ l1 2.0) (/ d1 2.0))) y (+ z h5 w4 h2 (− h1 d1 5))))
```

```
(command "circle" p1 (/ d1 2.0) "")
(setq S22 (entlast))
(setq p2 (list (+ x (− (/ l1 2.0) d1 5)) (+ y 100) (+ z h5 w4 h2 (− h1 d1 5))))
(setq p3 (list (+ x (− (/ l1 2.0) d1 5)) (− y 100) (+ z h5 w4 h2 (− h1 d1 5))))
(command "line" p2 p3 "")
(setq S23 (entlast))
(command "revolve" S22 "" "o" S23 −90 "")
(setq S24 (entlast))
(setq p4 (list (− x (− (/ l1 2.0) (/ d1 2.0))) y (+ z h5 w4 h2)))
(command "cylinder" p4 (/ d1 2.0) (− h1 d1 5) "")
 (setq S25 (entlast))
  (setq p5 (list (− x (− (/ l1 2.0) (/ d1 2.0))) y (+ z h5 w4 h2 (− h1 d1 5))))
  (command "circle" p5 (/ d1 2.0) "")
  (setq S26 (entlast))
  (setq p6 (list (− x (− (/ l1 2.0) d1 5)) (+ y 100) (+ z h5 w4 h2 (− h1 d1 5))))
  (setq p7 (list (− x (− (/ l1 2.0) d1 5)) (− y 100) (+ z h5 w4 h2 (− h1 d1 5))))
  (command "line" p6 p7 "")
  (setq S27 (entlast))
  (command "revolve" S26 "" "o" S27 90 "")
  (setq S28 (entlast))
 (setq p8 (list (− x (− (/ l1 2.0) d1 5)) y (+ z h5 w4 h2 (− h1 (/ d1 2.0)))))
  (setq p9 (list (+ x (− (/ l1 2.0) d1 5)) y (+ z h5 w4 h2 (− h1 (/ d1 2.0)))))
  (setq p10 (list (− x (− (/ l1 2.0) d1 5)) (+ y (/ d1 2.0)) (+ z h5 w4 h2 (− h1 (/ d1 2.0)))))
  (setq p11 (list (+ x (− (/ l1 2.0) d1 5)) (+ y (/ d1 2.0)) (+ z h5 w4 h2 (− h1 (/ d1 2.0)))))
 (command "pline" p8 p9 p11 p10 p8 "")
  (setq S29 (entlast))
  (command "line" p8 p9 "")
  (setq S30 (entlast))
  (command "revolve" S29 "" "o" S30 360 "")
  (setq S31 (entlast))
  (command "union" S21 S24 S25 S28 S31 "")
  (setq S32 (entlast))
  (command "cone" p0 (+ (/ d1 2.0) 5) "t" (/ d1 2.0) 5)
  (setq S33 (entlast))
  (command "cylinder" p0 (/ d1 2.0) 5 "")
  (setq S34 (entlast))
  (command "subtract" S33 "" S34 "")
  (setq S35 (entlast))
 (command "cone" p4 (+ (/ d1 2.0) 5) "t" (/ d1 2.0) 5)
  (setq S36 (entlast))
  (command "cylinder" p4 (/ d1 2.0) 5 "")
  (setq S37 (entlast))
  (command "subtract" S36 "" S37 "")
```

```
    (setq S38 (entlast))
(command)
(command)
)
```

（4）菜单代码

```
***menugroup=menu2020121
***POP1
[板式平焊手孔绘制]
[绘制手孔 2D]*^C(load "bsphskhz");bsphskhz
[绘制手孔 3D]*^C(load "d3bsphskhz");d3bsphskhz
[保存]^C^CSAVE
[打印]^C^CPLOT
[-----]
[取消]^C
```

8.7　本章慕课学习建议

本章是全书难度最高的内容，读者想要全面掌握本章的内容，光看慕课视频是不够的。读者必须先将教材上所有的命令和例子按照教材的次序全部自己输入一遍，并且边输入边运行，看能否得到和教材上一致的结果。这个过程是个痛苦的过程，可以肯定地说，你输入的命令并不一定能得到和书本上一致的结果甚至无法得到结果，这个时候请不要气馁，要认真检查你输入的命令是否和书本上的命令一致，尤其要注意是否少了空格、括号，是否搞错了大小写，是否存在 AutoCAD 操作处于锁定或等待输入状态，只有先全面运行通过了书本上的全部命令，下一步的翻转课堂学习才能取得满意的效果。

习　　题

1. 裙座绘制

请读者自己开发能自动绘制裙座的 Visual LISP 程序，裙座示意图见图 8-88，人机交互界面见图 8-89。

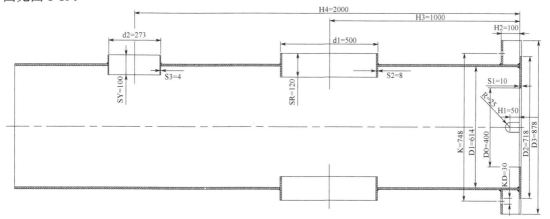

图 8-88　所绘裙座尺寸示意图

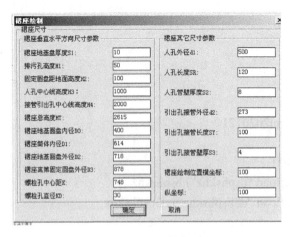

图 8-89 裙座绘制数据输入窗体

2. 化工设备零件绘制

开发一个通过输入数据就可以绘制所有化工零件的二次开发软件。该软件的主要功能有图层设置、图框、标题栏自动绘制，通过零件的组装并加以一定的人工修改，就可以快速的生成化工设备组装图，其 DCL 界面见图 8-90。

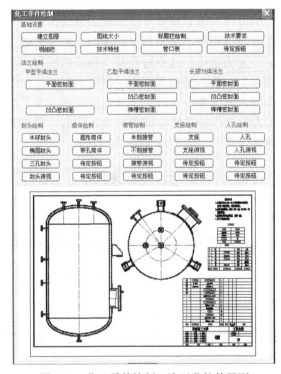

图 8-90 化工零件绘制二次开发软件界面

3. 试用 Visual Lisp 语言编写下面图 8-91 的自动绘制程序，要求将所编程序加载后，电脑能绘制所示图即可，其中 P0 点为矩形左下角点，绝对坐标为（0，0），注意线条有粗细，两个标注也需要自动绘制，P0 点及其他点的显示无需绘制（注意 No 为作业序号先计算后再取值）。

4. 利用 Visual Lisp 语言编写图 8-92 的自动绘制程序，要求将所编程序加载后，电脑能绘制所示图 8-92 即可。图 8-92 是矩形中内切椭圆，右边有一个等腰三角形，三角形的高度等于底边即为 50+No，所需数据直接在代码中给定，无需对话框。其中 P0 点为矩形左下角点，绝对坐标为（0，0），注意线条有粗细，两个标注也需要自动绘制，注意 No 为作业序号先计算后再取值。

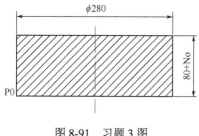

图 8-91　习题 3 图

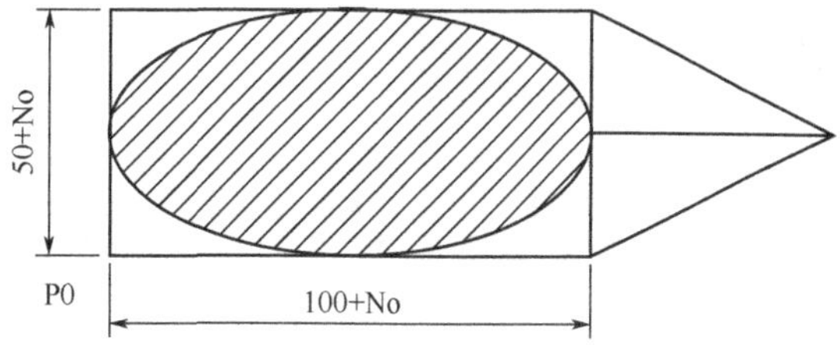

图 8-92　习题 4 图

5. 试写出加载下列 Visual Lisp 代码后的运行结果，注意 No 为作业序号先计算后再取值。

① (cadadr '(4 ((11 No) 1 3) (scut ce)))

② (+ (/ 57 7) −8 No (cos pi))

③ (+ (ascii "a") 3 (/ No 20) (− 20 8 (sqrt 4)))

④ (− (/ 180 7) (* No 0.1))

⑤ (+ No −18 64 (* 18 3))

6. 试用 Visual Lisp 语言编写下面图形自动绘制程序，要求将所编程序加载后，电脑能绘制所示图即可，其中 p1～p7 无需显示，但所开发的程序中 p1～p7 各点的位置需和图 8-93 中一致，p5 为内切圆圆心，箭头指向线也无需绘制，其他所有内容均需要绘制，程序需建立 3 个图层，注意线条有粗细，p1 点绝对坐标为（0，0），即矩形的左下点。注意 No 为作业序号先计算后再取值。

7. 试用 Visual Lisp 语言编写下面图 8-94 所示螺钉绘制对话框程序，注意默认值需要处理，No 为作业序号先计算后再取值，"某某某"要改成自己的姓名。

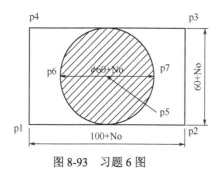

图 8-93　习题 6 图

图 8-94　习题 7 图

8. 请用 Visual Lisp 语言开发能自动绘制下面图 8-95 法兰的程序。

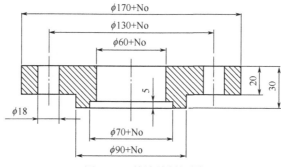

图 8-95　某法兰剖视图

第9章
化工计算机辅助设计

9.1 化工设计与计算机辅助设计

9.1.1 化工设计概述

设计是一项创造性劳动，是工程师们所从事的工作中最有挑战意义、最能使人有成就感的工作之一，它是一个从无到有的工作过程。在这个工作过程中，需要设计工作者不断提出方案，分析方案，最终实现可以工业化生产。在这个过程中，必定涉及大量图样的绘制，许多复杂的计算，多方案的优化决策及各方面利益均衡等非技术因素的考量。化工设计也不例外，涉及的内容十分广泛，包括将一个简单的化工概念、化学反应式变成具体可工业化生产整个过程的所有工作，如石油炼制厂设计就涉及从原油到成品油所有加工过程的设计问题。一般的化工设计主要包括工艺设计、建筑设计、公用工程设计、生活福利实施设计、总图设计、运输方案设计、综合利用及三废治理措施评价、各项技术经济指标分析及其他外部与生产组织等方案的设计。

化工工艺设计是化工设计中的基础及关键工作，它主要考虑如何将工艺过程从概念变成现实，主要包括工艺过程的选择、工艺过程的结构、工艺过程的条件及其他条件的选择。化工工艺过程设计是一个逐步细化的过程，主要包括三个设计阶段，即初步设计阶段、扩大初步设计阶段、施工图设计阶段。

化工设计具体的任务涉及物料衡算、能量衡算、厂区布置图绘制、车间布置图绘制、设备装配图绘制、管道布置图绘制、带控制点工艺流程图绘制，设备选型及强度校核计算等许多工作，如此众多的工作，如能引入计算机辅助，将大大减轻化工设计工作的强度。

9.1.2 计算机辅助设计概述

随着计算机技术的不断发展和普及，各学科领域对其依赖程度越来越高，从而衍生出了许多计算机辅助设计课程，如计算机辅助建筑设计、计算机辅助汽车设计、计算机辅助服装设计。计算机辅助设计英文全称 Computer Aided Design，简称 CAD，其概念和内涵正在不断地发展中。1972 年 10 月，国际信息处理联合会（IFIP）在荷兰召开的"关于 CAD 原理的工作会议"上给出如下定义：CAD 是一种技术，其中人与计算机结合为一个问题求解组，紧密配合，发挥各自所长，从而使其工作优于每一方，并为应用多学科方法的综合性协作提供了可能。CAD 是工程技术人员以计算机为工具，对产品和工程进行设计、绘图、造型、分析和编写技术文档等设计活动的总称。

由于 AutoCAD 具有高速计算、数据处理、大容量储存和强大的绘图编辑功能，所以在各个设计领域得到了广泛的应用。它利用计算的方便、快速、精确、重复利用、人工智能等优点来帮助人们解决在设计过程中碰到的所有问题，目前 CAD 课程不仅是软件工程专业的专业选修课，也是工科类各专业的重要选修课程之一。尽管在设计过程中计算机能帮助工程师解决许多问题，但起决定因素的还是人，必须时刻牢记是辅助设计，而不是全部由计算机来设计，这是对计算机辅助设计概念理解的关键点。因为不管是计算机辅助设计软件的开发，还是软件的具体使用，都是软件的开发者和使用者在指挥和决定着计算机的操作，计算机所起的作用仅仅是辅助，尽管这个辅助的作用十分巨大。

9.1.3 化工计算机辅助设计内容

化工计算机辅助设计英文全称 Computer Aided Design of Chemical Industry，它包含了化工设计中所有可以利用计算机来解决的问题，如化工结构的确定（换热网络及精馏序列）、过程的优化模拟、各种物料衡算和能量衡算、各种图样的绘制等。目前国内外已开发了许多专业软件用于化工计算机辅助设计，如 AutoCAD 可以帮助人们绘制各种化工图样，Aspen Plus、PRO/Ⅱ、HYSYS 等可以帮助人们进行单元模拟及优化计算等，同时也可以利用一些通用的软件如 VB、Excel 等来解决许多化工设计中的计算问题。本书的前 8 章主要介绍了 AutoCAD 绘制各种化工图样的内容，在本章中主要介绍利用 Aspen Plus、VB、Excel 等来解决化工设计中的一些问题。

9.2 计算机辅助化工线性规划优化求解

9.2.1 线性规划基本原理

目标函数和约束条件均为线性的优化问题称为线性规划问题。线性规划(Linear Programming，简称 LP)是目前应用最广、最有效的优化方法之一。在化工生产管理和配方设计中常常用线性规划来求解问题，线性规划的数学表达式如下：

一般形式为

$$\min \quad f(x)=\sum_{i=1}^{r}c_i x_i$$

$$\text{s.t.} \quad \sum_{i=1}^{r}a_{ji}x_i = b_{1j} \quad j=1,2,\cdots,m \qquad (9\text{-}1)$$

$$\sum_{i=1}^{r}a_{ji}x_i \geqslant b_{2j} \quad j=m+1,m+2,\cdots,p$$

$$x_i \geqslant 0 \quad i=1,2,\cdots,r$$

或写成向量形式

$$\min \quad f(X)=c^T X$$
$$\text{s.t.} \quad A_1 X=b_1$$
$$A_2 X \geqslant b_2 \qquad (9\text{-}2)$$
$$X \geqslant 0$$

共有 r 个变量，r 个非负约束，p 个约束(m 个等式约束和 $p-m$ 个不等式约束)。在具体求解过程中，一般先将其化为标准形式，线性规划的标准形式如下：

$$\min \quad f(x)=\sum_{i=1}^{r}c_i x_i$$

$$\text{s.t.} \quad \sum_{i=1}^{r} a_{ji}x_i = b_j \quad j=1,2,\cdots,p \tag{9-3}$$

$$x_i \geqslant 0 \quad i=1,2,\cdots,r$$

共有 r 个变量，p 个等式约束。

9.2.2 化工线性规划实例求解

在化工设计过程中求解 LP 问题，首先是要列出式（9-3）所示的数学模型，有了该数学模型，就可以方便地利用计算机软件进行求解。目前已知可以求解的软件有 MATLAB、Lindo、Excel 及自编的 VB 程序，对于变量不多的线性规划问题，作者倾向于使用 Excel 的规划求解来解决化工设计中的线性规划问题，当然也可以利用自编的程序解决一些较特殊的资源约束型的线性规划问题，下面通过实例介绍后面两种方法求解化工线性规划问题，前面两种方法已有专门的书籍介绍，此处不再介绍。

表 9-1　炼油厂原料和产品数据

产品名称	价格/美元	得率/%		市场需求/（桶/天）
		1# 原油（24 美元/桶）	2# 原油（15 美元/桶）	
汽油	36	80	44	24000
煤油	24	5	10	2000
柴油	21	10	36	6000
残油	10	5	10	无限制
加工费/（美元/桶）		0.50	1.00	

某炼油厂用两种原料油生产炼制汽油、煤油、柴油以及残油，具体的原料和产品数据见表 9-1，如何安排生产，可使炼油厂的利润为最大？分析表 9-1 的数据，假设每天炼 1# 原油为 x_1(单位均为桶/天)，炼 2#原油为 x_2，汽油产量为 x_3，煤油产量为 x_4，柴油产量为 x_5，残油产量为 x_6，若以利润为经济指标，目标函数为

$$\max \quad f(x)=产值-原料费-加工费$$

$$产值=36x_3+24x_4+21x_5+10x_6$$

$$原料费=24x_1+15x_2$$

$$加工费=0.5x_1+x_2$$

根据每个产品的得率（物料衡算）可列出 4 个等式约束：

$$汽油 \quad 0.80x_1+0.44x_2=x_3$$

$$煤油 \quad 0.05x_1+0.10x_2=x_4$$

$$柴油 \quad 0.10x_1+0.36x_2=x_5$$

$$残油 \quad 0.05x_1+0.05x_2=x_6$$

为减少变量数，可将上述约束方程代入目标函数，消去 x_3, x_4, x_5, x_6，

$$产值=36(0.80x_1+0.44x_2)+24(0.05x_1+0.10x_2)+21(0.10x_1+0.36x_2)+10(0.05x_1+0.05x_2)$$

$$=32.6x_1+26.8x_2$$

即线性规划的目标函数为

$$\text{Max} \quad J=f(x)=8.1x_1+10.8x_2$$

每种产品有最大允许产量的约束，即

$$0.80x_1+0.44x_2\leqslant24000$$
$$0.05x_1+0.10x_2\leqslant2000$$
$$0.10x_1+0.36x_2\leqslant6000$$

另外还有隐含的 x_1 和 x_2 非负的约束：

$$x_1\geqslant0$$
$$x_2\geqslant0$$

通过引入松弛变量，将该问题的线性规划问题化成标准型，得

$$\min\ J=-8.1x_1-10.8x_2$$
$$\text{s.t.}\quad 0.8x_1+0.44x_2+x_3=24000$$
$$0.05x_1+0.1x_2+x_4=2000 \tag{9-4}$$
$$0.1x_1+0.36x_2+x_5=6000$$
$$x_i\geqslant0\quad i=1,2\cdots5$$

对于式（9-4）的问题，可以利用单纯形表格法进行手工计算，但如果变量增加，手工计算将很难实现，如果借助于计算机，就可以方便地进行求解。首先介绍 Excel 来求解该线性规划，打开 Excel 软件，按图 9-1 所示输入全部内容，然后在 F2—F5 输入约束函数。如图 9-2 所示，先在 F3 输入 "=A3*\$a\$2+B3*\$b\$2+C3*\$c\$2+D3*\$d\$2+E3*\$e\$2" 函数，F4 和 F5 可通过填充实现约束函数输入，然后在 H2 输入目标函数 "=-8.1*A2-10.8*B2"，需要注意的是在本题中将 A2—E2 作为可变单元格。

图 9-1　Excel 线性规划求解（一）

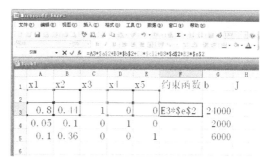

图 9-2　Excel 线性规划求解（二）

完成上述设置后，对 2003 版本而言，点击 "工具" 菜单，选择其中的 "规划求解"，系统弹出图 9-3 所示的对话框。通常第一次使用规划求解时，需要加载该工具，2003 版本的 Excel 只需点击 "工具" 菜单，选择其中的 "加载宏"，系统就会弹出图 9-4 所示的对话框，选中 "规划求解"，点击 "确定" 即可加载规划求解工具。2007 版本的 Excel 加载过程稍微复杂一些，具体过程是鼠标移到屏幕右上角，系统弹出图 9-5 所示的界面，点击图 9-5 最下面的 "Excel 选项"，系统弹出图 9-6 所示的对话框，点击图 9-6 下边中部的 "转到"，2007 版本也会弹出和 2003 版本一样的图 9-4 所示的对话框，选中 "规划求解"，点击确定就可以加载。至于高于 2007 的版本，如 2013、2016、2018 等版本，其加载过程基本和 2007 版本相仿。

对 2007 版本而言，输入完数据及公式后，点击 "数据" 菜单，屏幕右上角就会出现 "规划求解"（规划求解工具已按上面步骤加载）。无论是 2003 版本还是 2007 版本的 Excel，最后系统都会弹出图 9-3 所示的对话框，设置目标单元格为 H2，等于最小值，可变单元格为 A2—E2，在约束条件中点击 "添加"，系统弹出图 9-7 所示的对话框，在单元格引用位置选中 F3—F5，在约束值选中 G3—G5，点击 "确定"，系统返回图 9-3 所示的对话框。点击 "选

项"，系统弹出图9-8所示的对话框，在"假定非负"上打钩，点击"确定"，系统返回图9-3所示的对话框，完成全部设置后的对话框见图9-9。点击"求解"，最后结果见图9-10。

图9-3　Excel 线性规划求解（三）

图9-4　Excel 线性规划求解（四）

图9-5　Excel 线性规划求解（五）

图9-6　Excel 线性规划求解（六）

图9-7　Excel 线性规划求解（七）

图9-8　Excel 线性规划求解（八）

图9-9　Excel 线性规划求解（九）

图9-10　Excel 线性规划求解（十）

　　由图 9-10 可知，原生产安排问题得到最优解，可安排炼制 1#油 26207 桶，2#油 6897 桶，生产汽油 24000 桶，煤油 2000 桶，柴油 5552 桶，没有超过市场最大需求，可获利 286759 美元（对桶数进行了四舍五入，对最后利润有一定影响）。如市场需求变化或原料价格和产品价格变化，只需修改图 9-1 中的数据，重新求解一次，无需再次设置就可以得到新的解，借助于计算机，原来需要几个小时的手工计算（变量在 10 个以上时）瞬间可以完成，大大提高了工作效率。

　　化工中生产安排，配方设置，一般都可以归为资源约束型的线性规划，初始模型都有"≤"约束，引入松弛变量后可产生线性规划问题的初始可行解，该类问题可方便编程，下面是一段开发的程序，也可方便地求解上面的问题。

```
Private Sub Command1_Click()
Dim n, m, i, j, k, nc
Dim ybt, ybi, yc, ycj, yxi, jbno(50)
Dim a(100, 100), b(100), c(100), x(100), bt(100)
Dim z(100, 100), p(100), cc, bb, aa, tt
n = InputBox("n=")        //所有变量数目
m = InputBox("m=")        //等式约束数目
 For i = 1 To 100
     For j = 1 To 100
          a(i, j) = 0
     Next j
     c(i) = 0
     b(i) = 0
     bt(i) = 0
  Next i


Open "xishu.dat" For Input As #1    //具有初始解的系数方程
For i = 1 To m
   For j = 1 To n
       Input #1, aa
   a(i, j) = aa
   Next j
Next i
Close #1


Open "zyxs.dat" For Input As #1 //m 个资源系数
For i = 1 To m
    Input #1, bb
     b(i) = bb
Next i
Close #1


Open "mbxs.dat" For Input As #1 // n 个初始目标函数中变量系数
For j = 1 To n
```

```
        Input #1, cc
          c(j) = cc
Next j
Close #1

For j = 1 To n - m
        x(j) = 0
Next j

For j = n - m + 1 To n
      x(j) = b(j - n + m)
Next j

b(m + 1) = InputBox("初始目标值"， "b(m+1)")

For i = 1 To m
      jbno(i) = n - m + i
Next i
'//完成初始化

100
    nc = 0 '判断系数是否符合收敛，若 nc>0 则没有收敛，需要计算
For j = 1 To n
      If c(j) > 0 Then
          nc = nc + 1
      Else
      End If
Next j
If nc = 0 Then
    GoTo 1000
Else
End If

'找最大的 C（j）
yc = c(1): ycj = 1
For j = 1 To n
   If c(j) > yc Then
     yc = c(j)
     ycj = j
   Else
   End If
   Next j
```

```
'找最小的 THTA 用 bt(j)表示
ktc = 0
For i = 1 To m
    If a(i, ycj) <= 0 Then
        bt(i) = 1E+15
    Else
        bt(i) = b(i) / a(i, ycj)
        If bt(i) = 0 Then ktc = ktc + 1
    End If
Next i
  For j = 1 To m
        If ktc >= 2 Then
            ktc = 0
            For i = 1 To m
                If a(i, ycj) <= 0 Then
                    bt(i) = 1E+15
                Else
                    bt(i) = a(i, j) / a(i, ycj)
                    If bt(i) = 0 Then ktc = ktc + 1
                End If
            Next i
        Else
        GoTo 200
        End If
    Next j


200 ybt = bt(1): ybi = 1
  For i = 1 To m
    If bt(i) < ybt Then
        ybt = bt(i)
        ybi = i
    Else
    End If
  Next i


jbno(ybi) = ycj
b(ybi) = b(ybi) / a(ybi, ycj)


For j = 1 To n
    If j <> ycj Then
      a(ybi, j) = a(ybi, j) / a(ybi, ycj)
    Else
```

```
            End If
        Next j
        a(ybi, ycj) = 1
        For i = 1 To m
            If i <> ybi Then
                    b(i) = b(i) - b(ybi) * a(i, ycj)
            Else
            End If
        Next i

        For j = 1 To n
            If j <> ycj Then
            c(j) = c(j) - a(ybi, j) * c(ycj)
            Else
            End If
        Next j

        b(m + 1) = b(m + 1) - b(ybi) * c(ycj)
        c(ycj) = 0
        For i = 1 To m
            If i <> ybi Then
                For j = 1 To n
                    If j <> ycj Then
                        a(i, j) = a(i, j) - a(ybi, j) * a(i, ycj)
                    Else
                    End If
                Next j
                a(i, ycj) = 0
            Else
            End If
        Next i

        For i = 1 To m
            x(jbno(i)) = b(i)
        Next i
        GoTo 100

    1000
        For i = 1 To n
            Print "c("; i; ")="; c(i)
        Next i
        For i = 1 To m
```

```
        Print "x("; jbno(i); ")="; x(jbno(i))
Next i
Print "目标值="; b(m + 1)
End Sub
```

分析上面的程序，用户只需要建立三个数据文件，放在和 VB 程序相同的目录下，而这三个数据文件也相当简单，用户只需在"记事本"输入数据，并将其取名和程序中的名对应即可。下面以本题为例，说明三个数据文件的建立。首先建立"xishu.dat"文件，打开"记事本"，将图 9-1 中 A3—E5 数据输入其中，见图 9-11，取文件名为"xishu.dat"，保存类型取"所有文件"，保存到 VB 程序目录下。其他两个数据文件见图 9-12、图 9-13。结果见图 9-14，和 Excel 有一些差别，主要原因是两者采用的计算方法不一致。

图 9-11　数据文件（一）

图 9-12　数据文件（二）

图 9-13　数据文件（三）

图 9-14　线性规划 VB 求解结果

(a)参数设置

(b)精度选项

图 9-15　2013 以上版本规划求解参数设置及精度设置界面

Excel 软件中规划求解功能，随着 Excel 版本的不断升级，其具体的加载过程及应用求解有一些细微的变化，如在 Excel 2013 及以上版本中，原来加载的规划求解工具已被新的方法代替，但具体计算过程基本相同，主要不同的在于求解方法的选择及精度的确定方面有一些差别，见图 9-15。在下面某些例子中，将采用 2013 以上版本的方法设置精度和方法进行求解。

9.3　计算机辅助化工非线性规划优化求解

化工优化设计中碰到的是大量的非线性规划问题，如塔板数和回流比的最优选择、管道保温层厚度的选择、换热器面积与工质流量大小的选择。以上这些问题的解决除了建立各自的数学模型外，最终方案的确定还是依赖与非线性规划问题的解决，下面通过几个实际的例子来说明计算机辅助求解化工过程非线性规划问题。

9.3.1　管道保温层厚度优化求解

（1）问题的提出

电厂、炼油厂、化工厂常常需要用管道输送高温物料，如蒸汽、油料等。对于这些高温管道，一般均需要对管道包扎保温材料加以保温，否则将有较大的热量损失或难以符合工艺要求。但包扎保温材料需要一次性投资，保温材料越厚，一次性投资越多；另一方面，保温材料越厚，热量损失越少。如何在两者之间找到一个最佳的厚度，使得一次性投资引起的年均运行费用和热量损失费用之和为最小，这个厚度称为经济厚度，可通过非线性规划求解问题加以解决。

（2）热量损失费用计算

由于管道内流体的温度 t_0 高于环境温度 T，所以管道内热流体有部分热量要传递到环境中去，假设管内壁温度和流体的主温度相等，具体过程如图 9-16 所示，该管道采用两层保温材料，内层可采用隔热性能好的材料，外层可采用强度和抗环境腐蚀能力强的材料，起到保护内层的作用，忽略各层之间的接触热阻，热量的传递需要通过以下 4 个环节。

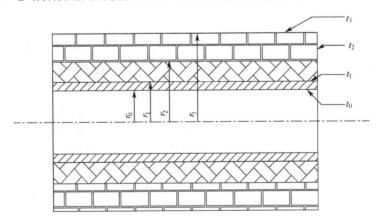

图 9-16　保温层厚度优化图

① 管壁的热传导　设管壁内径为 $r_0(m)$，管壁外径为 $r_1(m)$，管壁材料的热导率为 λ_1 [W/(m·K)]，管道长度为 $L(m)$，由傅里叶热传导原理可知，传热量 Q_1 为

$$Q_1 = \frac{2\pi\lambda_1(t_0 - t_1)L}{\ln\dfrac{r_1}{r_0}} \tag{9-5}$$

② 第一保温层的热传导　第一保温层内径为 $r_1(m)$，外径为 $r_2(m)$，厚度为 $\sigma_1 = r_2 - r_1$，材料的热导率为 λ_2 [W/(m·K)]，由傅里叶热传导原理可知，传热量 Q_2 为

$$Q_2 = \frac{2\pi\lambda_2(t_1 - t_2)L}{\ln\dfrac{r_2}{r_1}} \tag{9-6}$$

③ 第二保温层的热传导　第二保温层内径为 r_2(m)，外径为 r_3(m)，厚度为 $\sigma_2 = r_3 - r_2$，材料的热导率为 λ_3 [W/(m·K)]，由傅里叶热传导原理可知，传热量 Q_3 为

$$Q_3 = \frac{2\pi\lambda_3(t_2 - t_3)L}{\ln\dfrac{r_3}{r_2}} \tag{9-7}$$

④ 第二保温层与环境之间的对流传热　传热系数为 α [W/(m²·K)]，传热量 Q_4 为

$$Q_4 = 2\pi r_3\alpha(t_3 - t)L \tag{9-8}$$

由能量守恒原理可知，4 个阶段的传热量均相等，即

$$Q_1 = Q_2 = Q_3 = Q_4 = Q \tag{9-9}$$

联立求解可得

$$Q = \frac{2\pi(t_0 - T)L}{\dfrac{1}{\lambda_1}\ln\dfrac{r_1}{r_0} + \dfrac{1}{\lambda_2}\ln\dfrac{r_2}{r_1} + \dfrac{1}{\lambda_3}\ln\dfrac{r_3}{r_2} + \dfrac{1}{\alpha r_3}} \tag{9-10}$$

设热价为 P_H [元/10^6 kJ]，年工作时间为 τ h，则年热损失费用 J_H 为

$$J_H = P_H Q\tau \times 3.6 \times 10^{-6} \quad (\text{元/年}) \tag{9-11}$$

其中 τ 一般可取 7200，P_H 可取 6，需要注意单位之间的换算关系，因计算热量的单位为 J/s，而热价单位为元/10^6kJ，时间单位为 h，通过单位统一转化得到式（9-11）。

（3）保温层费用计算

保温层的费用包括保温层本身材料费用、辅助材料费用、安装费用，将 3 种费用简化为一种综合费用，该费用基本和保温材料的体积成正比，所以第一保温层的费用为

$$P_{B1}\pi(r_2^2 - r_1^2)L \tag{9-12}$$

第二保温层的费用为

$$P_{B2}\pi(r_3^2 - r_2^2)L \tag{9-13}$$

假设资金年利率为 i，保温层使用寿命为 n 年，则保温层投资年均摊费用 J_B 为

$$J_B = \frac{i(1+i)^n}{(1+i)^n - 1}\left[P_{B2}\pi(r_3^2 - r_2^2)L + P_{B1}\pi(r_2^2 - r_1^2)L\right] \tag{9-14}$$

式中，P_{B1} 可取 4000 元/m³；P_{B2} 可取 2500 元/m³；i 取 10%；n 取 5 年。

（4）单位长度总费用最小化模型

$$\min \quad J = J_H + J_B$$
$$\text{s.t.} \quad \sigma_2 \leqslant \sigma_1; \quad \sigma_1 \geqslant 0; \quad \sigma_2 \geqslant 0$$

在具体优化计算时，可以不考虑长度 L 的因素，优化模型简化为二元非线性规划问题，该二元变量就是两层保温层的厚度，具体求解既可编程求解，也可利用 Excel 软件进行求解。

图 9-17 是利用 Excel 进行管道保温层最优厚度求解的界面，将已知的数据输入各对应表格中，其他未知的数据用已知数据的公式表示，和前面利用 Excel 求解线性规划相仿，点击"规划求解"，进行图 9-18 所示的设置，即可进行管道保温层优化计算，通过改变热价、保温材料价格、热导率、资金年利率的参数可以研究各参数变化时对最优保温层厚度的影响。

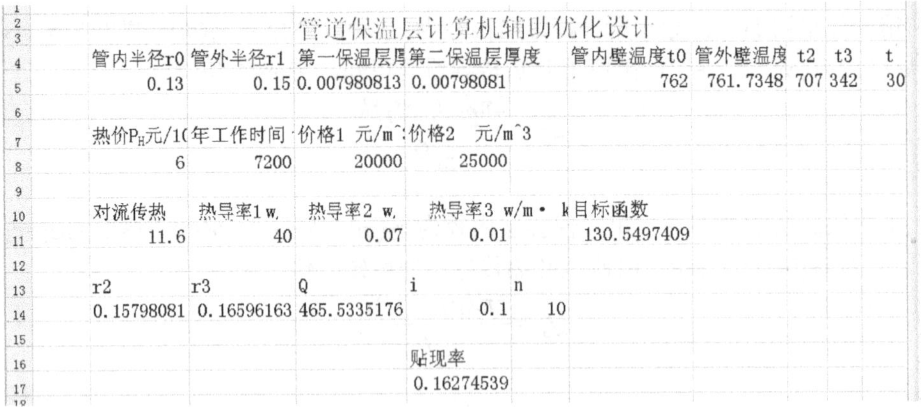

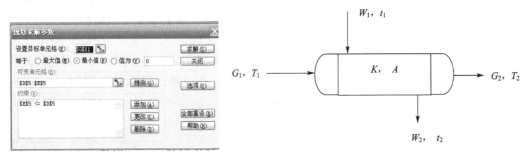

図 9-17　保温层厚度优化 Excel 计算界面

9.3.2　换热器优化求解

图 9-19 是无相变换热器示意图，为简化问题，暂不考虑流体流过换热器时的压力损失及换热器的热损失，要求设计一个最经济的换热器来完成一个给定的换热任务。如要求将温度为 T_1（℃），流量为 G_1（kg/s），比热为 c_{PG}[kJ/(kg·℃)] 的流体，降温到 T_2，已知冷却介质的比热容 c_{PW}、进口温度 t_1 及换热器的总传热系数 K[W/(m²·℃)]，如何在换热器面积 A(m²)和冷却介质流量 W_1(kg/s)之间做一个合理的选择，使该换热器的总运行费用最小，是一个典型的非线性规划问题。根据前面的假设及能量守恒、质量守恒和传热速率方程建立下面的数学模型：

图 9-18　保温层厚度优化 Excel 计算参数
设置界面

图 9-19　无相变换热器示意图

物料衡算方程

$$W_2 = W_1$$
$$G_2 = G_1$$

热量衡算方程　　　$$W_1 c_{PW}(t_2 - t_1) - G_1 c_{PG}(T_1 - T_2)$$

传热速率方程　　　$$G_1 c_{PG}(T_1 - T_2) = KA\Delta t_m$$

对数温差计算　　　$$\Delta t_m = \frac{(T_2 - t_2) - (T_1 - t_1)}{\ln\left[(T_2 - t_2)/(T_1 - t_1)\right]}$$

在目前已知的条件下，上述模型存在无数多个解，因为没有规定冷却介质的出口温度 t_2，整个模型的变量数多于约束方程数，系统的自由度大于零。如果将该设计问题增加优化设计条件，也就是要求设计出最经济的换热器来满足这个换热任务的话，系统就会有唯一的解。

在进行最经济换热器优化设计求解前，需先确定一些和技术经济有关的数据，设资金的年利率为 i（nl 为程序中对应名称，下同），冷却介质水的价格为 pw 元/t，换热器的使用寿命

为 n（sm）年，换热器寿命期终了时设备残值为 cz 元，换热器年维修费用为 nx 元，换热器一次性投资按式（9-15）计算：

$$J_A = pa \times A^{pb} \quad （元） \tag{9-15}$$

式中，pa，pb 为已知的参数。

由数学模型可知冷却水的流量为

$$W_1 = \frac{G_1 c_{PG}(T_1 - T_2)}{c_{PW}(t_2 - t_1)} \quad （kg/s） \tag{9-16}$$

设年工作时间为 τ h，则年需要冷却水费用为

$$J_W = pw \times \frac{G_1 c_{PG}(T_1 - T_2)}{c_{PW}(t_2 - t_1)} \times \tau \times 3.6 \quad （元/年） \tag{9-17}$$

换热器面积为

$$A = \frac{G_1 c_{PG}(T_1 - T_2)\ln\left[(T_2 - t_2)/(T_1 - t_1)\right]}{K(T_2 - t_2 - T_1 + t_1)} \quad （m^2） \tag{9-18}$$

则一次性设备投资的年费用为

$$J_S = J_A \frac{i(1+i)^n}{(1+i)^n - 1} \quad （元/年） \tag{9-19}$$

换热器年运行综合费用为

$$
\begin{aligned}
J &= J_S + J_W + nx - cz\frac{i}{(1+i)^n - 1} \\
&= pa\left(\frac{G_1 c_{PG}(T_1 - T_2) \times \ln\left[(T_2 - t_2)/(T_1 - t_1)\right]}{K \times (T_2 - t_2 - T_1 + t_1)}\right)^{pb} \frac{i(1+i)^n}{(1+i)^n - 1} \\
&\quad + 3.6\tau pw \frac{G_1 c_{PG}(T_1 - T_2)}{c_{PW}(t_2 - t_1)} + nx - cz\frac{i}{(1+i)^n - 1}
\end{aligned}
\tag{9-20}
$$

最经济换热器设计就是求目标函数为式（9-20）的最小值，如果考虑到传热系数可能随流量和温度的改变而改变以及换热器压力等问题，优化模型将更加复杂，但其基本原理是一致的。这样，原来的无穷多个解，由于增加了求式（9-20）最小的优化约束，就变成了唯一解。当然，其他的优化问题可能会有多解，而本换热器优化问题，在目前已知的条件下，只有唯一解，具体求解过程需借助计算机，可自己编程或利用 Excel 计算，图 9-20 是已开发的

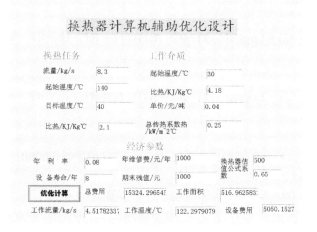

图 9-20 换热器计算机辅助优化设计界面

换热器计算机辅助优化设计界面，只要输入已知条件就可以获得最优的换热器面积，在此基础上再进行具体的换热器加工图绘制，当然加工图绘制也是借助于计算机。为了方便读者进行二次开发，现将具体 VB 程序附上。

```
Dim f1, f2, t1, t2, tt1, cc, cw, pa, pb, nl, sm, cz, nx, k, pw, sa
Private Sub Command1_Click()
Dim j, j1, j2, u1, u2, l, a0, b0, y1, y2
Dim bl, paa
f1 = Text1.Text
t1 = Text2.Text
t2 = Text3.Text
cc = Text4.Text
tt1 = Text5.Text
cw = Text6.Text
pw = Text7.Text
k = Text8.Text
nl = Text9.Text
sm = Text10.Text
nx = Text11.Text
cz = Text12.Text
pa = Text13.Text
pb = Text14.Text


Open "d:fxsj.dat" For Output As #1
paa = pw
For bl = 1 To 100
     pw = paa + bl / 100 * paa
a0 = tt1
b0 = t1


100 u1 = a0 + 0.382 * (b0 - a0)
    u2 = b0 - 0.382 * (b0 - a0)
x = u1
sa = f1 * cc * (t1 - t2) * Log((t1 - x) / (t2 - tt1)) / (k * (t1 - t2 + tt1 - x))
y1 = fa(x)
x = u2
sa = f1 * cc * (t1 - t2) * Log((t1 - x) / (t2 - tt1)) / (k * (t1 - t2 + tt1 - x))
y2 = fa(x)


If Abs((u1 - u2) / u1) <= 0.00001 And Abs((y1 - y2) / y1) <= 0.00001 Then
     x = (u1 + u2) / 2
     sa = f1 * cc * (t1 - t2) * Log((t1 - x) / (t2 - tt1)) / (k * (t1 - t2 + tt1 - x))
     j = fa(x)
     Text17.Text = j
```

```
        Text18.Text = sa
        f2 = f1 * cc * (t1 − t2) / (cw * (x − tt1))
        Text15.Text = f2
        j1 = f2 * pw * 3.6 * 7200
        j2 = nl * (1 + nl) ^ (sm) * pa * (sa) ^ pb / ((1 + nl) ^ (sm) − 1)
        'Print j1, j2
        Text16.Text = x
        Text19.Text = j2
        Write #1, pw, j, j1, j2
    Else
        If y1 >= y2 Then
            a0 = u1
        Else
            b0 = u2
        End If
        GoTo 100
    End If
Next bl
Close #1
End Sub


Public Function fa(x)
fa = pw * f1 * cc * (t1 − t2) / (cw * (x − tt1)) * 7200 * 3.6 + nx − cz * nl / ((1 + nl) ^ (sm) − 1)
fa = fa + pa * sa ^ pb * nl * (1 + nl) ^ (sm) / ((1 + nl) ^ (sm) − 1)
End Function
```

9.3.3　工艺过程优化求解

工艺过程的优化求解问题更加复杂，必须具备基本的化工专业知识，没有基本的化工知识，就无法建立数学模型，没有数学模型，就无法进行优化求解，即使借助于 Aspen Plus 等软件，也需要基本化工知识，某化工工艺系统如图 9-21 所示，已知 F_1=100mol/s，F_2=200mol/s，A 的反应转化率为 α，塔底 C 的回收率为 β，其他参数及变量如图所示，若系统的利润可用式（9-21）表示：

$$\max J = 50000F_6 x_{6C}^2 - \frac{200F_3}{1-\alpha} - \frac{150F_4}{1-\beta} \tag{9-21}$$

试计算当 α=0.8，β=0.9 时的系统利润 J 和 F_5，x_{5A}，x_{5B}，x_{5C}，F_6，x_{6A}，x_{6B}，x_{6C}；若反应转化率 α、塔底 C 的回收率 β 为可变量，设计一个最优的系统，使该系统在目前的已知条件下利润最大。

对于该问题的求解，首先需要建立优化模型，然后进行计算机编程求解或利用 Excel、Aspen Plus 等软件求解，详细的求解过程不再介绍，图 9-22 是利用 Excel 求解的界面，在模拟求解时，共有 16 个方程，可以求解未知的 16 个变量；在优化求解时，变量增加到 18 个，除原 16 个方程以外，需增加一个最优化方程即式（9-21），利用规划求解可以求得最优解。但在具体求解时，Excel 可能提示找不到解，需要先将模拟结果作为优化计算的初值，可加快优化计算速度。在变量增加时，初值的确定会显得越来越重要，否则很难求得最优解，优化求解结果见图 9-23，由图可知，当按模拟计算时，目标函数为 3707924，当进行优化计算时，目标函数为 3981370。

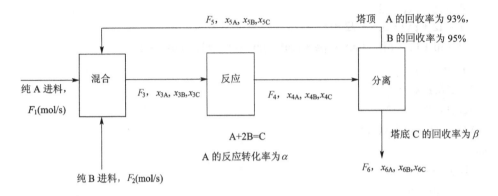

图 9-21　化工工艺系统示意图

	B	C	D	E	F	G	H	I	J	K	L
1											
2		f1	f2	f3	f4	f5	f6	方程左边	方程右边	平方差	
3		100	200	399.1264	202.5662026	99.1264	103.4398	122.8501	122.8501	1.48E-22	
4		x31	x32	x33	x41	x42	x43	265.3563	265.3563	1.21E-21	
5		0.307798	0.664843	0.02736	0.121293801	0.339623	0.539084	10.92001	10.92001	2.2E-21	
6		x51	x52	x53	x61	x62	x63	24.57002	24.57002	3.03E-26	
7		0.230515	0.659323	0.110162	0.016627078	0.033254	0.950119	68.79607	68.79607	2.33E-25	
8		raifa	beita	j				109.2001	109.2001	3.73E-25	
9		0.8	0.9	3965913				22.85012	22.85012	1.44E-22	
10					j			65.35627	65.35627	1.18E-21	
11					7.08669E-21			10.92001	10.92001	2.2E-21	
12								1.719902	1.719902	1.31E-25	
13								3.439803	3.439803	5.26E-25	
14								98.2801	98.2801	3.07E-25	
15								1	1	1.23E-32	
16								1	1	0	
17								1	1	0	
18								1	1	0	
19										7.09E-21	

图 9-22　Excel 求解界面

	A	B	C	D	E	F	G	H	I	J	K
1											
2			f1	f2	f3	f4	f5	f6	方程左边	方程右边	相差
3			100	200	546.9477	350.2687	246.9477	103.321	122.0609	122.0609	5.37E-24
4			x31	x32	x33	x41	x42	x43	362.729	362.729	6.63E-21
5			0.223167	0.663188	0.113645	0.067724	0.474065	0.458212	62.15779	62.15779	7.01E-21
6			x51	x52	x53	x61	x62	x63	23.72143	23.72143	1.01E-22
7			0.089334	0.658961	0.251704	0.016071	0.032143	0.951786	166.05	166.05	1.14E-22
8			raifa	beita	j				160.4973	160.4973	5.18E-22
9			0.805659	0.612717	3981370	优化			22.06093	22.06093	1.64E-22
10			0.8	0.9	3707924	模拟			162.729	162.729	8.64E-21
11									62.15779	62.15779	7.64E-20
12									1.6605	1.6605	4.1E-25
13									3.321	3.321	1.86E-24
14									98.3395	98.3395	1.48E-19
15									1	1	0
16									1	1	0

$$J = (50000 + No)F_6 x_{6c}^2 - \frac{200F_3}{1-\alpha} - \frac{150F_4}{1-\beta}$$

图 9-23　优化结果

9.4　计算机辅助物性计算

在化工设计过程中，常常需要用到各种物性数据，有些物性数据直接以数字的形式出现，但许多物性数据以公式的形式出现，并且有些公式是隐性函数，无法直接将已知条件代入公式求解，如关于重要热力学数据 $P\text{-}V\text{-}T$ 的著名的马丁-侯方程：

$$P=\frac{RT}{V-B}+\frac{A_2+B_2T+C_2\exp(\frac{-5T}{T_C})}{(V-B)^2}+\frac{A_3+B_3T+C_3\exp(\frac{-5T}{T_C})}{(V-B)^3}+\frac{A_4}{(V-B)^4}+\frac{A_5+B_5T+C_5\exp(\frac{-5T}{T_C})}{(V-B)^5}$$

$$(9\text{-}22)$$

式中，P 为压力，atm；T 为温度，K；V 为气体的摩尔体积，$10^{-6}\mathrm{m^3/mol}$。

已知 CO_2 物质在式（9-22）中的各项系数如下：

$A_2=-4.3914731\times10^6$

$A_3=2.3373479\times10^8$

$A_4=-8.1967929\times10^9$

$A_5=1.1322983\times10^{11}$

$B_2=4.5017239\times10^3$

$B_3=-1.0297205\times10^5$

$B_5=7.4758927\times10^7$

$B=20.101853\times10^{-6}\mathrm{m^3/mol}$

$C_2=-6.0767617\times10^7$

$C_3=5.0819736\times10^9$

$C_5=-3.2293760\times10^{12}$

$T_C=304.2\mathrm{K}$

$R=82.06\times10^{-6}\mathrm{m^3\cdot atm/(mol\cdot K)}$

在超临界 CO_2 萃取设备的设计时需要各种温度和压力下 CO_2 气体的摩尔体积，利用式（9-22）无法直接获取 CO_2 气体的摩尔体积 V，如果通过手工试差计算，其工作量是相当惊人的，若利用计算机辅助计算则瞬间就可以完成计算。该类计算还是利用编程计算较为快速和精确，下面是一段已开发的 VB 程序。

```
Dim a2, a3, a4, a5, b2, b3, b5, bv As Double
Dim c2, c3, c5, tc, t, p As Double
Private Sub Command1_Click()
Dim a, b, x, x1, x2, y, k, y1, y2 As Double
a2 = -4391473.1
a3 = 233734790
a4 = -8196792900
a5 = 113229830000
b2 = 4501.7239
b3 = -102972.05
b5 = 74758927
```

```
    bv = 20.101853
    c2 = -60767617
    c3 = 5081973600
    c5 = -3229376000000
    tc = 304.2
    '温度可修改
    t = InputBox("TEMPRESURE", "℃")
    t = 273.15 + t
    '压力可修改
      p = InputBox("PRESURE")
    a = bv + 1
    b = a
    Do
        b = b + 10
        y1 = f(a)
        y2 = f(b)
    Loop Until y1 * y2 < 0
      '开始计算
        Do
            x = (a + b) / 2
            y = f(x)
            If y * y1 < 0 Then
                b = x
                y2 = y
            Else
                a = x
            y1 = y
            End If
        Loop Until Abs(y) < 0.0000001
        Print "V("; p; ","; t; ")="; x
    End Sub
    Public Function f(x)
f = p - (82.06 * t / (x - bv) + (a2 + b2 * t + c2 * Exp(-5 * t / tc)) / (x - bv) ^ 2 + (a3 + b3 * t + c3 *
    Exp(-5 * t / tc)) / (x - bv) ^ 3)
        f = f - (a4 / (x - bv) ^ 4 + (a5 + b5 * t + c5 * Exp(-5 * t / tc)) / (x - bv) ^ 5)
    End Function
```

　　利用程序计算温度 150℃、压力为 1atm 时，CO_2 气体的摩尔体积为 34670.52mL/mol，文献中的数值是 34669 mL/mol，相对误差为 0.00438%；计算温度 150℃，压力为 300atm 时，CO_2 气体的摩尔体积为 86.54mL/mol，文献中的数值是 86.334 mL/mol，相对误差为 0.239%，因此在较大压力范围内均可使用作者开发的程序计算 CO_2 气体的摩尔体积，具体程序已附在光盘上，读者可以通过修改参数用于其他物质的计算。

9.5　Excel 中的宏及其编程应用

宏是一系列操作的组合，是指程序员事先定义的特定的一组"指令"，具体见图 9-24。这样的指令是一组重复出现的代码的缩写，此后在宏指令出现的地方，系统总是自动地把它们替换成相应定义的操作或代码块。其实宏相对于微而言，微即单步操作；宏本身范围也可大可小。

图 9-24　开发工具下的宏组件

9.5.1　加载宏组件

一般办公电脑没有开发工具菜单栏，如 2013 版本，需要点击左上角"文件"菜单，在下拉式菜单下部选择"选项"，系统弹出如图 9-25 的界面，点击"自定义功能区"，将"开发工具"选项卡打钩，点击确定，"开发工具"菜单栏便会出现在基本菜单栏中。

图 9-25　2013 及以上版开发工具加载过程

9.5.2　宏安全性设置

如果不对宏的安全性进行设置，你所录制的宏可能无法应用。这时，需要点击图 9-24 中的"宏安全性"，弹出图 9-26，进行设置。选"宏设置"，点击"启用所有宏"，点击确定。

有时可能仍无法使用上次开发的宏。这时可退出 Excel，再次打开 Excel，就可以使用上次开发的宏了。

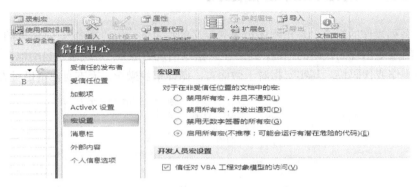

图 9-26　宏的安全性设置

9.5.3　宏的录制

录制宏的目的是为了调用宏，调用宏的目的是为了让电脑解决一系列重复的问题，并形象地表示出来。所以在录制宏之前必须确定所要解决的问题。下面通过具体实例来说明宏的录制过程。已知方程：

$$ax^3 + bx - 300 = 0 \qquad\qquad (9\text{-}23)$$

求该方程在不同　a、b 值时的解，求取 a=0～10 间隔 0.5，b=1、2、3 的共 21×3 个解。

① 先利用 Excel 的单变量方程求解方法建立求解表格，见图 9-27。这里，x、a、b 的初值可以任意给定，一般建议给定 1 为好，f 项是公式，和 VB 编程相当。为了保证录制正确的宏，一般先将需要录制的宏操作一遍，此问题是单变量求解问题。

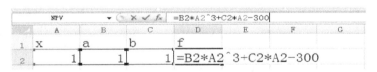

图 9-27　单变量方程求解表格

② 进行单变量方程求解，点击"数据"→"模拟分析"→"单变量求解"，系统弹出图 9-28。目标单元格选 D2，目标值输入 0，可变单元格选 A2，点击"确定"，可得 A2 单元格的值为 6.64453，为方程解，如果小数点过少，可将 A 列向右拉，就会增加小于点。

③ 开始录制宏。做完了前面的准备工作，将 x 值先恢复到 1，点击图 9-24 中的"录制宏"系统弹出图 9-29。默认宏名为 Macro1，输入快捷键为 a，点击"确定"，将原来的单变量方程求解过程重复一遍。

④ 得到方程解后，再点击"开发工具"，点击"停止录制"，完成一个宏的完整录制过程，见图 9-30。

9.5.4　宏的调用

上面已经录制好了 Marco1，下面具体介绍通过调用宏，来求解原来的问题。

① 单击"开发工具"，点击"插入"，出现"表单控件"，点击"表单控件"中的第一个按钮（窗体按钮），出现"+"号，见图 9-31。

图 9-28 单变量方程求解设置

图 9-29 开始录制宏

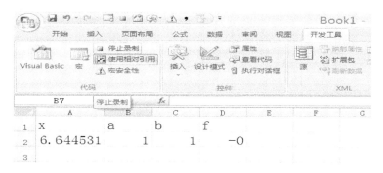

图 9-30 停止录制宏

图 9-31 插入按钮

② 将出现的 "+" 号移动至适当位置, 如图 9-32 按钮 7 按住拖动成一定大小的矩形, 此时系统自动产生 "按钮 7" 字样及 "指定宏" 对话框, 注意 "7" 不一定, 也有可能是 1、2、3, 跟前面已经输入的按钮有关。

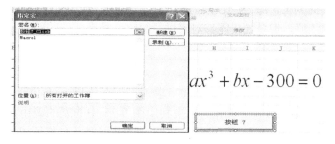

图 9-32 放置按钮

图 9-33　绑定宏

③ 点击图 9-32 中的"Macro1"，图 9-32 中的"指定宏"转变成图 9-33，表明刚才插入的"按钮 7"已和录制的宏"Macro1"绑定，点击确定即可。

④ 将图 9-32 中的"按钮 7"3 个字删除，输入"单变量方程求解"7 个字，如无法操作时，可通过点击右键，在功能菜单中选择"编辑文字"，光标移出按钮，点击，出现图 9-34。注意图 9-34 中的 a，b 的系数已变为 2，3，这是在调试单变量方程计算过程中改变的数字，不会影响宏的应用，现在可以任意改变 a，b 的值，当然需要保证方程有解，如输入 a=10，b=2，点击"单变量方程计算"，得方程的解，见图 9-35。

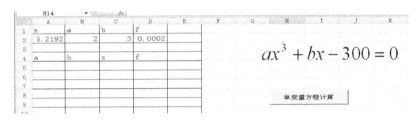

图 9-34　按钮改名

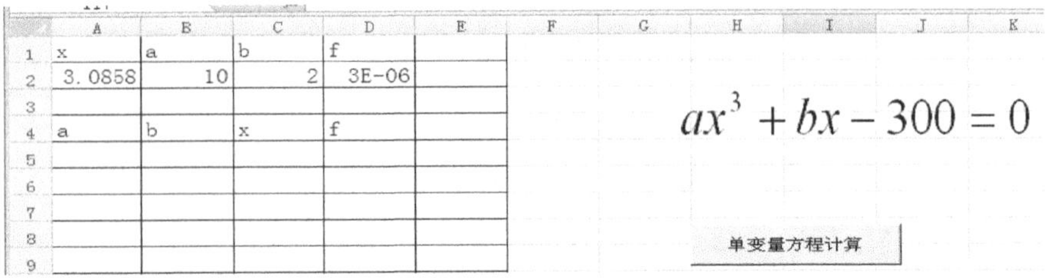

图 9-35　单个宏调用

无论是图 9-34 还是图 9-35，D2 单元格并不是前面方程求解时设定的 0，其实这是由于 Excel 软件设置的精度引起的。可以通过精度设置，使单元格 D2 的数值变化 0。点击左上角的"文件"→"选项"→"公式"，系统弹出图 9-36 的对话框，将图 9-36 中的最多迭代次数改为 10000，最大误差改为 0，再重新计算，就可以得到图 9-37 所示的计算结果，由图 9-37 可知，D2 单元格已变为 0，x 的值也和图 9-35 有所不同。

如果宏的应用到此为止，那么，还没有充分发挥宏的威力，只不过减少了一些步骤，可以方便地求出单变量方程的解，但是如果能够对宏进行编辑，那么，宏的威力将带给你无穷的威力。

9.5.5　宏的编程

回到原问题，已知方程 $ax^3 + bx - 300 = 0$，求该方程在不同 a、b 值时的解。要求取 a=0-10 间隔 0.5，b=1、2、3 的共 21×3 个解。如果利用图 9-35 中的宏的调用，需要改变 63 次 a、b 的值，同时点击 63 次"单变量方程求解"按钮，同时需要及时将所求的根转移至其他单元格，否则所求的根就会被新根替代。如果利用编程调用宏，那么 63 次的重复操作，只要通过循环语句就可以完成任务。

图 9-36 计算精度设置

x	a	b	f
3.0857775	10	2	0
a	b	x	f

图 9-37 误差为 0 的计算结果

在 Excel 的宏编辑中,最关键的要素是单元格的定义,Excel 表中的每一格可以用 Cells(i, j)定义,如图 9-35 中的 x 的根 3.0858 所在的单元格为 Cells (2,1),2 表示第 2 行,1 表示第 A 列,依次类推,可以定义所有的单元格。现在要利用宏的编辑,直接产生 63 个根,并将对应的数据放在第 5 行至第 67 行,第 A 列至第 D 上,其程序编辑过程如下。

① 单击图 9-38 中的"宏",也可以按快捷键"Alt+F8",弹出图 9-39,选择"Macro1",点击图 9-39 中的"编辑",弹出图 9-40。

图 9-38 查看宏   图 9-39 选择编辑宏

② 删除红色和绿色部分代码，这是一些宏录制过程中多余或错误的操作记录，删除。并按题目要求编辑宏代码。

③ 在图 9-40 的编程区输入以下代码。

```
Sub Macro1()
For j = 1 To 3      '3 种 b 的数值
  For i = 1 To 21      '21 种 a 的数值
    Cells(2, 2) = (i - 1) * 0.5    'a 的值用循环语句来赋值
    Cells(4 + (j - 1) * 21 + i, 1) = (i - 1) * 0.5    'a 的值新放置位置，从第 5 行开始
    Cells(2, 3) = j    'b 的值用循环语句来赋值
    Cells(4 + (j - 1) * 21 + i, 2) = j    'b 的值新放置位置，从第 5 行开始
    Range("D2").GoalSeek Goal:=0, ChangingCell:=Range("A2")    '方程求解
    Cells(4 + (j - 1) * 21 + i, 3) = Cells(2, 1)    '将方程的根保存起来
    Cells(4 + (j - 1) * 21 + i, 4) = Cells(2, 4)    '将方程的偏差保存起来
  Next i
Next j
End Sub
```

图 9-40　宏代码编程区

注意代码中倾斜的一行是由录制宏操作过程中产生的，无需修改，其他代码为人工输入。各种代码的含义已在代码后面说明。

④ 编辑好上述代码后，返回 Excel 界面，单击"单变量方程计算"按钮，不到 1 秒钟系统自动计算好 63 个方程的根，见图 9-41。

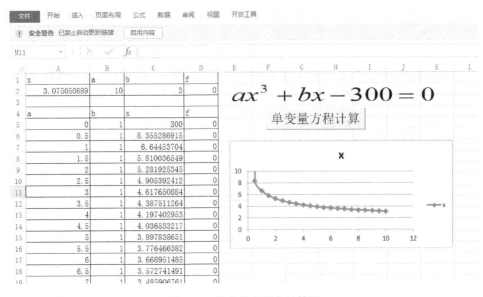

图 9-41　单变量方程宏计算图

需要提醒读者注意的是如果录制的宏是调用规划求解，有时会出现无法使用的情况。这时可以通过点击"工具"→"引用"，见图9-42。计算机弹出图9-43的引用对话框，将solver的引用选中后点击确定即可，同时为了避免在进行宏程序运行时系统多次弹出确定对话框，可以将 SolverSolve 改为 SolverSolve（True），有时为了提高计算精度，可以重复一行 SolverSolve（True）代码。

图9-42　工具下拉菜单

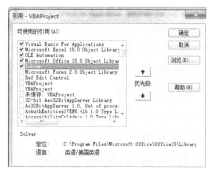

图9-43　引用对话框

9.6　计算机辅助超越方程组计算

在涉及化学化工的设计计算中常常需要求解各种方程及方程组，这些方程和方程组无法用数学解析的方法来求解，如有以下非线性方程组式（9-24）。

$$\begin{cases} x^{1.8} + 2y^{2.1} - 4 = 0 \\ 2x^3 + xy^{1.2} - 8 = 0 \end{cases} \tag{9-24}$$

上述方程组式（9-24）无法用数学解析的方法求得，但它是两个物质的浓度，故存在正的实根，采用什么软件，用什么方法求解呢？化学化工中有许多这样的问题，最好能找到一种使用的软件易得，求解过程简单的解题方法。上述类似问题的求解，均可以用 Excel 软件中的规划求解方法来进行计算，关键在于方程的建构及精度的设置上。

打开 Excel 软件，构建如图9-44所示的界面，在A2、B2单元格中输入方程组式（9-24）的初值1、1，定义C2、C3分别为方程组式（9-24）两个等式的平方，即C2=(A2^1.8+2*B2^2.1-4)^2；C3=(2*A2^3+A2*B2^1.2-8)^2，定义C4=C2+C3。完成上述设置后，点击 Excel 上部菜单栏中的数据，在屏幕右上角会出现规划求解，点击规划求解，系统弹出图9-45。设置目标单元格为C4，选取值为0；选取A2、B2单元格为可变单元格，设置好规划求解的各个选项后，点击确定，系统回到图9-45对话框。点击图9-45右下方选项弹出图9-46进行精度设置，点击确定，回到图9-45，再点击图9-45中的求解，得到图9-47所示的计算结果。

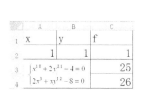

图9-44　方程构建

图9-45　规划求解设置

图9-46　求解选项设置

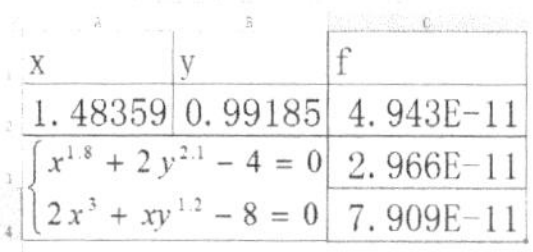

图9-47　方程求解结果

由图 9-47 可知，利用 Excel 软件中规划求解的方法，方便地求得方程组式（9-24）的解，其中 $x=1.48359$，$y=0.99185$。

至于更多变量组成的超越方程组均可模仿两边变量超越方程组式（9-24）的求解思路，利用 Excel 的规划求解工具进行求解。

9.7 计算机辅助参数拟合

参数拟合是科学研究的基本工具，无论化工、轻工、材料还是交通、能源、医学等众多领域，均需要利用参数拟合工具。尽管可以利用 VB、Matlab、Python 等变编程语言进行编程计算，但对于编程能力较弱的非计算机专业的工程技术人员具有一定的难度，但利用 Excel 软件就可以相对容易地进行参数拟合工作，下面通过具体案例介绍利用 Excel 软件进行参数拟合的三种方法。

9.7.1 插入散点图拟合参数法

某实验测得的醇类物质温度和饱和蒸汽压的数据如表 9-2。

表 9-2　温度和饱和压力关系

温度 T/K	283	303	313	323	342	353
饱和蒸汽压 P/(kgf/cm²)	0.125	0.474	0.752	1.228	2.177	2.943

现拟用式（9-25）进行温度和压力之间的拟合：

$$P = a_0 + a_1T + a_2T^2 \tag{9-25}$$

请用计算机确定式（9-25）中的各个参数，并计算在 283K 和 353K 时该物质用式（9-25）拟合计算时的饱和蒸汽压为多少？Excel 具体计算过程如下。

① 将温度和饱和压力数据作为任意两列输入，本例子中选 A、B 两列，见图 9-48。

② 点击菜单栏中的"插入"，在其显示的各种功能中选择"图表"，选择"散点图"中的第二种图像，见图 9-49，系统弹出图 9-50。

③ 在弹出图 9-50，点击"选择表数据"，鼠标移到 A3 单元格，按下鼠标左键，拖放至 B8，点击"确定"，显示基本图形，见图 9-51。

图 9-48　数据输入

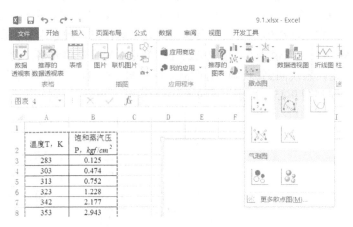

图 9-49　选择散点图

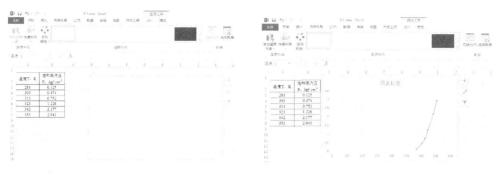

图 9-50 插入散点图　　　　　　图 9-51 选择数据

④ 将鼠标移到数据点，点击鼠标左键，数据点呈梅花状，再点击鼠标右键，弹出菜单，见图 9-52，点击"添加趋势线"，弹出图 9-53。

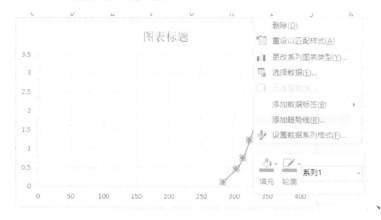

图 9-52 添加趋势线

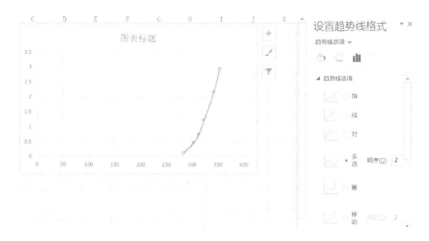

图 9-53 选择拟合类型

⑤ 注意在图 9-53 中，已将趋势线格式选择"多项"，由于默认顺序是 2，本例也是 2，所以无需设定，否则需要设定"顺序"数，可以看到图 9-53 中并没有出现拟合公式，这是需要将图 9-53 中最右边的垂直条往下拉，将"显示公式"及"显示 R 平方值"两项选中，得到图 9-54。

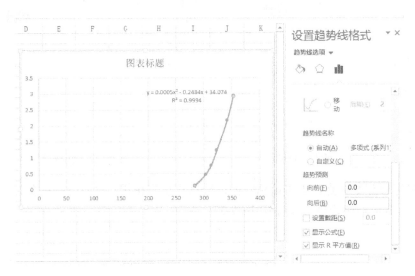

图 9-54　设置显示格式

⑥ 图 9-54 的初步趋势线中，可以得到式（9-25）中的三个系数，但二次项系数 a_2 只有一位有效数据显示，如将该数据直接拿来使用将造成很大的误差，而 R=0.9994，表明回归相关性很高，这时需要右击图 9-54 中的拟合公式，在弹出的菜单栏中，选择"设置数据线标签格式"，弹出图 9-55 对话框，点击"数字"，设置"8"位小数点，点击"添加"，结果见图 9-56，这时，可以见到 a_2 已有 5 位有效数字，将 x=273 和 383 分别代入图 9-56 中的计算公式，得饱和压力分别为 0.1222kgf/cm^2 和 2.9349kgf/cm^2，和实际测量结果非常接近，表明拟合方法正确，效果很好。

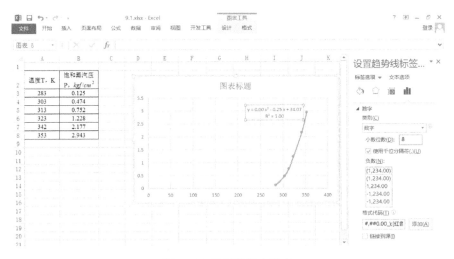

图 9-55　设置数据小数点

利用插入散点图法除了用来拟合多项式外，通过选择不同趋势线格式，还可以用来拟合指数函数 $y=ae^{bx}$、对数函数 $y=a\ln x+b$、幂函数 $y=ax^b$。如果通过对单元格数据的处理，如将实验结果数据先进行对数处理，就可以拟合 $\ln y=ae^{bx}$、$\ln y=a\ln x+b$、$\ln y=ax^b$；如将实验条件 x 列数据线进行处理，还可以拟合 $y=a\sin x+b$、$y=ax^{1.6}+b$、$\ln y=ae^{b\sin x}$ 等多种形式。

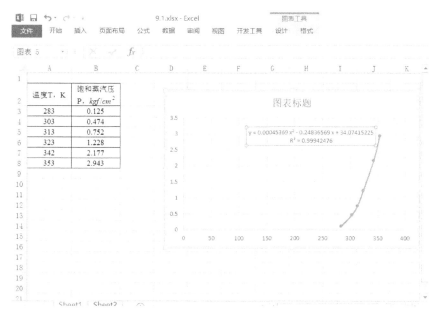

图 9-56　最后拟合结果

9.7.2　规划求解拟合参数法

尽管利用插入散点图法可以拟合许多函数，但有些形式特殊或多于 1 个变量的函数无法用插入散点图法进行拟合，这是可以用规划求解法进行参数拟合，具体的应用过程通过一个案例来介绍该方法的应用。

实验测得如表 9-3 的某物质的饱和蒸汽压数据。现拟用 $\ln P = a + \dfrac{b}{T+c}$ 来拟合实验数据，试用计算机求取 a、b、c。

表 9-3　某物质饱和蒸汽压随温度变化关系

序号	1	2	3	4	5	6	7
温度 T/K	283	293	303	313	323	333	343
压力 P/mmHg	35	120	210	380	520	680	790

将表中的温度和压力输入 Excel 表格中，并构建 $P_{拟合} = e^{a + \frac{b}{T+c}}$ 及 $(P_{实际} - P_{拟合})^2$ 及 $\dfrac{P_{拟合} - P_{实际}}{P_{实际}} \times 100\%$ 的计算列，以 $\sum (P_{实际} - e^{a + \frac{b}{T+c}})^2$ 为目标函数，通过改变 a、b、c 的值，使目标函数的值为最小，完成以上数据输入及计算项构建后见图 9-57。注意图 9-57 中，a、b、c 的初值选取都为 1，这时拟合效果非常差。

点击 Excel 上部的"数据"菜单，再点击"规划求解"，系统就弹出图 9-58 所示的对话框，选择目标函数为"D9"单元格，并选定等于"最小值"，其中 D9=Sum(D2:D8)；选择"A11、B11、C11"为可变单元格，和方程组求解时一样，进行选项设置，再点击"求解"，系统提示找到有用解，点击"确定"，得到图 9-59 所示的解。由图 9-59 可知 a=8.095828，b=−120.634284，c=−257.464355。图 9-59 中 E 列的数据是拟合数据和实验数据相比的百分误差，对于饱和蒸汽压而言，这种误差还是可以接受的。

	温度T（K)	压力P（mmHg)	$P_{拟合}=e^{a+\frac{b}{T+c}}$	$\sum(P_{实际}-e^{a+\frac{b}{T+c}})^2$	$\frac{P_{拟合}-P_{实际}}{P_{实际}}\times100\%$
1					
2	283	35	2.727870114	1041.490367	-92.20608539
3	293	120	2.727543427	13752.82907	-97.72704714
4	303	210	2.727238268	42961.99776	-98.70131511
5	313	380	2.726952577	142334.9523	-99.2823809
6	323	520	2.726684548	267571.6829	-99.47563759
7	333	680	2.726432592	458699.4851	-99.59905403
8	343	790	2.726195307	619800.0436	-99.65491199
9			目标函数	1546162.481	
10	a	b	c		
11	1	1	1	b	

图 9-57　数据输入及方程构建

图 9-58　规划求解设置

	温度T/K	压力P/mmHg	$P_{拟合}=e^{a+\frac{b}{T+c}}$	$\sum(P_{实际}-e^{a+\frac{b}{T+c}})^2$	$\frac{P_{拟合}-P_{实际}}{P_{实际}}\times100\%$
1					
2	283	35	29.12728238	34.48881226	-16.7791932
3	293	120	110.0668202	98.66806	-8.277649794
4	303	210	231.9682134	482.6023986	10.46105398
5	313	380	373.7668722	38.8518827	-1.640296801
6	323	520	520.6535276	0.427098265	0.125678376
7	333	680	664.3285173	245.5953686	-2.304629802
8	343	790	800.7017593	114.5276513	1.354653071
9			目标函数	1015.161272	
10	a	b	c		
11	8.095827866	-120.6342838	-257.4643549	b	

图 9-59　规划求解拟合结果

　　利用规划求解的方法，只要将实验结果和拟合方程计算结果两者差的平方和作为规划求解的目标函数，将拟合参数作为可变参数，求目标函数的最小值就可以求解大多数拟合方程的参数。

9.7.3　回归拟合参数法

　　尽管利用规划求解可以拟合多变量拟合方程中的参数，但利用规划求解进行参数拟合时，参数的初值及规划求解各项设置十分重要，如果初值给定不当或设置不当，可能无法获得准确的拟合参数，这时可以利用 Excel 数据分析中的回归方法可以直接求出多变量拟合方程的拟合参数。注意数据分析这个方法的应用也和规划求解一样，也需要进行加载，其加载方法和规划求解一样，也就是在加载规划求解时，将"分析工具库"选中即可。下面通过一个具体的案例来说明该方法的应用。

已知某类型换热器的加工劳动力成本如表 9-4 所示，现用 $C = a_0 + a_1 S + a_2 N$ 进行拟合，其中 C 为劳动力成本（元）；S 为换热器面积（m^2）；N 为换热器管子数，试确定最佳 a_0、a_1、a_2。

表 9-4　换热器加工成本数据

成本 C	换热面积 S	列管数 N
1860	140	550
1800	130	530
1650	108	520
1500	110	420
1320	84	400
1200	90	300
1140	80	280
900	65	220
840	64	190
600	50	100

解：将表 9-4 的数据输入到 Excel 的电子表格中，然后点击"数据"→"数据分析"→"回归"，见图 9-60，系统弹出图 9-61。

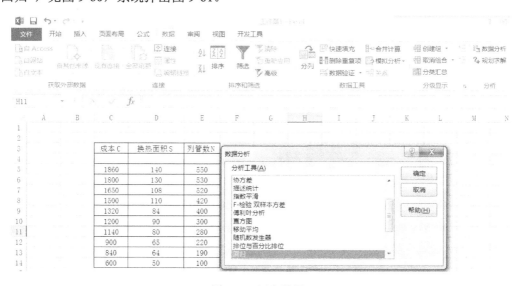

图 9-60　回归数据

在图 9-61 中选"Y 值输入区"为\$C\$5：\$C\$14，"X 值输入区"为\$D\$5：\$E\$14，其他参数的选择均按图 9-61 中进行，点击确定，得到图 9-62 所示的回归结果。

由图 9-62 中的数据可知，换热器加工费用拟合参数 a_0=178.0673、a_1=5.4533、a_2=1.7114（按保留 4 位小数点计），通过观察预测值及残差可以发现拟合结果比较理想。当然也可以通过 R^2=0.99766 判定其拟合结果很理想，因为 R^2 的值越接近 1，表明拟合效果越好。如果拟合的公式变成 $C = a_0 + a_1 S^{0.89} + a_2 N^{1.08}$，我们也可以方便地通过数据的转换，来求得拟合的参数。可先利用电子表格的数据转换算出 $S^{0.89}$ 及 $N^{1.08}$，见图 9-63。

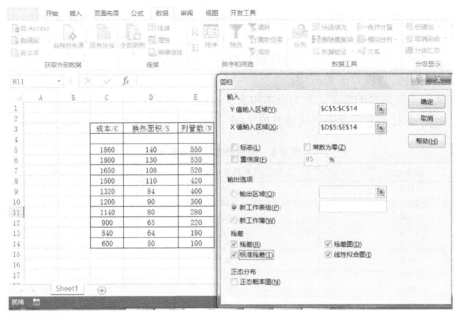

图 9-61　回归参数设置

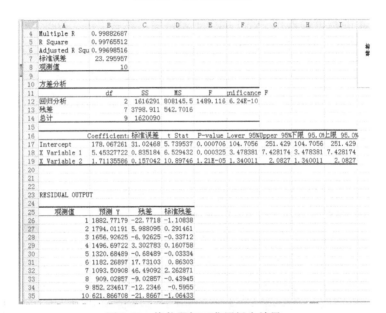

图 9-62　换热器加工费用拟合结果

C	D	E	F	G	H
成本/元	换热面积	列管数		$S^{0.89}$	$N^{1.08}$
C	S	N	C		
1860	140	550	1860	81.29315	911.1538
1800	130	530	1800	76.10437	875.423
1650	108	520	1650	64.52784	857.5977
1500	110	420	1500	65.59028	680.9406
1320	84	400	1320	51.59511	645.9885
1200	90	300	1200	54.86253	473.4684
1140	80	280	1140	49.40263	439.4715
900	65	220	900	41.06699	338.701
840	64	190	840	40.50421	289.1039
600	50	100	600	32.51497	144.544

图 9-63　转换后的数据

利用图 9-63 转换后的数据，仿照前面的回归方法，可以得到新的拟合结果，见图 9-64。

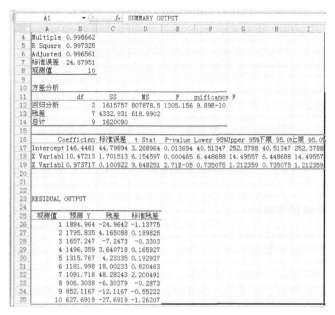

图 9-64 新的拟合结果

9.8 计算机辅助化工流程模拟求解

9.8.1 Aspen PLUS 概述

Aspen PLUS 是一款功能强大的化工设计、动态模拟及各类计算的软件，它几乎能满足大多数化工设计及计算的要求，其计算结果得到许多同行的认可。该软件是在美国能源部的拨款资助下，委托麻省理工学院化工系有关教授组织了高等学校和企业部门各方人员参加的一个开发小组，集中进行新一代化工流程模拟系统的开发，于 1979 年初开发成功 Aspen，并投入使用。1981 年专门成立了一家公司接管了这套系统的继续开发和不断完善工作，同时软件更名 Aspen PLUS。软件经过近 30 年的不断改进、扩充、提高，已成为全世界公认的标准大型过程模拟软件。它采用严格和先进的计算方法，进行单元和全过程的计算，还可以评估已有装置的优化操作或新建、改建装置的优化设计。许多世界各地的大化工、石化生产厂家及著名工程公司都是该软件的用户。它被用于化学和石油工业、炼油加工、发电、金属加工、合成燃料和采矿、纸浆和造纸、食品、医药及生物技术等领域，在过程开发、过程设计及老厂改造中发挥着重要的作用。Aspen PLUS 主要有三大功能，简单介绍如下。

1. 物性数据库

物性计算方法的选择是 Aspen PLUS 计算成功的关键一步，而物性计算方法的基础是物性数据库，Aspen PLUS 的物性数据库包括基础物性数据库、燃烧物数据库、热力学性质和传递物性数据库。

（1）基础物性数据库

Aspen PLUS 中含有一个大型物性数据库，含 5000 种纯组分、5000 对二元混合物、3314 种固体化合物、40000 个二元交互作用参数的数据库（读者接触到的最新版本数据库数据数量可能和本文所述的有所不同，这是由于数据库的具体数据数量会随着版本的更新而有所增加，但已有的数据一般不会改变，下面所述的其他数据库也有类似情况，不再提示）。主要有分子量、Pitzer 偏心因子、临界性质、标准生成自由能、标准生成热、正常沸点下汽化潜热、回转半径、凝固点、偶极矩、比重等。同时还有理想气体热容方程式的参数、Antoine 方程的参数、液体焓方程系数。对 UNIQUAC 和 UNIFAC 方程的参数也收集在数据库中，在计算过程中，只要所计算的组分在物性数据库中存在，则可自动从数据库中取出基础物性进行传递物性和热力学性质的计算。

（2）燃烧物数据库

燃烧物数据库是计算高温气体性质的专用数据库。该数据库含有常见燃烧物的 59 种组分的参数，其温度可高达 6000K，而用 Aspen plus 主数据库，当温度超过 1500K 以上时，计算结果就不精确了。但是燃烧物数据库只适用于部分单元操作模型对理想气体的计算。

（3）热力学性质和传递物性

在模拟中用来计算传递物性和热力学性质的模型和各种方法的组合共有上百种，主要有：计算理想混合物气液平衡的拉乌尔定律、烃类混合物的 Chao—Seader、非极性和弱极性混合物的 Redilch—Kwong—Soave、BWR—Lee—Starling、Peng—Robinson。对于强的非理想液态混合物的活度系数模型主要有 UNIFAC、Wilson、NRTL、UNIQUAC，另外还有计算纯水和水蒸气的模型 ASME 及用于脱硫过程中含有水、二氧化碳、硫化氢、乙醇胺等组分的 Kent—Eisenberg 模型等。有两个物性模型分别用于计算石油混合物的液体黏度液体体积和。对于传递物性主要是计算气体和液体的黏度、扩散系数、导热系数及液体的表面张力。每一种传递物性计算至少有一种模型可供选择。

具体物性计算方法选择可参考表 9-5～表 9-9。

表 9-5 油和气产品

应用领域	推荐的物性方法
储水系统	PR-BM RKS-BM
板式分离	PR-BM RKS-BM
通过管线输送油和气	PR-BM RKS-BM

表 9-6 炼油过程

应用领域	推荐的物性方法
低压应用(最多几个大气压)：真空蒸馏塔、常压原油塔	BK10、CHAO-SEA、GRAYSON
中压应用（最多几十个大气压）：Coker 主分馏器、FCC 主分馏器	CHAO-SEA、GRAYSON、PENG-ROB、RK-SOAVE
富氢的应用:重整炉、加氢器	GRAYSON、PENG-ROB、RK-SOAVE
润滑油单元、脱沥青单元	PENG-ROB、RK-SOAVE

表 9-7 气体加工过程

应用领域	推荐的物性方法
烃分离：脱甲烷塔、C3 分离器 深冷气体加工：空气分离	PR-BM、RKS-BM、PENG-ROB、RK-SOVAE
带有甲醇类的气体脱水；酸性气体吸收含有甲醇（RECTISOL）、NMP(PURISOL)	PRWS、RKSWS、PRMHV2、RKSMHV2、PSRK、SR-POLAR
酸性气体吸收含有水、氨、胺、胺+甲醇（AMISOL）、苛性钠、石灰、热的碳酸盐	ELECNRTL
克劳斯二段脱硫法	PRWS、RKSWS、PRMHV2、RKSMHV2、PSRK、SR-POLAR

表9-8 化工过程

应用领域	推荐的物性方法
乙烯装置：初级分馏器、轻烃、串级分离器、急冷塔	CHAO-SEA、GRAYSON、PENG-ROB、RK-SOAVE
芳香族环烃：BTX 萃取	WILSON、NRTL、UNIQUAC 和它们的变化形式
取代的烃：VCM 装置、丙烯腈装置	PENG-ROB、RK-SOAVE
乙醚产品：MTBE、ETBE、TAME	WILSON、NRTL、UNIQUAC 和它们的变化
乙苯和苯乙烯装置	PENG-ROB、RK-SOAVE、WILSON、NRTL、UNIQUAC 和它们的变化
对苯二甲酸	WILSON、NRTL、UNIQUAC 和它们的变化

表9-9 化学品

应用领域	推荐的物性方法
共沸分离：酒精分离	WILSON、NRTL、UNIQUAC 和它们的变化
羧酸：乙酸装置	WILS-HOC、NRTL-HOC、UNIQ-HOC
苯酚装置	WILSON、NRTL、UNIQUAC 和它们的变化
液相反应:酯化作用	WILSON、NRTL、UNIQUAC 和它们的变化
氨装置	PENG-ROB、RK-SOAVE
含氟化合物	WILS-HF
无机化合物:苛性钠、酸、磷酸、硝酸、盐酸	ELECNRTL
氢氟酸	ENRTL-HF

最常见的水和水蒸气用 STEAMNBS 或 STEAM-TA。一般来说，物性方法的选择取决于物质是否具有极性、是否电解质、是否高压、是否气相缔合、是否聚合等方面加以考虑，选择最适合的物性方法进行模拟计算，更为详细的内容请读者参见 Aspen plus 公司提供的操作手册。

2. 单元操作模型

Aspen PLUS 包含各种类型的过程单元操作模型，共有 8 大类、57 小类、349 个单元操作模型。如混合、分割、换热、闪蒸等，另外它还包括反应器、压力变送器、手动操作器、灵敏度分析和工况分析模块。具体内容参见表 9-10。

3. 系统实现策略

和任何一款模拟软件一样，有了数据库和单元计算模块之后，Aspen PLUS 还有以下功能保证软件的正常运行。

（1）数据输入

Aspen PLUS 的输入是由命令方式进行的，即通过三级命令关键字书写的语段、语句及输入数据对各种流程数据进行输入。输入文件中还可包括注解和插入的 Fortran 语句，输入文件命令解释程序可转化成用于模拟计算的各种信息。这种输入方式使得专家用户使用起来特别方便。

（2）解算策略

Aspen PLUS 所用的解算方法为序贯模块法，对流程的计算顺序可由用户自己定义，也可由程序自动产生。对于有循环回路或设计规定的流程必须迭代收敛。所谓设计规定是指用户希望规定某处的变量值达到一定的要求，例如要规定某产品的纯度或循环流股的杂质允许量等。对设计规定通过选择一个模块输入变量或工艺进料流股变量，加以调节以使设计规定达到要求值。关于循环物流的收敛方法有威格斯坦法、直接迭代法、布罗伊顿法、虚位法和牛顿法等，其中虚位法和牛顿法主要用于收敛设计规定。

（3）结果输出

可把各种输入数据及模拟结果存放在报告文件中，可通过命令控制输出报告文件的形式及报告文件的内容，并可在某些情况下对输出结果作图。在物流结果中包括：总流量、黏度、压力、汽化率、焓、熵、密度、平均相对分子质量及各组分的摩尔流量等。

关于 Aspen PLUS 三大主要功能的具体应用将通过实际应用的例子加以详细介绍，本教材软件版本选用 Aspen PLUS 11.1。提醒读者注意的是尽管 Aspen PLUS 软件版本不断升级，但其基本操作模式没有改变。若读者接触到的版本与本教材不同，完全可以先按本教材介绍的方法操作（系统提示有问题除外），同时随着 Aspen PLUS 软件版本的不断升级，软件的操作模式越来越向 Windows 的风格靠拢。建议读者在具体使用过程中大胆地使用双击、点右键、拖动等操作，将会给你带来意外的惊喜。

表 9-10　Aspen PLUS 计算模块

类型	模型	说明
混合器/分流器	Mixer	物流混合
	Fsplit	物流分流
	Ssplit	子物流分流
分离器	Flash2	双出口闪蒸
	Flash3	三出口闪蒸
	Decanter	液-液倾析器
	Sep	多出口组分分离器
	Sep2	双出口组分分离器
换热器	Heater	加热器/冷却器
	HeatX	双物流换热器
	MHeatX	多物流换热器
	Hetran	与 BJAC 管壳式换热器的接口程序
	Aerotran	与 BJAC 空气冷却换热器的接口程序
塔	DSTWU	简捷蒸馏设计
	Distl	简捷蒸馏核算
	RadFrac	严格蒸馏
	Extract	严格液-液萃取器
	MultiFrac	复杂塔的严格蒸馏
	SCFrac	石油的简捷蒸馏
	PetroFrac	石油的严格蒸馏
	Rate-Frac	连续蒸馏
	BatchFrac	严格的间歇蒸馏
反应器	RStoic	化学计量反应器
	RYield	收率反应器
	REquil	平衡反应器
	Rgibbs	平衡反应器
	RCSTR	连续搅拌罐式反应器
	RPlug	活塞流反应器
	RBatch	间歇反应器
压力变送器	Pump	泵/液压透平
	Compr	压缩机/透平
	Mcompr	多级压缩机/透平
	Pipeline	多段管线压降
	Pipe	单段管线压降
	Valve	严格阀压降
手动操作器	Mult	物流倍增器
	Dupl	物流复制器
	ClChong	物流类变送器

续表

类型	模型	说明
固体	Crystallizer	除去混合产品的结晶器
	Crusher	固体粉碎器
	Screen	固体分离器
	FabFl	滤布过滤器
	Cyclone	旋风分离器
	Vscrub	文丘里洗涤器
	ESP	电解质沉降器
	HyCyc	水力旋风分离器
	CFuge	离心式过滤器
	Filter	旋转真空过滤器
	SWash	单级固体洗涤器固体
	CCD	逆流倾析器
用户模型	User	用户提供的单元操作模型
	User2	用户提供的单元操作模型

Aspen PLUS 软件在应用过程中会涉及大量变量，这些变量大部分以英文缩写的形式出现，尤其是涉及物性变量的名称有些平时可能没有接触过，表 9-11、表 9-12 是一些常用的变量名称中英文对照表。

表 9-11　纯物质物性参数

中文	缩写	中文	缩写
标准生成热	DHFORM	气体压力	PL
标准吉布斯自由能	DHFORM	汽化焓	DHVL
偏心因子	OMEGA	液体摩尔体积	VL
溶解度参数	DELTA	液相黏度	MUL
等张比容	PARC	气相黏度	MUV
25℃固体生成焓值	DHSFRM	液体热传导率	KL
25℃固体吉布斯生成自由能	DGSFRM	气体热传导率	KV
理想气体热容	CPIG	表面张力	SIGMA
Helgeson C 热容系数	CHGPAR	固体热容	CPS
液体热容	CPL		

表 9-12　混合物物性参数

缩写	中文	缩写	中文
CPLMX	液体比热	RHOSMX	固体密度
CPVMX	气体比热	VLMX	液体摩尔体积
CPSMX	固体比热	VVMX	气体摩尔体积
GLXS	过剩液相吉布斯自由能	VSMX	固体摩尔体积
HLMX	液相焓	DLMX	液体扩散系数
HLXS	过剩液相焓	DVMX	气体扩散系数
HVMX	气相焓	GAMMA	液体活度系数
HSMX	固相焓	GAMMAS	固体活度系数
KLMX	液相传热系数	HENRY	亨利常数
KVMX	气相传热系数	KLL	液液分布系数
KSMX	固相传热系数	KVL	汽液平衡 K 值
MULMX	液体黏度	SIGLMX	液体表面张力
MUVMX	气体黏度	USER-X	用户定义物性对 X 的函数
RHOLMX	液体密度	USER-Y	用户定义物性对 Y 的函数
RHOVMX	气体密度		

9.8.2　Aspen PLUS 基本操作

9.8.2.1　Aspen PLUS 软件安装

　　Aspen PLUS 软件的安装过程比较容易，只要按照软件的提示操作就能完成安装工作。不同版本的软件在具体安装时会有一些不同。譬如 10.2 之前的版本在运行安装文件 Setup.exe 前需先建立一个安装文件的目录，否则系统无法安装，这一点和大多数普通软件的安装有所不同，而之后的版本已不再需要建立安装目录，软件会自动建立默认的安装路径。具体安装过程如下。

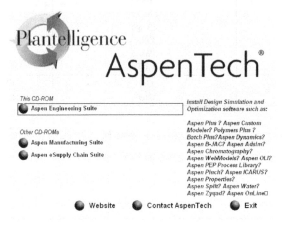

图 9-65　Aspen PLUS 软件安装（一）

　　① 点击运行光盘 1 中 Setup.exe，系统弹出如图 9-65 对话框，点击 Aspen Engineering Suite 选项，系统进行安装初始化设置工作，期间不断单击 Next。如果系统已安装有 Aspen PLUS 软件，则系统提示是添加安装还是删除原安装，如果是初次安装，则系统完成初始化后弹出图 9-66。

　　② 对于一般的个人计算机而言，选择图 9-66 中的 All Products 选项，单击 Next，系统弹出图 9-67。

　　③ 在图 9-67 中，选择 Standard Install，单击 Next，系统弹出图 9-68。

　　④ 在图 9-68 中，选择要安装的模块，Aspen PLUS 必选，第一次安装时不要选择和 online 及 web 相关模块，单击 Next，系统弹出图 9-69。

　　⑤ 在图 9-69 中，选择 Aspen License Manager，单击 Next，系统提示插入 CD2 选项时，选择 CD2 内文件所在的路径或插入 CD2 继续进行安装。安装完成后重启，按系统提示指定 license.dat 文件的位置，完成全部安装工作。

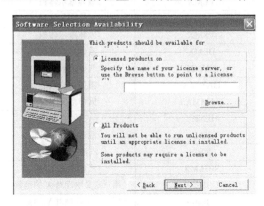

图 9-66　Aspen PLUS 软件安装（二）

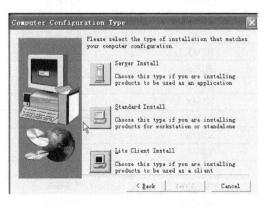

图 9-67　Aspen PLUS 软件安装（三）

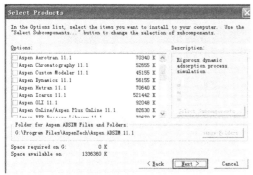

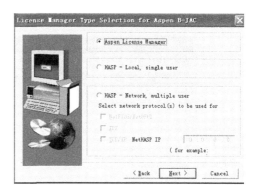

图 9-68 Aspen PLUS 软件安装（四）　　　　图 9-69 Aspen PLUS 软件安装（五）

9.8.2.2 Aspen PLUS 软件运算

Aspen PLUS 软件运算的基本过程包括四个部分，分别为软件启动、流程设置、数据输入、结果输出。下面简要介绍该四部分的操作过程，更为详细的内容将在实例应用的介绍。

1. 启动 Aspen PLUS 软件

① 在程序菜单中打开 Aspen PLUS user interface，启动 Aspen PLUS，见图 9-70，如已建桌面快捷方式，可直接双击桌面快捷方式，系统弹出图 9-71。

② 在图 9-71 中，用户可以选择 Blank Simulation（新流程）、Template（模板）和 Open an Existing Simulation(打开一个已有的流程)，一般选用 Blank Simulation，见图 9-71。

③ 点击图 9-71 中的"OK"，在系统弹出的对话框中再点击"OK"，系统进入 Aspen PLUS 主界面，见图 9-72，各种功能分布已在图 9-72 中标明。

图 9-70 Aspen PLUS 软件启动（一）

图 9-71 Aspen PLUS 软件启动（二）

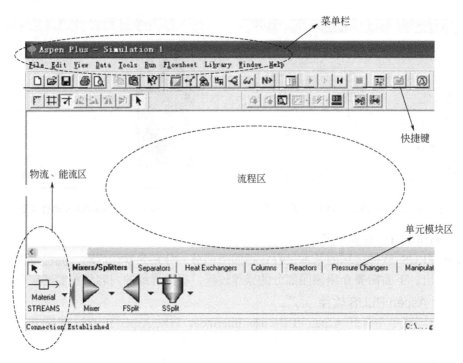

图 9-72　Aspen PLUS 软件启动（三）

2. 设置模拟流程

① 选定合适的单元模块，放到流程区中去。

② 画好流程的基本单元后，打开物流区，用物流将各个单元设备连接起来。进行物流连接的时候，系统会提示在设备的哪些地方需要物流连接，在图中以红色的标记显示。

③ 在红色标记处，确定所需要连接的物流，当整个流程结构确定以后，红色标记消失，说明流程设置工作完成，按 Next 按钮，系统提示下一步需要做的工作。一个设置完成的流程见图 9-73。

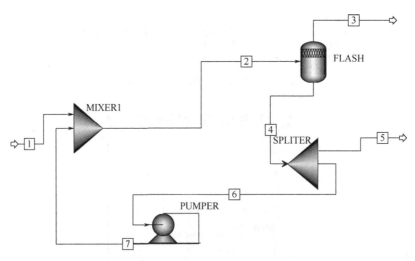

图 9-73　Aspen PLUS 流程设置图

3. 输入各种数据

① 当流程的参数没有完全输入时，系统自动打开数据浏览器（data browse）使用户了解

哪些参数需要输入，并以红色标记显示。

② 在组分（component）一栏中，输入流程的组分，也可以通过查找功能从 Aspen 数据库中确定需要的组分。

③ 在物性计算方法栏（Properties—> Specification）确定整个流程计算所需的热力学方法。

④ 设置物流的参数，包括压力、温度、浓度等等。

⑤ 设定设备的参数，如塔板数，回流比。当数据浏览器的红色标记没有以后，按 Next 按钮系统提示所有的信息都输入完毕，可以进行计算了。图 9-74 某一 Aspen PLUS 流程数据输入图。

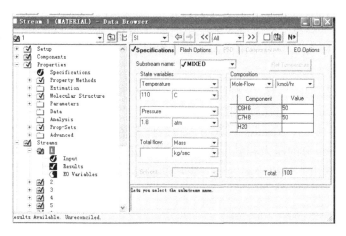

图 9-74　Aspen PLUS 数据输入

4. 输出模拟结果

当 Aspen 对整个流程计算完毕以后，在数据浏览器中的结果汇总（Results Summary）中可以看到模拟的结果，也可以在物流（Streams）中看到输出物流的计算结果。更为详细的内容可通过生成数据文件获取，该数据文件以文本形式保存，便于其他软件调用编辑。获取数据文件的步骤如下。

① 点击 File，在其下拉式菜单中选取 Export。

② 在弹出的 Export 对话框中，选择文件的保存类型为"Report File"，见图 9-75。

③ 在文件名中输入文件名，点击保存，就可以在相关文件夹中找到此文件。

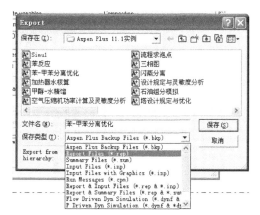

图 9-75　Aspen PLUS 结果输出

9.9 Aspen PLUS 应用实例

【例 9-1】 已知 LPG 的质量分数为乙烷 5%、丙烷 65%、正丁烷 10%，异丁烷 20%，用三种方法求取压力为 $5×10^5$Pa 时的该 LPG 的露点温度；压力为 15kg/cm² 时的该 LPG 的泡点温度。

第一种方法采用作图法，具体过程如下：

① 启动 Aspen PLUS，选运行模式为 "properties plus"、物性选用 "RK-SOVAE"、组分分别输入 "C2H3、C3H8、C4H10-1、C4H10-2"，完成设置工作，结果见图 9-76。

② 点击 "Data" 菜单，在下拉式菜单中选择 "properties"，点击其中的 "Analysis"，在弹出的对话框中点击 "New"，再弹出的对话框中默认 ID 为 "PT-1"，类型选为 "PTENVELOPE"，见图 9-77。

③ 点击图 9-77 中的 "OK"，弹出图 9-78，输入组分的流量，分别为 5，65，10，20，点击图 9-78 中的 "N→"，再在弹出的对话框中点击 "OK"，系统完成计算。

④ 点击图 9-79 中的 "Results"，就可以得到计算结果，该计算结果以气相分率为 0 和为 1 两种情况下，计算组分的压力和温度表示，气相分率为 0，表示的温度为泡点温度，表示系统即将有第一个泡冒出；气相分率为 1，表示的温度为露点温度，表示系统即将有第一个液滴出现。

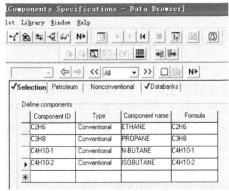

图 9-76 泡露点求取（一）

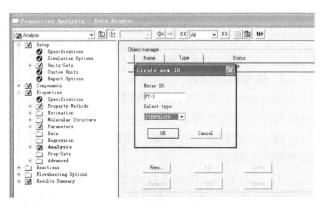

图 9-77 泡露点求取（二）

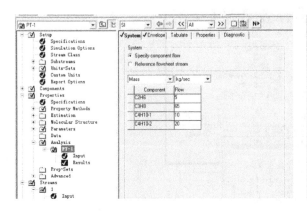

图 9-78 泡露点求取（三）

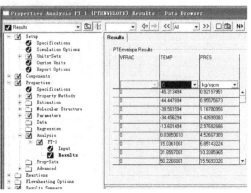

图 9-79 泡露点求取（四）

⑤ 为了求取具体压力的泡露点温度，需将图 9-79 中的数据作图，见图 9-80，可见在压力为 15kg/cm² 时的该 LPG 的泡点约为 43℃，露点约为 55℃，更为精确的数据建议通过流程求取。

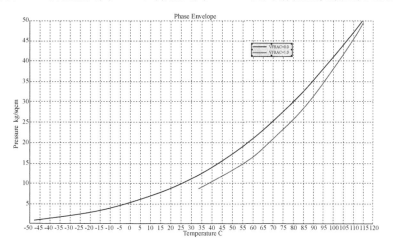

图 9-80　泡露点求取（五）

第二种方法采用换热器法，通过设置入口的组分的流量，并对出口的压力加以控制，就可以精确计算出所需压力的泡点和露点，具体过程如下。

① 启动 Aspen PLUS，默认运行模式（flowsheet）、物性（选用"RK-SOVAE"）、组分（分别输入"C2H3、C3H8、C4H10-1、C4H10-2"）设置工作。

② 在屏幕下方的单元模块区，点击"Heat Exchangers"模块，选择 "Heater"中的第二个图标，将其拖放到流程区中。见图 9-81。

③ 点击图 9-81 左下方的物流区，选择"Materials "，流程区中将出现两个红色的箭头，用鼠标点击并拉动，完成加热器的连接，见图 9-82。

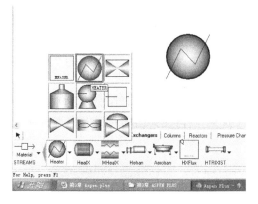

图 9-81　泡露点求取（六）

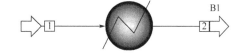

图 9-82　泡露点求取（七）

④ 点击"N→"，点击确定，系统弹出图 9-83，输入压力为 15kg/cm²（最关键），组分流量（选质量流量），具体数据见图 9-83，温度可随意输入。

⑤ 点击"N→"，系统弹出图 9-84，气相分率为 0，压力为 0，表明没有压降，即加热器出口的压力为入口规定的压力，该计算的结果为泡点温度。再点击"N→"，点击确定，系统完成计算。通过查看 B1 的计算结果，精确的泡点温度为 43.4℃，如果气相分率选为 1，可得露点温度为 55.7℃，见图 9-85、图 9-86。

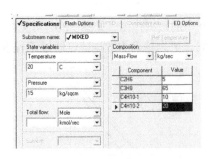

图 9-83　泡露点求取（八）

图 9-84　泡露点求取（九）

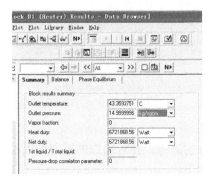

图 9-85　泡露点求取（十）

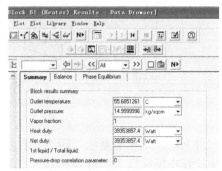

图 9-86　泡露点求取（十一）

　　还可以用第三种方法闪蒸器法来求解该题，具体的求解过程请读者自己练习，作为慕课翻转课堂是展示内容。

【例 9-2】　乙醇-水-乙酸乙酯三元相图的绘制。

　　① 启动 Aspen PLUS，完成和的关于运行模式、物性方法（选用"WILSON"）、组分（分别输入"C2H6O、H2O、C4H8O2"）等设置工作，在组分中输入中有同分异构体需选择本题的结构，结果见图 9-87。

　　② 点击"Data"菜单，在下拉式菜单中选择"properties"，点击其中的"Analysis"，在弹出的对话框中点击"New"，再弹出的对话框中默认 ID 为"PT-1"，类型选为"RESIDUE"，见图 9-88。

　　③ 点击图 9-88 中的"OK"，弹出图 9-89，选择组分 1 为乙醇、组分 2 为水，组分 3 为乙酸乙酯，设定压力为 1atm，点击图 9-89 中的"N→"，再在弹出的对话框中点击 "OK"，系统完成计算。

图 9-87　三相图绘制（一）

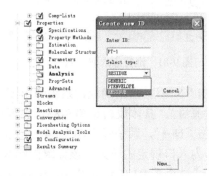

图 9-88　三相图绘制（二）

④ 完成计算后，通过查看 PT-1 的 "Results"，可获得图 9-90 的数据，利用 "Plot" 绘图，可得图 9-91 的三相图。

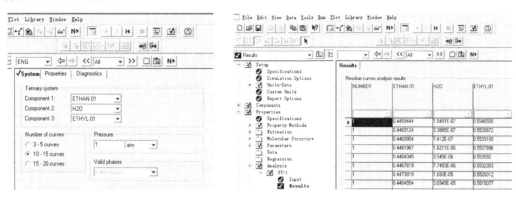

图 9-89　三相图绘制（三）　　　　　　　　图 9-90　三相图绘制（四）

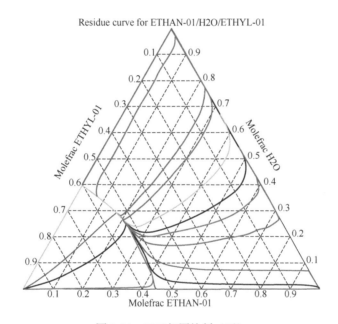

图 9-91　三元相图绘制（五）

【例 9-3】　现有一换热任务，需将流量为 1000kg/hr，温度为 150℃，压力为 4atm 的庚烷冷却至 40℃，已知冷却水的入口温度为 20℃，流量为 2000kg/hr，压力为 3atm，求换热器的面积及冷却水出口温度。

① 启动 Aspen PLUS，默认运行模式（flowsheet）、物性（选用 "RK-SOVAE"）、组分（分别输入 "H2O、C6H12"）设置工作。

② 在屏幕下方的单元模块区，点击 "Heat Exchangers" 模块，选择 "HeatX" 中的第二行第一个图标，将其拖放到流程区中，点击左下方的物流区，选择 "Materials"，流程区中将出现四个个红色的箭头，用鼠标点击并拉动，完成换热器的连接，见图 9-92。

③ 对物流 1 和物流 3 根据已知条件分别进行设置，见图 9-93、图 9-94。注意物流 1 为冷物流，物流 3 为热物流，如想改变冷热物流的走向需选择图 9-92 中不同的图标，如选图 9-92 中第二行第二个图标，冷热物流的走向刚好和第一个相反。

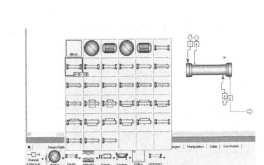

图 9-92　换热器计算（一）

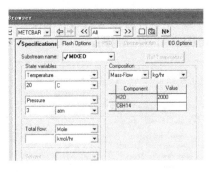

图 9-93　换热器计算（二）

图 9-94　换热器计算（三）

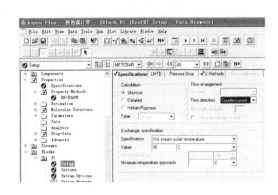

图 9-95　换热器计算（四）

④ 对模块 B1 进行设置，选择简捷计算方法，逆流流动，控制目标为热流体出口温度 40℃，其他均为默认值，见图 9-95。

⑤ 点击模块 B1 下拉式菜单中的"Block Options"，在弹出的对话框中对冷侧的物性进行重新设置，由于冷侧为水，故选 STEAM-TA 为物性计算方法，见图 9-96。完成全部设置工作后，点击 "N→"，系统完成计算。查看模块 B1 下的" Thermal Results"，可得冷却水出口温度为 87.92℃，换热量为 157.65kW，换热面积为 2.128m^2，总传热系数为 1477.09W/(m^2·K)，具体计算结果见图 9-97、图 9-98。

⑥ 分析计算结果可知在目前计算模式下，冷却水出口温度不可控。如想改变冷却水出口温度，可以考虑改变冷却水流量；而冷却水流量的改变，会引起换热面积的改变。如将冷却水流量提高至 4000kg/hr，出口温度为 54.00℃，换热量仍为 157.65kW，换热面积为 1.495m^2，总传热系数为 1675.897W/(m^2·K)，见图 9-56。

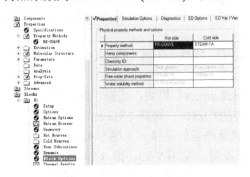

图 9-96　换热器计算（五）

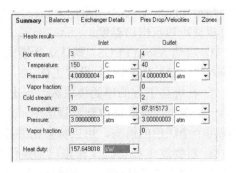

图 9-97　换热器计算（六）

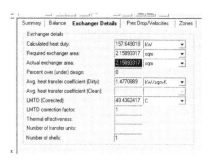
图 9-98 换热器计算（七）

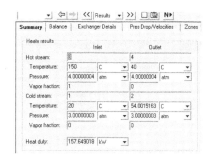
图 9-99 换热器计算（八）

提 醒

本例中对不同物流选用不同的物性计算方法，并不是在所有的模拟过程中适用，但对某些精馏塔和反应器适用。

【**例 9-4**】本次任务是对甲醇-二甲醚-水三元混合物精馏塔的模拟计算（本案例采用 10.2 版本）。首先假设系统以进入 Aspen PLUS 的主界面，具体过程如下。

① 在单元模块区选择 Columns，在它的下层菜单中选择 Radfrac，见图 9-100，在其弹出的精馏塔图示中选择第一行中的第三图例，见图 9-101。

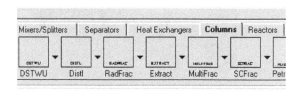
图 9-100 三元混合物精馏计算（一）

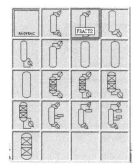
图 9-101 三元混合物精馏计算（二）

② 将鼠标移到流程区，并单击，在流程区出现一个塔，将鼠标移到物流、能流区，单击，将在塔上出现需要连接的物流（用红色表示），鼠标移到红色标记前后，通过拖动连接上进出单元的物流，见图 9-102。如果输入了多余的物流，这时需要将鼠标在左下角的箭头处点击一下，然后利用鼠标选中多余的物流，按常规的方法删除，该软件中许多有关删除、复制等功能和常规软件有相同之处，读者可以大胆使用。

③ 当连接单元物流上的红色标记消失后，表明单元流程已建立，单击"N→"。系统弹出如图 9-103 的对话框，在"Title"中输入模拟流程名称，在"Units of measurement"选择输入、输出数据的单位制，一般选择米制。

④ 单击"N→"，系统弹出如图 9-104 的模拟流程组分对话框，在"Component ID"下分别输入"1、2、3"，在对应的"Formula"下分别输入"H2O、CH4O、C2H6O"，对前两种物质，系统会自动辨识，系统会自己添上组分名称，而对于第 3 种物质，由于有多种可能，系统会弹出给你选择的对话框，选择二甲醚即可。

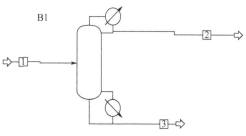
图 9-102 三元混合物精馏计算（三）

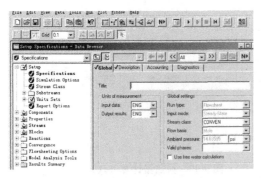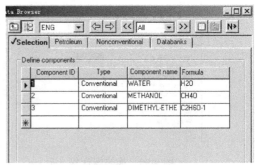

图 9-103　三元混合物精馏计算（四）　　　图 9-104　三元混合物精馏计算（五）

⑤ 单击"N→"，系统弹出如图 9-105 物流特性估算方法对话框，在对话框种选择"NRTL"方法（注意：在实际应用中，具体的物流特性估算方法应根据具体的情况，结合热力学知识进行选择，否则可能出现错误的计算结果）。

⑥ 单击"N→"，系统弹出如图 9-106 的输入物流基本情况对话框，主要有流量（8kmol/hr）、压力（8kg/sqcm）、温度（30℃），摩尔分率（0.4,0.27,0.33）。

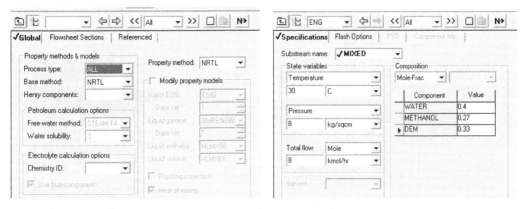

图 9-105　三元混合物精馏计算（六）　　　图 9-106　三元混合物精馏计算（七）

⑦ 单击"N→"，系统弹出如图 9-107 塔设备基本情况设置对话框，设置塔板数为 16，冷凝器的形式为全凝器，回流比为 2，塔顶引出物流量为 2.5kmol/hr，加料板为第 8 块塔板，再单击"N →"，系统弹出图 9-108 的塔压情况对话框，输入各种压力。

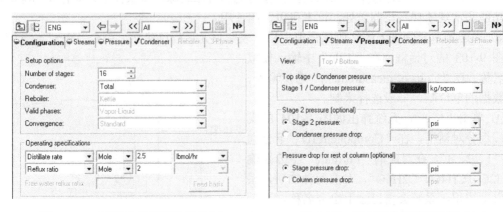

图 9-107　三元混合物精馏计算（八）　　　图 9-108　三元混合物精馏计算（九）

⑧ 点击"N→"，输入加料板位置及出料物流的气、液状态，完成所有的设置，输入区的红色标记消失，数据输入完毕，系统开始计算，计算完成后，可以点击"Results Summary"得到如图 9-109 的数据。

	1	2	3	
Substream: MIXED				
Mole Flow　kmol/hr				
WATER	3.200000	4.7877E-15	3.200000	
METHANOL	2.160000	3.16990E-7	2.160000	
DEM	2.640000	1.133981	1.506019	
Total Flow　kmol/hr	8.000000	1.133981	6.866019	
Total Flow　kg/hr	248.4822	52.24141	196.2408	
Total Flow　l/min	5.320622	1.351726	4.439219	
Temperature　K	303.1500	303.3271	353.2535	
Pressure　atm	7.742729	6.774888	6.774888	
Vapor Frac	0.0	0.0	0.0	
Liquid Frac	1.000000	1.000000	1.000000	
Solid Frac	0.0	0.0	0.0	
Enthalpy　cal/mol	-58564.24	-48238.04	-59042.38	
Enthalpy　cal/gm	-1885.503	-1047.082	-2065.758	
Enthalpy　cal/sec	-1.3014E+5	-15194.73	-1.1261E+5	

图 9-109　三元混合物精馏计算（十）

灵敏度分析是 Aspen PLUS 软件的一个重要功能，如果没有此功能，将大大影响此软件功能的发挥。通过灵敏度分析，用户只需进行一次设置工作，Aspen Plus 软件就会完成在不同条件下的模拟计算，用户通过对这些计算结果的分析，确定各种工况的优缺点，找到最佳的工作条件。灵敏度分析的两个关键问题是操纵变量和被控变量的确定。所谓被控变量就是用户需要分析的结果变量，如塔顶某组分的摩尔分率，必须是模拟计算的输出变量；而操纵变量就是引起被控变量改变的变量，相当于函数中的自变量必须是模拟计算中的输入变量，如进料温度。

【例 9-5】石油产析品精馏过程模拟及灵敏度分。现有庚烷、辛烷混合物，流量为2kmol/s，温度为323K，压力为9atm，庚烷的摩尔分率50%，拟用精馏塔进行分离，塔板数为70块，加料板位置为第 35 块塔板，回流比（摩尔计）为2，全塔压力为3atm，精馏速率为0.95kmol/s，试计算该塔的分离效果，并分析加料板位置及回流比对塔顶和塔底产物庚烷及辛烷摩尔分率的影响。

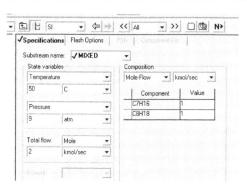

图 9-110　灵敏度分析物流设置

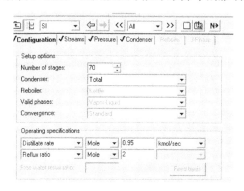

图 9-111　灵敏度分析塔板设置

打开 Aspen PLUS 软件，如图 9-110 及图 9-111 设置物流参数和塔参数及其他常规参数后可进行模拟计算，得到塔顶和塔低各种物流的参数如表 9-13。

表 9-13　石油产品精馏过程模拟结果

特性说明	加料物流	塔顶物流	塔底物流
Substream: MIXED			
Mole Flow　kmol/sec			
C7H16	1	0.94111382	0.05888618
C8H18	1	0.00888618	0.99111382
Total Flow　kmol/sec	2	0.95	1.05
Total Flow　kg/sec	214.43496	95.3184835	119.116477
Total Flow　cum/sec	0.31868089	0.16709635	0.20956926
Temperature K	323.15	413.747131	441.180068
Pressure　N/sqm	911925	303975	303975
Vapor Frac	0	0	0
Liquid Frac	1	1	1
Solid Frac	0	0	0
Enthalpy　J/kmol	−231462437	−195863578	−208186305
Enthalpy　J/kg	−2158812.5	−1952091.5	−1835141.8
Enthalpy　Watt	−462924873	−186070399	−218595621
Entropy　J/(kmol·K)	−783849.46	−676177.4	−742041.61
Entropy　J/kg-K	−7310.8365	−6739.1812	−6541.0237
Density　kmol/cum	6.27587056	5.68534253	5.01027678
Density　kg/cum	672.883026	570.44024	568.387159
Average　MW	107.21748	100.335246	113.444263
Liq Vol 60F cum/sec	0.308026	0.13883122	0.16919478

　　现要分析加料板位置及回流比对塔顶和塔底产物中庚烷及辛烷摩尔分率的影响，需在常规模拟设置的基础上，点击 Model Analysis Tools（见图 9-112），在下拉菜单中点击 Sensitivity，系统弹出图 9-113 对话框中，点击"NEW"，系统按先后次序自动创建"S-1""S-2"等单元，点击"OK"，再点击"NEW"，系统弹出图 9-114 对话框，依次输入 HETOP、OCTOB、HETOB、OCTOP 作为塔顶、塔底中庚烷及辛烷摩尔分率变量，系统弹出图 9-115 对话框，具体设置参见该图，完成四个被控变量设置后，具体名称对应情况见图 9-116。

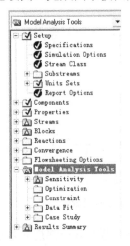

图 9-112　模型分析工具设置

图 9-113　创建分析单元

图 9-114　创建分析变量

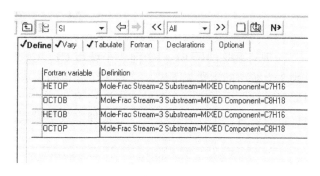

图 9-115　被控变量设置（一）　　　　　　图 9-116　被控变量设置（二）

在此基础上，点击下一步，设置将进料塔板位置、回流比作为操纵变量即自变量，注意只能将输入变量作为自变量，不能将输出变量作为自变量量，具体自变量设置见图 9-117、图 9-118。其中 MOLE-RR 表示摩尔回流比，本例中要求从 1.3 变化到 3.6 共 24 个计算点，然后点击下一步或 "Tabulate"，将原设置的四被控变量作为列表输出，见图 9-119。

图 9-117　操纵变量设置（一）　　　图 9-118　操纵变量设置（二）　　　图 9-119　操纵变量设置（三）

最后可以通过 "POLT" 菜单将进料塔板位置、回流比对塔顶和塔底组分的影响绘制成图，进料塔板位置对组分的影响数据如图 9-120。也可将该数据直接复制粘贴到 Origin 就可以方便地绘制图形，见图 9-121。尽管 Aspen PLUS 软件允许同时指定多个操纵变量，但实际应用时还是单变量分析为好，因为同时指定多个变量时有可能引起模拟结果错误。

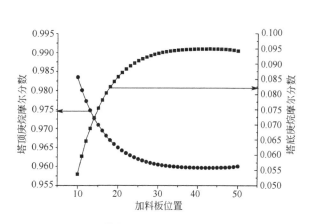

图 9-120　计算结果数据　　　　　　图 9-121　数据外置到 origin 后绘制的图形

习　题

1. 现有两炼油厂 F1、F2 向 3 个城市 C1、C2、C3 提供汽油，厂家的生产能力、出厂价及到 3 个城市的运费见下表。已知 3 个城市的需求量分别为 90 万吨、120 万吨、100 万吨，问如何安排两个厂家向 3 个城市汽油的调运，使 3 个城市使用汽油的总费用最小？(总费用含出厂价和运费，不计各种税费。要求列出数学模型，求出具体结果)

厂家	生产能力 (万吨)	出厂价 (元/吨)	城市 C1 运费 (元/吨)	城市 C2 运费 (元/吨)	城市 C3 运费 (元/吨)
F1	180	5000	200+NO	300+NO	400+NO
F2	150	4500	300+NO	500+NO	600+NO

2. 某化工厂有一生产系统，可以生产 A、B、C、D 四种产品，每个生产周期所需的原料量、贮存面积、生产速度及利润由下列表格给出，每天可用的原料总量为 24 吨，贮存间总面积为 52m²，该系统每天最多生产 7 小时，每天生产结束后，才将产品送到贮存间，假定四种产品占用原料、生产时间、贮存间等资源的机会平等，问 A、B、C、D 四种产品每天生产的桶数如何安排，才能使该系统每天的利润最大？

产品（桶）	A	B	C	D
原料/（千克/桶）	200	180	150	250
贮存面积/（m²/桶）	0.4	0.5	0.4	0.3
生产速度/（桶/小时）	30+0.1No	60+0.1No	20+0.1No	30+0.1No
利润/（元/桶）	10	13	9	11

3. 已知著名的马丁-侯方程如下式：

$$P = \frac{RT}{V-B} + \frac{A_2 + B_2 T + C_2 \exp\left(\dfrac{-5T}{T_C}\right)}{(V-B)^2} + \frac{A_3 + B_3 T + C_3 \exp\left(\dfrac{-5T}{T_C}\right)}{(V-B)^3} + \frac{A_4}{(V-B)^4}$$

$$+ \frac{A_5 + B_5 T + C_5 \exp\left(\dfrac{-5T}{T_C}\right)}{(V-B)^5}$$

式中，压力 P 的单位为 atm；温度 T 的单位为 K；V 为气体的摩尔体积，单位为 mL/mol，已知某物质上式中的各项系数如下：

$A_2=-4.3914731e+6$，$A_3=2.3373479e+8$，$A_4=-8.1967929e+9$，$A_5=1.1322983e+11$，$B_2=4.5017239e+3$，$B_3=-1.0297205e+5$，$B_5=7.4758927e+7$，$B=20.101853\text{mL/mol}$，$C_2=-6.0767617e+7$，$C_3=5.0819736e+9$，$C_5=-3.2293760e+12$，$T_C=304.2\text{K}$，$R=82.06\text{mL}\cdot\text{atm/(mol}\cdot\text{K)}$，请计算温度在 (60+No)℃时，压力在 1atm 到 301atm，每间隔 20atm 时的 V，单位为 mL/mol。

4. 某反应达到平衡时，有三个关键变量 x、y、z，尽管不知道这三个关键变量具体数值，但已知这三个关键变量 x、y、z 是方程组(1)的解，请用计算机求出 x、y、z（要求精度在 10^{-7} 以上)，保留 5 位有效数字。

$$\begin{cases} x^{0.8}y + y^{0.6} + z^{1.1} = 0.7 + \dfrac{No}{50} \\[2mm] x^{0.5}y + y^{0.7} + z = 0.7 + \dfrac{No}{50} \\[2mm] x + y^{0.7}z^{0.8} + z^{0.8} = 0.7 + \dfrac{No}{50} \end{cases}$$

5. 已知雷诺数 Re 在 500 到 4500 之间，某管道内流体流动时摩擦系数 λ 和雷诺数 Re 具有以下关系：

$$\left(\frac{1}{\lambda}\right)^{0.5} = 1.89 - 2\ln\left[0.1 + No/100 + \frac{20.6}{Re\lambda^{0.5}}\right]$$

请利用计算机计算 Re 在 500～4500 每隔 1000 的 5 个点处的 λ 值。

6. 通过实验测得氟利昂 R12 的饱和蒸汽压如下表：

R12 的饱和蒸汽压表

温度 t/℃	0	20	40	60	80	100
饱和蒸汽压 P/kPa	307+No	562+No	948+No	1504+No	2277+No	3334+No

今用下式的形式进行温度和饱和蒸汽压数据之间的拟合，拟合公式为：

$$P_1 = a_0 + a_1 t + a_2 t^{1.5} + a_3 t^{1.8}$$

试确定拟合方程中的 4 个参数，并利用拟合公式计算 t=60℃时的饱和蒸汽压，并和实验数据比较，计算相对百分误差。

7. 请读者将【例 9-1】～【例 9-5】所有的已知条件作±10%的变动，重新演算各例题，并分析解的实际意义。

参考文献

[1] 李子铮. AutoLISP 实例教程. 北京：机械工业出版社，2006.

[2] 薛焱，王新平. 中文版 AutoCAD 2008 基础教程. 北京：清华大学出版社，2007.

[3] 都健. 化工过程分析与综合. 大连：大连理工大学出版社，2009.

[4] 史密斯, S. (Smith, Robin). Chemical process design. 王保国等译. 北京：化学工业出版社，2002.

[5] 邢黎峰. 园林计算机辅助设计教程. 北京：机械工业出版社，2004.

[6] 二代龙震工作室. AutoCAD LISP/VLISP 函数库查询辞典. 北京：中国铁道出版社，2003.

[7] 华东化工学院机械制图教研组. 化工制图. 北京：人民教育出版社，1981.

[8] 武汉大学化学系化工教研室. 化工制图基础. 北京：高等教育出版社，1990.

[9] 董大勤. 化工设备机械基础. 北京：化学工业出版社，2003.

[10] 潘永亮，刘玉良. 化工设备机械设计基础，北京：科学出版社，1999.

[11] 潘国昌，郭庆丰. 化工设备设计. 北京：清华大学出版社，1996.

[12] 周志安. 化工设备设计基础. 北京：化学工业出版社，1996.

[13] 杨方. 机械加工工艺基础. 西安：西北工业大学出版社，2002.

[14] 姚玉英. 化工原理（下册）. 天津：天津科学技术出版社，1992.

[15] 魏崇管，郑晓梅. 化工工程制图. 北京：化学工业出版社，1994.

[16] 刘荣杰，卫志贤，程惠亭. 化工工艺设计基础. 西安：西北大学出版社，1994.

[17] 娄爱娟，吴志泉，吴叙美. 化工设计. 上海：华东理工大学出版社，2002.

[18] 伍钦，钟理，邹华生，曾朝霞. 传质与分离工程. 广州：华南理工大学出版社，2005.

[19] 李平，钱可强，蒋丹. 化工工程制图. 北京：清华大学出版社，2011.